怎样识读建筑弱电系统工程图

张天伦　张少军　编著

中国建筑工业出版社

图书在版编目(CIP)数据

怎样识读建筑弱电系统工程图/张天伦，张少军编著．—北京：中国建筑工业出版社，2010.11
 ISBN 978-7-112-12551-7

Ⅰ．①怎… Ⅱ．①张…②张… Ⅲ．①房屋建筑设备：电气设备-工程施工-识图法 Ⅳ．①TU85

中国版本图书馆CIP数据核字(2010)第198288号

本书的内容主要包括：识读建筑电气工程图的基础知识；电气工程图常用图形符号和文字符号；楼宇自控系统基础及识图；安防系统基础及识图；消防系统基础及识图；综合布线系统识图；网络通信系统读图识图；卫星电视及有线电视系统基础及识图；广播音响系统与视频会议系统；同声传译系统基础及识图；工程实例解析等章节内容。

该书内容较新颖，与工程实际联系紧密；理论体系较为完整，许多图例分析同时也是建筑智能化技术中的重要知识点。

本书可作为建筑类高等院校的建筑电气与智能化、电气工程与自动化、自动化、电气工程、机械电子工程专业的教学参考书，也可供建筑行业的相关专业和涉及建筑智能化信息化技术相关专业的工程技术人员、设计人员和管理人员学习建筑智能化技术识读图技能的参考书；该书还可以作为相关行业领域的楼宇自控工程师关于建筑弱电系统的识读图的培训教材。

* * *

责任编辑：刘 江 张伯熙 赵晓菲
责任设计：陈 旭
责任校对：王 颖 关 健

怎样识读建筑弱电系统工程图

张天伦 张少军 编著

*

中国建筑工业出版社出版、发行（北京西郊百万庄）
各地新华书店、建筑书店经销
北 京 天 成 排 版 公 司 制 版
北京市安泰印刷厂印刷

*

开本：787×1092毫米 1/16 印张：20¾ 字数：516千字
2011年8月第一版 2014年1月第三次印刷
定价：46.00元
ISBN 978-7-112-12551-7
(19809)

版权所有 翻印必究
如有印装质量问题，可寄本社退换
（邮政编码 100037）

前　言

随着现代通信与信息技术、计算机网络技术、现代建筑电气及控制技术、智能控制技术的发展及相互结合、相互渗透，建筑智能化信息化技术也在迅速发展，技术内容越来越丰富，复杂程度也越来越高。智能型建筑本身是一个承载许多相关现代科学技术的载体，集成了多种不同的技术，将各种操作平台、不同厂商生产的各种硬件设备、多种不同的应用软件系统和多种特点差异较大的通信系统集成到一个高效能运行的大系统中。同时许多新技术、新系统不断地加入到智能型建筑这个载体中来。"怎样识读建筑弱电系统工程图"一书的主要撰写目的是为建筑类高等院校的建筑电气与智能化、电气工程与自动化、自动化、电气工程、机械电子工程专业的大学生提供一本关于建筑弱电系统工程图的识读图基本技能学习的教学参考书，同时为建筑行业的相关专业和涉及建筑智能化信息化技术相关专业的工程技术人员、设计人员和管理人员提供一本学习建筑智能化技术识读图技能的参考书。

本书的内容分为11章：第一章　识读建筑电气工程图的基础知识；第二章　电气工程图常用图形符号和文字符号；第三章　楼宇自控系统基础及识图；第四章　安防系统基础及识图；第五章　消防系统基础及识图；第六章　综合布线系统识图；第七章　网络通信系统读图识图；第八章　卫星电视及有线电视系统基础及识图；第九章　广播音响系统与视频会议系统；第十章　同声传译系统基础及识图；第十一章　工程实例解析等。

该书采用了图例识读图的表格分析方式，使分析过程具有层次性特点，便于读者更深入地理解和掌握建筑弱电系统工程图的识读图技能。

参与撰写本书的作者有：北京建筑工程学院的张少军教授、中建国际的张天伦、北京建筑工程学院的周渡海高级工程师和内蒙古自治区阿拉善盟盐务管理局李锦国工程师（撰写了本书第九章的内容）。

本书在编写过程中，由于时间仓促，难免有一些错误和缺点，恳请广大读者批评指正。

未经许可，不得复制和抄袭本书部分或全部内容，违者必究。

目 录

第一章 识读建筑电气工程图的基础知识

第一节　建筑电气工程图的分类及用途 …………………………………………… 1
　　1. 电气工程和建筑弱电工程 …………………………………………… 1
　　2. 电气图 …………………………………………………………… 1
　　3. 建筑电气工程图 ………………………………………………… 2
　　4. 建筑弱电系统工程图简介 ……………………………………… 3
　　5. 建筑弱电系统工程图与建筑电气工程图的关系 ………………… 4
第二节　建筑电气工程项目的分类和弱电工程 …………………………………… 4
　　1. 建筑电气工程项目的分类 ……………………………………… 4
　　2. 建筑弱电工程 …………………………………………………… 4
第三节　建筑电气工程图的基本规定 ……………………………………………… 4
　　1. 图纸的格式与幅面尺寸 ………………………………………… 5
　　2. 图幅分区和图线 ………………………………………………… 6
　　3. 字体、比例和方位 ……………………………………………… 7
　　4. 安装标高、定位轴线和详图 …………………………………… 7
第四节　电气图的通用画法 ………………………………………………………… 8
　　1. 用于电路的表示方法 …………………………………………… 8
　　2. 用于元件的表示方法 …………………………………………… 9
第五节　电气工程图常用术语 ……………………………………………………… 11
第六节　建筑电气工程图的阅读方法 ……………………………………………… 14
　　1. 识读建筑电气工程图的一些基础性工作 ……………………… 14
　　2. 建筑电气工程图的阅读步骤 …………………………………… 15
　　3. 建筑弱电系统的图纸阅读 ……………………………………… 15
第七节　电气图形符号的应用 ……………………………………………………… 19
第八节　电气工程图中的项目代号 ………………………………………………… 19
第九节　电气工程图常用中英文符号 ……………………………………………… 21
　　1. 基本文字符号 …………………………………………………… 21
　　2. 部分辅助文字符号 ……………………………………………… 28

第二章 电气工程图常用图形符号和文字符号

第一节　电气图形符号的组成和电气简图用图形符号的一般要求 ……………… 32
　　1. 一般符号 ………………………………………………………… 32

  2. 符号要素 ·· 32
  3. 限定符号 ·· 33
  4. 方框符号 ·· 33
 第二节 电气图形符号的分类 ·· 33
  1. 使用电气图用图形符号的方法 ·· 33
  2. 符号要素、限定符号和其他常用符号 ·· 34
  3. 导体和连接件 ··· 37
  4. 基本无源元件 ··· 39
  5. 常用半导体管和部分电子管 ·· 40
  6. 电能的发生和转换 ·· 43
  7. 开关、控制和保护器件 ··· 51
  8. 测量仪表、灯和信号器件 ··· 58
  9. 电力、照明和电信平面布置 ·· 62

第三章 楼宇自控系统基础及识图

 第一节 楼宇自控系统的基本知识 ··· 65
  1. 楼宇自控系统组成 ·· 65
  2. 楼宇自控系统的功能和实际效果 ··· 65
  3. BAS 系统的监控范围和内容 ·· 66
  4. 楼宇自动化系统设计依据 ··· 67
 第二节 楼宇自控系统的主要设备及组件 ·· 67
 第三节 直接数字控制器与传感器及执行器的连接 ···························· 72
 第四节 楼宇自控系统常用图形符号 ·· 74
 第五节 楼宇自动化系统的体系结构和各子系统的监控功能 ·············· 83
  1. 两大类楼宇自控系统 ·· 83
  2. 楼宇自控系统中各子系统的监控功能 ······································ 84
 第六节 楼宇自控系统的工程读图识图 ·· 88
  1. 楼宇自控系统的系统图读图识图 ··· 89
  2. 楼控系统监控原理图的识读 ·· 90
 第七节 楼控系统中部分其他子系统 ·· 97
  1. 新风换气机组 ··· 97
  2. 送/排风机组 ·· 98
 第八节 楼宇设备自动化系统识读图举例 ·· 99
  1. 排水监控系统原理图识读图分析 ··· 99
  2. 二管式单冷水盘管式监控系统原理图识读图分析 ················· 100
  3. 对一个楼宇自控系统的结构原理图进行识读图分析 ·············· 101

第四章 安防系统基础及识图

第一节 安防自动化系统的基本概念 …… 103
1. 安防自动化系统概述 …… 103
2. 智能楼宇对安防系统的要求 …… 103
3. 安防自动化系统组成及功能 …… 103
4. 无线视频监控系统 …… 104

第二节 安防自动化系统组成及主要设备 …… 106
1. 门禁控制系统 …… 106
2. 防盗报警系统 …… 108
3. 视频监控系统 …… 110
4. 楼宇可视对讲系统 …… 114
5. 停车场自动管理系统 …… 114
6. 电子巡更系统 …… 116
7. 周界防范系统 …… 118

第三节 安防自动化系统常用图形符号 …… 119

第四节 安防自动化系统工程图的读图识图 …… 123
1. 安防系统框图的识读 …… 123
2. 安防系统安装接线图的识读 …… 124
3. 系统图的识读及分析 …… 126
4. 平面图的识读及分析 …… 131

第五章 消防系统基础及识图

第一节 消防自动化系统的基本概念 …… 134
1. 消防自动化系统的组成及功能 …… 134
2. 火灾自动报警系统的分类 …… 135

第二节 消防自动化系统主要设备及组件 …… 136
1. 火灾自动报警系统 …… 136
2. 消火栓灭火系统 …… 140
3. 自动喷水灭火系统 …… 141
4. 气体自动灭火系统 …… 143
5. 防排烟系统 …… 145
6. 防火卷帘系统 …… 145
7. 应急照明与疏散指示标志 …… 146

第三节 消防自动化系统常用图形符号 …… 147

第四节 消防自动化系统工程图的读图识图 …… 151
1. 消防系统框图的识读 …… 151
2. 消防系统设备安装图的识读 …… 152

3. 电路原理图的识读及分析 ·············· 154
4. 系统图的识读及分析 ·············· 155
5. 平面图的识读及分析 ·············· 156

第六章 综合布线系统识图

第一节 综合布线系统概述 ·············· 160
1. 综合布线系统及子系统 ·············· 160
2. 综合布线、接入网和信息高速公路之间的关系 ·············· 162

第二节 综合布线的术语和符号 ·············· 164
1. 综合布线的术语 ·············· 164
2. 几个缩略词 ·············· 166

第三节 综合布线系统的构成及基本要求 ·············· 166
1. 综合布线系统的构成 ·············· 166
2. 布线系统缆线长度划分 ·············· 168
3. 综合布线的拓扑结构 ·············· 170
4. 综合布线系统的设备配置 ·············· 170
5. 垂直干线系统和水平子系统的几种情况 ·············· 171

第四节 系统配置设计 ·············· 173
1. 数据主干缆线的配置和工作区信息点数设置 ·············· 173
2. 关于布线线缆和标识符 ·············· 174

第五节 电气防护、接地和安装 ·············· 175
1. 电气防护及接地 ·············· 175
2. 安装要求 ·············· 177

第六节 部分综合布线的组件 ·············· 179
1. 配线架、信息插座和传输介质 ·············· 179
2. T568B 标准与 T568A 标准 ·············· 181

第七节 综合布线和楼宇自控系统的关系 ·············· 182
1. 使用层级结构的楼控系统与综合布线的关系 ·············· 182
2. 使用通透以太网的楼控系统与综合布线的关系 ·············· 182

第八节 综合布线系统工程中的常用图形符号 ·············· 183

第九节 综合布线设计与电信网络的配合关系 ·············· 191
1. 光纤接入网及基本结构 ·············· 191
2. 光纤接入网的参考配置 ·············· 192
3. 光纤接入网的应用类型 ·············· 192
4. EPON 和 GPON 无源光网络 ·············· 194

第十节 综合布线的读图识图 ·············· 195
1. 综合布线的工程图纸和文件 ·············· 196
2. 综合布线系统图的读图识图 ·············· 196

第十一节　常用综合布线标准 ………………………………………… 203
第十二节　综合布线常用术语或符号中英文对照表 …………………… 203

第七章　网络通信系统读图识图

第一节　网络通信的基础知识 …………………………………………… 207
  1. OSI7 层级模型和计算机网络组网的拓扑结构 ………………… 207
  2. 常用的网络互联设备 …………………………………………… 208
  3. 几种典型的局域网 ……………………………………………… 211
  4. 二层交换机、三层交换机和路由器的连接关系 ……………… 213
  5. ADSL 和 HFC 宽带接入 ………………………………………… 213
  6. 接入以太网的无线局域网和室内点对点组网 ………………… 214
  7. 广域网的拓扑结构 ……………………………………………… 216
  8. 电话网络的组成 ………………………………………………… 216
第二节　计算机网络中与交换设备的连接 ……………………………… 216
  1. 网卡的连接 ……………………………………………………… 217
  2. 带光纤网卡的服务器与交换机的连接 ………………………… 217
  3. 网络中交换机的连接 …………………………………………… 217
第三节　网络通信系统的识图、举例及分析 …………………………… 218
  1. 网络通信系统的识图 …………………………………………… 218
  2. 举例及分析 ……………………………………………………… 218
第四节　网络体系与全双工以太网 ……………………………………… 226
  1. 网络体系的技术标准 …………………………………………… 226
  2. 全双工和交换式以太网 ………………………………………… 227
第五节　无源光网络 ……………………………………………………… 228
  1. 无源光网络的一个实现方案 …………………………………… 228
  2. EPON 写字楼接入的一个解决方案 …………………………… 228
  3. 光纤接入在楼宇中的几个应用方案 …………………………… 228

第八章　卫星电视及有线电视系统基础及识图

第一节　卫星电视及有线电视系统的基本概念 ………………………… 231
  1. 卫星电视及有线电视系统概述 ………………………………… 231
  2. 卫星电视及有线电视系统的特性与功能 ……………………… 232
  3. 卫星电视及有线电视系统的传输方式 ………………………… 232
  4. 卫星及有线电视系统的频道划分及系统带宽 ………………… 232
  5. 有线电视系统分配模式 ………………………………………… 233
  6. 高清数字电视 …………………………………………………… 238
第二节　卫星电视及有线电视系统主要设备及组件 …………………… 239
  1. 卫星电视系统 …………………………………………………… 239

  2. 有线电视系统 …… 242
 第三节 卫星电视及有线电视系统常用图形符号…… 247
 第四节 卫星电视及有线电视系统的图纸识读…… 250
  1. 系统框图的识读 …… 250
  2. 系统图的识读及分析 …… 251
  3. 平面图的识读及分析 …… 255

第九章　广播音响系统与视频会议系统

 第一节 广播音响系统的组成和分类 …… 258
  1. 广播音响系统的结构和种类 …… 258
  2. 广播音响系统的分类 …… 258
 第二节 公共广播系统和扩声系统 …… 259
  1. 背景广播和紧急广播系统 …… 259
  2. 扩声系统 …… 260
 第三节 扬声器的布置及安装 …… 261
  1. 扬声器的布置原则 …… 261
  2. 扬声器的布置方式 …… 261
 第四节 电子会议系统 …… 262
  1. 电子会议系统的组成 …… 262
  2. 会议系统的设备组成和基本功能 …… 262
 第五节 多功能多媒体会议室 …… 264
  1. 讨论型会议系统 …… 264
  2. 多媒体会议室 …… 265
  3. 多功能厅 …… 266
 第六节 广播音响系统中部分新型设备 …… 268
  1. 中央控制装置 …… 268
  2. 红外发射机、红外辐射器和红外接收机 …… 269
  3. 无线功率扬声器 …… 271
 第七节 部分实际广播音响系统工程图的识图读图分析 …… 273
  1. 某大学数字网络广播系统及系统图分析 …… 273
  2. 某宾馆公共广播系统的系统图分析 …… 275
 第八节 视频会议 …… 276
  1. 视频会议简述 …… 276
  2. 部分视频会议周边硬件 …… 277
  3. 一种高清视频会议系统 …… 278
  4. 对一个政府机关的视频会议系统图的读图分析 …… 279
  5. 视频会议的发展及标准 …… 280

第十章 同声传译系统基础及识图

第一节 同声传译系统的基本概念 ………………………………………… 281
1. 同声传译系统概述 ……………………………………………………… 281
2. 同声传译系统的特点 …………………………………………………… 281
3. 同声传译系统的组成 …………………………………………………… 282
4. 红外线同声传译系统 …………………………………………………… 283

第二节 同声传译系统主要设备及组件 …………………………………… 284
1. 主要设备 ………………………………………………………………… 284
2. 无线同步多国语言传送翻译系统设备 ………………………………… 289

第三节 同声传译系统的图纸识读 ………………………………………… 291
1. 系统框图的识读 ………………………………………………………… 291
2. 系统图的识读 …………………………………………………………… 292
3. 平面图的识读 …………………………………………………………… 293

第十一章 工程实例解析

第一节 楼宇自控系统工程实例及识读图分析 …………………………… 295
1. 楼宇自控系统冷冻站机房平面图识读图 ……………………………… 295
2. 五～八层平面图的识读图分析 ………………………………………… 297

第二节 某酒店型建筑的弱电系统工程实例分析 ………………………… 298
1. 某酒店型建筑弱电系统工程概述 ……………………………………… 298
2. 有线电视系统 …………………………………………………………… 300
3. 消防系统 ………………………………………………………………… 302
4. 安防监控系统 …………………………………………………………… 310

第三节 某楼宇综合布线系统图识读图分析 ……………………………… 314

第四节 某楼宇弱电系统的工程图识读图 ………………………………… 315
1. 楼宇自控系统系统图识读图分析 ……………………………………… 315
2. 空调机组的监测和控制信号分析 ……………………………………… 318
3. 冷热源系统控制原理图的识读图分析 ………………………………… 318
4. 空调冷冻水循环泵和生活水泵控制原理图识读图分析 ……………… 318
5. 送排风机控制原理图识读图分析 ……………………………………… 321

第一章 识读建筑电气工程图的基础知识

第一节 建筑电气工程图的分类及用途

1. 电气工程和建筑弱电工程

电气工程包含的内容很丰富。人们把电气装置安装工程中的照明、动力、变配电装置、35kV及以下架空线路及电缆线路、电梯、通信系统、广播系统、有线电视系统、火灾自动报警及消防联动控制系统、防盗报警安防系统、建筑物内的计算机监测及控制系统、暖通空调及自控系统、与建筑物相关的新建、扩建和改建的电气工程都称为建筑电气工程。

建筑电气工程涉及土建、暖通、设备、管道、装饰、空调制冷等专业。许多现代建筑，如宾馆饭店、写字楼、高层民用住宅、体育场馆、剧院会堂、商业大厦、办公楼等，其中的照明动力、暖通空调、通信网络、安防、消防、微机监控、数字仪表监测以及各类自控装置等，构成了功能齐全并且较为复杂的电气系统，使建筑物的功能实现了自动化，为使用者提供舒适的工作和生活环境，尤其是建筑内的建筑智能化系统（建筑弱电系统）的应用，除了能提供舒适的工作和生活环境以外，还能够大幅度地提高建筑内各种机电设备的自动化控制程度，同时还能产生很好的节能效果。

建筑电气工程图是电气设计、安装和工作人员操作必须要严格遵守的重要书面工程文件，对于电气设备及线路的安装、运行、维护和管理来讲，是必不可少的工程文件。不管是从事建筑强电工程的技术人员，还是从事建筑弱电系统的技术人员，能够熟练地识读建筑电气工程图是一项必须要具备的职业技能。要熟练地识读建筑电气工程图，就要清楚建筑电气工程图的分类及应用的基本情况。

作为建筑电气工程技术人员，既要能够识读一般建筑电气系统的工程图纸，也要能够识读建筑弱电系统的工程图纸，本书则侧重介绍建筑弱电系统的工程图纸的识图。

2. 电气图

按照相关的国家标准、规则表述，电气图被分为15类，这里仅介绍使用频繁的部分电气图分类情况。

1）系统图或框图

使用符号或带注释的围框，绘制出概略表示系统的组成、相互关系和主要特征的图形叫系统图。如果主要使用带注释的围框绘制，则称为框图。

2）逻辑图

采用数字逻辑单元图形符号绘制出只表示功能，不涉及实现方法的图形称为逻辑图。

3）电路图

电路图是采用图形符号，表示电路或设备的组成和连接关系，用来理解、分析工作原理，进行相关计算的图形。

4）端子功能图

端子功能图用来表示功能单元的全部外接端子功能的图形，端子功能图也可以同时表示功能单元的内部功能。

5）程序图

程序图表示程序单元和程序模块及其连接关系的图形。

6）设备元件表

设备元件表就是将电气系统或设备中的各组成部分（组件）的名称、型号、规格、数量排成表列方式形成的表格性文件。

7）接线图或接线表

接线图或接线表表示成套装置或设备的连接关系，用来进行接线和检查。

8）单元接线图或单元接线表

单元接线图或单元接线表表示成套电气装置或设备中的一个结构单元或功能单元内的连接关系。

9）互连接线图或互连接线表

互连接线图或互连接线表表示成套电气装置或设备中的不同单元之间的连接关系。

10）端子接线图或端子接线表

端子接线图或端子接线表表示成套电气装置或设备的端子以及端子的连接线。

11）位置简图或位置图

位置简图或位置图表示成套装置或设备中各个项目、功能单元、结构单元的位置关系。

3. 建筑电气工程图

建筑电气工程图用来说明建筑中电气装置、设备和工程的构成和功能、工作原理并提供安装技术数据和使用维护依据的工程图纸。

常见的建筑电气工程图主要有以下几类。

1）目录、说明、图例、设备材料明细表

图纸目录内容包括：图纸序号、图纸名称、图纸编号、图纸张数等。

设计说明或施工说明主要阐述：电气工程设计的依据、工程的要求和施工原则、建筑特点、电气安装标准、安装方法、工程等级、工艺要求及有关设计的补充说明等。

图例是指图形符号，列出图纸中用到的图形符号。

设备材料明细表列出了以下内容：该项电气工程所需要的设备和材料的名称、型号、规格和数量。设备材料明细表的内容是进行设计概算和施工预算时参考的重要内容。

2）电气系统图

电气系统图主要表现电气回路中各元件的连接关系，但不描述元件的具体情况、安装位置和接线情况。电气系统图又分为：变配电系统图、动力系统图、照明系统图、弱电系统图等。电气系统图可以表示电气工程的供电方式、电能输送、分配以及设备运行情况。

注意：电气系统图特别侧重描述系统中元件的连接关系。

电气系统图是用单线图表示电能或电信号按回路关系绘制的图样，表示系统中各回路名称、主要电气设备、开关元件及导线电缆的规格型号等。单线图中使用单一线段来表示两条或多条实际物理线缆。

在建筑电气工程中，系统图用得很多，动力、照明、变配电装置、电缆电视、火灾报警及自动控制联动、安防报警、微机监控等都要用到系统图。楼宇弱电系统也大量地用到系统图。

3）电气平面图

用来表示电气线路、装置和设备进行平面布置的图纸就是电气平面图。电气平面图主要描述的电气线路、装置和设备的位置关系。电气平面图是在建筑总平面图基础上，绘制出电气设备、装置及线路的安装位置、敷设方法等。常用的电气平面图有：变配电所平面图、动力平面图、照明平面图、防雷平面图、接地平面图、弱电平面图等。电气平面图是进行电气安装的必不可少的工程图纸文件。

建筑电气工程的图样中有电气总平面图、单元电气平面图。电气总平面图是在建筑总平面图上表示电源及电力负荷分布的图样，主要表示各建筑物的名称或用途、电力负荷情况、电气线路走向及变配电装置的位置、容量和电源进户的方向等。电气总平面图表示电气负荷的分布及电源装置等电气工程等概括性的信息。

4）设备布置图

采用三视图方式绘制的平面图、立面图、剖面图及各种构件详图就是设备布置图。设备布置图表示电气设备和元件的空间位置关系、安装方式和相互关系。

5）安装接线图

安装接线图也称为安装配线图，主要用来表示电气设备、电器元件和线路的安装位置、配线方式、接线方法和配线场所特征的图纸。

6）电气原理图

电气原理图是用来表现电气设备或系统的工作原理的图纸，他按照设备或系统各个部分的动作原理、动作顺序进行展开绘制。通过对电气原理图的阅读和分析，可以知晓设备或系统的动作顺序。电气原理图还主要用于指导设备或系统及器件的安装、接线、调试和维修。

7）详图

详图是表现电气工程中设备的某一部分的具体安装要求和做法，有细节内容的图纸。

4. 建筑弱电系统工程图简介

建筑弱电工程是建筑电气工程中的一个组成部分，在现代建筑(宾馆、商场、写字楼、办公室、科研楼及高层住宅)中普遍安装了较为完善的弱电设施，如火灾自动报警及联动控制装置、防盗报警装置、闭路电视监控系统、网络视频监控系统(包括无线网络视频监控系统)、电话、计算机网络、综合布线系统、共用天线有线电视系统及广播音响系统等。

对建筑弱电系统工程的设计、安装与调试，要求相关的专业人员要熟练地掌握弱电平面图、弱电系统图、弱电设备原理框图。

建筑弱电工程图与建筑电气工程图一样，形式多样。常见的有弱电平面图、弱电系统图和框图。

在楼宇自控系统的系统图和平面图中，还有一类图叫楼宇自控竣工图。竣工图与平时画的设计图一般情况下没有区别，但竣工图是经过了专业人员的多次修改、最后汇总而成的楼宇自控系统图和平面图，其中很少有差错，而且设计较为合理。

5. 建筑弱电系统工程图与建筑电气工程图的关系

由于建筑弱电系统工程图是建筑电气工程图的一个组成部分，因此对于建筑弱电系统工程图的识图、读图，首先应该掌握建筑电气工程图的识图读图的特点。

建筑电气工程图的识图、读图特点主要有以下几项。

（1）建筑电气工程图一般采用统一的图形符号，并加注文字符号进行标识进行绘制。因此应该熟悉和了解这些统一的图形符号和标识文字的使用规律。

（2）建筑电气工程图中的设备都是通过接入用电回路来工作的。用电回路包括电源、用电设备、导线和开关控制设备四个组成部分。

（3）电气设备和组件是通过导线连接起来的，所以对建筑电气工程图的识图、读图包括对电源、信号和监测控制线路的识读分析。

（4）建筑电气工程施工是由主体工程和安装工程施工组成的，在进行建筑电气工程图的识图、读图时，应与有关土建工程图、管道工程图等对应起来阅读。

第二节　建筑电气工程项目的分类和弱电工程

1. 建筑电气工程项目的分类

建筑电气工程项目可分为以下几类：外线工程、变配电工程、室内配线工程、电力工程、照明工程、防雷工程、接地工程、发电工程和弱电工程。其中，电力工程是关于各种风机、水泵、电梯、机床、起重机的动力设备和控制器以及动力配电箱的工程；照明工程内容涉及照明、灯具、开关、插座、电扇和照明配电箱等设备；防雷工程内容涉及建筑物电气装置和其他设备的防雷措施，当然也包括建筑弱电系统的防雷；接地工程则包括建筑内各种电气装置的工作接地和保护接地系统。

2. 建筑弱电工程

建筑弱电工程是建筑电气工程项目中很重要的一类项目，涉及建筑智能化信息化工程的各个方面。对于现代建筑来讲，建筑弱电系统在一定意义上已经等同于建筑智能化系统，包含了丰富的内容。建筑弱电系统包括楼宇自动化控制系统、安防系统、消防报警系统、网络通信系统、办公自动化系统、闭路电视系统等。

第三节　建筑电气工程图的基本规定

在建筑电气工程项目的设计中，通过绘制符合国际规范、国家标准和行业标准的各种电气工程图纸，来准确地表现设计思想、设计方案，准确地对工程及涉及的设备装置进行工程图纸语言的描述。施工时,依据这些通用的、规范的相关电气工程图进行施工。分析研究建筑电气工程项目及项目中的系统及装置时,也离不开各类建筑电气工程图。对于建筑弱电系统的也一样,各个子系统的工作原理、系统结构、施工指导、维护保养都是依据各种不同的建筑弱电电气工程图来展开的。因此,对建筑行业内从事电气工程的工程技术人员来讲,不管从事的工作是关于强电工程还是关于建筑弱电工程的,都必须要掌握建筑电气工程图相关的知识,这一部分知识和技能属于基本的职业技能的重要组成部分。

所有的建筑电气工程图都必须遵守一定的格式、基本规定和要求。这些规定和要求包括建筑电气工程图自身的规定和机械制图、建筑制图等方面的有关规定。

1. 图纸的格式与幅面尺寸

1)图纸的格式

一张完整的图纸要包括以下要素:边框线、图线框、标题栏和会签栏。正规工程图纸的格式如图 1-3-1 所示。

2)幅面尺寸

图纸需要装订时,装订的一边留出装订边,不需要装订,则图纸的四个周边尺寸是一样的。

由边框围成的图面称为图纸的幅面。幅面尺寸系列为:A0~A4,见表 1-3-1。

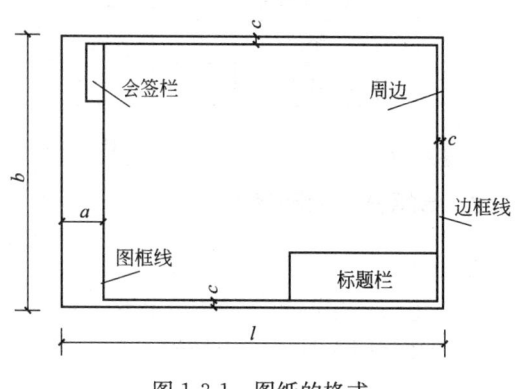

图 1-3-1 图纸的格式

幅面尺寸及代号 表 1-3-1

幅面代号	A0	A1	A2	A3	A4
宽长($b \times l$)/(mm×mm)	841×1189	594×841	420×594	297×420	210×297
边宽(c)/mm	10	10	10	5	5
装订侧边宽(a)/mm	25	25	25	25	25

A0~A4 图纸中,A0~A2 图纸是不能加长的,A3、A4 图纸可根据绘图需要进行加长,加长的情况见表 1-3-2。从表中看出,加长的方式是:沿短边以短边的倍数加长。

加长幅面尺寸 表 1-3-2

代号	尺寸/(mm×mm)	代号	尺寸/(mm×mm)
A3×3	420×891	A4×4	297×841
A3×4	420×1189	A4×5	297×1051
A4×3	297×630		

A0~A4 幅面尺寸的图纸之间有这样的关系:A0 号图的幅面面积为 $1m^2$,A1 号图幅面面积是 A0 号图的 1/2,A2 号图幅面面积是 A1 号图的 1/2,其他图幅面以此类推。

3)标题栏

用来表述图纸的名称、图号、张次、更改以及设计人、审核人和有关人员签署等内容的栏目为标题栏。标题栏中的文字方向即为看图的方向，而且图中的说明、标识符号的方向与标题栏中的文字方向是严格一致的。

目前，我国设计部门的工程设计图纸的标题栏格式没有统一规定，各设计单位的图纸标题栏可以不同，但标题栏中应有以下内容：设计单位、工程名称、项目名称、图名、图号、图别等。一个有着这些内容的标题栏见图 1-3-2。

设计单位名称		工程名称	设计号
			图号
总工程师	主要设计人	项目名称	
设计总工程师	技核		
专业工程师	制图		
组长	描图	图名	
日期	比例		

图 1-3-2　标题栏格式

2. 图幅分区和图线

1）图幅分区

如果电气图中的包含的内容较多，或图纸幅面大且内容复杂的图，需要分区。通过分区，设计和阅图人员可以很快地找到图纸中的相应部分。

图幅分区采用的方法详见如下所述。

（1）将图纸相互垂直的两边框分别等分，分区的数量视图的复杂程度而定，分区的数量必须是偶数，每个分区的长度在 25~75mm 之间，分区线用细实线。

（2）竖边方向分区用大写的拉丁字母从上到下按序标号；横边方向分区用阿拉伯数字从左到右编号，分区代号用字母在前和数字在后的组合来表示，如 D3、B5 等，如图 1-3-3 所示。

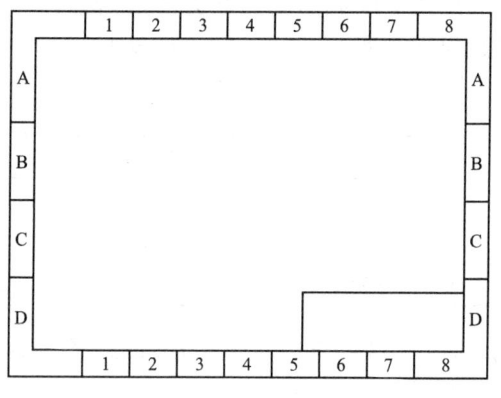

图 1-3-3　图幅分区法示例

2）图线

电气图绘制中使用到的各种线条称为图线，常用的图线形式及应用见表 1-3-3。

图线形式及应用　　　　表 1-3-3

图线名称	图线形式	图线应用	图线名称	图线形式	图线应用
粗实线		电气线路，一次线路	点画线		控制线，信号线，围框线
细实线		二次线路，一般线路	双点画线		辅助围框线，36V 以下线路
虚线		屏蔽线，机械连线			

3. 字体、比例和方位

1）字体

工程图纸上的汉字、字母和数字是图纸的一个重要组成部分，要求书写时做到：字体端正、笔画清晰、排列整齐和间隔均匀。图中的字体必须符合标准，一般汉字用长仿宋体，字母和数字用直体，并采用国家正式公布的简化字。进行标识说明的字体大小根据图幅大小而定，国家标准规定了字体的6种号数：20，14，10，7，5，3.5。不同号数的字体高度不同。表1-3-4 给出了字体的最小高度(mm)对应情况。

字体的最小高度(mm)　　　　　　　　　表1-3-4

基本图纸幅面	A0	A1	A2	A3	A4
字体最小高度	5	3.5	2.5	2.5	2.5

2）比例

工程图纸中，图形与实际物体线性尺寸的比值称为比例。一般情况下，多数电气工程图没有按照比例绘制，但一旦涉及位置或者强调位置，如在某些位置图中就按比例绘制或部分按比例绘制。

常用的比例有：1∶10，1∶20，1∶50，1∶100，1∶200，1∶500。

举例：某图纸采用比例为 1∶100 绘制，在图纸上实测某段线路为 20cm，则该段线路实际长度是 20×100＝2000cm。

3）方位

电气工程图一般按"上北下南，左西右东"来表示建筑物、设备和装置的位置及朝向。但对于外电总平面图中都用指北针方向来做方位标记来表示朝向。

4. 安装标高、定位轴线和详图

1）安装标高

电气工程图中，用标高来表示电气设备和线路的安装高度。标高有绝对标高和相对标高两种表示方法。绝对标高也被称为海拔高度；相对标高是指选定某一参考平面作为高度量测量的起点而确定的高度尺寸。建筑工程图上采用的是相对标高，一般是选定建筑物室外的地平面为高度测量起点，即建筑物室外的地平面高度为±0.00m。

2）定位轴线

电气工程图一般是在建筑平面图上完成的。建筑平面图上，建筑物都标记着定位轴线，一般是在主要承重构件，如剪力墙、承重的柱和梁的位置处标注出定位轴线，用来确定其位置。对于非承重的分隔墙、次要构件等，有时则用附加定位轴线表示其位置。

定位轴线要进行标号标识区分。定位轴线编号的方法是：在水平方向采用阿拉伯数字，由左向右顺序地注写；在垂直方向采用拉丁字母(其中I、O、Z不用)，由下往上顺序注写，数字和字母分别用点画线引出。使用拉丁字母标注定位轴线时，一般不使用以下三个字母——I、O、Z，以免和数字1、0和2混淆。

借助于定位轴线可以了解电气设备和其他设备的具体安装位置。对部分图纸的修改、设计变更，常使用定位轴线来快速地确定要确定的位置。

3）详图

在电气工程图的设计中，为更为细致地表示电气设备中某些零部件、连接点的结构、加工和安装工艺要求，需要将这些特定的部分单独放大，详细表示，这种图被称为详图。

表示电气设备某一部分的详图可以和该设备的图纸绘制在同一张图纸上，也可绘制在另一张图纸上，而且用一个统一的标记将它们联系起来，即应用索引符号和详图符号来反映基本图与详图之间的对应关系。

表1-3-5 所列为详图的标示方法。

详图的标示方法　　　　　　　　　　　　　　表1-3-5

图例	示意	图例	示意
③/—	3号详图与总图画在一张图上	⑤/3	5号详图被索引在第3号图样上
③/4	3号详图画在第4号图样上	D×××─③/5	图集代号为D×××，详图编号为3，详图所在图集页码编号为5
④	4号详图被索引在本张图样上	D×××─⑥/—	图集代号为D×××，详图编号为6，详图在本页（张）上

第四节　电气图的通用画法

电气图的通用画法（通用表示法）：用于电路的表示方法、用于元件的表示方法等。

1. 用于电路的表示方法

用于电路的表示方法又分为单线表示法、多线表示法和混合表示法。

1）单线表示法和多线表示法

单线表示法就是在简图中用一条线表示两根或两根以上的导线绘制图形，如图1-4-1所示。多线表示法就是在简图上一条线表示一根导线绘制图形，如图1-4-2所示。

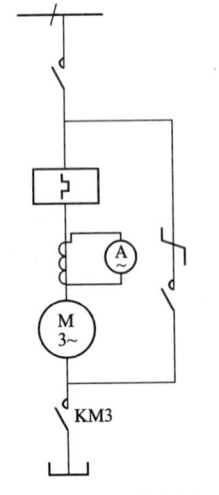
图1-4-1　单线表示法示例(Y-△启动器)

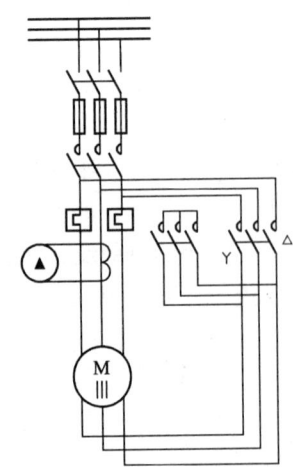
图1-4-2　多线表示法示例(Y.△启动器)

多线表示法能够较清晰地表达电路的工作原理,但描述电路时较单线表示法使用的图线多,增加了图形的复杂性;尤其在设备比较复杂时,图线多、交叉多,增加了识图的复杂程度。

2) 混合表示法

如果将图中的一部分用单线表示法绘制,另一部分用多线表示法绘制,这就是混合表示法。

混合表示法既有单线表示法简明、精练的特点,又有多线表示法精确、完整的特点。混合表示法绘制的图例如图 1-4-3 所示。

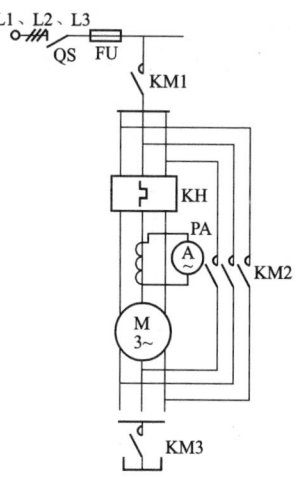

图 1-4-3 混合表示法绘制的图例

2. 用于元件的表示方法

1) 集中表示法

集中表示法就是在简图中将设备或成套装置中的某一个项目的各组成部分的图形符号绘制在一起的方法。其中,各组成部分用机械连接线(虚线)相互连接,连接线必须是一条直线。集中表示法一般只适用于简单的图,见表 1-4-1。

2) 半集中表示法

半集中表示法是将设备和装置中一个项目的某些部分的图形符号在简图上分开布置,并使用机械连接符号来表示它们之间的关系的表示方法,以使电路布局清晰,易于识别,见表 1-4-2。这种方法适用于内部具有机械联系的元件。机械连接线可以是直线,也可以折弯、分支和交叉。

集中表示法示例　　表 1-4-1

示例	集中表示法	名称	附　注
1	A_1　A_2 13　　14 23　　24	继电器	可用半集中表示法或分开表示法表示
2	11 12　21 13　22 14	三绕组变压器	可用分开表示法表示

半集中表示法示例　　表 1-4-2

示例	半集中表示法
1	H⊗　KM
2	13　S1　14　　23　24　21

3) 分开表示法

分开表示法就是将一个项目中的某些部分的图形符号在简图上分开布置,并仅用项目代号(文字符号)表示它们之间的相互关系的表示方法,以使设备和装置的电路布局清晰、易于识别,如图 1-4-4 所示。这种方法适用于内部具有机械的、磁的或光的功能联系的元件,又称为展开表示法。

图 1-4-5 为用集中表示法绘制的双向旋转电动机启动器电路的图示。

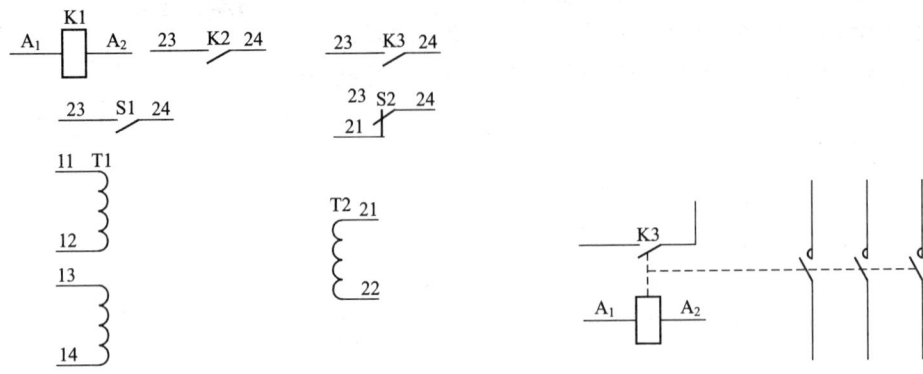

图 1-4-4　分开表示法示例(元件同表 1-4-1)　　图 1-4-5　用集中表示法绘制的双向旋转电动机启动器电路图

4) 项目代号的标注方法

采用集中表示法和半集中表示法绘制的元件,其项目代号标注在图形符号旁,并与机械连接线对齐。采用分开表示法绘制的元件,其项目代号应标注在项目的每一部分自身符号旁,必要时,对同一项目的同类部件,如各辅助开关、触点等,可加注序号。

项目代号的标注位置应尽量靠近图形符号。图线水平布局的图中,项目代号应标注在图形符号上方;图线垂直布局的图中,项目代号应标注在图形符号的左方。项目代号中的端子代号应标注在端子或端子位置的旁边;图框中的项目代号应标注在其上方或右方。

5) 电气图的布局方法

(1) 功能布局法。功能布局法是指电气图中元件符号的布置,只考虑便于看出它们所表示的元件之间的功能关系,而不考虑其实际位置的布局方法。系统图、电路图等大多数简图都采用这种布局方法。

(2) 位置布局法。位置布局法是指电气图中元件符号的布置对应于该元件实际位置的布局方法。平面图、安装接线图等就是采用这种方法。

(3) 图线布局法。图线布局法是指电气图中的导线、信号通路、连接线等图线用横竖直线表示,并尽可能地减少交叉和弯折。图线的布局有水平布局、垂直布局和交叉布局三种。水平布局的示意如图 1-4-6 所示,垂直布局的示意如图 1-4-7 所示,图线的交叉布局如图 1-4-8 所示。

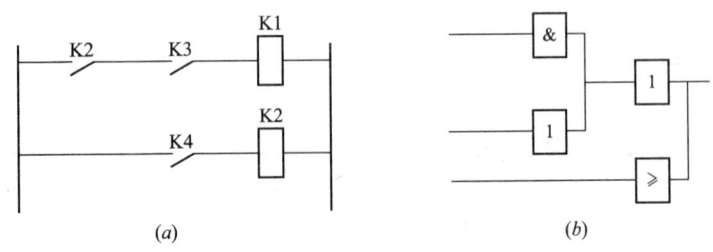

图 1-4-6　水平布局的示意

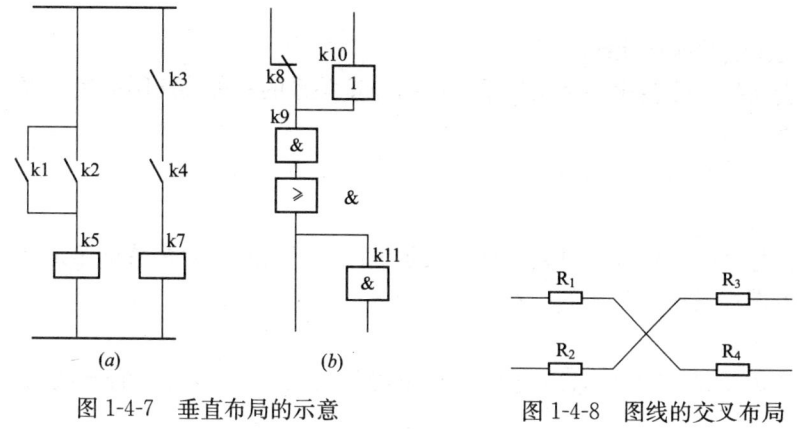

图 1-4-7 垂直布局的示意   图 1-4-8 图线的交叉布局

水平布局时，元件和设备的图形符号横向（行）布置，使其连接线处于水平方向；垂直布局时，元件和设备的图形符号纵向（列）布置，使其连接线处于垂直方向；交叉布局时，可采用斜向交叉线表示，将相应的元件连接成对称的布局。

（4）元件布局法。元件布局法就是在电气图中，元件按因果关系和动作顺序从左到右、从上到下排列布置，看图时也应按这一排列规律来分析。

第五节　电气工程图常用术语

在电气图国家新标准和国际上通用的国际电工委员会 IEC（International Electro-technical Commission）标准中，较严格地定义了电气图中使用的有关名词术语。掌握这些名词术语是熟练地识读电气工程图所必须具备的基础。下面列出应用频度较高的部分名词术语供参考。

（1）半集中表示法

为了使设备和装置的电路布局清晰，易于识别，把一个项目中某些部分的图形，在简图上分开布置，并用机械符号表示它们之间关系的方法。

（2）被控系统

包括实际执行过程的操作设备。

（3）部件

两个或更多的基本件构成的组件的一部分，可以整个替换也可以分别替换其中一个或几个基本件，如过流保护器件、滤波器网格单元、端子板等。

（4）补充标记

一般用作主标记的补充，并且，以每一根导线或线束的电气功能为依据的标记系统。

（5）程序图

详细表示程序单元和程序片及其互连关系的一种简图。

（6）从属标记

以导线所连接的端子的标记或线束所连接的设备的标记为依据的导线或线束的标记

系统。

(7) 单元接线图或单元接线表

表示成套装置或设备中一个结构单元内的连接关系的一种接线图或接线表。

(8) 等效电路图

表示理论的或理论的元件及其连接关系的一种简图。

(9) 电路图

用图形符号并按工作顺序排列，详细表示电路、设备或成套装置的全部基本组成和连接关系，而不考虑其实际位置的一种简图。

(10) 独立标记

与导线所连接的端子的标记或线束所连接的设备的标记无关的导线或线束的标记系统。

(11) 单线表示法

两根或两根以上的导线，在简图上只用一条线表示的方法。

(12) 端子

用以连接器件和外部导线的导电体。

(13) 端子代号

用以同外电路进行电气连接的电器导电体的代号。

(14) 端子板

装有多个互相绝缘并通常与地绝缘的端子的板、块或条。

(15) 端子功能图

表示功能单元全部外接端子，并用功能图、表图或文字表示其内部功能的一种简图。

(16) 端子接线图或端子接线表

表示成套装置或设备的端子以及接在外部接线（必要时包括内部接线）的一种接线图或接线表。

(17) 多线表示法

每根导线在简图上都分别用一条线表示的方法。

(18) 方框符号

用以表示元件、设备等的组合及其功能，既不给出元件、设备的细节，也不考虑所有连接的一种简单的图形符号。

(19) 符号要素

一种具有确定意义的简单图形，必须同其他图形组合以构成一个设备或概念的完整符号。

(20) 功能

对信息流、逻辑流或系统的性能具有特定作用的操作过程定义。

(21) 功能流

描述设备功能之间逻辑上的相互关系。

(22) 功能图

表示理论的或理想的电路而不涉及实现方法的一种简图。

(23) 功能表图

表示控制系统(如一个供电过程或一个生产过程的控制系统)的作用和状态的一种表图。

(24) 功能布局法

简图中元件符号的位置,只考虑便于看出它们所表示的元件之间功能而不考虑实际位置的一种布局方法。

(25) 互连接线图或互连接线表

表示成套装置或设备的不同单元之间连接关系的一种接线图或接线表。

(26) 简图

用图形符号、带注释的围框或简化外形表示系统或设备中各组成部分之间相互关系及其连接关系的一种图。

(27) 集中表示法

把设备或成套装置中一个项目各组成部分的图形符号,在简图上绘制在一起的方法。

(28) 基本件

在正常情况下不破坏其功能就不能分解的一个(或互相连接的几个)零件、元件或器件,如连接片、电阻器、集成电路等。

(29) 逻辑图

主要用二进制逻辑单元图形符号绘制的一种简图;只表示功能而不涉及实现方法的逻辑图,称为纯逻辑图。

(30) 逻辑电平

假定代表二进制变量的一个逻辑状态的物理量。

(31) 内部逻辑状态

描述的是假定在符号框线内输入端或输出端存在的逻辑状态。

(32) 前缀符号

用以区分各个代号段的符号,包括等号"＝"、加号"＋"、减号"－"和冒号"："。

(33) 设备元件表

把成套装置、设备和装置中各组成部分和相应数据列成的表格。

(34) 识别标记

标在导线或线束两端,必要时标在全长可见部位以识别导线或线束的标记。

(35) 施控系统

接收来自操作者、过程等信息,并给被控系统发出命令的设备。

(36) 图

用图示法的各种表达形式的统称。

(37) 图形符号

通常用于图样或其他文件以表示一个设备或概念的图形、标记或字符。

(38) 外部逻辑状态

描述的是假定在符号框线外存在的逻辑状态。

(39) 位置代号

项目在组件、设备、系统或建筑物中的实际位置的代号。

(40) 位置简图或位置图

表示成套装置、设备或装置中各个项目位置的一种简图或一种图。

(41) 位置布局法

简图中元件符号的布置对应于该元件实际位置的布局方法。

(42) 系统说明书

按照设备的功能而不是按设备的实际结构来划分的文件。这样的成套文件称之为功能系统说明书，一般称为系统说明书。

(43) 系统图或框图

用符号或带注释的框，概略表示系统或分系统的基本组成、相互关系及其主要特征的一种简图。

(44) 限定符号

用以提供附加信息的一种加在其他符号上的符号。

(45) 项目

在图上通常用一个图形符号表示的基本件、部件、组件、功能单元、设备、系统等。如电阻器、继电器、发电机、放大器、电源装置、开关设备等，都可称为项目。

(46) 印制板装配图

表示各种元、器件和结构件等与印制板连接关系的图样。

(47) 主标记

只标记导线或线束的特征，而不考虑其电气功能的标记系统。

(48) 组合标记

从属标记和独立标记一起使用的标记系统。

(49) 组件

若干基本件或若干部件或者是若干基本件和若干部件组装在一起，用以完成某一特定功能的组合体。如发电机、音频放大器、电源装置、开关设备等。

第六节　建筑电气工程图的阅读方法

建筑电气工程图主要包括系统图、位置图（平面图）、电路图（控制原理图）、接线图、端子接线图、设备材料表等。

1. 识读建筑电气工程图的一些基础性工作

1) 明确和熟悉图纸图形符号代表的含义

建筑电气工程图主要是采用统一的图形符号，使用文字符号标注绘制出来的。图形符号和文字符号是电气工程语言的"基本词汇"。绘制和阅读建筑电气工程图，必须首先了解和熟悉这些图形符号所代表的内容和含义。

2) 对所要识读的图纸表示的系统有一个基本的了解

要正确读懂图纸，首先还要对图纸描述设备或装置的基本结构、工作原理、工作程序、主要性能和用途等有一个基本的了解。

3) 注意出现设备和组件分离情况下的识读

有时电气设备安装在一处，而控制设备、操作开关则可能在另一处。这种情况下识读图纸就要将各有关的图纸联系起来，对照阅读。通过系统图、电路图找联系，通过布置图、接线图找位置，交错阅读，才能起到较好的阅读效果。

4) 建筑电气工程图常和一些相关图纸配合阅读

电气设备的布置与土建平面布置、线路走向与建筑结构有关，因此，阅读建筑电气工程图时应与有关的土建工程图、管道工程图等配合阅读。

5) 阅读电气工程图和规范、规程配合阅读

电气工程施工时必须满足一些技术要求，阅读电气工程图时，应熟悉有关规范、规程的要求，才能真正读懂图纸。

2. 建筑电气工程图的阅读步骤

阅读建筑电气工程图，除了要掌握一些基础性知识外，还应该按照合理的步骤进行阅读，才能比较迅速全面地读懂图纸，实现读图的意图和目的。

对于要具体阅读的一套建筑电气工程图，一般都包括多张图纸，包含内容较多，应按以下顺序依次阅读和必要的相互对照参阅。

1) 首先阅读标题栏及图纸目录

了解工程名称项目内容、设计日期等。

2) 阅读图纸的总说明

了解工程总体概况及设计依据，对工程总体情况进行概要性的了解，从总体上加以把握。

3) 阅读系统图

分项工程图纸中都包含有系统图。通过阅读系统图，了解系统的基本组成、主要电气设备、元件等连接关系及它们的规格、型号、参数等，掌握该系统的基本概况。

4) 阅读电路图和接线图

通过阅读电路图和接线图了解各系统中用电设备的电气自动控制原理。电路图多采用功能布局法绘制，看图时应依据功能关系从上至下或从左至右一个回路一个回路地阅读。如果能够熟悉电路中各电器的性能和特点，可大大助益于对图纸的加深理解。

5) 阅读平面布置图

平面布置图是建筑电气工程图纸中的重要图纸之一，它表述了设备和装置之间的位置关系，必须熟读。还可对照相关的安装大样图一起阅读。

阅读图纸的步骤并没有统一的规定，可因情而异、灵活掌握，并应有所侧重。

3. 建筑弱电系统的图纸阅读

1) 建筑弱电系统工程图的识读图方法

(1) 熟悉建筑弱电系统工程图中的各种图形符号、文字符号、项目代号等，理解其内容、含义和相互关系。

(2) 掌握各类建筑弱电系统电气工程图的特点，进行读图时，应该将相关图纸按照对应关系来阅读。

(3) 了解有关建筑弱电系统电气图的标准和规范。

(4) 善于查阅有关电气装置标准图集和相关的建筑弱电系统工程图的标准图纸。

(5) 建筑弱电系统工程图与强电系统的工程图识图读图有各自的规律。

建筑弱电系统工程图识图读图与强电系统的工程图识图读图有较大的不同。

建筑弱电系统包括楼宇自控子系统、安防系统、消防系统、网络通信系统、综合布线系统、有线电视系统、广播音响系统等；其工程图也包括这些子系统的系统图、平面图、施工图、安装图等。这些子系统各不相同，工程图纸的表现内容也各不相同，并有自己的一些特点。

2）识读建筑弱电系统工程图的识图步骤

(1) 详细阅读图纸说明文字部分。如项目内容、设计日期、工程概况、设计依据、设备材料表等，首先从整体上把握所识读和分析的系统的基本概况。

(2) 看系统图和框图。了解系统的基本组成、相互关系及主要特征等。

(3) 阅读工作原理图。识读建筑弱电系统有时也涉及电气原理图，电气原理图分主电路、控制电路和辅助电路等。一般主电路用粗实线绘制，辅助电路用细实线绘制，读图顺序是：先主后辅。

主电路一般画在图幅的左侧或上方，控制电路画在图幅的右侧或下方，电路中的各电气设备和元件都按动作顺序由上到下、由左至右依次排列。识读主电路时，应按从上向下的方向看，也就是从用电设备开始按控制顺序向电源看；识读辅助电路时，应按自上而下、从左到右识读；识读辅助电路时间，应首先分析各元件的相互关系、控制关系及其动作情况，认识辅助电路和主电路的相互关系。如果电路较为复杂，可从多个基本电路逐个进行分析，最终将各个不同的部分电路及各个环节综合起来进行分析。

在分析工作原理时，可以暂时不予考虑电路中的保护环节；但涉及保护环节的分析和识读图时就要进行较细致的分析。

(4) 看平面布置图。平面布置图是建筑电气工程图和建筑弱电系统工程图中的重要图纸之一，平面布置图很准确地描述了设备和装置的安装位置、线路敷设位置、敷设方法及所用导线型号、规格、数量等。平面布置图特别注重描述系统、设备和建筑平面之间的位置关系。

对于多层建筑的弱电系统平面图识读，要从一层看起。要侧重分析一些关键设备都放置在什么区域内，向外引出的线路情况和与外部的连线的情况怎么样。

(5) 看安装接线图、详图和竣工图。和识读建筑电气工程图一样，识读建筑弱电系统工程图的顺序也是"先文字，后图形"。在识读建筑弱电系统工程图的过程中，始终要注意和相关的规范标准结合进行分析。

3）注重掌握不同子系统的读图识图具体方法和读图识图规律

建筑弱电系统由楼宇自控系统、安防系统、消防报警联动控制系统、给排水及控制系统、网络通信系统等子系统组成。每个子系统的工程图都有自己的特点，如，网络通信系统的工程图与安防系统、消防报警联动控制系统等子系统的工程图有很大的不同，主要是由于系统的组成设备和组件不同，设备连接方式不同，表现在绘图方面，图形符号连接方式也不同。因此，对于建筑弱电系统的图纸识图和读图，就要注重掌握不同子系统的读图识图具体方法和读图识图规律。

对于建筑弱电系统各个子系统，读图识图基本的规律性主要体现在以下几点。

(1) 按照不同的子系统来读图识图

由于建筑弱电系统是由许多子系统组成，具体分析识读工程图时，要将子系统作为单元来读图识图。

（2）每个子系统都由自身的一些设备和器件组建，设备和组件的标准符号都有自己的特点。因此阅读各个子系统的基础之一就是，熟悉各子系统的常用设备、组件的标准符号。

（3）按照一般电气工程图读图识图的一般规律和步骤进行。

4）对楼控系统工程图的阅读

掌握使用层级结构的楼控系统和使用通透以太网的两大类楼控系统的构造、控制网络和管理信息域网络的组织规律；掌握空调系统的冷热源常见的设备构造和工作原理；掌握空调系统的前端设备，包括新风机组、空调机组、风机盘管和变风量空调系统的设备构造和工作原理；熟悉楼控系统工程图中常用到的各类设备和组件的标准符号，进而按照系统图、平面图、设备安装及接线图去分析识读。

5）对火灾自动报警及联动控制系统的工程图阅读

火灾自动报警及自动消防的系统图有助于描述系统连接原理和系统组成的规律，平面图则较为细致地描述了不同设备、组件在不同的建筑布局环境下的安装位置及关系，特别侧重于描述位置关系。

阅读火灾自动报警及联动控制系统的平面图时，注意分析以下几项内容。

（1）消防中心（机房）平面布置及位置、集中报警控制柜、电源柜及不间断电源（简称UPS）柜、火灾报警柜、消防控制柜、消防通信总机、火灾事故广播系统柜、信号盘、操作柜等机柜室内安装排列位置、台数、规格型号、安装要求及方式。

（2）对火灾自动报警及联动控制系统的各类信号线、负荷线、控制线的引出方式、根数、线缆规格型号、敷设方法，电缆沟、桥架及竖井位置、线缆敷设要求等内容进行分析。

（3）了解火灾报警及消防区域的划分情况。

（4）防火阀、送风机、排风机、排烟机、消防泵及设施、消火栓等设施安装方式及管线布置走向、导线规格根数、台数、控制方式。

（5）疏散指示灯、防火门、防火卷帘、消防电梯安装方式及管线布置走向、导线规格根数、台数及控制方式。

（6）注意分析阅读各相关设备的安装位置标高。

6）安防系统的平面图阅读

安防系统的平面图阅读时，注意掌握以下内容。

（1）保安中心（机房）平面布置及位置、监视器、电源柜及UPS柜、模拟信号盘、通信总柜、操作柜等机柜室内安装排列位置、台数、规格型号、安装要求及方式。

（2）各类信号线、控制线的引入引出方式、根数、线缆规格型号、敷设方法、电缆沟、桥架及竖井位置、线缆敷设要求。

（3）所有监控点摄像头安装及隐蔽方式、线缆规格型号、根数、敷设方法要求，管路或线槽安装方式及走向。

（4）所有安防系统中的探测器，如红外幕帘、红外对射主动式报警器、窗户破碎报警器、移动入侵探测器等的安装及隐蔽方式、线缆规格型号、根数、敷设方法要求，管路或线槽安装方式及走向。

（5）门禁系统中电门锁的控制盘、摄像头、安装方式及要求，管线敷设方法及要求、走向，终端监视器及电话安装位置方法。

（6）将平面图和系统图对照，核对回路编号、数量、元件编号。

（7）对以上的设备组件的安装位置标高。

7）通信、广播、音响平面图的阅读

阅读通信、广播、音响平面图时，主要掌握以下内容。

（1）主要设备安装场所的位置及平面布置情况；操作台的规格型号及安装位置要求，交流电源进户方式、要求、线缆规格型号，天线引入位置及方式。

（2）在使用数字程控交换机时，外接中继线的对数、引入方式、敷设要求、规格型号；内部电话引出线对数、引出方式（管、槽、桥架、竖井等）、规格型号、线缆走向。

（3）广播线路引出对数、引出方式及线缆的规格型号、线缆走向、敷设方式及要求。

（4）注意电信线路与建筑物内的通信线路间的关系，如电信敷设的 EPON \ GPON 的 ONU（光网络单元）的位置。

（5）各房间话机插座、音箱及元器件安装位置标高、安装方式、规格型号及数量、线缆管路规格型号及走向；多层结构时，上下穿越线缆敷设方式、规格型号根数、走向、连接方式。

（6）屋顶天线布置位置、天线规格型号数量、安装方式，信号线缆引下及引入方式及引入位置、信号线缆规格型号。

（7）将平面图和系统图对照，核对回路编号、数量、元件编号等。

8）有线电视平面布置图的阅读

阅读有线电视平面布置图时，主要掌握以下一些内容。

（1）装置有线电视主要设备场所的位置及平面布置、前端设备规格型号、台数、电源柜和操作台规格型号及安装位置要求，交流电源进户方式、要求、线缆规格型号，天线引入位置及方式、天线数量。

（2）信号引出回路数、线缆规格型号、电缆敷设方式及要求、走向。

（3）各房间有线电视插座安装位置标高、安装方式、规格型号数量、线缆规格型号及走向、敷设方式。

（4）在多层结构中，房间内有线电视插座的上下穿越电缆敷设方式及线缆规格型号；是否中间放大器，其规格型号数量、安装方式及电源位置等。

（5）如果提供自办节目频道节目时，应标注：演播厅、机房平面布置及其摄像设备的规格型号、电缆及电源位置等。

（6）设置室外屋顶天线时、说明天线规格型号数量、安装方式、信号电缆引下及引入方式、引入位置、电缆规格型号、天线电源引上方式及其规格和型号，天线安装要求（方向、仰角、电平等）。

9）计算机网络与综合布线系统的工程图的识读

计算机网络与综合布线系统的工程图的识读分别见第六、七章。

第七节　电气图形符号的应用

（1）绘制电气工程图和建筑弱电工程图时，要使用国家标准中关于"电气图用图形符号"规定的规范性图形符号，用以保证电气工程图或建筑弱电工程图的规范性和通用性。不能对国家标准中给出的图形符号进行修改或变形使用，导致工程图不具备通用性。对国家标准中没有给出的图形符号可以变形派生，同时加以说明。

（2）符号的大小和图线的宽度一般不影响符号的含义，在同一张图纸中，表示同类元器件的符号要保持一致。

在实际绘图中，可将符号放大或缩小，但各符号自身的比例应保持不变。

（3）绘图中，图形符号的方位可根据布图需求，进行旋转或成镜像排布，但标准文字方向和指示方向部分倒置。

（4）导线符号可以用不同宽度的线条表示。如可将电源电路用较粗线表示，以便和控制电路、保护电路的导线区别开来。

（5）绘图识图过程中，注意一些形状相似图形符号的使用和区别。

第八节　电气工程图中的项目代号

识读电气工程图时，了解和掌握有关工程文件或图中的"项目代号"，是十分必要的。《工业系统、装置与设备以及工业产品结构原则与参照代号》GB 5094.1—2002 中规定了在电气图及工程文件中的项目代号的组成方法和应用原则。

（1）项目代号的含义

项目代号是指电气图及工程文件中的图形符号，这里的图形符号表示实际电气系统的基本件、部件、组件、功能单元、设备、系统等。

（2）项目代号的构成

项目代号是使用拉丁字母、阿拉伯数字和特定的前缀符号，按照一定的规则组合构成的代码。

常用项目种类的字母代码表见表 1-8-1 中所列。

常用项目种类的字母代码表　　　　　　　　　　表 1-8-1

字母	项目种类	举例	说明
A	组件 部件	分立元件放大器、微波激射器和印制电路板、组件、部件	—
B	变换器 （将非电量变换到电量或将电量变换到非电量）	热电传感器、热电池、光电池、测功计、晶体换能器等	—
C	电容器		
D	二进制元件 延迟器件 存储器件	数字集成电路和器件、延迟线、双稳态元件、单稳态元件、寄存器等	—

续表

字母	项目种类	举例	说明
E	杂项	光器件、热器件本表其他地方未提及的元件	—
F	保护器件	熔断器、过电压放电器件、避雷器等	—
G	发电机 电源	电池、振荡器、石英晶体振荡器	—
H	信号器件	光指示器、声指示器	—
I	—	—	—
J	—	—	—
K	继电器 接触器	—	—
L	电感器 电抗器	感应线圈、电抗器等	—
M	电动机	—	—
N	模拟集成电路	运算放大器、模拟/数字混合器	—
O	—	—	—
P	测量设备 试验设备	指示、记录、计算、测量设备、信号发生器、时钟	—
Q	电力电路的开关	断路器、隔离开关	—
R	电阻器	可变电阻器、电位器、变阻器、分流器、热敏电阻	—
S	控制电路的开关 选择器	控制开关、按钮开关、限制开关、选择开关、选择器等	—
T	变压器	电压互感器、电流互感器	—
U	调制器 变换器	鉴频器、解调器、变频器、编码器、逆变器、变流器等	—
V	电真空器件 半导体器件	气体放电管、晶体管、晶闸管、二极管	—
W	传输通道 波导、天线	导线、电缆、母线、波导、波导定向耦合器、偶极天线、抛物面天线	—
X	端子 插座 插头	插头和插座、端子板、焊接端子片、电缆封端和接头	—
Y	电气操作的机械装置	制动器、离合器、气阀	—
Z	终端设备 混合变压器 滤波器、均衡器 限幅器	电缆平衡网络 晶体滤波器 网络等	—

第九节 电气工程图常用中英文符号

电气工程图和建筑弱电系统图中常用中英文文字符号对电气设备、装置和元器件进行标注,描述名称、功能、状态和特征等。这样的文字符号主要由基本文字符号、辅助文字符号和数字序号等组成。

1. 基本文字符号

基本文字符号分为单字母文字符号和双字母文字符号。基本文字符号用来表示电气设备、装置和元件以及线路的基本名称、特性等属性。

单字母文字符号使用拉丁字母将各种电气设备、装置和元器件标注为 23 类,如"L"表示电感器类,"M"表示电动机类,绘图、识图时要遵守这种符号规定。

表示一类设备需要进一步划分子类时,如果仅仅用单字母文字符号对应表述不够,就要使用双字母文字符号。双字母文字符号构成的规则主要有:

表示大类的单字母文字符号+表示下一层子类的字符;

表示下一层子类的字符一般选用该类设备、装置和元器件的英文名的首位字母,或常用缩略或习惯用字母;

如"EH",E 表示热器件,H 表示加热装置(Heating Device),"EH"就表示发热器件。

表 1-9-1 所列为电气设备常用基本文字符号(列出了与建筑弱电系统识图读图关系密切以及电气工程中较为常用的部分)。

电气设备常用基本文字符号　　　　　表 1-9-1

设备、装置和元器件种类	举例		基本文字符号		IEC（国际电工委员会）
	中文名称	英文名称	单字母	双字母	
组件部分	分立元件放大器	Amplifier using discrete components	A		
	激光器	Laser			
	调节器	Regulator			
	本表其他地方未提及的组件、部件				
	电桥	Bridge		AB	
	晶体管放大器	Transistor amplifier		AD	
	集成电路放大器	Integrated circuit amplifier		AJ	
	磁放大器	Magnetic amplifier		AM	
	电子管放大器	Valve amplifier		AV	
	印刷电路板	Printed circuit board		AP	
	抽屉柜	Drawer		AT	
	支架盘	Rack		AR	
	天线放大器	Antenna amplifier		AA	
	频道放大器	Channel amplifier		AC	
	控制屏	Control panel		AC	

续表

设备、装置和元器件种类	举 例		基本文字符号		IEC(国际电工委员会)
	中文名称	英文名称	单字母	双字母	
组件部分	电容器屏	Capacitor panel	A	AC	
	应急配电箱	Emergency distribution box		AE	
	高压开关柜	High voltage switch gear		AH	
	前端设备	Headed equipment		AH	
	刀开关箱	Knife switch board		AK	
	低压配电屏	Low voltage switch panel		AL	
	照明配电箱	Illumination distribution board		AL	
	线路放大器	Line amplifier		AL	
	自动重合闸装置	Automatic recloser		AR	
	仪表柜	Instrument cubicle		AS	
	模拟信号板	Map(Mimic)board		AS	
	信号箱	Signal box(board)		AS	
	稳压器	Stabilizer		AS	
	同步装置	Synchronizer		AS	
	接线箱	Connecting		AW	
	插座箱	Socket box		AX	
	动力配电箱	Power distribution board		AP	
非电量到电量变换器或电量到非电量变换器	热电传感器	Thermoelectric sensor	B		
	热电池	Thermo-cell			
	光电池	Photoelectric cell			
	测功计	Dynamometer			
	晶体换能器	Crystal transducer			
	送话器	Microphone			
	拾音器	Pick up			
	扬声器	Loudspeaker			
	耳机	Ear phone			
	自整角机	Synchro			
	旋转变压器	Revolver			
	模拟和多级数字变换器或传感器	Analogue and multiple-step Digital trans dicers or sensors			
	压力变换器	Pressure transducer		BP	
	位置变换器	Position transducer		BQ	
	旋转变换器(测速发电机)	Rotation transducer(tachogenerator)		BR	
	温度变换器	Temperature		BT	
	速度变换器	Velocity transducer		BV	

续表

设备、装置和元器件种类	举例		基本文字符号		IEC（国际电工委员会）
	中文名称	英文名称	单字母	双字母	
电容器	电容器	Capacitor	C		
	电力电容器	Power capacitor		CP	
二进制元件延迟器件存储器件	数字集成电路和器件	Digital integrated circuits and devices	D		
	延迟线	Delay line			
	双稳定元件	Bistable element			
	单稳定元件	Monostable element			
	磁芯存储器	Core storage			
	寄存器	Register			
	磁带记录机	Magnetic tape recorder			
	盘式记录机	Disk recorder			
其他元器件	发热器件	Heating device	E	EH	
	照明灯	Lamp for lighting		EL	
	空气调节器	Ventilator		EV	
	静电除尘器	Electrostatic precipitator		EP	
保护器件	过电压放电器件 避雷针	Over voltage discharge Device Arrester	F		
	具有瞬时动作的限流保护器件	Current threshold protective device with instantaneous action		FA	=
	具有延时和瞬时动作的限流保护器件	Current threshold protective device with time-lag and instantaneous action		FS	
	具有延时动作的限流保护器件	Current threshold protective device with time-lag action		FR	
	熔断器	Fuse		FU	
	限压保护器件	Voltage threshold protective device		FV	
	跌落式熔断器	Dropping fuse		FD	
	避雷针	Lighting rod		FL	
	快速熔断器	Quickly melting fuse		FQ	
发生器发电机电源	旋转发电机	Rotating generator	G		
	振荡器	Oscillator			
	发生器	Generator			
	同步发电机	Synchronous generator		GS	
	异步发电机	Asynchronous generator		GA	
	蓄电池	Battery		GB	
	柴油发电机	Diesel generator		GD	
	稳压装置	Constant voltage equipment		GV	

续表

设备、装置和元器件种类	举例		基本文字符号		IEC（国际电工委员会）
	中文名称	英文名称	单字母	双字母	
信号器件	声响指示器	Acoustical indicator	H	HA	
	蓝色指示灯	Indicate lamp with blue color		HB	
	电铃	Electrical bell		HE	
	电喇叭	Electrical horn		HH	
	光指示器	Optical indicator		HL	
	指示灯	Indicator lamp		HL	
	红色指示灯	Indicate lamp with red color		HR	
	绿色指示灯	Indicate lamp with green color		HG	
	黄色指示灯	Indicate lamp with yellow color		HY	
	电笛	Electrical whistle		HS	
	蜂鸣器	Buzzer		HZ	
继电器接触器	继电器	Relay	K		
	瞬时接触继电器	Instantaneous contactor relay		KA	
	交流继电器	Alternating relay		KA	
	电流继电器	Current relay		KG	
	差动继电器	Differential relay		KD	
	接地故障继电器	Earth-fault relay		KE	
	气体继电器	Gas relay		KG	
	热继电器	Heating relay		KH	
	接触器	Contactor		KM	
	极化继电器	Polarized relay		KP	
	簧片继电器	Reed relay		KR	
	信号继电器	Signal relay		KS	
	时间继电器	Time relay		KT	
	温度继电器	Temperature relay		KT	
	电压继电器	Voltage relay		KV	
	零序电流继电器	Zero sequence relay		KZ	
电感器电抗器	感应线圈	Induction coil	L		
	线路陷波器	Line trap			
	电抗器（并联和串联）	Reactors(shunt and series)			
电动机	电动机	Motor	M		
	同步电动机	Synchronous motor		MS	
	可作发电机或电动机用的电机	Machine capable of use as a generator motor		MG	
模拟元件	运算放大器	Operational amplifier	N		
	混合模拟/数字器件	Hybrid analogue/digital device			

续表

设备、装置和元器件种类	举例		基本文字符号		IEC(国际电工委员会)
	中文名称	英文名称	单字母	双字母	
测量设备试验设备	指示器件	Indicating devices	P		
	记录器件	Recording devices			
	积算测量器件	Integrating measuring devices			
	信号发生器	Signal generator			
	电流表	Ammeter		PA	
	(脉冲)计数器	(Pulse)Counter		PC	
	电能表	Watt hour meter		PJ	
	记录仪器	Recording instrument		PS	
	时钟、操作计时器	Clock, Operating time meter		PT	
	电压表	Voltmeter		PV	
	功率因数表	Power factor meter		PF	
	频率表	Frequency meter(Hz)		PH	
	无功电能表	Var-hour meter		PR	
	温度计	Thermometer		PH	
	功率表	Watt meter		PW	
电力电路的开关	断路器	Circuit-breaker	Q	QF	
	电动机保护开关	Motor protection switch		QM	
	隔离开关	Disconnector(isolator)		QS	
	刀开关	Knife switch		QK	
	负荷开关	Load switch		QL	
	漏电保护器	Residual current		QR	
	启动器	Starter		QT	
	转换组合开关	Transfer switch		QT	
电阻器	电阻器	Resistor	R		
	变阻器	Rheostat		RP	
	电位器	Potentiometer		RS	
	测量分路表	Measuring shunt		RS	
	热敏电阻器	Resistor with inherent variability dependent on temperature		RT	
	压敏电阻器	Resistor with inherent variability dependent on voltage		RV	
控制、记忆、信号电路的开关选择器	拨号接触器 连接级	Dial contact Connecting stage	S		
	控制开关	Control switch		SA	
	选择开关	Selector switch		SA	

续表

设备、装置和元器件种类	举例		基本文字符号		IEC（国际电工委员会）
	中文名称	英文名称	单字母	双字母	
控制、记忆、信号电路的开关选择器	按钮开关	Push-button	S	SB	
	机电式有或无传感器（单级数字传感器）	All-or-nothing sensors of mechanical and electronic nature(one-step digital sensors)			
	液体标高传感器	Liquid level sensors		SL	
	压力传感器	Pressure sensors		SP	
	位置传感器（包括接近传感器）	Position sensors(including proximity sensors)		SQ	
	转数传感器	Rotation sensors		SR	
	温度传感器	Temperature sensors		ST	
	急停按钮	Emergency button		SE	
	正传按钮	Forward button		SF	
	浮子按钮	Floating button		SF	
	火警按钮	Fire alarm button		SF	
	主令按钮	Master button		SM	
	反转按钮	(Reverse)Backward button		SR	
	停止按钮	Stop button		SS	
	感烟探测器	Smoker detector		SS	
	感温探测器	Temperature detector		ST	
变压器	电流互感器	Current transformer	T	TA	
	控制电路电源用变压器	Transformer for control circuit supply		TC	
	电力变压器	Power transformer		TM	
	电压互感器	Voltage transformer		TV	
	局部照明用变压器	Transformer for local lighting		TL	
调制器变换器	鉴频器	Discriminator	U		
	解调器	Demodulator			
	变频器	Frequency changer			
	编码器	Coder			
	变流器	Converter			
	逆变器	Inverter			
	整流器	Rectifier			
电子管晶体管	气体晶体管 二极管	Gas-discharge tube Diode	V		
	晶体管	Transistor		VT	
	晶闸管	Thruster		VT	
	电子管	Electronic tube		VE	
	控制电路用电源的整流器	Rectifier for control circuit supply		VC	

第九节　电气工程图常用中英文符号 27

续表

设备、装置和元器件种类	举例		基本文字符号		IEC（国际电工委员会）
	中文名称	英文名称	单字母	双字母	
传输通道波导天线	导线	Conductor	W		
	电缆	Cable			
	母线	Bus bar		WB	
	波导	Wave guide			
	波导定向耦合器	Waveguide directional coupler			
	偶极天线	Dipole			
	抛物面天线	Parabolic aerial		WP	
	控制母线	Control bus		WC	
	控制电缆	Control cable		WC	
	合闸母线	Closing bus		WC	
	事故信号母线	Emergency signal bus		WE	
	掉牌未复位母线	Forgot to reset bus		WF	
	信号母线	Signal bus		WS	
	滑触线	Trolley wire		WT	
	电压母线	Voltage bus		WV	
端子插头插座	连接插头和插座	Connecting plug and socket	X		
	连接柱	Clip			
	电缆封端和接头	Cable sealing end and joint			
	焊接端子板	Doddering terminal strip			
	连接片	Link		XB	
	测试插孔	Test jack		XJ	
	插头	Plug		XP	
	插座	Socket		XS	
	端子板	Terminal board		XT	
电气操作的机械器件	气阀	Pneumatic valve +	Y		
	电磁铁	Electromagnet		YA	
	电磁制动阀	Electromagnetic operated brake		YB	
	电磁离合器	Electromagnetic operated clutch		YC	
	电磁吸盘	Magnetic chuck		YH	
	电动阀	Motor operated valve		YM	
	电磁阀	Electromagnetic operated valve		YV	
	合闸电磁铁（线圈）	Closing Electromagnet(coil)		YC	
	跳闸电磁铁（线圈）	Tripping Electromagnet(coil)		YT	
终端设备混合变压器滤波器、均衡器、限幅器	电缆平衡网络	Cable balancing network	Z		
	压缩扩展槽	Compandor			
	晶体滤波器	Crystal filter			
	均衡器	Equalizer		ZQ	

续表

设备、装置和元器件种类	举 例		基本文字符号		IEC（国际电工委员会）
	中文名称	英文名称	单字母	双字母	
终端设备 混合变压器 滤波器 均衡器 限幅器	分配器	Splitter	Z	ZS	
	网络	Network			

2. 部分辅助文字符号

在电气识图读图以及建筑弱电系统的识图读图中，常常遇到一些辅助文字符号，因此知晓这些辅助文字符号的意义也是正确和快速识读电气和建筑弱电系统工程图需要具备的基础知识。

部分常用辅助文字符号列于表1-9-2中；部分常用标注线路用文字符号列于表1-9-3中；部分常用线路敷设方式文字符号列于表1-9-4中；部分常用设备标注方法列于表1-9-5中。

常用辅助文字符号　　　　　　　表1-9-2

序号	文字符号	中文名称	英文名称	IEC
1	A	电流	Current	
2	A	模拟	Analog	
3	AC	交流	Alternating current	
4	A AUT	自动	Automatic	
5	ADD	附加	Add	
6	ADJ	可调	Adjustability	
7	ASY	异步	Asynchronous	
8	C	控制	Control	
9	D	延时（延迟）	Delay	
10	D	差动	Differential	
11	D	数字	Digital	
12	DC	直流	Direct current	
13	E	接地	Earthing	
14	F	快速	Fast	
15	FB	反馈	Feedback	
16	H	高	High	
17	IN	输入	Input	
18	L	限制	Limiting	
19	L	低	Low	
20	LA	闭锁	Latching	

续表

序号	文字符号	中文名称	英文名称	IEC
21	M	主	Main	
22	M	中	Medium	
23	M MAN	手动	Manual	
24	N	中性线	Neutral	
25	OFF	断开	Open, off	
26	ON	闭合	Close, on	
27	OUT	输出	Output	
28	P	压力	Pressure	
29	P	保护	Protection	
30	PE	保护接地	Protective earthing	
31	PEN	保护接地与中性线共用	Protective earthing neutral	
32	PU	不接地保护	Protective unearthing	
33	R RST	复位	Reset	
34	RUN	运转	Run	
35	S	信号	Signal	
36	ST	启动	Start	
37	S SET	置位,定位	Setting	
38	S1:E	步进	Stepping	
39	STP	停止	Stop	
40	SYN	同步	Synchronizing	
41	T	温度	Temperature	
42	T	时间	Time	
43	V	真空	Vacuum	
44	V	速度	Velocity	
45	V	电压	Voltage	

标注线路用文字符号　　　　　　　　　　　表 1-9-3

序号	中文名称	英文名称	常用文字符号		
			单字母	双字母	三字母
1	控制线路	Control Line		WC	
2	直流线路	Direct-Current Line		WD	
3	应急照明线路	Emergency Lighting Line	W	WE	WEL
4	电话线路	Telephone Line		WF	
5	照明线路	Illuminating(Lighting)Line		WL	

续表

序号	中文名称	英文名称	常用文字符号		
			单字母	双字母	三字母
6	电力线路	Power Line	W	WP	
7	声道(广播)线路	Sound Gate(Broadcasting)Line		WS	
8	电视线路	TV Line		WV	
9	插座线路	Socket Line		WX	

线路敷设方式文字符号　　　　　　　　　　　　　　　表 1-9-4

序号	中文名称	英文名称	新符号	备注
1	暗敷	Concealed	C	
2	明敷	Exposed	E	
3	铝皮线卡	Aluminum Clip	AL	
4	电缆桥架	Cable Tray	CT	
5	金属软管	Flexible Metallic Conduit	F	
6	水煤气管	Gas Tube(Pipe)	G	
7	瓷绝缘子	Porcelain Insulator(Knob)	K	
8	钢索敷设	Supported by Messenge Wire	M	
9	金属线槽	Metallic Raceway	MR	
10	电线管	Electrical Metallic Tubing	T	
11	塑料管	Plastic Conduit	P	
12	塑料线卡	Plastic Clip	PL	含尼龙线卡
13	塑料线槽	Plastic Raceway	PR	
14	钢管	Steel Conduit	S	

部分常用设备标注方法　　　　　　　　　　　　　　　表 1-9-5

序号	类别	新标注方法	符号释义
1	电缆与其他设施交叉点	$\dfrac{a-b-c-d}{e-f}$	a——保护管根数; b——保护管直径,mm; c——管长,mm; d——地面标高,mm; e——保护管埋设深度,mm; f——交叉点坐标
2	配电线路	$a-b(c \times d)e-f$	末端支路只注编号时为: a——回路编号; b——导线型号; c——导线根数; d——导线截面敷设方式及穿管管径; f——敷设部位
3	电话交接箱	$\dfrac{a-b}{c}d$	a——编号; b——型号; c——线序; d——用户数

续表

序号	类别	新标注方法	符号释义
4	电话线路上	$a-b(c\times d)e-f$	a——编号； b——型号； c——导线对数； d——扣导线线径，mm； e——敷设方式和管径； f——敷设部位
5	标注线路	PG、LG、MG、PFG、LFG、MFD、KZ	PG——配电干线； LG——电力干线； MG——照明干线； PFG——配电分干线； LFG——电力分干线； KZ——控制线； MFD——照明分干线
6	相序	L1 L2 L3 U V W	L1——交流电源第一相； L2——交流电源第二相； L3——交流电源第三相； U——交流设备端第一相； V——交流设备端第二相； W——交流设备端第三相
7	中性线	N	N——中性线
8	保护线	PE	PE——保护线
9	保护和中性共用线	PEN	PEN——保护和中性共用线
10	交流电	$m\sim f$，U	m——相数； f——频率，Hz； U——电压； $\sim$——交流电

第二章 电气工程图常用图形符号和文字符号

电气工程图中用图形符号、文字符号和项目代号来代表元件、设备、装置、线路，正是通过将这些符号和项目代号协调地组织在一起，构成了电气工程图。要识读和分析电气工程图，首先要了解和熟悉这些图形符号、文字符号和项目代号意义和彼此间的关系。这是识读和分析电气工程图的基础。

建筑弱电系统的工程图识读和分析也是电气工程图识读和分析的一个组成部分。因此，除了要熟悉建筑弱电系统各个子系统的图形符号、文字符号和项目代号以外，也同样要熟悉一般情况下常用到的电气工程中的图形符号、文字符号和项目代号。

第一节 电气图形符号的组成和电气简图用图形符号的一般要求

电气工程中的电气图形符号包括一般符号、符号要素、限定符号和方框符号。

1. 一般符号

用一种特定的较简单的符号代表一类具体的产品或器件就是一般符号，如，表示电阻、电容、电感线圈、电机等的符号。

图 2-1-1 是一般图形符号示例。

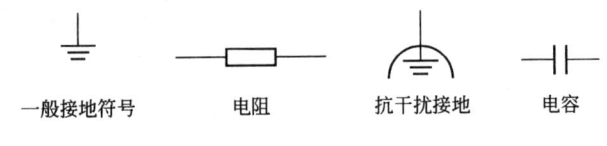

一般接地符号　　电阻　　抗干扰接地　　电容

图 2-1-1　一般图形符号示例

2. 符号要素

符号要素是一种不能单独使用且具有确定意义的简单图形，将若干个符号要素组合起来就能够构成一个完整的符号。三个符号要素，即管壳、阳极和灯丝组成一个电子管器件符号如图 2-1-2 所示。

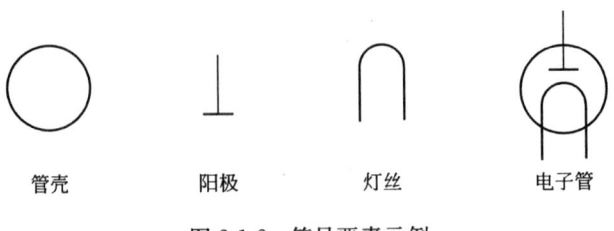

管壳　　阳极　　灯丝　　电子管

图 2-1-2　符号要素示例

3. 限定符号

在一个符号上另外附加一些符号，对一些对象说明特征、功能和作用等，这样的符号就是限定符号。限定符号一般不单独使用，必须和其他符号配合使用后，得到特指的专用符号。如在开关的一般符号上加不同的限定符号可分别得到隔离开关、断路器、接触器等专用符号。附加不同限定符号后构成不同的特定设备或装置的情况如图 2-1-3 所示。

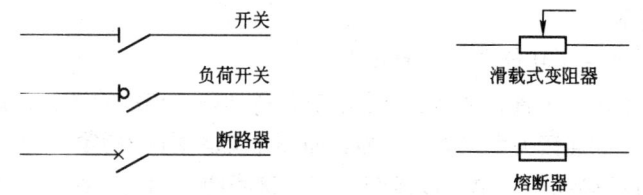

图 2-1-3　附加不同限定符号后构成不同的特定设备或装置的情况

4. 方框符号

方框符号用来表示元件、设备等组合，不具体给出元件和设备的细节，也不考虑连接关系。在电气工程图中，方框符号使用非常频繁。

第二节　电气图形符号的分类

新的国家标准《电气图用图形符号》（GB 4728）中的前言部分指出：《电气简图用图形符号》（GB/T 4728）包括 13 个部分。

第 1 部分——一般要求
第 2 部分——符号要素、限定符号和其他常用符号
第 3 部分——导体和连接件
第 4 部分——基本无源元件
第 5 部分——半导体管和电子管
第 6 部分——电能的发生与转换
第 7 部分——开关、控制和保护器件
第 8 部分——测量仪表、灯和信号器件
第 9 部分——电信：交换和外围设备
第 10 部分——电信：传输
第 11 部分——建筑安装平面布置图
第 12 部分——二进制逻辑元件
第 13 部分——模拟元件

本书主要内容讲述识读建筑弱电系统工程图，因此仅仅对围绕讲述内容主题的部分做详细地介绍，关联程度不高的部分电气图形符号，就不再赘述。

1. 使用电气图用图形符号的方法

GB/T 4728 指出：对于电气图用图形符号库中的标准图形符号，规定的应用类别分别

为以下几项。

1）概略图（含框图、单线简图）等

表示系统、分系统、装置、部件、设备、软件中各项目之间的主要关系和连接的相对简单的简图，通常用单线表示法。

2）功能图（包括逻辑功能简图、等效电路图等）

用理论的或理想的电路而不涉及实现方法来详细表示系统、分系统、装置、部件、设备、软件等功能的简图。

3）电路图（包括端子功能图、示意图等）

表示系统、分系统、装置、部件、设备、软件等实际电路的简图，采用按功能排列的图形符号来表示各元件和连接关系以表示功能，而不需考虑项目的实体尺寸、形状或位置。

4）接线图（包括接线图、单元接线图、互连接线图、端子接线图、电缆图等）

接线图用来表示或列出一个装置或设备的连接关系的简图。

5）安装简图

安装简图表示各项目之间连接的安装图。

6）网络图

在地图上表示诸如发电站、变电站和电力线、电信设备和传输线之类的网络的概略图。

2. 符号要素、限定符号和其他常用符号

表 2-2-1 为常用符号要素及限定符号。

常用符号要素及限定符号　　　　　表 2-2-1

序号	名称	图像符号	备注
1	外壳	○ 或 ▭	
2	边界线	—··—··—	长短线也可为其他组合
3	屏蔽	⌐ ¬ (虚线框)	屏蔽符号可以为任意形状
4	直流	═	
5	交流	∼	
6	中频	≈	
7	高频	≋	
8	具有交流分量的整流电流		
9	可调节性，一般符号	↗	
10	可调节性，非线性	↗	
11	可变性，一般符号	╱	

续表

序号	名　　称	图像符号	备　　注
12	可变性，非线性		
13	中性	N	
14	中间线	M	
15	预调		
16	预调	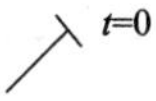 $t=0$	
17	步进动作		
18	步进调节	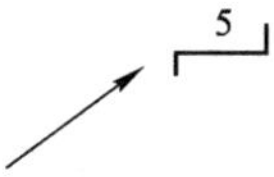 5	
19	连续可变性		
20	连续可变性，预调		
21	自动控制		
22	直线运动（单向）		
23	直线运动（双向）		
24	环形运动（单向）		
25	环形运动（双向）		
26	传送（单向）		例如：能量、信号、数据流
27	传送，双向，同时	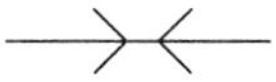	
28	传送，双向，非同时	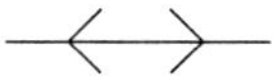	
29	发送		
30	接收		
31	热效应		
32	电磁效应		
33	手动控制操作件		一般符号
34	正脉冲		

续表

序号	名 称	图像符号	备 注
35	负脉冲		
36	交流脉冲		
37	延时动作		
38	自动复位		
39	自锁		
40	操作件，手动(带防护)	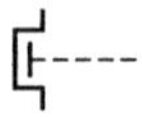	
41	操作件(拉拔操作)	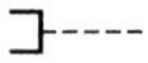	
42	操作件(按动操作)	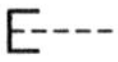	
43	操作件(旋转操作)	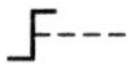	
44	紧急开关	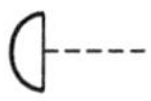	
45	操作件(钥匙操作)		
46	热器件操作	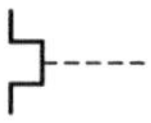	如热继电器
47	电动机操作	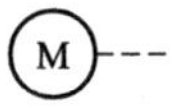	
48	接地，一般符号		
49	抗干扰接地		
50	保护接地		
51	接机壳		
52	保护等电位联结		
53	故障		指明假定故障的位置
54	动触点	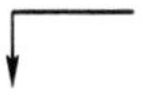	
55	变换器，一般符号	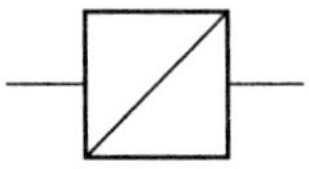	

续表

序号	名　　称	图像符号	备　注
56	直流	DC	
57	交流	VC	
58	功能等电位联结	⊥	

3. 导体和连接件

表 2-2-2 为导体和连接件符号。

导体和连接件符号　　　　　　　　　表 2-2-2

序号	名　　称	图像符号	备　注
1	连线，一般符号	——	
2	导线组（示出导线数）	 —///— / —/—	
3	直流电路	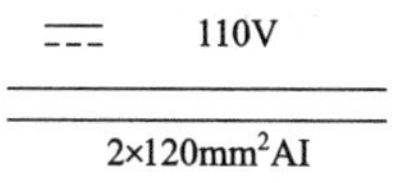 === 110V / $2\times120mm^2$ Al	电路图，接线图 110V，两根 120mm 的铝导线
4	三相电路	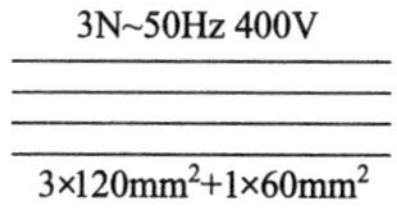 3N~50Hz 400V / $3\times120mm^2+1\times60mm^2$	
5	软连接	 ～	应用于电路图、接线图、功能图、安装简图、网络图、概略图
6	屏蔽导体	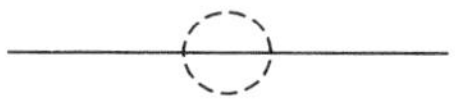	
7	绞合连接	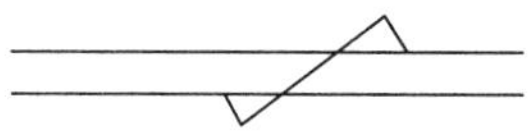	
8	同轴对	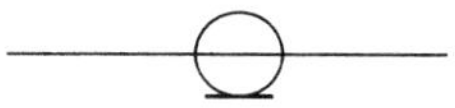	
9	连到端子上的同轴对	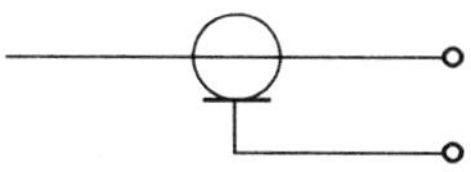	
10	屏蔽同轴对	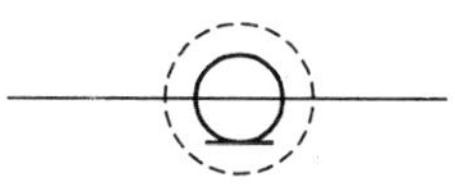	

续表

序号	名 称	图像符号	备 注
11	导线或电缆的终端，未连接并有专门的绝缘		
12	连接点	●	
13	端子	○	
14	端子板	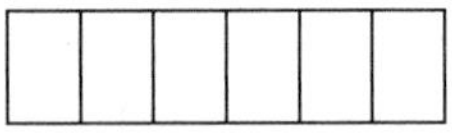	
15	T形连接	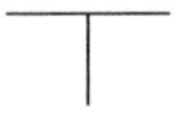 或 	
16	导线的双T连接	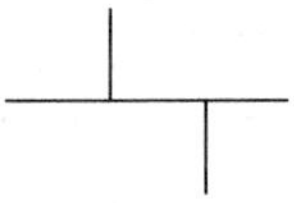 或 	
17	支路	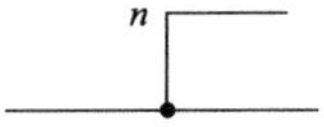 n	
18	可拆卸的端子	⌀	
19	导体的换位 相序变更 极性转换	 n	
20	相序变更	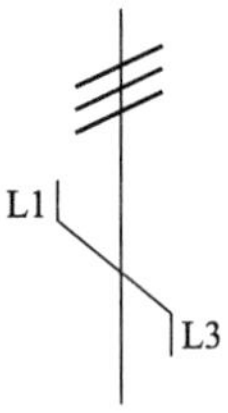 L1　L3	
21	多相系统的中性点	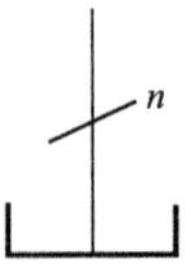 n	
22	阴接触件(连接器的)	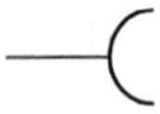	
23	阳接触件(连接器的)的端子		
24	插头和插座		

续表

序号	名称	图像符号	备注
25	对接连接器		
26	电缆密封终端(多芯电缆)	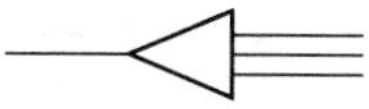	
27	接线盒(多线表示)	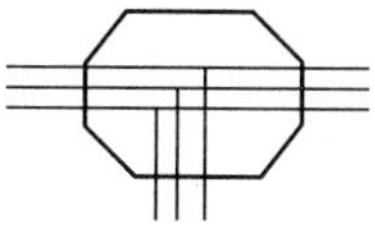	
28	接线盒(单线表示)	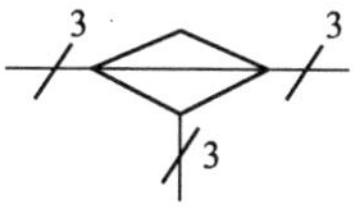	

4. 基本无源元件

表 2-2-3 是基本无源元件符号。

基本无源元件符号　　　　　　　表 2-2-3

序号	名称	图像符号	备注
1	电阻器，一般符号		
2	可调电阻器		
3	压敏电阻器	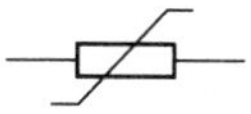	
4	带滑动触点的电阻器	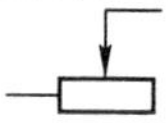	
5	带滑动触点的电位器	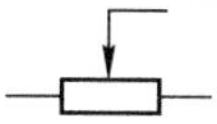	
6	电容器，一般符号		
7	穿心电容器；旁路电容器		
8	极性电容器		
9	可调电容器		
10	预调电容器		

续表

序号	名　称	图像符号	备　注
11	热敏极性电容器	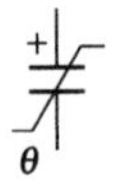	
12	压敏极性电容器	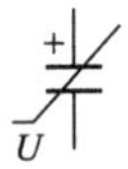	
13	线圈；绕组，一般符号、电感器		
14	带磁芯的电感器		
15	带磁芯连续可变的电感器		
16	带固定抽头的电感器		
17	步进移动触点可变电感器	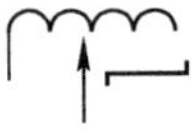	
18	可变电感器		
19	延迟线；延迟元件，一般符号	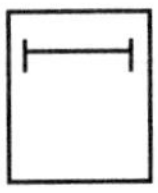	
20	两电极压电晶体	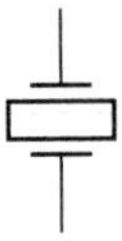	

5. 常用半导体管和部分电子管

表 2-2-4 为常用半导体管和部分电子管符号。

常用半导体管和部分电子管符号　　　表 2-2-4

序号	名　称	图像符号	备　注
1	整流结		
2	半导体二极管，一般符号		
3	发光二极管(LED)，一般符号		

续表

序号	名　称	图像符号	备　注
4	热敏二极管	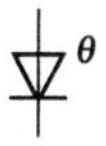	
5	变容二极管		
6	隧道二极管		
7	单向击穿二极管		
8	双向击穿二极管		
9	反向二极管（单隧道二极管）		
10	双向二极管		
11	反向阻断三极闸流晶体管，N栅（阳极侧受控）		
12	反向阻断三极闸流晶体管，P栅（阴极侧受控）		
13	反向阻断四极闸流晶体管		
14	双向三极闸流晶体管		
15	PNP晶体管		
16	集电极接管壳的NPN晶体管		
17	NPN雪崩晶体管	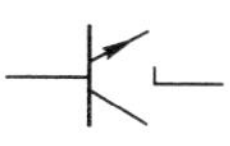	
18	具有P型双基极的单结晶体管		
19	具有N型双基极的单结晶体管		

续表

序号	名　称	图像符号	备　注
20	具有横向偏压基极的 NPN 晶体管		
21	与本征区有接触的 PNIP 晶体管	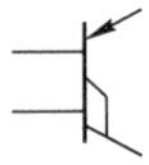	
22	N 形沟道结形场效应晶体管		
23	P 形沟道结型场效应晶体管		
24	绝缘栅场效应晶体管（IG FET），增强型，单栅，P 形沟道，衬底无引出线	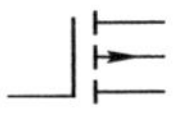	
25	绝缘栅场效应晶体管（IG FET），增强型，单栅，N 形沟道，衬底无引出线	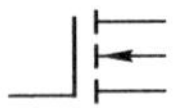	
26	绝缘栅场效应晶体管（IG FET），增强型，单栅，P 形沟道，衬底有引出线	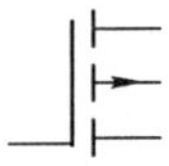	
27	绝缘栅场效应晶体管（IG FET），耗尽型，单栅，N 形沟道，衬底无引出线	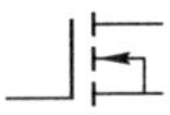	
28	绝缘栅场效应晶体管（IG FET），耗尽型，单栅，P 形沟道，衬底无引出线		
29	绝缘栅场效应晶体管（IG FET），耗尽型，双栅，P 形沟道，衬底有引出线	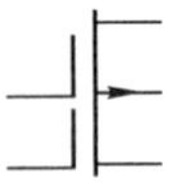	
30	光敏电阻(LDR)；光敏电阻器		
31	光电二极管		
32	光生伏打电池		
33	光电晶体管		

续表

序号	名称	图像符号	备注
34	具有四根引出线的霍尔发生器	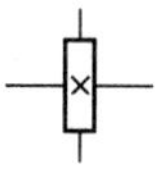	
35	磁耦合器件	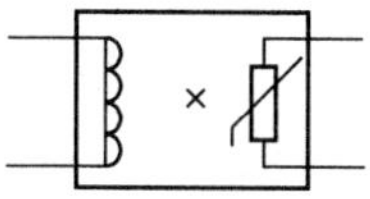	
36	光电耦合器	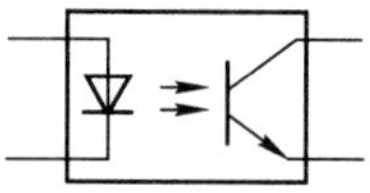	
37	光电阴极		
38	阳极		
39	直热式阴极三极管	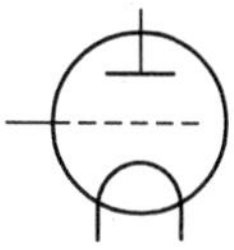	
40	冷阴极充气管	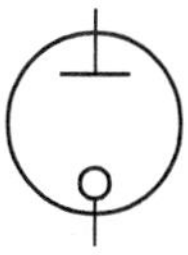	
41	光电管；光电发射二极管	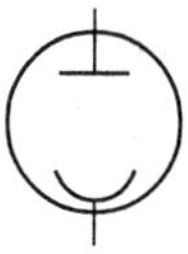	

6. 电能的发生和转换

表 2-2-5 为电机、变压器常用符号。

电机、变压器常用符号　　　　表 2-2-5

序号	名称	图像符号	备注
1	三角形连接的三相绕组		
2	星形连接的三相绕组		
3	电刷(集成环或换向器上的)		

续表

序号	名称	图像符号	备注
4	电机，一般符号	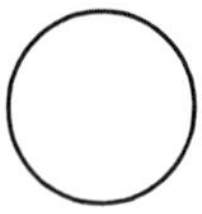 ○	
5	直线电动机，一般符号	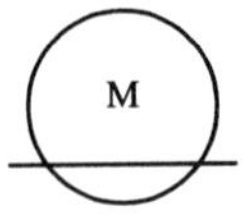 Ⓜ	
6	步进电动机，一般符号	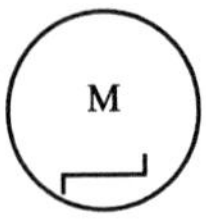 Ⓜ	
7	直流串励电动机	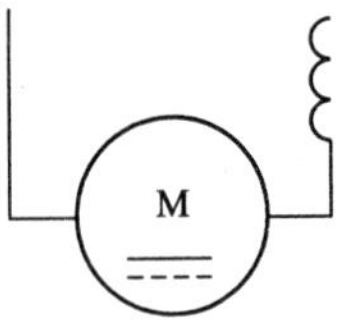 Ⓜ	
8	短分路复励直流电动机	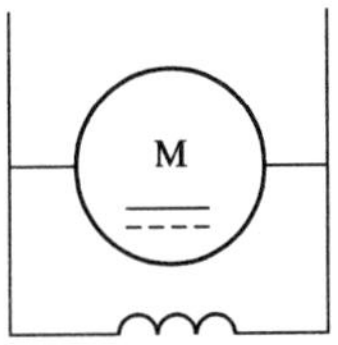 Ⓜ	
9	具有公共永久磁场的直流/直流旋转变流机	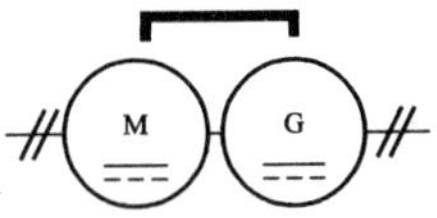 Ⓜ Ⓖ	
10	单相串励电动机	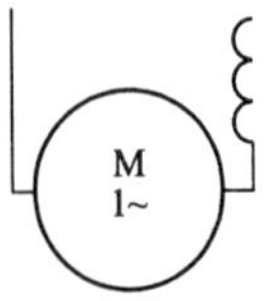 Ⓜ 1~	
11	三相串励电动机	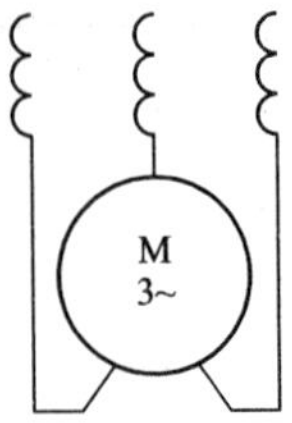 Ⓜ 3~	

续表

序号	名称	图像符号	备注
12	三相永磁同步发电机	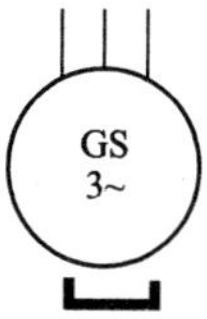	
13	单相同步发电机	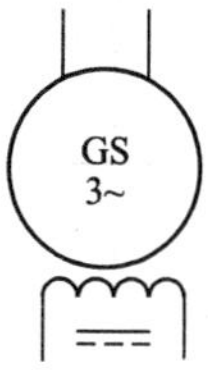	
14	中性点引出的星形连接的三相同步发电机	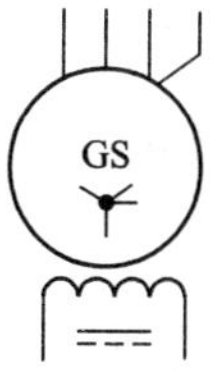	
15	每相绕组两端都引出的三相同步发电机	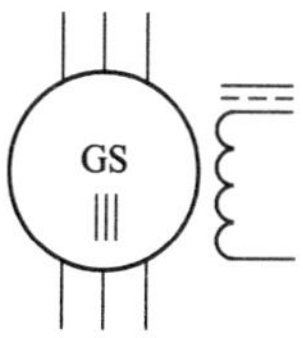	
16	三相鼠笼感应电动机	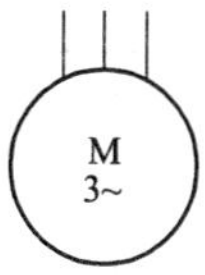	
17	三相绕线式转子感应电动机	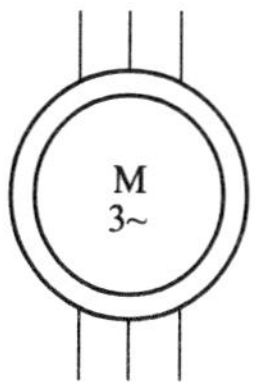	
18	三相星形连接的感应电动机	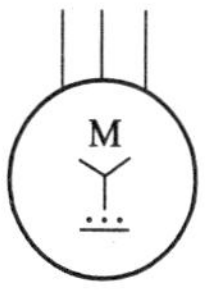	
19	三相直线感应电动机	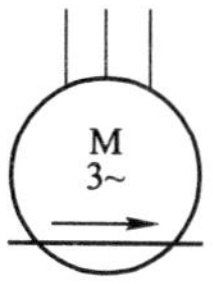	

续表

序号	名 称	图像符号	备 注
20	双绕组变压器，一般符号	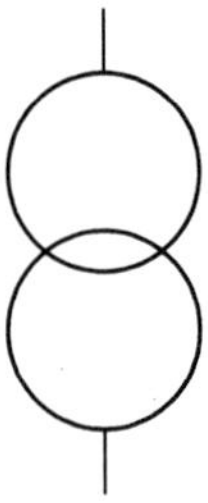	
21	双绕组变压器，一般符号	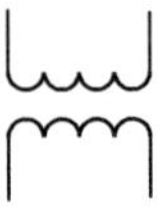	
22	双绕组变压器（带瞬间时电压极性指示）	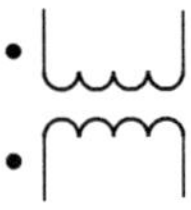	
23	三相组变压器，一般符号	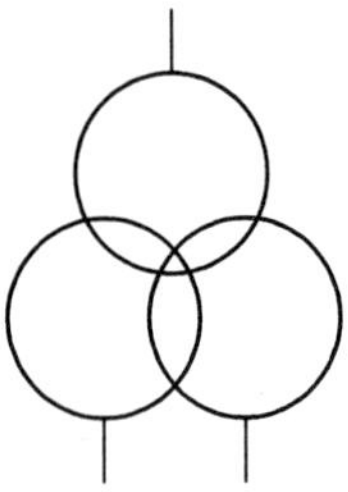	
24	三绕组变压器，一般符号		
25	自耦变压器，一般符号		
26	自耦变压器，一般符号	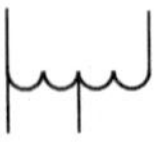	
27	电抗器，一般符号		

续表

序号	名　　称	图像符号	备　注
28	电抗器，一般符号		
29	电流互感器，一般符号		应用类别：电路图、接线图、功能图、安装简图、网络图、概率图
30	电流互感器，一般符号	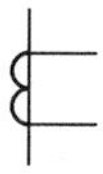	应用类别：电路图
31	绕组间有屏蔽的双绕组变压器	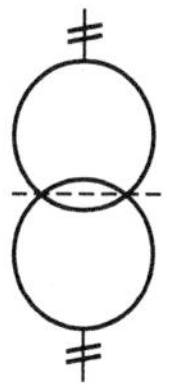	
32	绕组间有屏蔽的双绕组变压器	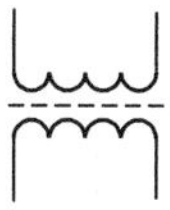	
33	一个绕组上有中间抽头的变压器	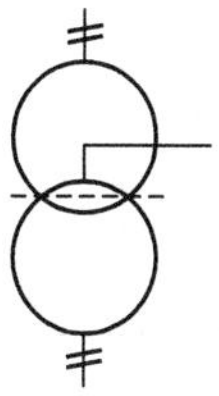	
34	耦合可变的变压器	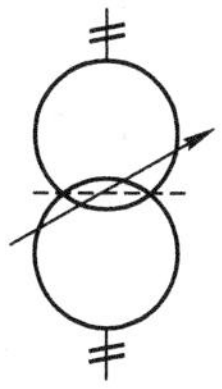	
35	耦合可变的变压器	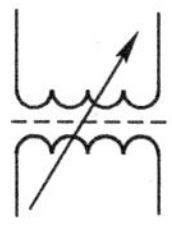	

序号	名称	图像符号	备注
36	星形—三角形连接的三相变压器	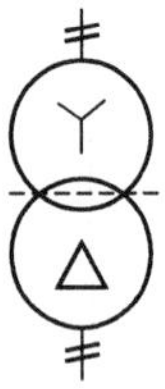	
37	星形—三角形连接的三相变压器	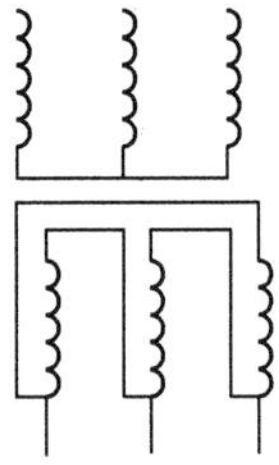	
38	具有4个抽头的星形—星形连接的三相变压器	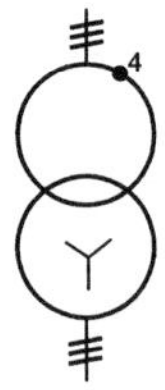	
39	单相变压器组成的三相变压器，星形—三角形连接	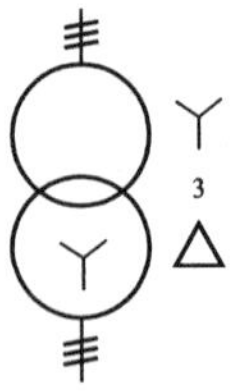	
40	单相变压器组成的三相变压器，星形—三角形连接	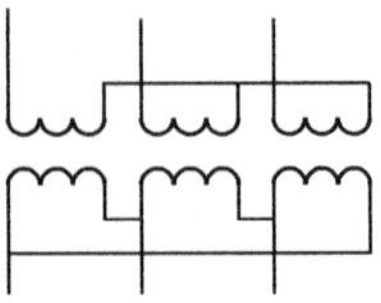	

续表

序号	名称	图像符号	备注
41	具有分接开关的三相变压器	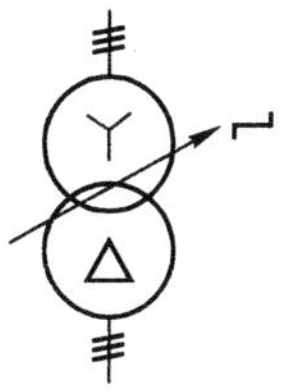	
42	三相变压器，星形—星形—三角形连接		
43	单相自耦变压器		
44	单相自耦变压器	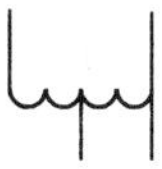	
45	三相自耦变压器，星形连接		
46	三相自耦变压器，星形连接	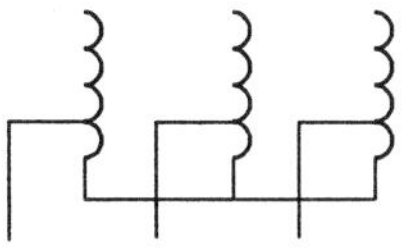	

续表

序号	名 称	图像符号	备 注
47	可调压的单相自耦变压器	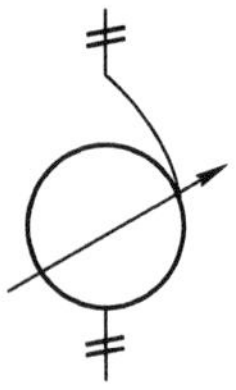	
48	可调压的单相自耦变压器		
49	三相感应调压器	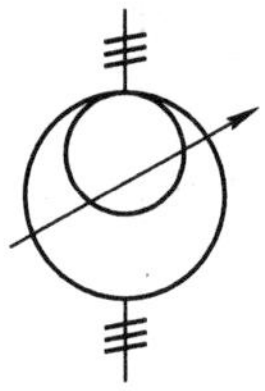	
50	三相感应调压器	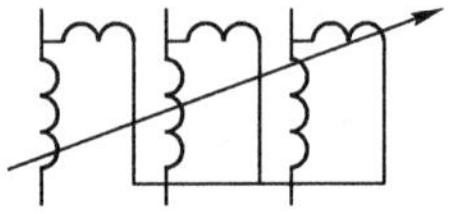	
51	电压互感器	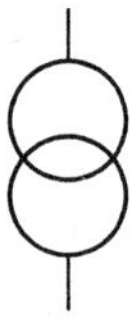	
52	电压互感器	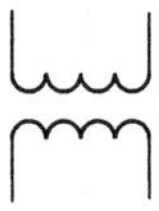	
53	具有两个铁心，每个铁心有一个次级绕组的电流互感器	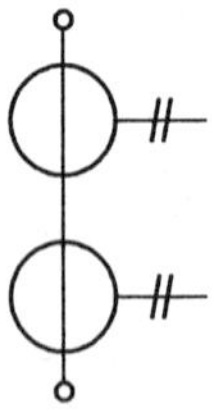	
54	具有两个铁心，每个铁心有一个次级绕组的电流互感器		

续表

序号	名 称	图像符号	备 注
55	直流/直流变压器		
56	整流器		
57	桥式全波整流器		
58	逆变器		
59	热源，一般符号	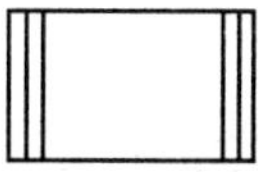	
60	蓄电池	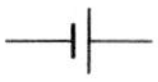	
61	脉冲变压器	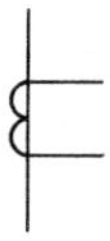	
62	移相变压器，三相	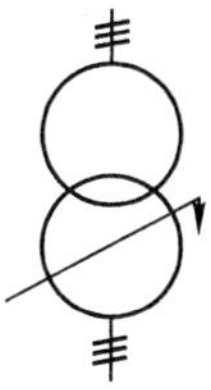	

7. 开关、控制和保护器件

表 2-2-6 为开关、控制和保护器件符号。

开关、控制和保护器件符号　　　　表 2-2-6

序号	名 称	图像符号	备 注
1	先断后合的转换触点		

续表

序号	名　　称	图像符号	备　　注
2	动合(常开)触点 形式1		
3	动合(常开)触点 形式2		
4	中间断开的双向触点		
5	熔断器式开关		
6	熔断器式隔离开关	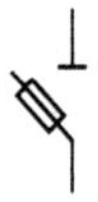	
7	熔断器式负荷开关		
8	动断(常闭)触点		
9	位置开关，动合触点		
10	位置开关，动断触点		
11	开关(机械式)形式1		
12	开关(机械式)形式2		

续表

序号	名　称	图像符号	备　注
13	先合后断的双向转换触点		
14	双动合触点		
15	双动断触点		
16	吸合时的过渡动合触点		
17	释放时的过渡动合触点		
18	提前闭合的动合触点		
19	提前断开的动断触点		
20	延时闭合的动合触点		
21	延时断开的动合触点		
22	延时断开的动断触点		
23	延时不合的动断触点		

续表

序号	名　称	图像符号	备　注
24	触点组	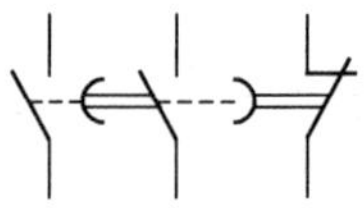	
25	手动操作开关，一般符号	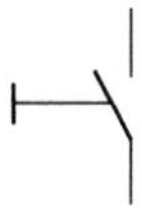	
26	自动复位的手动按钮开关		
27	自动复位的手动拉拨开关		
28	带动断触点的热敏开关	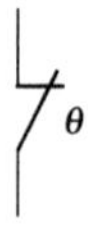	
29	带动断触点的热敏自动开关		
30	多位开关，最多四位		
31	接触器：接触器的主动合触头		
32	带自动释放功能的接触器		
33	断路器		
34	隔离开关，隔离器		

续表

序号	名　称	图像符号	备　注
35	双向隔离开关，双向隔离器	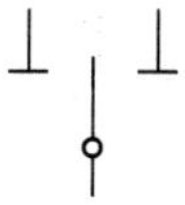	
36	隔离开关，负荷隔离开关		
37	带自动释放功能的负荷各类开关		
38	隔离开关，隔离器	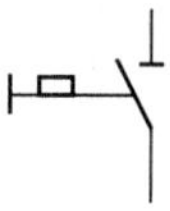	
39	电动机启动器，一般符号		
40	步进启动器		
41	调节启动器		
42	可逆直接在线启动器		
43	星—三角启动器		
44	带自耦变压器的启动器		
45	带可控硅整流器的调节—启动器	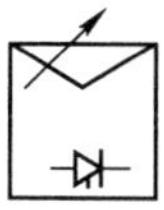	

续表

序号	名　称	图像符号	备　注
46	驱动器件，一般符号；继电器线圈，一般符号	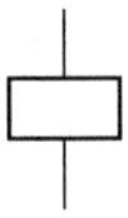	
47	驱动器件；继电器线圈（组合表示法）	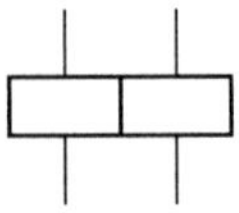	
48	缓慢释放继电器线圈	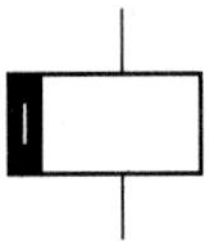	
49	缓慢吸合继电器线圈	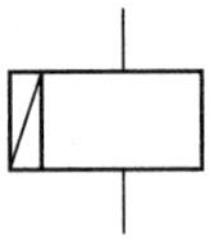	
50	延时继电器线圈	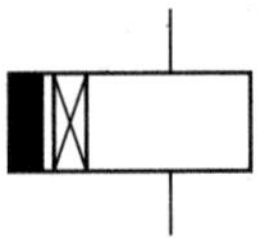	
51	快速继电器线圈	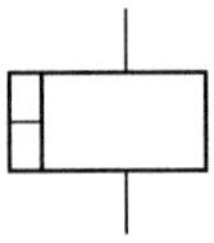	
52	交流继电器 线圈	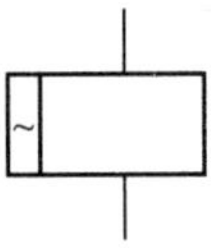	
53	机械保持继电器线圈	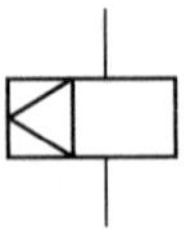	
54	热继电器驱动器件	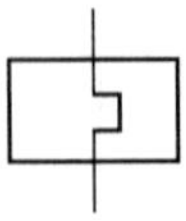	
55	对机壳故障电压，故障时的机壳电位	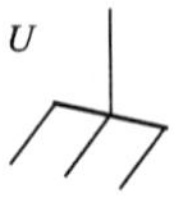 U	

序号	名称	图像符号	备注
56	对地故障电流	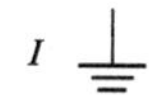	
57	电流继电器		
58	接近传感器		
59	接近开关	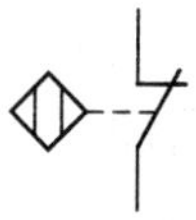	
60	磁控接近开关	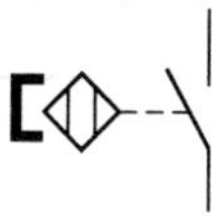	
61	熔断器，一般符号		
62	熔断器，撞击式熔断器	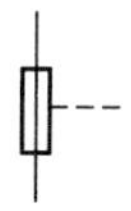	
63	独立报警熔断器	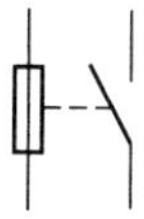	
64	熔断器开关		
65	熔断器式隔离开关；熔点器式隔离器		
66	熔断器负荷开关组合电器		

续表

序号	名　称	图像符号	备　注
67	避雷器		
68	保护用气体放电管		

8. 测量仪表、灯和信号器件

表 2-2-7 测量仪表、灯和信号器件符号。

测量仪表、灯和信号器件符号　　　　表 2-2-7

序号	名　称	图像符号	备　注
1	指示仪表，一般符号	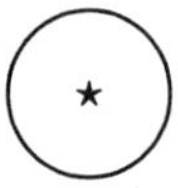 ★	
2	记录仪器，一般符号	 ★	
3	积算仪表，一般符号	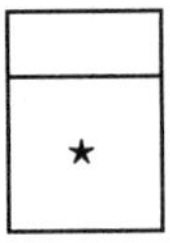 ★	
4	电压表	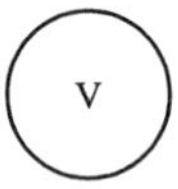 V	
5	无功电流表	 A $I\sin\varphi$	
6	无功功率表	 var	
7	功率因数表	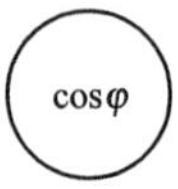 $\cos\varphi$	

续表

序号	名　称	图像符号	备　注
8	相位表	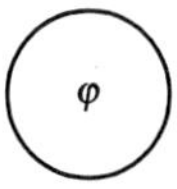 (φ)	
9	频率计	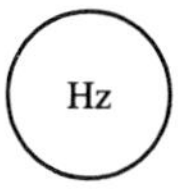 (Hz)	
10	示波器	 (∿)	
11	检流计	 (↑)	
12	温度计；高温计	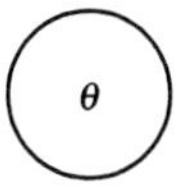 (θ)	
13	转速表	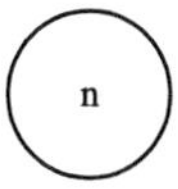 (n)	
14	记录式功率表	 [W]	
15	计时器	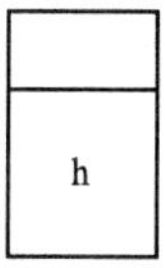 [h]	
16	安培小时计	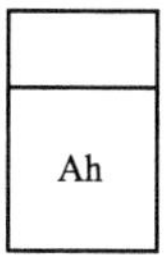 [Ah]	
17	电度表（瓦时计）	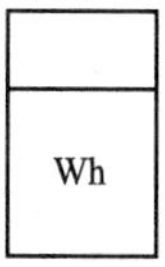 [Wh]	
18	超量电度表	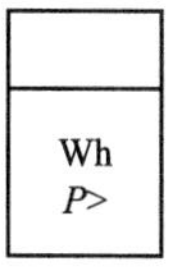 [Wh / P>]	

续表

序号	名　称	图像符号	备　注
19	带发送器的电度表	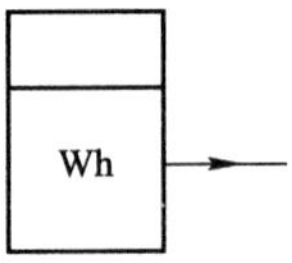 Wh →	
20	从动电度表（转发器）	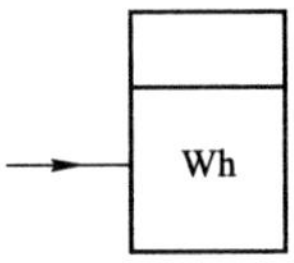 → Wh	
21	无功电度表	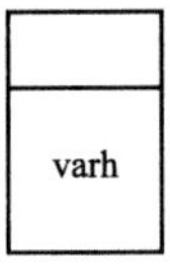 varh	
22	脉冲计	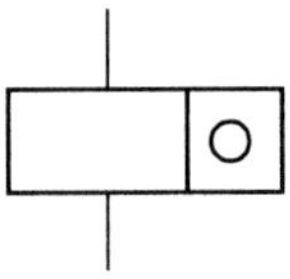	
23	热电偶		
24	带有非绝缘加热元件的热电偶		
25	时钟，一般符号		
26	带触点的时钟		
27	灯，一般符号		

续表

序号	名　　称	图像符号	备　　注
28	闪光型信号灯	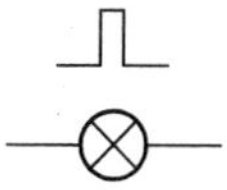	
29	机电型指示器；信号元件		
30	报警器		
31	蜂鸣器	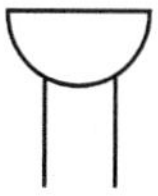	
32	音响信号装置，一般符号		
33	带有非绝缘加热元件的热电偶		
34	带有绝缘加热元件的热电偶	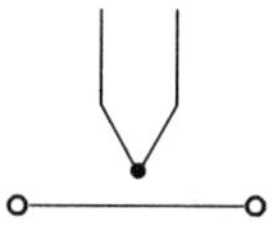	
35	信号变换器，一般符号	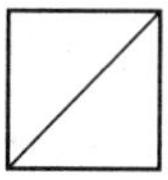	
36	同步器件，一般符号		
37	电喇叭	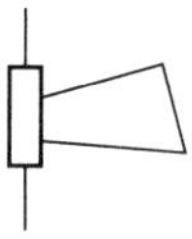	
38	铃		

续表

序号	名　称	图像符号	备　注
39	遥测发送器	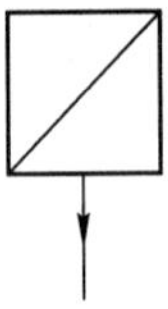	
40	遥测接收器	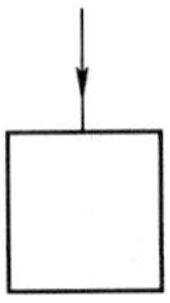	
41	角位置或压力指示器		
42	角位置或压力变送器	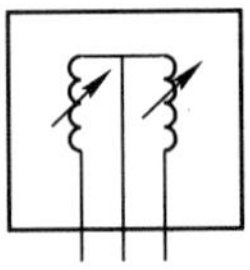	
43	蜂鸣器	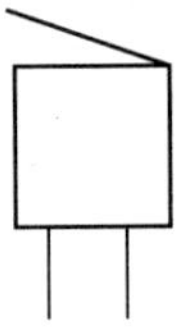	

9. 电力、照明和电信平面布置

表 2-2-8 为常用电力、照明和电信平面布置图形符号。

常用电力、照明和电信平面布置图形符号　　　表 2-2-8

序号	名　称	图像符号	备　注
1	架空线路		
2	过孔线路	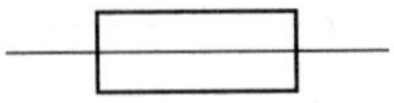	
3	电信线路上直流供电		
4	电信线路上交流供电		
5	中性线	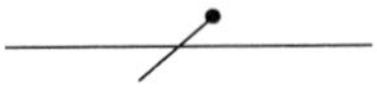	

续表

序号	名　　称	图像符号	备　　注
6	保护线		
7	保护和中性共用线	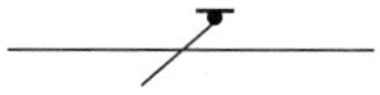	
8	具有保护线和中性线的三相配线		
9	连接盒和接线盒	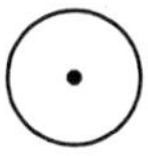	
10	带配线的用户端		
11	配电中心	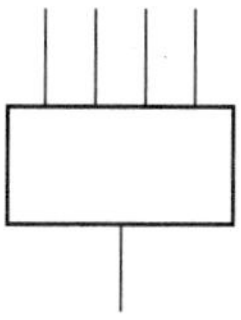	
12	多个插座	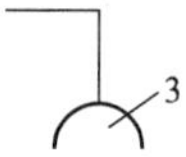	
13	带保护接地插座 带接地插孔的单相插座		
14	具有保护板的插座	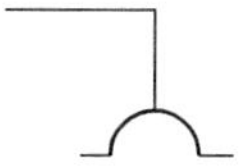	
15	具有单极开关的插座	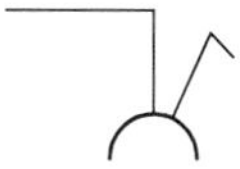	
16	具有连锁开关的插座	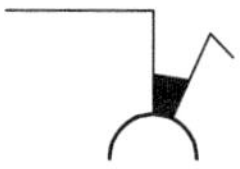	
17	单相插座的一般符号	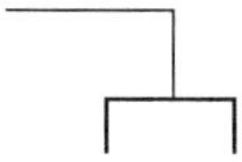	

续表

序号	名 称	图像符号	备 注
18	开关的一般符号		
19	具有指示灯的开关		
20	单限时开关		
21	双极开关	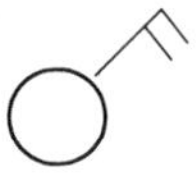	
22	多拉开关		
23	双路单极开关	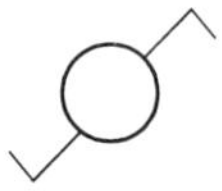	
24	调光器	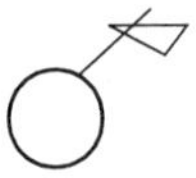	
25	单击拉线开关	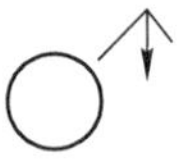	
26	按钮一般符号		
27	带指示灯的按钮		

第三章 楼宇自控系统基础及识图

楼宇自控系统就是将建筑物或建筑群内的变配电、照明、电梯、空调、供热、给排水、消防、安防等众多分散设备的运行、安全状况、能源使用状况及节能管理实行集中监视、管理和分散控制的建筑物管理与控制系统,称为 BAS(Building Automation System)。

第一节 楼宇自控系统的基本知识

1. 楼宇自控系统组成

楼宇自控系统由以下几部分组成。
1) 建筑设备运行管理的监控
① 暖通空调系统的监控(HVAC);
② 给排水系统监控;
③ 供配电与照明系统监控。
2) 火灾报警与消防联动控制、电梯运行管制
3) 公共安全技术防范
① 电视监控系统;
② 防盗报警系统;
③ 出入口控制及门禁系统;
④ 安保人员巡查系统;
⑤ 汽车库综合管理系统;
⑥ 各类重要仓库防范设施;
⑦ 安全广播信息系统。

不同的机电设备之间有着内在的相互联系,于是就需要完善的自动化管理。建立机电设备管理系统,达到对机电设备进行综合管理、调度、监视、操作和控制。

楼宇自控系统中包括有中央控制室(数据中心),主要有中央处理系统(计算机和接口装置等)、外围设备(监控终端和打印机等)和不间断电源三部分。

楼宇自控系统中还包括传感器及执行调节机构。传感器是指装设在各监视现场的各种传感元件、变送器、触点和限位开关,用来检测现场设备的各种参数(如温度、湿度、压差、液位等),如铂电阻温度检测器、复合湿度检测器、风道静压变送器、差压变送器等。

2. 楼宇自控系统的功能和实际效果

1) 楼宇自动化系统的功能
① 制定系统的管理、调度、操作和控制的策略;

② 存取有关数据与控制的参数；
③ 管理、调度、监视与控制系统的运行；
④ 显示系统运行的数据、图像和曲线；
⑤ 打印各类报表；
⑥ 进行系统运行的历史记录及趋势分析；
⑦ 统计设备的运行时间、进行设备维护、保养管理等。

2) 系统所能够产生的实际效果
① 室内恒温、恒湿，良好的空气质量，合理的灯光照度控制；
② 实现最佳的能源控制方案，节约能源消耗并实现能源管理自动化；
③ 实现设备自动化运行，提高运行效率，降低劳动强度；
④ 便于大楼内的所有设备运行于最佳工况，同时便于设备的保养和维修；
⑤ 便于大楼管理人员对设备进行操作并监视设备运行情况，提高整体管理水平；
⑥ 良好的管理将延长大楼设备的使用寿命，使设备更换的周期延长，节省大楼的设备开支；
⑦ 及时发出设备故障及各类报警信号，便于将损失降到最低点，便于操作人员在最短时间处理故障。

3. BAS 系统的监控范围和内容

① 空调机组：新风空调机组、新/回风空调机组、变风量空调机。
② 冷/热源系统：冷冻机组、冷冻水泵、冷却水泵、冷却塔、热交换器、热水一次水泵、热泵机组。
③ 电力系统：照明控制、高/低压信号测量、备用发电机组。
④ 电梯。
⑤ 保安门禁、巡更等。

1) 暖通空调系统自动监控

暖通空调系统是智能建筑创造舒适高效工作与生活环境不可缺少的重要环节，其设备耗电量占全楼总耗电量的 50%～60%，其监控点数占全楼监控点数的 50% 以上，BAS 系统为建筑物内的暖通空调设备（如：冷却塔、冷水机组、空气处理机、新风机组等）提供一个最优化的控制，实现经济运行降低能耗。

2) 给排水系统自动监控

给排水系统是任何建筑都必不可少的重要组成部分。BAS 系统主要是对给排水系统的状态、参数进行监控，保证系统运行参数满足建筑供排水要求以及供排水的安全。

3) 变配电系统自动监控

变配电系统是建筑物最主要的能源供给系统，BAS 系统用于建筑物内用电设备的正常运行，保障供电可靠性，负责电力供应管理和设备节电运行。

4) 照明系统

照明系统占建筑物耗电量 20%～30%，BAS 系统一方面为了保证建筑物各区域的照度和视觉环境对灯光进行控制，另一方面对照明设备进行节能控制。

5) 电梯控制系统

BAS 系统对于建筑物内的多台电梯实行集中的控制和管理,同时配合消防系统,执行联动程序。

4. 楼宇自动化系统设计依据

《民用建筑电气设计规范》JGJ/T 16—2008
《火灾自动报警系统设计规范》GB 50116—1988
《火灾报警设备专业术语》GB/T 4718—2006
《采暖通风与空气调节设计规范》GB 50019—2003
《工业电视系统工程设计规范》GB 50115—2009
《自动化仪表工程施工及验收规范》GB 50093—2002
《智能建筑设计标准》GB/T 50314—2006
《公共建筑节能设计标准》GB 50189—2005
《建筑照明设计标准》GB 50034—2004

第二节 楼宇自控系统的主要设备及组件

要对楼宇自控系统相关工程图纸有较高的识读能力,应该对系统中的主要设备、组件、结构、各子系统的运行工作原理、控制方式等部分内容有较深程度的认识。

楼宇自控系统的主要设备及组件

楼宇自控系统主要研究中央空调系统。

1) 中央空调系统的组成

中央空调系统由冷热源和空调系统末端设备组成。空调系统的冷源是指制冷站(冷水机组),制冷站生产制备冷冻水为空调系统末端设备供给冷源;空调系统的热源是指锅炉或热交换器等供热装置,热源装置为空调系统末端设备供给热源。

空调系统末端设备包括新风机组、风机盘管、定风量空调机组和变风量空调机组。

2) 制冷站(冷水机组)

空调系统中的制冷站由多台制冷机、冷冻水循环泵、冷却水循环泵、冷却塔、冷却塔风机、补水箱和膨胀水箱等设备组成,结构如图 3-2-1 所示,制冷站使用的冷却塔如图 3-2-2 所示。

图 3-2-1 制冷站结构

图 3-2-2 制冷站使用的冷却塔

3) 空调机组

空调机组是空调系统的主要前端设备。空调机组对空气进行温度和湿度处理后,将温度、湿度和清新度适宜的空气通过送风管道送给各个不同的空调房间。

空调机组的主要组件有:新风口、回风口、送风风机、表冷器、过滤器、传感器、执行器等。立式和卧式空调机组的两种外观如图 3-2-3 所示。

节能型组合式空调机组(卧式)

立式空调机组

图 3-2-3　立式和卧式空调机组的外观

4) 风机盘管

风机盘管主要依靠风机的强制作用,使空气通过加热器表面时被加热,因而强化了散热器与空气间的对流换热,能够迅速加热房间的空气。风机盘管是空调系统的末端装置,其工作原理是机组内不断地再循环所在房间的空气,使空气通过冷水(热水)盘管后被冷却(加热),以保持房间温度的恒定。立式和卧式风机盘管外观如图 3-2-4 所示。

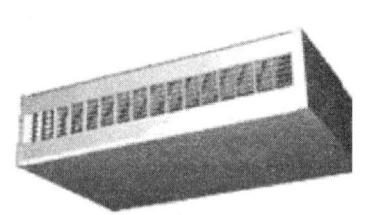
卧式明装风机盘管

立式风机盘管

图 3-2-4　立式和卧式风机盘管外观

5) 新风机组

新风机组通过对室外的新风进行温度和湿度处理,向空调房间输送温度和湿度适宜的冷风,调节室内的空气系统。新风换气机如图 3-2-5 所示。

6) 变风量空调系统

变风量空调系统是一种节能效果显著的空调系统。定风量系统的送风量是不变的,并且房间最大热湿负荷确定送风量,但实际上房间热湿负荷不可能经常处于最大值状态,而是全年的大部分时间都低于最大值,因此产生不必要的较大能耗。变风量空调系统是通过改变送入各房间的风量来适应负荷变化的系统。当室内空调负荷改变或室内空气参数设定值变化时,空调系统自动调节进入房间内的风量,将被调节区域的温度、湿度参数调整到设定值。送风量的自动调节可很好地降低风机动力消耗,降低空调系统运行能耗。

变风量空调机组也叫 VAV 系统(Variable Air Volume,VAV)。

一种变风量空调机组的外观图如图 3-2-6 所示。

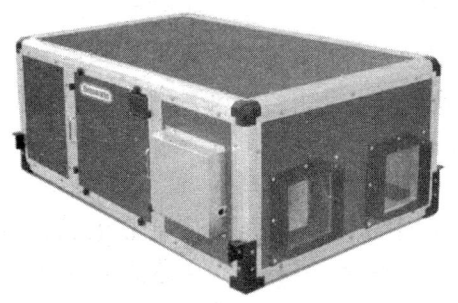
图 3-2-5 新风换气机

图 3-2-6 变风量空调机组的外观图

变风量空调机组通过装设在送风管道上的末端装置——VAVBox——向空调房间供送冷风。一种风机动力型 VAV 的外观结构如图 3-2-7 所示。

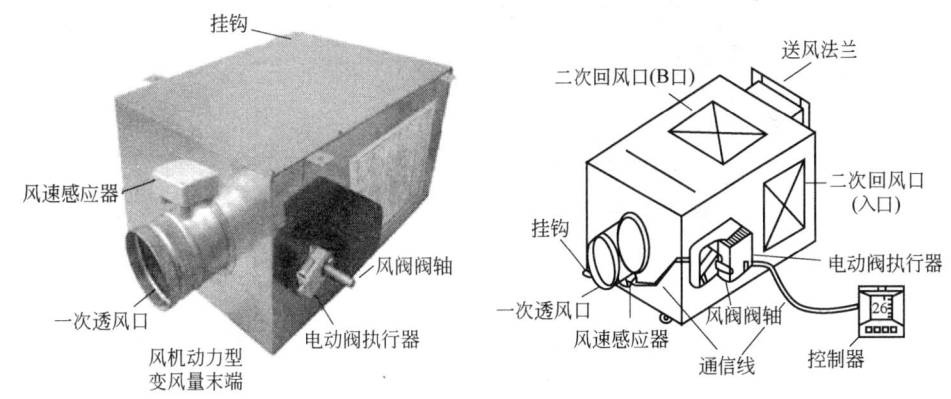

图 3-2-7 风机动力型 VAV 系统的末端装置

7) 楼宇自控系统中的传感器

楼宇自控系统中,使用各种不同的传感器采集建筑空间内的相关物理量,传送给控制器,进而实现对室内的空气温度、湿度、空气质量的调节,同时使建筑电气设备能够在最佳和接近最佳的工况下运行,实现节能。

楼控系统中常用的传感器有温度传感器、湿度传感器、压力传感器、压差传感器、流量传感器、液位传感器等。传感器安装在有信号采集点的管道和设备上。

(1) 温度传感器。温度传感器主要用于测量室内、室外、风道、水管的平均温度,多使用铂、镍、铜等贵金属制作的热电阻或热电偶作为传感元件。

温度传感器按使用安装要求的不同,又分为室内温度传感器、室外温度传感器、风道温度传感器、浸没式温度传感器、烟气温度传感器、表面接触温度传感器等。

(2) 湿度传感器。湿度传感器用于测量环境空气(主要是室内)的相对湿度,安装形式有室内、室外、风道等。

湿度传感器多使用由半导体金属氧化物制作的湿敏传感元件,当湿敏元件处于不同湿度环境中时,湿敏元件吸附空气中的水分,空气相对湿度越大,湿敏元件吸附的水分子数量越多,其电阻率越低;反之,则电阻率越高。测得湿敏元件的电阻值,就可以测出湿度。

楼宇设备自动化系统中用得较多的是电容湿度传感器,湿敏元件是电容两极板间所夹的一层感温聚合物薄膜。

(3) 压力传感器和压差传感器。压力传感器和压差传感器是将空气或液体压力信号转换为 4~20mA 或 0~10V 的标准电量信号的变换装置,常用的有风管型、水管型和蒸汽型等,主要用于空气压力、流量和液体压力、流量的测量。

楼宇自控系统常用的有电容式压差传感器、液体压差传感器等。

(4) 空气质量传感器。空气质量传感器根据不同气体具有不同热传导能力的特性,通过测定混合气体导热系数来推算其中某些组分气体的浓度。空气质量传感器常用半导体金属氧化物作为热敏元件。

下面给出了一部分楼宇自控系统中经常使用到的传感器外观图,如图 3-2-8 所示。

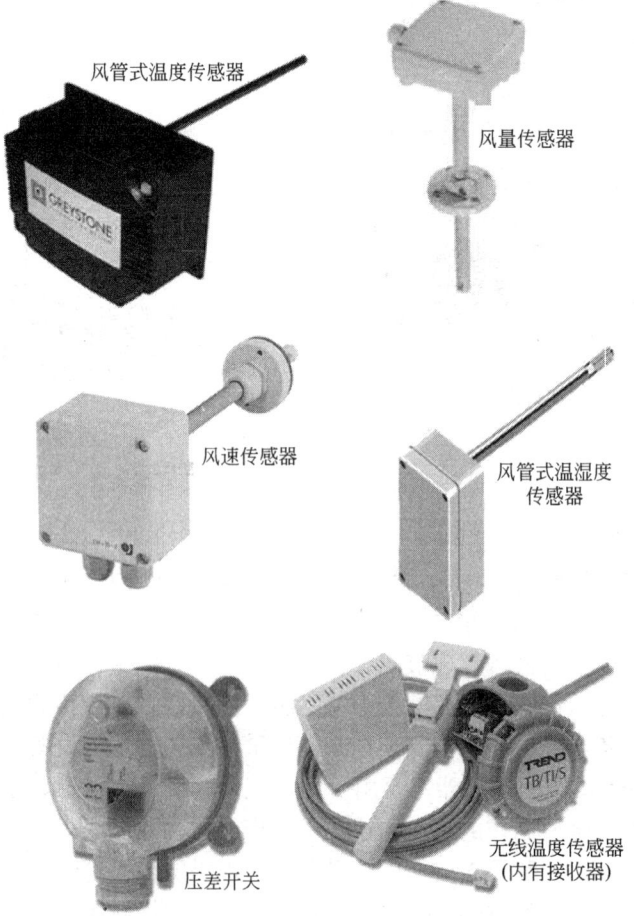

图 3-2-8 楼控系统中经常用到的传感器外观图(一)

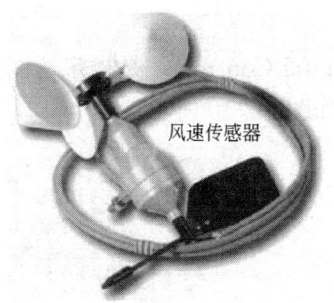

图 3-2-8 楼控系统中经常用到的传感器外观图(二)

8) 楼宇自控系统中的部分执行器

执行器按照控制器的指令，调节能量或物料的输送量，是楼宇自控系统的终端执行部件，也是对各种管道进行启闭自动控制的装置，包括电动阀、电磁阀、风门驱动器等。

执行器包括执行机构和调节机构两个部分。执行部分是执行器的驱动部分，按照控制器发出的信号指令产生相应的推力或位移(线位移和角位移)；调节机构是执行器的调节部分，接受执行机构的操纵，改变阀门的开度，调节工作介质(如水流和气流)的流量。

执行器按其使用的动力种类可分为电动、气动和液动三种。

(1) 电磁阀。电磁阀是电动执行器中较简单的一种，它利用线圈通电产生电磁吸力提升活动衔铁，带动阀塞移动，控制设备中的气路或液路通断。

(2) 电动阀。电动阀以电动机为动力，驱动调节阀门的开度。电动阀是一种连续动作的执行器，由电动机、减速器、阀体(调节器)等部分组成。

(3) 电动风门。电动风门通过调节控制风门的开度，实现调节风管中风量和风压的目的。

楼宇自控系统中的部分执行器如图 3-2-9 所示。

电动风阀执行器

变风量控制器

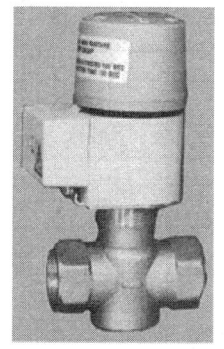

室内盘管电动阀门

可调节风阀执行器

图 3-2-9 楼宇自控系统中的部分执行器

9）直接数字控制器

直接数字控制器也叫 DDC(Direct Digital Control)，是楼宇智能控制或楼宇自动化系统中的核心设备，几种不同的 DDC 外观如图 3-2-10 所示。

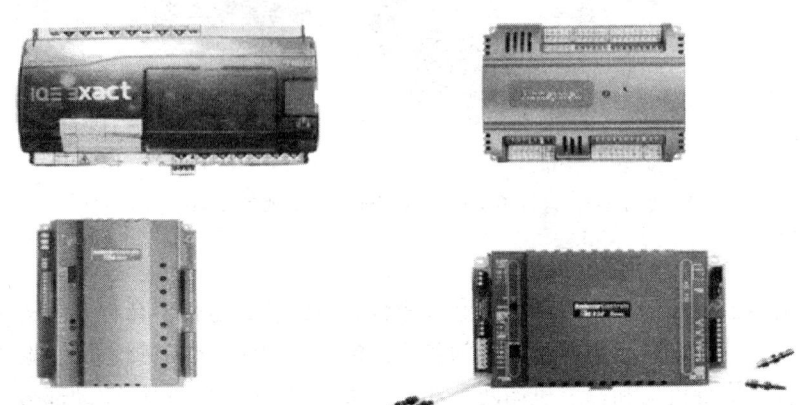

图 3-2-10　几种不同的 DDC 外观

DDC 设置有许多外部输入输出接口，有数字量输入口(DI)、数字量输出口(DO)、模拟量输入口(AI)和模拟量输出口(AO)，许多 DDC 的输入口是通用输入口，可以软件设置区分是数字输入量还是模拟输入量，或者使用跳线的方式区分数字输入量和模拟输入量。

第三节　直接数字控制器与传感器及执行器的连接

对于楼宇自控系统中的 DDC 和传感器及执行器的连接关系和连接规律，以及常见的监测信号从什么位置取出，都是识读图纸的重要基础知识。下面给出定风量空调机组监测控制过程中，常见的监控点见表 3-3-1 所列；变风量空调系统监测、控制点配置见表 3-3-2 所列。

定风量空调机组监测、控制点表　　　　表 3-3-1

监测、控制点描述	AI	AO	DI	DO	接口位置	备注
送风机运行状态			√		送风机动力柜主接触器辅助触点	
送风机故障状态			√		送风机动力柜主电路热继电器辅助触点	
送风机手/自动转换状态			√		送风机动力柜控制电路，可选	
送风机开/关控制				√	DDC 数字输出接口到送风机动力柜主接触器控制回路	
回风机运行状态			√		回风机动力柜主接触器辅助触点	
回风机故障状态			√		回风机动力柜主电路热继电器辅助触点	
回风机手/自动转换状态			√		回风机动力柜控制电路，可选	
回风机开/关控制				√	DDC 数字输出接口到回风机动力柜主接触器控制回路	

续表

监测、控制点描述	AI	AO	DI	DO	接口位置	备注
空调冷冻水/热水阀门调节		√			DDC 模拟输出接口到冷热水电动阀驱动器控制口	
加湿阀门调节		√			DDC 模拟输出接口到加湿电动阀驱动器控制口	
新风口风门开度控制		√			DDC 模拟输出接口到新风门驱动器控制口	
回风口风门开度控制		√			DDC 模拟输出接口到回风门驱动器控制口	
排风口风门开度控制		√			DDC 模拟输出接口到排风门驱动器控制口	
防冻报警			√		低温报警开关	
过滤网压差报警			√		过滤网压差传感器	
新风温度	√				风管式温度传感器,可选	
新风湿度	√				风管式湿度传感器,可选	
室外温度	√				室外温度传感器,可选	
回风温度	√				风管式温度传感器	
回风湿度	√				风管式湿度传感器	
送风温度	√				风管式温度传感器,可选	
送风风速	√				风管式风速传感器,可选	
送风湿度	√				风管式湿度传感器,可选	
空气质量	√				空气质量传感器(CO_2、CO 浓度)	

变风量空调系统监测、控制点配置表　　　　表 3-3-2

监测、控制点描述	AI	AO	DI	DO	接口位置	备注
送风机运行状态			√		送风机动力柜主接触器辅助触点	
送风机故障状态			√		送风机动力柜主电路热继电器辅助触点	
送风机手/自动转换状态			√		送风机动力柜控制电路,可选	
送风机开/关控制				√	DDC 数字输出接口到送风机动力柜主接触器控制回路	
送风机转速控制		√			DDC 模拟输出接口到送风机变频器控制口	
回风机运行状态			√		回风机动力柜主接触器辅助触点	
回风机故障状态			√		回风机动力柜主电路热继电器辅助触点	
回风机手/自动转换状态			√		回风机动力柜控制电路,可选	
回风机开/关控制				√	DDC 数字输出接口到回风机动力柜主接触器控制回路	

续表

监测、控制点描述	AI	AO	DI	DO	接口位置	备注
回风机转速控制		√			DDC模拟输出接口到回风机变频器控制口	
空调冷冻水/热水阀门调节		√			DDC模拟输出接口到冷热水电动阀驱动器控制口	
加湿阀门调节		√			DDC模拟输出接口到加湿电动阀驱动器控制口	
新风口风门开度控制		√			DDC模拟输出接口到新风门驱动器控制口	
回风口风门开度控制		√			DDC模拟输出接口到回风门驱动器控制口	
排风口风门开度控制		√			DDC模拟输出接口到排风门驱动器控制口	
空调机组送风出口(静)压力	√				风管式空气压力传感器	
送风管末端静压	√				风管式空气压力传感器	
防冻报警			√		低温报警开关	
过滤网压差报警			√		过滤网压差传感器	
新风温度	√				风管式温度传感器,可选	
新风湿度	√				风管式湿度传感器,可选	
室外温度	√				室外温度传感器,可选	
回风温度	√				风管式温度传感器	
回风湿度	√				风管式湿度传感器	
送风温度	√				风管式温度传感器	
送风风速	√				风管式风速传感器	
送风湿度	√				风管式湿度传感器	
空气质量	√				空气质量传感器(CO_2、CO浓度)	
末端风量/风速传感器	√				风管式风速传感器,可选	
室内温度传感器	√				室内温度传感器	
末端送风风门开度控制		√			末端送风风门驱动器控制口	
再热器控制				√	再热器阀门/(电热器)启停控制口	
室内静压测量	√				室内压力传感器	
回风量/风速测量	√				风管式风速传感器,可选	
合计						

第四节 楼宇自控系统常用图形符号

阅读并读懂楼宇自控系统中的工程图的前提条件之一是:基本熟悉工程图中大量出现的楼宇弱电系统的常用图形符号,见表3-4-1所列。

楼宇自控系统常用图形符号

表 3-4-1

序号	名 称	图像符号	备 注
	双点画线	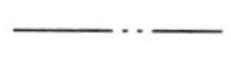	
1	阀门（通用）截止阀	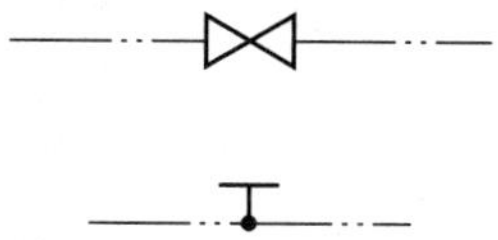	
2	闸阀		
3	手动调节阀		
4	球阀、转心阀		
5	蝶阀	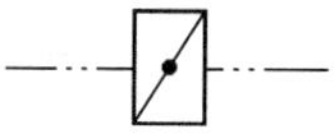	
6	角阀	 	
7	平衡阀		
8	四通阀	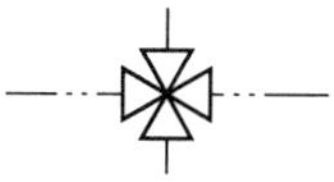	
9	节流阀		
10	膨胀阀	 	
11	旋塞	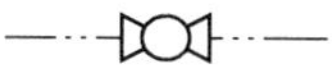	
12	快放阀		
13	止回阀	  	左中为通用画法，流向均为空白三角形至非空白三角形；中也代表升降式止回阀；右代表旋启式止回阀

续表

序号	名 称	图像符号	备 注
14	安全阀	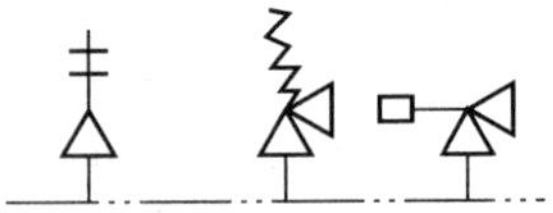	左图为通用，中为弹簧安全阀，右为重锤安全阀
15	减压阀	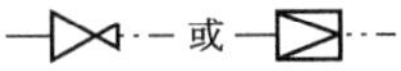	左图小三角为高压端，右图右侧为高压端。其余同阀门类推
16	疏水阀	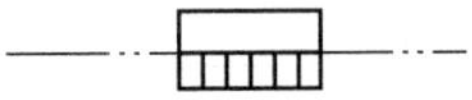	在不致引起误解时，也可用  ——⬤—— 表示也称"疏水器"
17	浮球阀	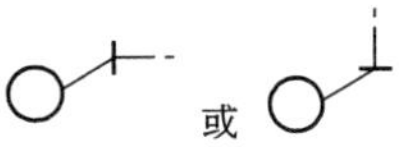	
18	集气罐、排气装置	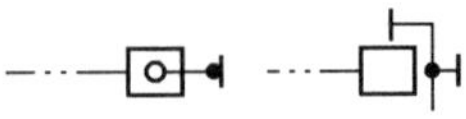	左图为平面图
19	自动排气阀		
20	除污器（过滤器）	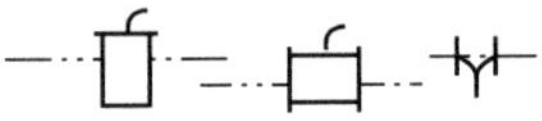	左为立式除污器，中为卧式除污器，右为Y型过滤器
21	节流孔板、减压孔板	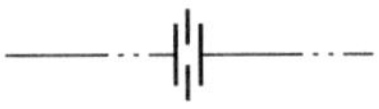	在不致引起误解时，也可用 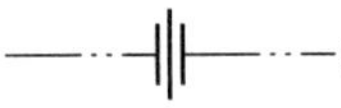 ——╫—— 表示
22	补偿器		
23	矩形补偿器		也称"伸缩器"
24	套管补偿器		
25	波纹管补偿器		
26	弧形补偿器		
27	球形补偿器	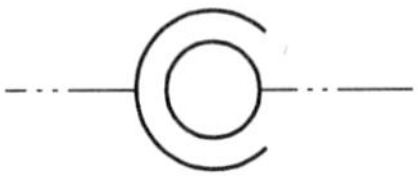	
28	变径管 异径管		

续表

序号	名　　称	图像符号	备　　注
29	活接头	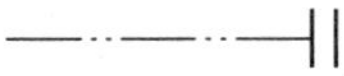	
30	法兰	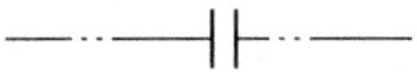	
31	丝堵		也可表示为： 
32	介质流向	 ➡ 或 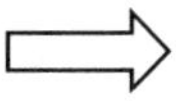 ⇨	在管道断开处时，流向符号宜标注在管道中心线上，其余可同管径标注位置
33	温度传感元件		
34	湿度传感元件		
35	液位传感元件	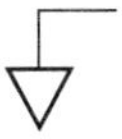	
36	流量传感元件		
37	压力传感元件		
38	流量测量元件（*为位号）	 FE *	
39	一氧化碳浓度测量元件（*为位号）	 CO *	
40	二氧化碳浓度测量元件（*为位号）	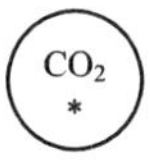 CO_2 *	
41	温度变送器（*为位号）	 TT *	
42	湿度变送器（*为位号）	 MT *	
43	液位变送器（*为位号）	 LT *	

续表

序号	名称	图像符号	备注
44	流量变送器（*为位号）	FT*	
45	压力变送器（*为位号）	PT*	
46	压差变送器（*为位号）	PdT*	
47	位置变送器（*为位号）	ZT*	
48	速率变送器（*为位号）	ST*	
49	电流变送器（*为位号）	IT*	
50	电压变送器（*为位号）	XT*	
51	电能变送器（*为位号）	ET*	
52	有功功率变送器（*为位号）	J*	
53	频率变送器（*为位号）	f*	
54	功率因数变送器（*为位号）	$\cos\varphi$*	
55	无功功率变送器	Q	
56	有功电能表	Wh	
57	水表	WM	
58	燃气表	GM	
59	模数转换	A/D	

续表

序号	名　称	图像符号	备　注
60	数模转换	 D/A	
61	计数器控制	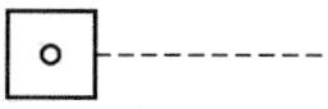	
62	流体控制	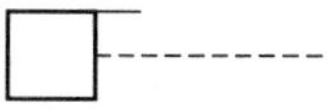	
63	气流控制	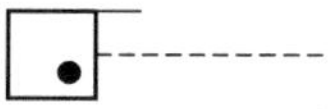	
64	相对湿度控制	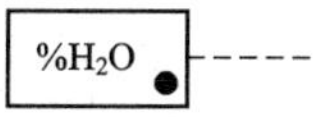 %H_2O	
65	液体流量开关	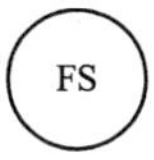 FS	
66	气体流量开关	 AFS	
67	防冻开关	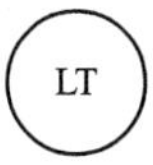 LT	
68	电动阀	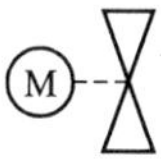 M	
69	电磁阀	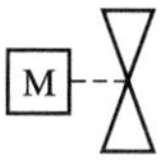 M	
70	电动三通阀	 M	
71	电动蝶阀	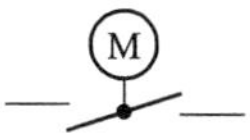 M	
72	电动风门	 M	

续表

序号	名　称	图像符号	备　注
73	空气过滤器	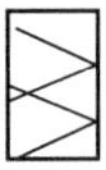	
74	空气加热器	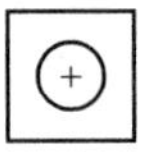	
75	空气冷却器	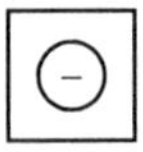	
76	风机盘管		
77	窗式空调器	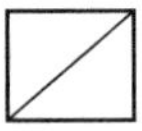	
78	对开式多叶调节阀	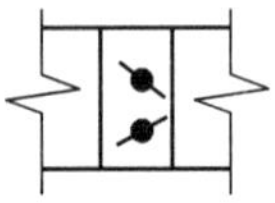	
79	电动对开式多叶调节阀	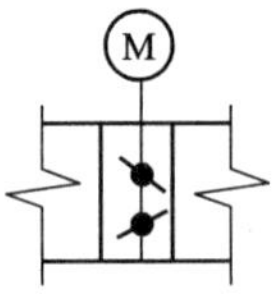	
80	三通阀	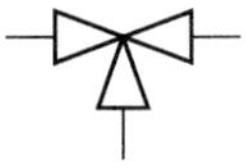	
81	四通阀	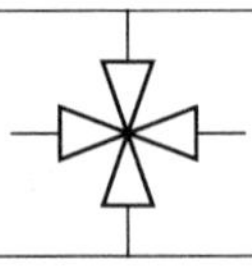	
82	节流孔板	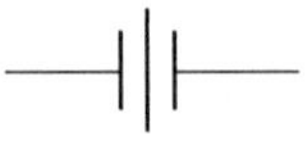	
83	加湿器	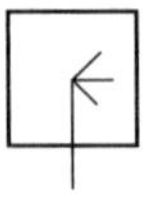	
84	风机		

续表

序号	名 称	图像符号	备 注
85	冷却塔	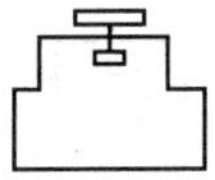	
86	冷水机组	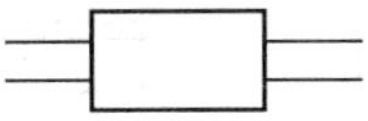	
87	热交换器	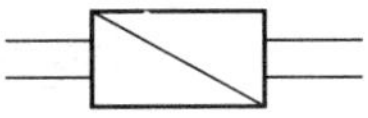	
88	水泵		左侧为进水，右侧为出水
89	电气配电、照明箱		
90	直接数字控制器	 DDC	
91	建筑自动化控制器	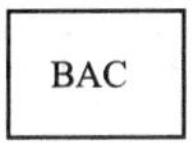 BAC	
92	数据传输线路	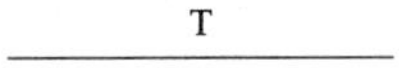 T	
93	散热器及手动放气阀	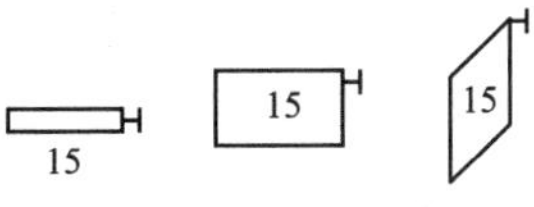 15 15	左为平面图画法，中为剖面图画法，右为系统图、Y轴测图画法
94	轴流风机	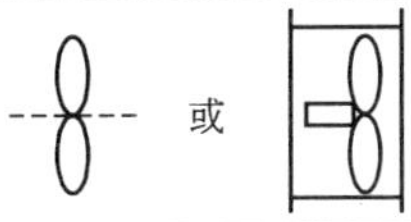 或	
95	空气加热冷却器	 + − +	左、中分别为单加热、单冷却、右为双功能换热装置
96	板式换热器	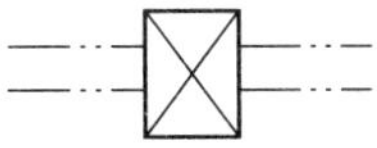	
97	空气过滤器	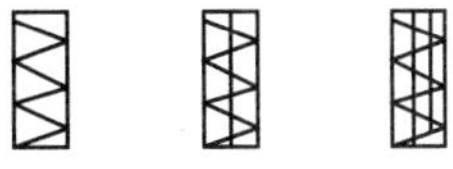	左为粗效，中为中效，右为高效

续表

序号	名称	图像符号	备注
98	电加热器	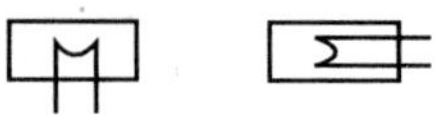	
99	加湿器		
100	挡水板	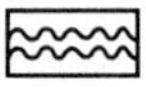	
101	窗式空调器	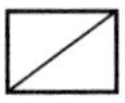	
102	分体式空调器		
103	风机盘管	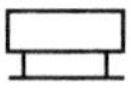	
104	温度传感器	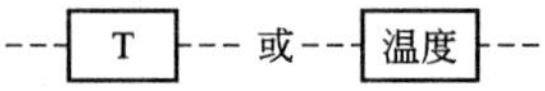 ---[T]--- 或 ---[温度]---	
105	湿度传感器	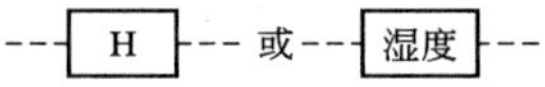 ---[H]--- 或 ---[湿度]---	
106	压力传感器	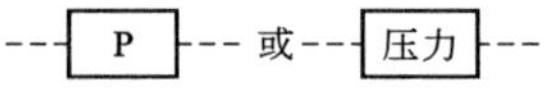 ---[P]--- 或 ---[压力]---	
107	压差传感器	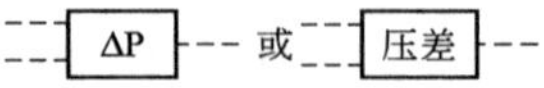 ---[ΔP]--- 或 ---[压差]---	
108	浮力执行机构		如浮球阀 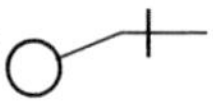
109	电动执行机构	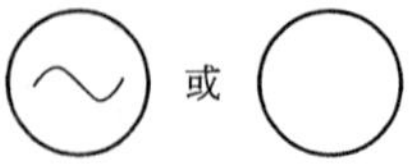	如电动调节阀
110	电磁(双位)执行机构	 M 或 □	如电磁阀

第五节　楼宇自动化系统的体系结构和各子系统的监控功能

1. 两大类楼宇自控系统

市场上有许多不同品牌的楼控系统，但在结构体系上一般分为两大类：使用层级结构的楼控系统和使用通透以太网的楼控系统。

1）使用层级结构的楼控系统

在管理层使用以太网，使用多种控制总线作为控制网络，管理网络和控制网络之间使用网络控制器（全局控制器）。这类结构就是使用层级结构的楼控系统，大部分楼控系统属于该类型。使用层级结构的楼控系统如图 3-5-1 所示。

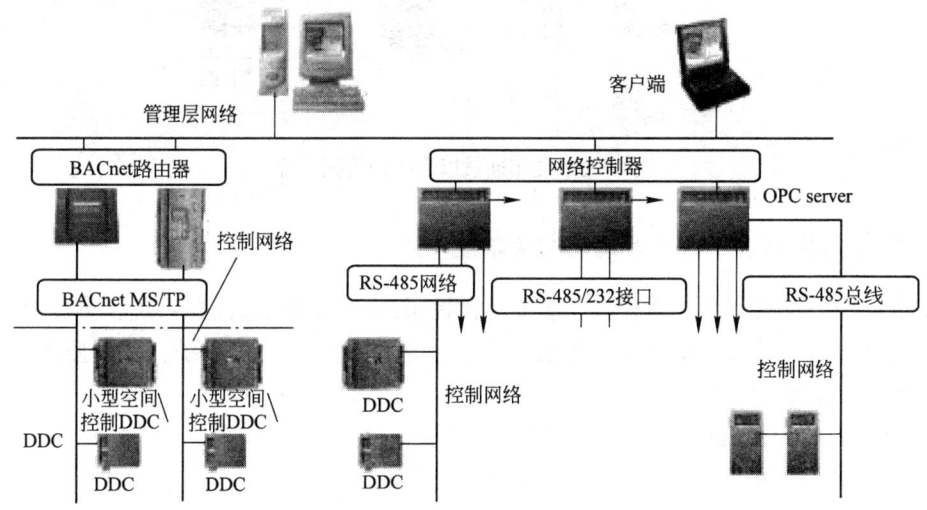

图 3-5-1　使用层级结构的楼控系统

使用层级结构的楼控系统属于集散控制系统（DCS 系统），用结构框图表示如图 3-5-2 所示。

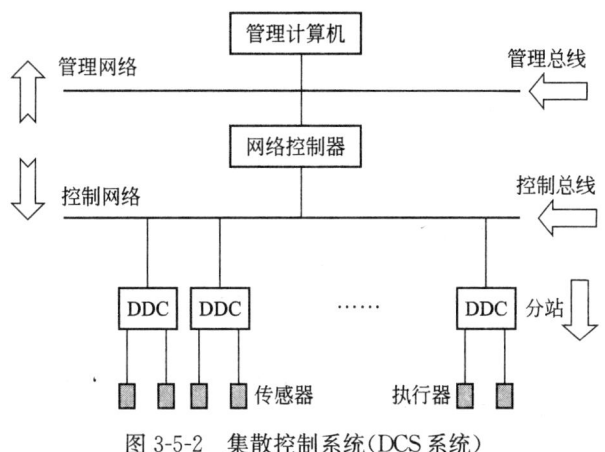

图 3-5-2　集散控制系统（DCS 系统）

2) 使用通透以太网的楼控系统

管理网络和控制网络都使用以太网,具有这样结构的楼控系统叫使用通透以太网的楼控系统,如图 3-5-3 所示。

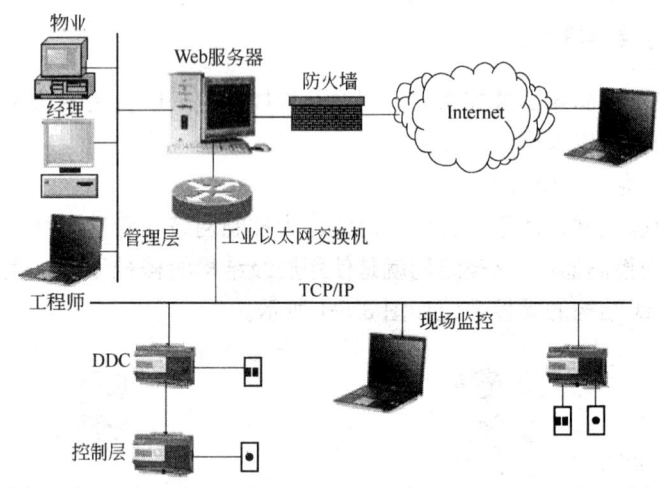

图 3-5-3　使用通透以太网的楼控系统

2. 楼宇自控系统中各子系统的监控功能

楼宇自控系统的子系统主要有:制冷站监控系统、空调机组监控系统、热交换监控系统、新风机组监控系统、给排水设备监控系统、送排风设备监控系统、照明监控系统等。下面介绍这些系统的主要监控内容。

1) 制冷站监控系统的主要监控内容

制冷站监控系统的主要监控内容见表 3-5-1 所示。

制冷站监控系统的主要监控内容　　　　表 3-5-1

序号	监控内容	仪表或执行器选择	说明
1	冷冻水供、回水温度监测	水管式温度传感器	参数测量及自动显示
2	冷冻水供水流量监测	电磁流量计	瞬时与累计值的自动显示
3	冷负荷计算		根据冷冻水供、回水温度和供水流量测量值,自动计算实际空调冷负荷
4	冷水机组台数控制	每台冷水机组的电控柜内设置控制和状态信号引出	根据建筑物所需冷负荷和实际冷负荷量自动确定冷水机组运行台数,实现节能
5	供回水压差自动调节	差压变送器; 电动调节阀(调节阀口径和特性应满足调节系统的动态要求,耐压等级能满足工作条件)	根据供、回水压差测量值,自动调节冷冻水旁通水阀,以维持供、回水压差为设定值
6	膨胀水箱水位自动控制	浮球式水位控制器(设置上、下限水位控制和高、低报警四个控制点); 常闭式电磁阀	自动控制进水电磁阀的开启与闭合,使膨胀水箱水位维持在允许范围内,水位超限时进行故障自动报警和记录

续表

序号	监控内容	仪表或执行器选择	说 明
7	冷却水温度自动控制	每台冷却塔风扇的电气控制回路内,设置控制和状态信号引出点	自动控制冷却塔风扇启停,使冷却水供水温度低于设定值
8	冷水机组保护控制	在每台冷水机组的冷冻水和冷却水管内安装水流开关	机组运行时,冷冻水与冷却水的水流开关自动检测水流状态,如异常则自动停机,并报警和进行事故记录
9	冷水机组定时启停控制	机组电控柜内,应设置状态信号和控制信号引出点	根据排定的工作及节假日作息时间表,定时、停机组
10	冷水机组连锁控制	电动控制蝶阀	启动顺序:开启冷却塔蝶阀,开启冷却水蝶阀,启动冷却水泵,开启冷冻水蝶阀,启动冷冻水泵,水流开关检测到水流信号后启动冷水机组。停止顺序:停冷水机组,关冷冻水泵,关冷冻水蝶阀,关冷却水泵,关冷却水蝶阀,关冷却塔风机、蝶阀
11	自动统计与管理		自动统计系统内水泵、风机的当前累计工作时间,进行启停的顺序控制

2) 空调机组监控系统主要监控内容

空调机组监控系统主要监控内容见表 3-5-2 所示。

空调机组监控系统主要监控内容　　　　　　　表 3-5-2

序号	监控内容	仪表或执行器选择	说 明
1	新风门控制	电动风门执行机构,与风阀联结装置匹配并符合风阀的转矩要求	参数测量及自动显示
2	过滤器堵塞报警	压差开关	压差开关两端压差大于设定值时报警,提示清扫
3	防冻保护	温度控制器,量程可调,一般设置在4℃左右	加热器盘管处设温控开关,当温度过低时开启热水阀,防止将热水盘管冻坏
4	回风温度自动检测	风管式温度传感器	参数测量及自动显示
5	回风温度自动调节	电动调节阀	冬季自动调节热水调节阀开度,夏季自动调节冷水调节阀开度,保持回风温度为设定值;过渡季根据新风的温湿度自动计算焓值,进行焓值调节
6	回风湿度自动检测	风管式湿度传感器	测量参数及自动显示
7	回风湿度自动控制	常闭式电磁阀,控制电压等级与现场控制器输出相匹配	自动控制加湿阀开断,保持回风湿度为设定值
8	风机两端压差	压差控制器,量程可调	风机启动后两端压差应大于设定值,否则及时报警与停机保护
9	机组定时启、停控制(或根据需要进行变频控制)	机组电控柜内,应设置状态信号和控制信号引出点	根据事先排定的工作及节假日作息时间表,定时启、停机组

续表

序号	监控内容	仪表或执行器选择	说明
10	工作时间统计		自动统计机组工作时间
11	连锁控制		风机停止后,新、回风风门、电动调节阀、电磁阀自动关闭
12	重要场所的环境控制	重要场所的温、湿度测点,可分别采用室内式温、湿度传感器,也可采用一体式温、湿度传感器	设温、湿度测点,根据所测温、湿度,调节空调机组的冷、热水阀,确保温、湿度为设定值
13	最小新风量控制	CO_2浓度检测传感器	在回风管内设置CO_2检测传感器,根据CO_2浓度自动调节新风阀,在满足CO_2浓度标准下,使新风阀开度最小,可节能
14	新风温、湿度自动检测	温、湿度测点分别采用风管式温、湿度传感器,也可采用一体式温、湿度传感器	

3) 热交换监控系统主要监控内容

热交换监控系统主要监控内容见表3-5-3所示。

热交换监控系统主要监控内容　　　　表3-5-3

序号	监控内容	仪表或执行器选择	说明
1	一次水供、回水温度	水管式温度传感器	参数测量及自动显示
2	一次水供水压力	压力变送器	参数测量及自动显示
3	一次水供水流量	电磁流量计	瞬时与累计值的自动显示
4	自动计算消耗热量		根据供、回水温度和供水流量测量值,自动计算建筑物实际消耗热负荷量
5	二次水供、回水温度	水管式温度传感器	参数测量及自动显示
6	二次水温度自动调节	电动调节阀	自动调节热交换器一次热水/蒸汽阀开度,维持二次出水温度为设定值
7	自动连锁控制		当循环泵停止运行时,一次水调节阀应迅速关闭
8	设备定时启、停控制	水泵电控柜内,设置状态信号和控制信号引出点	根据事先排定的工作及节假日作息时间表,定时启、停设备,自动统计设备工作时间

对于电动调节阀的使用来讲,调节阀口径和特性应满足调节系统的动态要求,耐压等级要满足工作条件。实践和日程控制主要是根据事先排定的工作及节假日作息时间表,定时启、停设备,自动统计设备工作时间,提示定期维修。

4) 新风机组监控系统主要监控内容

新风机组监控系统主要监控内容见表 3-5-4 所示。

新风机组监控系统主要监控内容　　　　　表 3-5-4

序号	监控内容	仪表或执行器选择	说　明
1	新风门开度控制	电动风门执行机构。控制信号和位置反馈信号与现场控制器的信号相匹配	参数测量及自动显示
2	过滤器堵塞报警	压差开关，量程可调	空气过滤器两端压差大于设定值时报警，提示清扫
3	防冻保护	温度控制器，量程可调，一般设置在 4℃ 左右	加热器盘管处设温控开关，当温度过低时开启热水阀，防止将加热器冻坏
4	送风温度自动检测	风管式温度传感器	参数测量及自动显示
5	送风温度自动调节	电动调节阀	冬季自动调节热水调节阀开度，夏季自动调节冷水调节阀开度，保持送风温度为设定值，过渡季根据新风的温、湿度自动计算焓值，进行焓值调节
6	送风湿度自动检测	参数测量及自动显示	风管式湿度传感器
7	送风湿度自动控制	常闭式电磁阀	自动控制加湿阀开断，保持送风湿度为设定值
8	风机两端压差	压差开关，量程可调	风机启动后两端压差应大于整定值，否则及时报警与停机保护
9	机组定时启、停控制（或根据需要进行变频控制）	机组电控柜内，应设置状态信号和控制信号引出点	根据事先排定的工作及节假日作息时间表，定时启、停机组
10	设备累计工作时间统计		自动统计机组工作时间，定时维修
11	连锁控制		风机停止后，新风风门、电动调节阀、电磁阀自动关闭
12	最小新风量控制	CO_2 浓度检测传感器	根据 CO_2 浓度自动调节新风阀，在满足 CO_2 浓度标准下，使新风阀开度最小
13	新风温、湿度自动检测	温、湿度测点可分别采用风管式温、湿度传感器，也可采用一体式温、湿度传感器	测量参数及自动显示

还有以下一些注意事项。

① 常闭式电磁阀的使用注意事项：电磁阀口径与管径相同，耐温符合工作温度要求，控制电压等级与 DDC 输出匹配。

② CO_2 浓度检测传感器，采用回风管安装方式，量程符合工作条件要求。

5）给排水设备监控系统主要监控内容

给排水设备监控系统主要监控内容见表 3-5-5 所示。

给排水设备监控系统主要监控内容　　　　　表 3-5-5

序号	监控内容	仪表或执行器选择	说　明
1	水箱水位自动控制	浮球水位计，将浮球固定在控制水位的上、下限处	自动控制给水泵启、停，使水箱水位维持在设定范围内
2	水箱水位自动报警	在浮球水位计上增加上、下限报警浮球	水位超过设定报警线时发出报警信号
3	当前累计工作时间统计		自动统计水泵工作时间，定时维修
4	水池水位自动控制	浮球水位计，将浮球固定在控制水位的上、下限处	自动控制排水泵启、停，使水池水位不超过设定线
5	水池水位自动报警	在浮球水位计上增加上、下限报警浮球	水位超过设定报警线时发出报警信号

6）送排风设备监控系统主要监控内容

送排风设备监控系统主要监控内容见表 3-5-6 所示。

送排风设备监控系统主要监控内容　　　　　表 3-5-6

序号	监控内容	仪表或执行器选择	说　明
1	风机自动控制	风机电控柜内，应设置状态信号和控制信号引出点	自动控制风机启、停
2	CO 自动报警	CO 浓度传感器	车库中 CO 浓度超过设定报警线时，发出报警信号，同时自动启动风机工作
3	风机当前累计工作时间统计		自动统计风机工作时间，定时维修

7）照明监控系统主要监控内容

照明监控系统主要监控内容见表 3-5-7 所示。

照明监控系统主要监控内容　　　　　表 3-5-7

序号	监控内容	仪表或执行器选择	说　明
1	建筑内部照明分区控制	照明配电柜内，应设置状态信号和控制信号	可按照建筑内部功能，划分照明的分区及分组控制方案，自动或遥控各个照明区域的电源通断
2	建筑外部道路照明分区控制	安装在室外的照度传感器，将照度转变为标准信号送至现场控制器	
3	建筑外部轮廓与效果照明控制	照明配电柜内，应设置状态信号和控制信号	

第六节　楼宇自控系统的工程读图识图

楼宇自控系统的工程读图主要有系统图、监控原理图。

1. 楼宇自控系统的系统图读图识图

1）识读楼控系统图的方法

楼宇自控系统的系统图是用单线图表示楼控系统中各种设备的连接关系的图样，楼控系统的系统图不描述设备的具体情况、安装位置和接线情况。

识读楼控系统系统图的基本方法详见如下所述。

（1）学习楼宇自控系统的基本知识。这部分知识包括：楼宇自控系统组成；楼宇自控系统的功能；楼宇自控系统的监控范围和内容；了解楼宇自控系统的主要设备及组件。

（2）学习关于直接数字控制器与传感器及执行器的连接知识。

（3）熟悉楼宇自控系统的常用电气符号。

（4）对具体设备的监控系统系统图进行分析识读。分析和识读内容有：监控系统的具体内容；使用的控制方法；还要着重地分析系统图中的传感器和DDC的AI、DI、AO、DO口的连接关系；设备状态信号监测点在什么具体的位置；手动和自动切换机构的工作情况。

（5）系统图中包含的一些反映系统特点的内容。

2）识读楼宇自控系统图的举例

【例3-6-1】 分析识读一个楼控系统的系统图，如图3-6-1所示。

分析内容用表格方式描述，见表3-6-1。

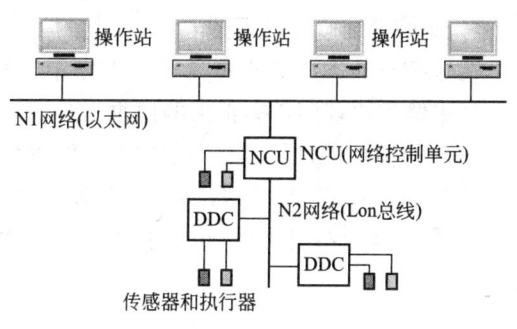

图3-6-1 楼控系统的系统图

对楼控系统的分析识读　　　　　　　　　　　表3-6-1

序号	系统组件	在系统中的作用	说　　明
1	操作站	作为中央管理工作站或工程师站	
2	网络控制单元NCU	用于连接管理网络和控制网络	
3	直接数字控制器DDC	是整个楼宇自控系统的核心，负责对特定区域中的一部分设备进行监测控制，每个DDC仅负责实现对若干个点进行监测控制	
4	传感器	现场对被监测量的信号采集	
5	执行器	执行控制器DDC或中央管理工作站发出的控制指令，驱动执行机构完成调节控制任务	
6	N1网络	管理层网络，中央管理工作站接入该网络（一般情况下是以太网）	
7	N2网络	控制网络，连接控制器的控制域网络	

续表

	要 点 分 析
1	该楼控系统是一个两层级楼控系统，控制网络采用了 Lonworks 现场总线，速率不算太高，但网络的可靠性和实时性很好
2	通信协议：N1 网络采用 TCP/IP 协议；N2 网络采用 Lontalk 协议
3	对于使用层级结构的楼控系统一般要通过网络控制器实现控制网络与管理网络的连接
4	使用 Lonworks 现场总线组建的系统规模很灵活，可以组织点数较多的楼控系统，也可以组建点数比较少的楼控系统
5	楼控系统可以通过接入互联网来实现远程的监控

2. 楼控系统监控原理图的识读

1）楼控系统监控原理图

在楼宇自动化技术的实际工程工作中，相关的技术人员要接触大量的工程文件与图纸，其中监控原理图占有很大的比重。

所谓的监控原理图是：使用 DDC 处理传感器接收到的监测信号，实现对建筑电气设备的控制；传感器、执行器、被控设备和 DDC 的 I/O 口之间的连接关系绘制的图形。在传感器和执行器与 DDC 的连接当中，DDC 的输入输出接口一般被描述成如图 3-6-2 所示。

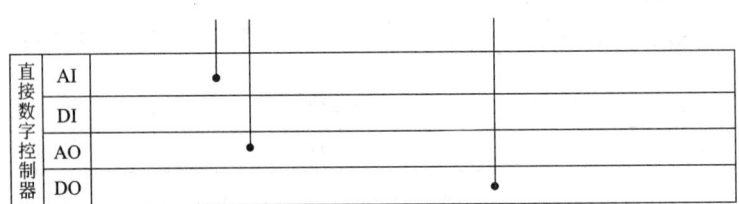

图 3-6-2　DDC 的输入输出接口

DDC 的四类输入输出口分别是：

AI 口——模拟输入口；

DI 口——数字输入口；

AO 口——模拟输出口；

DO 口——数字输出口。

2）监控原理图识读及分析

【例 3-6-2】　分析识读如图 3-6-3 所示的一个空调机组监控原理图。

分析内容用表格方式描述，见表 3-6-2。

【例 3-6-3】　对空调机组控制原理图的识图及分析。

根据空调机组控制原理图（如图 3-6-4 所示），确定测控点及测控点类型。

通过对空调系统各个子系统的控制原理图的分析，还可以得出子系统的工作点表，点表是设计和施工文件中重要的文件之一。

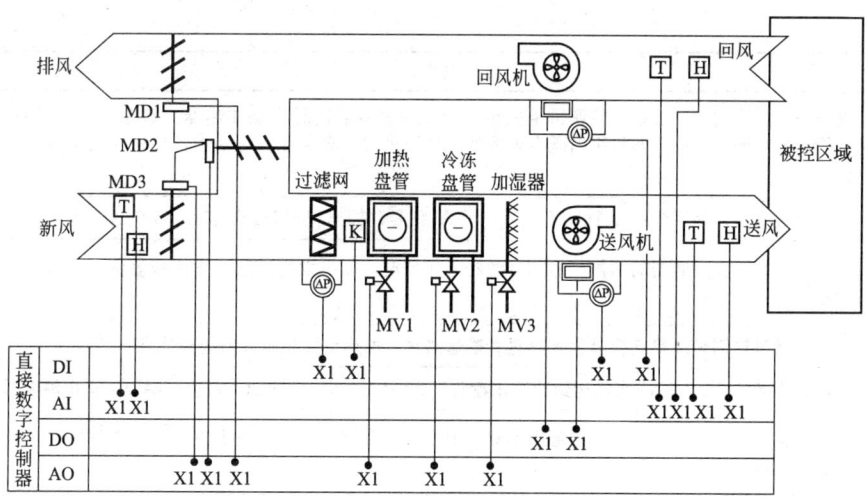

图 3-6-3 空调机组监控原理图

分析识读空调机组监控原理图 表 3-6-2

序号	系统组件	在系统中的作用	说 明
1	MD1/2/3：风门执行器	执行 DDC 的指令，控制调节风门开度	
2	ΔP：压差开关	当过滤器发生堵塞时，发出数字量的报警信号	
3	K：防冻开关	冬季防止加热盘管温度过低导致损坏	
4	MV1/MV2：水阀	MV1 的作用：用于冬季加热盘管热水流量的调节控制。MV2 的作用：用于夏季冷冻盘管冷冻水流量供给的调节控制	
5	MV3：加湿器	用于建筑物内的空气加湿	
6	T：温度传感器	监测部署区域的温度值	
7	H：湿度传感器	监测部署区域的湿度值	
8	过滤网	滤去新风中的尘埃、颗粒	
9	加热盘管	热水在加热盘管中流动，加热空气并向室内送出热风	
10	冷冻盘管	7℃的冷冻过水流过冷冻盘管，对空气降温，送出温度适宜的冷气	
11	送风机	克服空调机组的送风回路阻尼，使风系统循环流动	
12	直接数字控制器	楼控系统的核心控制器件	
13	MV1/2/3：室内盘管电动阀	通过调节控制盘管电动阀门开度，调节冷冻水、热水的流量，实现对空气的调节	
14	回风机	克服空调机组的回风回路阻尼，使风系统循环流动	

续表

	要 点 分 析
1	这是一个四管制空调机组。空调机组内用于制冷的表冷器同时也是加热器,制冷加热共用一台换热器,是二管制的空调机组;空调机组内既有表冷器又有加热器,冷水管和热水管各自独立的空调机组是四管制空调机组
2	监控点数来讲,该系统有4个DI信号、6个AI信号;输出有2个DO信号、6个AO信号
3	压差开关装置在过滤器的两侧,监测过滤器工作情况,如果发生堵塞,发出报警信号,告警维修人员进行检修
4	冬季,通过热锅炉或热交换器为加热盘管输运热水,加热空气并向室内送出暖风
5	制冷站生产的7℃的冷冻水输运给冷冻水盘管,为空调机组提供冷源,对空气降温,送出温度适宜的冷风
6	在空调机组送出的冷风中,如果湿度不够,则打开加湿器,增大空气湿度,向空调房间提供温度和湿度均适宜的冷风
7	空调机组不采用全新风方式工作,使用了一部分回风,有较好的节能效果,但同时需要对室内的控制质量进行控制,保证室内的空气满足卫生标准
8	为了较精确地调节控制空调房间内的温湿度,在新风口、送风口、回风口位置处,安装了风管式温度传感器和风管式湿度传感器
9	为控制需求,在送风机和回风机处设置了压差开关

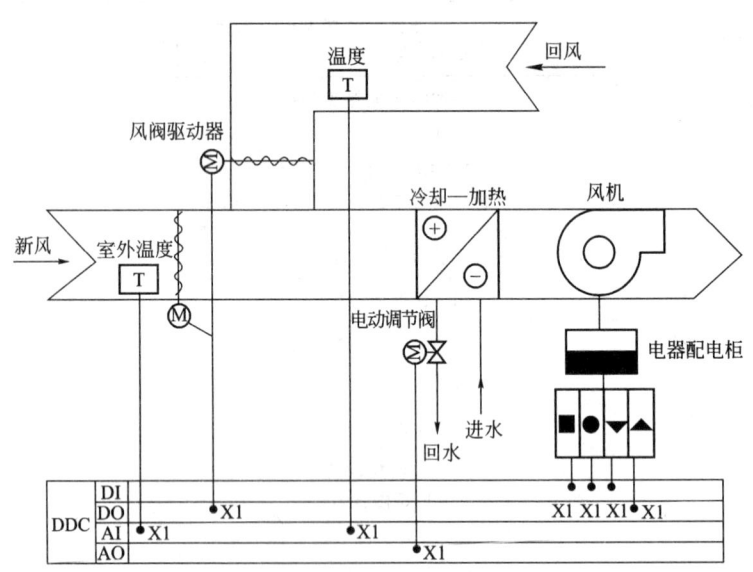

图 3-6-4 空调机组控制原理图

3)根据空调机组控制原理图,列空调机组点表3-6-3所示。

分析内容用表格方式描述,见表3-6-4所示。

【例3-6-4】 变风量空调机组的组成结构图、变风量空调机组末端VAVBox压力无关型末端监控原理图、变风量空调机组末端VAVBox压力无关型末端监控的DDC接线图分别如图3-6-5、图3-6-6和图3-6-7所示。识读这几张图纸,并给出分析。

空调机组点表 表3-6-3

监控设备名称	控制点描述	设备数量	DI	AI	DO	AO	接口位置
空调机组		2					
	送风机运行状态		2				DDC 数字输入接口
	送风机故障报警		2				DDC 数字输入接口
	送风机手/自动状态		2				DDC 数字输入接口
	送风机启停控制				2		DDC 数字输出接口
	回风温度			2			风管温度传感器
	风阀控制				2		DDC 数字输出接口
	水阀控制					2	DDC 模拟输出接口
	室外温湿度			2			室外温湿度传感器

分析识读有监控点配置点表的空调机组监控原理图 表3-6-4

序号	系统组件	在系统中的作用	说 明
1	新风和回风风门及执行器	执行DDC的指令,控制调节新风和回风风门开度	
2	新风口出设置了一个风管式温度传感器	监测新风的温度	
3	送风机的配电柜处引出了4个监测点和控制点	4个监测点和控制点分别是:送风机故障状态监测,是DI信号;送风机启停控制,是DO信号;送风机手/自动状态,是DI信号;送风机运行状态监测,是DI信号	
要 点 分 析			
1	这是一个两管制空调机组		
2	监控点数来讲,该系统有3个DI信号、2个AI信号;输出有:2个DO信号,1个AO信号		

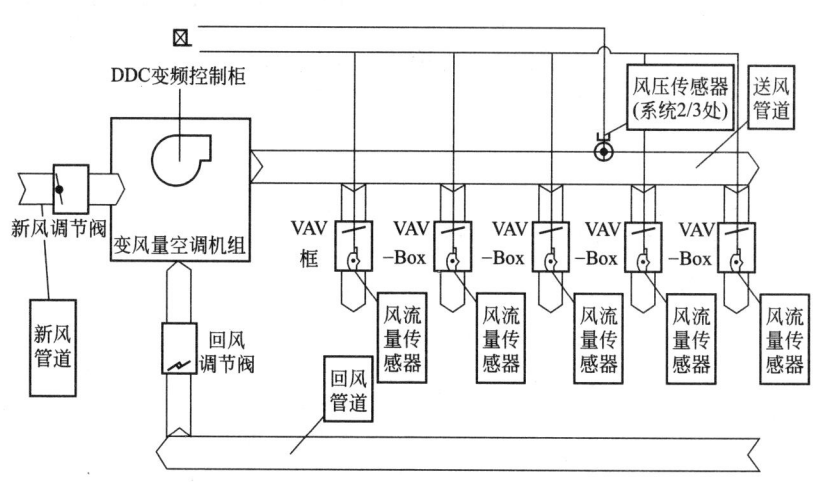

图 3-6-5 变风量空调机组的组成结构图

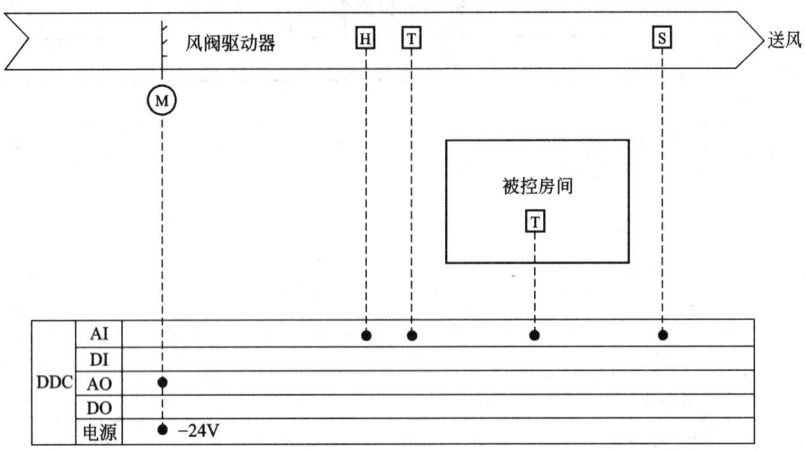

图 3-6-6　变风量空调机组末端 VAVBox 压力无关型末端监控原理图

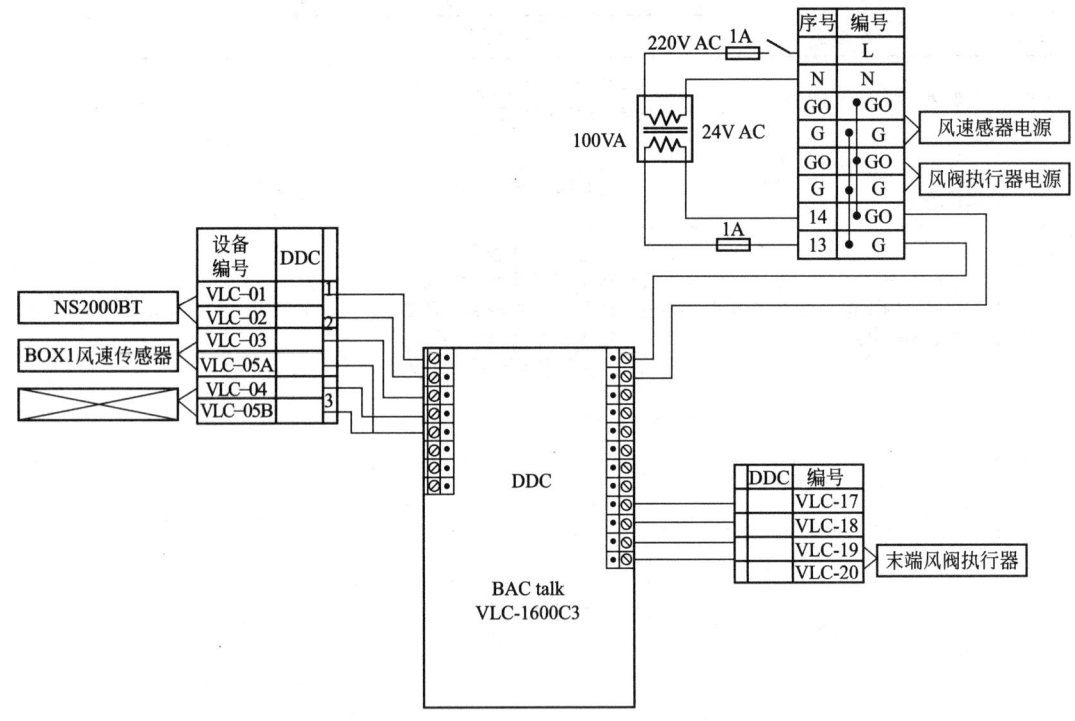

图 3-6-7　DDC 接线图

对变风量空调机组的组成结构图、VAVBox 压力无关型末端监控原理图及 DDC 接线图的识读分析内容见表 3-6-5 所列。

分析识读变风量空调系统的结构　　　　　表 3-6-5

序号	系统组件	在系统中的作用	说　明
1	送风口采用了变风量末端 VAVBox	通过调节控制 VAVBox 的风门开度，控制送风量，从而实现空调房间的温度调节	

续表

序号	系统组件	在系统中的作用	说　明
2	每个 VAVBox 配置了一个风流量传感器	监测送风流量的大小	
3	新风调节阀和回风调节阀	通过调节新风调节阀和回风调节阀来控制新风量和回风量的大小，进而控制混风比，在保证室内空气满足卫生标准的前提下，尽可能多地使用回风，即减小新风用量，实现节能	
4	在系统的 2/3 距离处，设置了风压传感器	通过风压传感器风压测定，在保持送风温度不变，但保证系统风管中某一点的平均静压为一个定值，通过控制变频器转速，实现总风量的控制	
5	送风机采用了变频器作为驱动电源	仅仅实现 VAVBox 对每一个具体送风区域的送风量调节还不够，还要通过对送风机的调速，实现总送风量的调节，实现真正意义上的变风量空调	

	要　点　分　析
1	这是一个变风量空调机组
2	变风量空调系统与定风量空调系统相比，节能效果更加优良，采用改变送风量的方法来实现调节控制室内温度，这种方法对于建筑格局多变的办公空间、商务空间，效果很好
3	变风量空调系统与定风量空调系统相比，有两点主要的不同：定风量空调机组采用固定的送风口，而变风量空调机组采用送风量可调节的送风口——VAVBox；定风量空调机组的送风机不调速，变风量空调机组的送风机调速运行，实现总风量的调节运行

VAVBox 压力无关型末端监控原理　　　　　　　　　　表 3-6-6

序号	系统组件	在系统中的作用	说　明
1	VAVBox 装置中，有温度、湿度和风流量传感器	通过对送风的温度、风流量的监测可以知道输运给空调房间的空气冷量是多少，如果供给冷量和空调房间的实际冷量需求相符，既能保证房间环境的温度满足要求，同时有很好的节能效果	
2	VAVBox 装置中湿度传感器	通过监测送风中的湿度值，进而可以控制调节送风量实现空调房间内有合适的温度和湿度值	
3	VAVBox 专用 DDC	一般情况下，VAVBox 有一个专用 DDC，负责对 VAVBox 风门的驱动调节的智能控制。专用 DDC 接收温度、湿度和风流量传感器的监测信号，根据一定的控制算法实现对变风量空调末端的控制	

续表

序号	系统组件	在系统中的作用	说　明
4	VAVBox 的专用 DDC 采用了 24V 的交流电源	直接使用 24V 的交流电源为 VAVBox 的专用 DDC 供电	

要　点　分　析	
1	压力无关型控制：指的是不受压力变化影响的 VAV Box 变风量控制方式。通过测量 VAVBox 进风口风量的细微变化，将测得的变化信号转换成控制信号以实现 VAV 控制器的反馈调节，使得 VAV 控制器在根据设定温度和检测温度实现风量调节的基础上，再根据监测的风量变化对 VAVBox 送风量进行适时微量的调整，实现风量串级控制，达到出风口风量恒定，不受风道内压力变化影响的目的

分析识读 DDC 接线图　　　　　　　　表 3-6-7

序号	系统组件	在系统中的作用	说　明
1	电源	24VAC，20VA 最小，半波整流，允许多个 VLC 从一个变压器引出电源，24VAC 的一端接大地（控制盘）	
2	接线端子	16 个输入端，所有输入端子都可以用软件设置成可接收热敏电阻、干触点、0～5VDC 或 4～20mA 信号	
3	DDC 安装位置	VLC-1600C3 使用标准 BACnet 协议在 BACnet MS/TP 局域网上进行通信，通信速度可达 76.8kbit/s。VLC-1600C3 也可作为独立的控制器使用。它可以支持艾顿 BACtalk Microset 智能壁装式传感器，方便地提供数据显示和设定点的调整	
4	MS/Tp 控制总线	在 MS/TP(Master Slave/Token Passing)局域网上与 BACnet 完全兼容，通信速度可达 76.8kbit/s	
5	图形式编程语言 Visuallgic	VLC-1600C3 使用艾顿图形式编程语言——Visuallgic，进行编程。这个自动归档软件的函数库可以实现极其灵活的控制策略	
6	接线排	DDC 的输入和输出通过接线排与外部导线相连；包括 24V 的交流电源	
7	MS/TP 总线	所有 DDC 的左下角都和 MS/TP 总线相连，连接方式为手拉手菊花链式	

要　点　分　析	
1	可编程定时器也是 100ms 的分辨率，高分辨率 10bit 的模拟输入可以是现场可调整的热敏电阻、干触点、0～5VDC 或 4～20mA 信号
2	CMOS 电路、有地线隔离层的四层电路板、强有力的软硬件和电源滤波保证了控制器可靠和稳定的运行；CMOS 微处理器使用一个内部"看门狗"，可以监视电源电压，以提供自动关断和数据备份

第七节 楼控系统中部分其他子系统

1. 新风换气机组

1）某大厦的新风换气机组控制原理图

某大厦的新风换气机组控制原理图如图 3-7-1 所示。

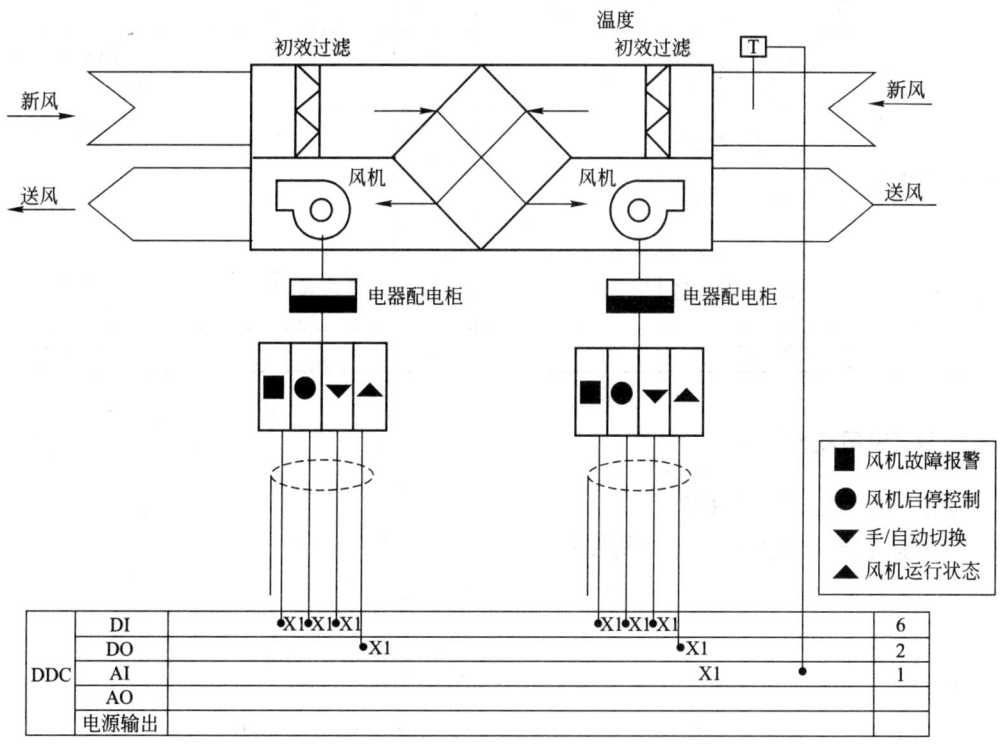

图 3-7-1 新风换气机组控制原理图

2）新风换气机组控制要求

新风换气机组的控制系统具有以下监控功能。

（1）风机的状态监测与控制。监测风机的运行状态、故障状态和手/自动状态，控制风机的启停。

（2）回风温度的监测。监测新风换气机组的回风温度，当夏季回风温度过高或冬季回风温度过低时报警。

（3）机组启停控制。根据建筑物内的各工作部门事先设定的工作时间表及节假日休息时间表，定时启停机组，自动统计机组的运行时间，提示定时对机组进行维护保养。

（4）节能运行。新风换气机组的控制系统要能够实现节能运行的控制。

① 间歇运行：使设备合理间歇启停，但不影响环境舒适程度。

② 最佳启动：根据建筑物人员使用情况，预先开启空调设备，晚间之后，不启动空

调设备。

③ 最佳关机：根据建筑物人员下班情况，提前停止空调设备。

④ 夜间新风的注入控制：在凉爽季节，用夜间新风充满建筑物，以节约空调能量。

3）新风换气机组自控系统的测控点表

新风换气机组自控系统测控点表见表 3-7-1。

新风换气机组点表　　　　　　　　　　表 3-7-1

监控设备名称	控制点描述	设备数量	DI	AI	DO	AO	接口位置
新风换气机组		52					
	送风机运行状态		104				DDC 数字输入接口
	送风机故障报警		104				DDC 数字输入接口
	送风机手/自动状态		104				DDC 数字输入接口
	送风机启停控制				104		DDC 数字输出接口
	回风温度			52			风管温度传感器

2. 送/排风机组

1）送/排风机组控制原理

某大厦的送/排风机组的排风机控制原理图如图 3-7-2 所示。

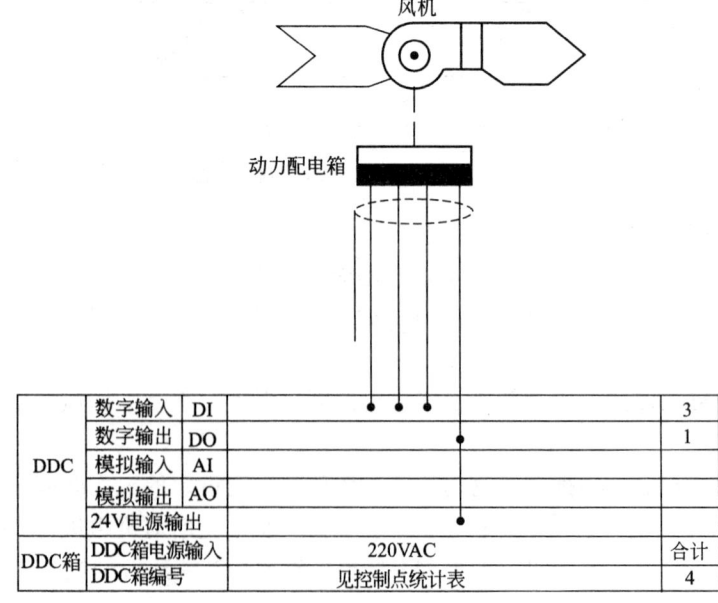

图 3-7-2　送/排风机控制原理图

2）送/排风机监控功能

送/排风机监控内容详见如下所述。

（1）排风机的状态监测与启停控制。监测风机的运行状态、故障状态和手/自动状态，控制风机的启停。

（2）时间程序自动启/停送风机，具有任意周期的实时控制功能。

3）送/排风机自控系统的测控点表

送/排风机自控系统的测控点表见表 3-7-2。

送/排风机点表　　　　　　　　　　表 3-7-2

监控设备名称	控制点描述	设备数量	DI	AI	DO	AO	接口位置
送/排风机		29					
	送风机运行状态		29				DDC 数字输入接口
	送风机故障报警		29				DDC 数字输入接口
	送风机手/自动状态		29				DDC 数字输入接口
	送风机启停控制				29		DDC 数字输出接口

第八节　楼宇设备自动化系统识读图举例

1. 排水监控系统原理图识读图分析

一个排水监控系统的监控原理图如图 3-8-1 所示。

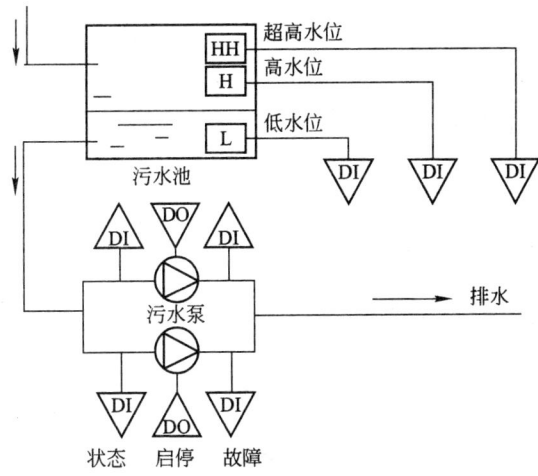

图 3-8-1　排水监控系统的监控原理图

分析内容见表 3-8-1。

分析识读排水监控系统的监控原理图　　　　表 3-8-1

序号	系统组件	在系统中的作用	说　明
1	DDC	在系统控制中起核心作用	直接数字控制器
2	污水泵	用于将污水池的污水源源不断地通过排水管道排入市政污水管网	系统中有两台污水泵，一备一用
3	液位计	用于检测污水池的实际水位	系统中有三个液位计
4	污水池	蓄积建筑物用户排放的污水	
要　点　分　析			
1	三个液位计分别用来检测三个水位：超高、高和低水位。一旦水位达到设定水位，立刻给出报警信号。当污水池水位达到低水位时，污水泵停泵；当污水池水位达到高水位时，污水泵立即启动排水；当污水池水位达到超高水位时，污水泵处于排水状态并立即发出报警信号		
2	DDC 的数字输入端 DI 接收来自液位计的水位信号，并发出相应的控制指令控制污水泵的启停。由于监控点数不多，可以使用一台 DDC 来控制两台污水泵的工作		
3	系统中设置两台污水泵，一备一用。在控制中应考虑到均衡运行控制		
4	控制系统需要对污水泵的工作状态进行监控。监控点取自污水泵电控箱中的交流接触器的辅助触点处，取出的是一个数字信号，故将此信号接入 DDC 的 DI 口		

2. 二管式单冷水盘管式监控系统原理图识读图分析

一个二管式单冷水盘管式监控系统原理图如图 3-8-2 所示。

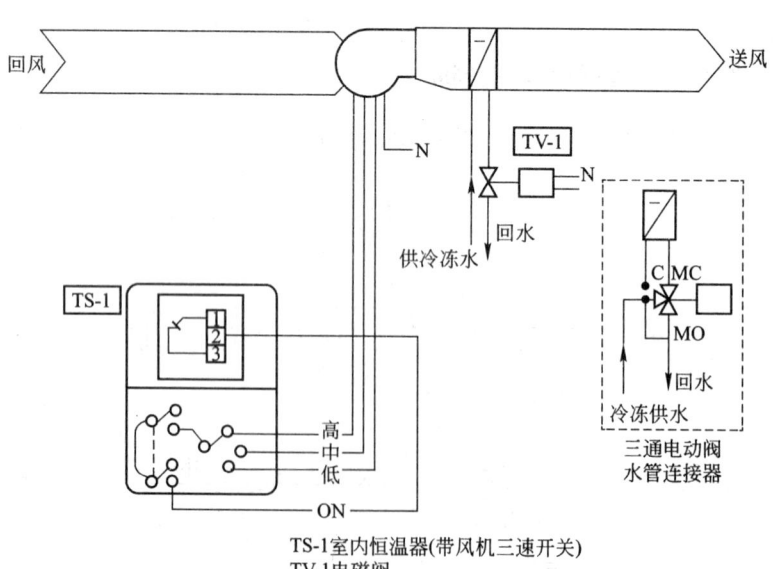

TS-1 室内恒温器(带风机三速开关)
TV-1 电磁阀

图 3-8-2　二管式单冷水盘管式监控系统原理图

分析内容见表 3-8-2。

分析识读二管式单冷水盘管式监控系统原理图 表 3-8-2

序号	系统组件	在系统中的作用	说明
1	TS-1：室内恒温器	对系统进行调温，并且可以实现三速挡位的风机调速	具有恒温功能。在一个设定的温度挡上，可以控制和保持接近恒温
2	TV-1：电磁阀	用来调节供给冷冻水	
3	二管式单冷水盘管空气调节系统	对空调区域的空气温度进行调节	
4	三通电动阀	在输运冷冻水的管路上设置了三通电动阀对冷冻水流量进行调节控制	
要点分析			
1	该空气调节系统使用 TS-1——室内恒温器，对空调区域进行调温，并且可以实现三速挡位的风机调速，进而实现温度调节		
2	注意电动阀与电磁阀的区别。电动阀是用电机带动阀芯转动实现开度控制的装置；电磁阀是用电磁线圈带动导向阀杆，实现全开全关控制的装置。调节形式上，电动阀可以粗略控制开度，实现原理就是在电机转动过程中受控停止，实现阀门开度的控制；电磁阀只能控制全开全关		

3. 对一个楼宇自控系统的结构原理图进行识读图分析

一个层级结构楼宇自控系统的原理图如图 3-8-3 所示。对该结构原理图进行读图分析。

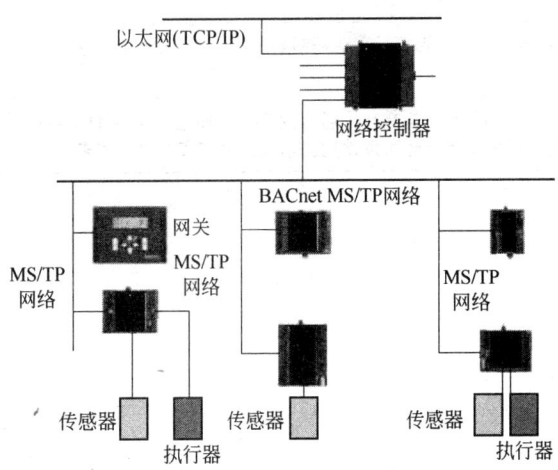

图 3-8-3　层级结构楼宇自控系统的原理图

分析内容见表 3-8-3。

分析识读层级结构楼宇自控系统的原理图　　表 3-8-3

序号	系统组件	在系统中的作用	说明
1	网络控制器	实现管理域网络与控制域网络之间的互联	在层级结构楼宇自控系统中，网络控制器是一个必不可少的关键核心设备。由于管理域网络和控制域网络是异构网络，二者的连接必须要通过网络控制器实现互联

续表

序号	系统组件	在系统中的作用	说　　明
2	DDC	在楼宇自控系统中起着关键的作用	
3	传感器	采集空调区域的关键物理量转变为信号送给 DDC 相应的输入端口	用得最多的是，温度传感器、湿度传感器、风速传感器、CO_2 传感器、压差开关、防冻开关等
4	执行器	执行 DDC 的控制指令，驱动电动两通阀、风阀、送风机的启动等	
5	网关	用于将第三方系统接入	实现不同子系统的系统集成
6	MS/TP 总线	是楼控系统的控制网络	其速率为 76.8kbit/s。速率不算高，但工作的可靠性和实时性很好
要　点　分　析			
1	控制网络的主要作用：使 DDC 连入一个全数字的双向网络，为 DDC 提供一个能够和管理域网络互联的通信网络环境		
2	这里的 MS/TP 网络，就是一种控制网络或叫控制总线。在基于 BACnet 通信协议的楼宇自控系统中，这种控制总线用的较为普遍		
3	处于控制网络中的每一个 DDC 都就近监测和控制周边一些建筑设备，并以监测和控制点的形式表现出来。每个 DDC 的输入点和现场的传感器相连，DDC 的输出点和执行器连接。每个 DDC 监控设备的数量取决于 DDC I/O 端子的数量		
4	在层级结构楼宇自控系统中，管理层网络一般情况下就是以太网，楼控系统与公网互联，就是通过管理网络进行的		
5	任何一个楼宇控制系统都必须架构在一个通信网络上；而通信网络的管理层是以太网，下面层级的控制网络可以由许多控制总线来实现，还可以使用工业以太网或实时以太网来充当		

第四章 安防系统基础及识图

第一节 安防自动化系统的基本概念

1. 安防自动化系统概述

安全防范系统也叫综合保安自动化系统(Security Automation System)，它是建筑智能化中的一个必不可少的子系统，是确保人身、财产以及信息安全的重要设备系统。安全防范系统的各个子系统分别分布在智能建筑各重点出入口、通道、重要部门等区域进行监控与管理。在智能建筑中建立起一个多层次、立体化的安全保障平台。如图 4-1-1 所示为智能小区安全防范系统组成框图。

安全防范系统作为智能建筑物管理系统(IBMS)的一个子系统，应该具有受控于 IBMS 控制主机。

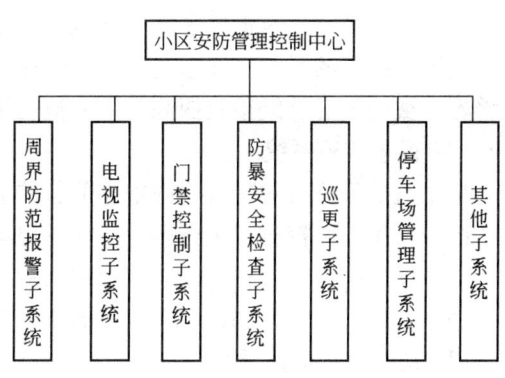

图 4-1-1 智能小区安全防范系统组成框图

2. 智能楼宇对安防系统的要求

1) 安全防范

安防系统首要目的是对财物、人身或重要数据的安全保护。安防系统通过智能识别装置，对出入口进行有效管理，把不法人员拒之门外，同时也可以对出入小区或大楼的人员实行监控记录。另外，系统可以轻松实现布防和撤防，布防应具有延时功能，以避免造成误报。

2) 报警

安防系统可以通过各种智能探测器即时准确地发现保全区域内的突发情况，并能在安防控制中心和有关地方发出各种特定的声光报警，同时报警信号还可以通过网络送到远程控制监控中心以及公安部门；另外，系统应有自检和防破坏功能。

3) 监视与记录

安防系统应可以对楼宇各个部位实现无盲区、全天候的监控，并自动保存一定时间内的信息记录。在接收到报警信号后，可以迅速地把现场图像和声音切换到安防控制中心的监控屏上，并自动实时记录，以便日后取证使用。

3. 安防自动化系统组成及功能

安全防范系统根据其作用一般分为三大部分，即门禁控制系统、防盗报警系统、视频监控系统，如图 4-1-2 所示。

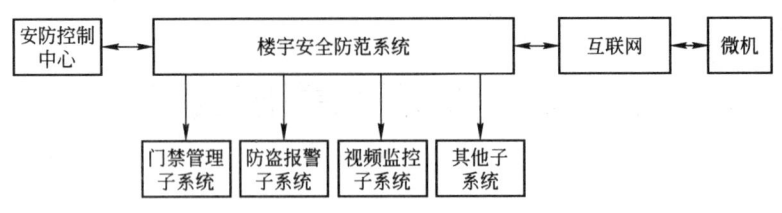

图 4-1-2　安防系统组成框图

（1）门禁控制系统

在建筑物的出入口等重要部位的通道口安装门磁开关，电控锁或读卡机等控制装置，对出入小区的人员的进行控制。

（2）防盗报警系统

防盗报警系统是对重要区域的出入口、财务及贵重物品储藏区域的周界及重要部位，进行监视、报警的系统。该系统中采用的探测器有：动体监测器、振动探测器、玻璃破碎报警器、被动式红外线接收探测及主—被动发射—接收器等。

（3）视频监控系统

采用监控摄像机对建筑物内重要部位的事态、人流等动态状况进行监视、控制，并可以对已经发生的监控过程进行客观的视频记录。

随着安全防范系统在智能建筑中的大量应用以及数字化、网络化的发展，现在又出现了一些从上述三大组成部分独立出来的子系统，下面就对它们进行进一步介绍。

（1）楼宇可视对讲系统

对进入智能小区的来访者进行管理，是保护住户安全的必备设施。

（2）停车场自动管理系统

该系统对停车场、地下库的车辆出入进行控制、管理和计时收费。

（3）电子巡更系统

安保工作人员在建筑物相关区域建立巡更点，按规定路线进行巡逻检查，辅以电子装置确保建筑物内、外大范围空间的安全防范。

（4）周界防范系统

通过电子围栏设备将智能小区的周围建立看不见的电子围墙，准确、有效地探测非法入侵。

4. 无线视频监控系统

无线视频监控系统作为近几年发展出来的智能化监控系统，拥有着传统闭路电视监控系统乃至数字网络视频监控系统所不具有的优点，故单独设立一节作具体说明。

1）无线视频监控系统特点及优势

无线视频监控系统相比传统闭路电视监控系统最大的区别就是采用无线网络传输方式发送视频和音频信号，且全过程数字化、网络化，便于管理和存储，日后升级也更加方便。主要特点有：

（1）采用无线传输技术，不需要铺设线缆，解决信号的长距离传输问题，实现远程视频监控；

(2) 系统扩展能力强，只要有无线信号的地方，增加监控点设备就可扩展新的监控点，能方便地实现多点远程监控；

(3) 维护费用低，适用于多种环境要求；

(4) 全数字化录像方便于保存和检索；

(5) 在网络中的每一台计算机，只要安装了客户端的软件并给予相应的权限，就可成为监控工作站。

虽然无线视频监控系统有着诸多优势，但目前受制于传输速率以及系统稳定性等因素，并没有完全占领市场，目前无线视频监控系统的定位主要是对有线网络视频监控系统的有效补充。

2) 无线视频监控系统组成结构

无线视频监控系统也是由摄像、传输、控制、显示与记录四部分组成，如图 4-1-3 所示。安装于警戒区域的网络摄像机对监控画面和声音进行采集，通过内置或外置的视频服务器将数据进行压缩，借助无线接入点（无线 AP）和无线网桥构建的无线网络传输数据，当信号回传到网络中心的监控处理平台，实时查看监控图像并自动记录在硬盘录像机中，同时为多个网络监控终端提供数据，通过安全的网络连接，从远端视频监控终端上实现远程监控和管理。

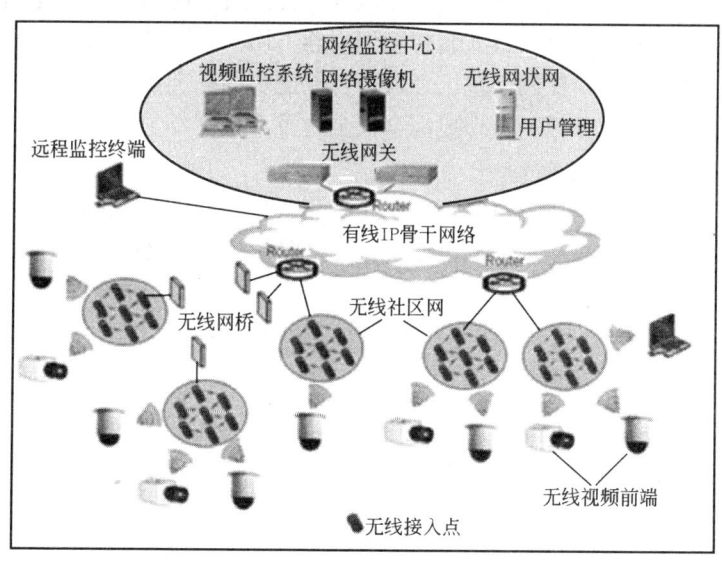

图 4-1-3　无线视频监控系统示意图

无线视频监控系统主要设备有网络摄像机、视频服务器、无线 AP、无线网桥、硬盘录像机、管理软件等，如图 4-1-4 所示。

3) 无线视频监控系统分类及应用

(1) 基于 CDMA1x 环境的视频监控系统应用。

(2) 基于 GPRS 环境的视频监控系统应用。

(3) 基于无线局域网的无线监控应用。

(4) 基于无线城域网的无线视频监控应用。

图 4-1-4 无线网络视频监控主要设备

（5）基于 3G 的无线视频监控应用。

第二节 安防自动化系统组成及主要设备

1. 门禁控制系统

门禁控制系统又称为出入口控制系统，是对进入智能建筑的各类人员进行识别并控制通道门开启的系统。他的控制原理是将智能建筑划分出若干区域，并预先制作出各种级别的卡或进入权限，在相关的出入口安装智能识别器，用户只有通过智能识别方可进入，否则将自动报警。目前，门禁控制系统已经成为智能建筑的标准配置之一，可以与视频监控系统、火灾报警系统等联动控制，形成综合安全防范系统。

1）门禁控制系统的基本结构

门禁控制系统是由出入口信息管理子系统、出入口控制执行机构和出入口目标识别子系统三部分组成。如图 4-2-1 所示。出入口信息管理子系统主要是通过智能化管理软件对系统的信息处理并作出分析判断。出入口控制执行机构由智能控制器组成，每个控制器管理着若干个门，可以自成一个独立的门禁系统，多个控制器通过总线联系起来，构成全楼宇的门禁系统。出入口目标识别子系统主要是各种前端装置，包括辨识装置、电子门锁、出口按钮等。

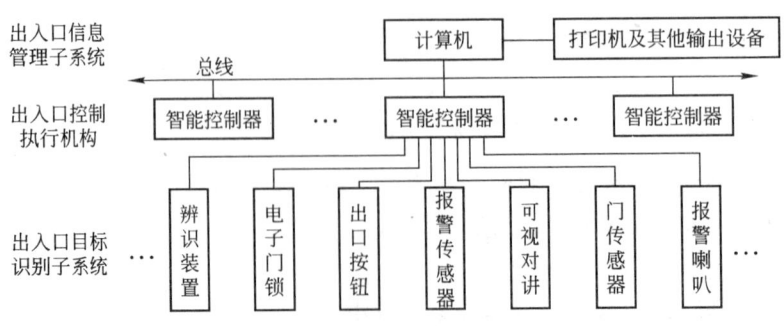

图 4-2-1 门禁控制系统结构框图

如图 4-2-2 所示为门禁控制系统示意图。

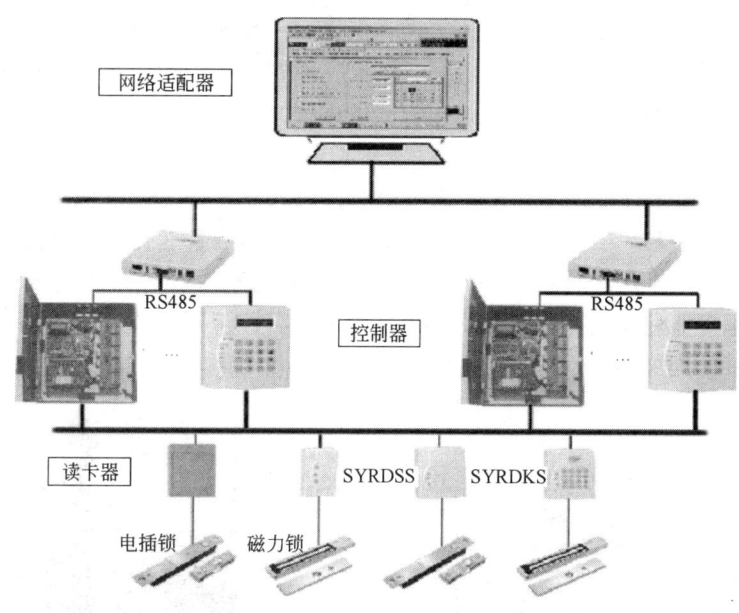

图 4-2-2　门禁控制系统示意图

2) 门禁控制系统的主要功能

(1) 系统能对所有持卡人实行分级管理，根据其身份确定各门的通行权；

(2) 系统可以自动检测门的状态，当发生非法入侵时，及时发出警报；

(3) 能够对人员的进出情况进行统计、查询和打印；

(4) 当火灾发生时，系统能够自动开启电动锁，以便人员及时疏散；

(5) 可实现会议签到和考勤记录功能。

3) 门禁控制系统的主要识别设备

(1) 磁卡。这是目前最常用的识别系统，广泛用于各种建筑物的出入口中。它利用磁感应对磁卡中磁性材料形成的密码进行辨识。优点是成本低，使用方便；但是有容易被消磁和磨损等缺点，安全性不高。其外观如图 4-2-3 所示。

(2) 智能 IC 卡。IC 卡是一种把集成电路芯片封装成卡的形式，外形与磁卡相似。其优点是体积小、保密性好、寿命长；但其工艺相对复杂，成本较高。IC 卡可分为接触式和非接触式两种，其外观如图 4-2-4 所示。

 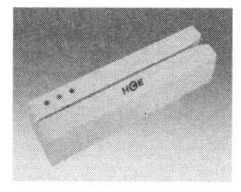  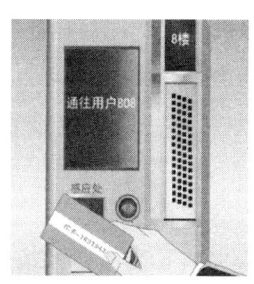

图 4-2-3　磁卡及读卡器　　　　　　　　图 4-2-4　智能 IC 卡

(3) 密码机。这是一种非常常见的识别设备，用户通过输入正确的密码进入相应区域。优点是没有形式上的识别卡，使用方便；但密码一旦泄露，识别系统形同虚设。

（4）指纹识别机。这种方式是生物识别技术应用方式的一种，通过采集人员的指纹与原来预存的指纹加以对比辨识，实现进出权限的确认。优点是具有较高的安全性，但造价也相对较高。其外观如图 4-2-5 所示。

（5）声音识别机。这种识别系统是通过比对授权人声音频率进行识别确认的，它也是生物识别技术中的一种，安全性高；但有时会因为授权人声音变化，引起误报。

（6）视网膜辨识机。这种识别系统是通过比较视网膜血管分布的差异进行识别确认的，它几乎是不可能复制的，安全性高，但技术复杂。该识别装置也是生物识别技术应用方式的一种。其外观如图 4-2-6 所示。

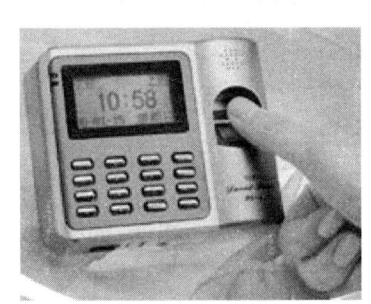

图 4-2-5 指纹识别机

图 4-2-6 视网膜辨识机

2. 防盗报警系统

防盗报警系统是利用各种智能探测器对建筑物内外的重点区域和重要部门进行布防。一旦有非法入侵者时，系统将自动报警，并将信号传输到控制中心，有关值班人员接到报警后，根据情况采取相应的措施。另外，防盗报警系统还具有联动功能，配合其他智能建筑子系统发挥最大效力。

1）防盗报警系统的构成

防盗报警系统一般由报警探测器、区域控制器和报警控制中心三个部分组成，如图 4-2-7 所示。报警探测器作为前端设备，负责探测非法入侵，同时向区域控制器发送报警信息。区域控制器负责区域内的报警情况，并传送信息到报警控制中心。控制中心的计算机负责管理整幢楼宇的防盗报警系统，并通过通信接口可受控于 IBMS（智能楼宇集成管理系统）的控制主机。

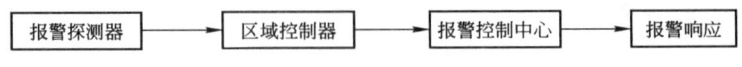

图 4-2-7 防盗报警系统组成框图

2）防盗报警系统的主要功能

（1）系统能够对安防分区进行灵活的布防与撤防；

（2）布防后具有延时功能，以避免误报的发生；

（3）具有自动侦测功能，防止有人对线路和设备进行破坏，能够及时发出报警信号；

(4) 具有联网功能，能够把本区域的报警信号送到控制中心，由控制中心的计算机来进行数据分析处理；

(5) 与其他智能建筑子系统联动作用。

3) 报警探测器的分类

根据传感器的原理不同，报警探测器可以分为以下几种类型。见表4-2-1所示。

报警探测器　　　　　　　　　　　表 4-2-1

名称	类别	
开关报警器	磁控开关型	
	微动开关型	
	压力开关型	
玻璃破碎报警器	声控型的单技术玻璃破碎报警器	
	双技术玻璃破碎报警器	声控——振动型
		次声波——玻璃破碎高频声响型
周界报警器	泄漏电缆传感器	
	平行线周界传感器	
	光纤传感器	
声控报警器	声控报警器	
微波报警器	微波移动报警器	
	微波阻挡报警器	
超声波报警器	超声波报警器	
红外线报警器	主动式红外线报警器	遮蔽式主动红外型
		反射式主动红外型
	被动式红外线报警器	
双鉴探测报警器	微波与超声波	
	超声波与被动式红外线	
	微波与被动式红外线	

4) 几种常用的防盗报警探测器

(1) 门磁开关。这是一种采用微动开关或磁控干弹簧开关的报警探测器，安装在门窗处，进行探测报警。它由一个条形磁铁和一个常开触点的干簧管继电器组成，其结构图如图4-2-8所示。当条形磁铁和干簧继电器平行放置时，干簧管两端的金属片被磁化而吸合在一起，电路接通。当条形磁铁与干簧管继电器分开时，干簧管触点自动打开而断路报警。

(2) 主动红外线报警探测器。这种报警探测器由一个红外线发射器和一个红外线接收器组成。发射器与接收器以相对方式布置，如图4-2-9所示。当入侵者进入警戒区域后挡

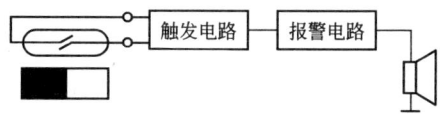

图 4-2-8　门磁开关报警装置结构图　　　图 4-2-9　主动红外线报警探测器示意图

住了中间的红外线,引发报警。另外,需要将收发器同时调制到某一频率,防止入侵者利用另一个红外光束来瞒过探测器。

(3) 反射式主动红外报警探测器。这种装置的红外发射器与接收器装在一起。红外发射器向警戒区发射红外线,当有人从接收器前面走过时,红外线信号被人体反射回来,由接收器接收,控制报警器分析处理后发出报警。这种报警器最大报警距离为 1.5m。

(4) 被动式红外报警探测器。这种装置采用热释红外线传感器作探测器,由于任何高于绝对温度(-273℃)时物体都将产生红外光谱,不同温度的物体,其释放的红外能量的波长是不一样的,该装置通过侦测人体辐射的红外线发现入侵者。

(5) 微波防盗报警探测器。这种装置是使用多普勒频移技术发展而来的,探测器通过向警戒区域发射无线电波,同时接收反射波。如果区域内有入侵者,其反射波的频率与发射波的频率会产生差异(两者频率差称多普勒频率),通过检测这个频率差信号,达到报警目的。由于微波能穿透非金属物质,故可安装在隐蔽处或外加装饰物,具有很高的隐蔽性。

(6) 双鉴和三鉴探测器。将多种智能探测器组装在一起,相互弥补各自的缺点,达到减少误报的目的。其中,最常见的是红外—微波双鉴探测器。

(7) 振动探测器

这种探测器可探测不同寻常的振动,如钻洞、开关、走动等。通过微型处理器进行智能分析,对信号频率、周期和振动强度进行综合比对后确认报警。

(8) 玻璃破碎探测器

这种探测器可以对高频的玻璃破碎声进行有效侦测,但对风吹草动、汽车驶过产生的振动无法报警。

下面给出一些探测器的外观图,如图 4-2-10 所示。

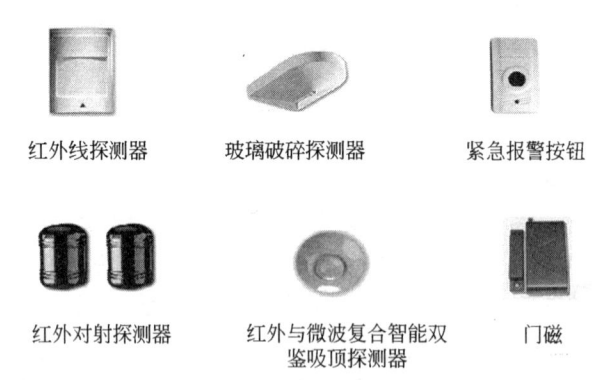

图 4-2-10 部分探测器和装置

3. 视频监控系统

视频监控系统又称闭路电视监控系统(Close Circuit Television,CCTV),是安全防范系统中不可缺少的一个子系统。通常在建筑物内外的主要位置安装摄像头,通过有线或无线方式传送监控画面到监控中心，通过设在监控中心的电视墙进行实时监控，可以随时观察到出入口、主要通道、客梯轿厢以及重要部位的动态情况，从而保证了建筑物的安全。

1）视频监控系统的组成和功能

视频监控系统由摄像、传输、控制、显示与记录四部分组成，如图 4-2-11 所示。

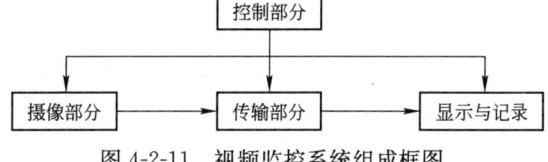

图 4-2-11 视频监控系统组成框图

（1）摄像。摄像部分主要有摄像机、镜头、云台等设备组成，安装于各个监控点现场，它的作用是对警戒区域的目标进行摄像，然后送到系统的传输部分。

（2）传输。传输部分的任务是把摄像机发出的电信号传送到控制中心，包括线缆、调制与解调设备、线路驱动设备等。传输的方式可以分为两种，即有线方式和无线方式。有线方式是利用同轴电缆、光纤这样的有线介质进行传输；无线方式是利用微波这样的无线介质进行传输。

（3）显示与记录。显示与记录部分主要设备有电视墙、硬盘录像机、视频切换器、画面分割器等，将传送回来的信号放大后，显示到监视设备上并自动进行记录。

（4）控制。管理者可通过安防控制中心的控制主机对摄像机的监控角度、焦距进行远程控制，同时也可对控制的图像信号进行处理。另外必要时还需要与其他楼宇智能化系统联动控制。

典型的视频监控系统结构组成如图 4-2-12 所示。

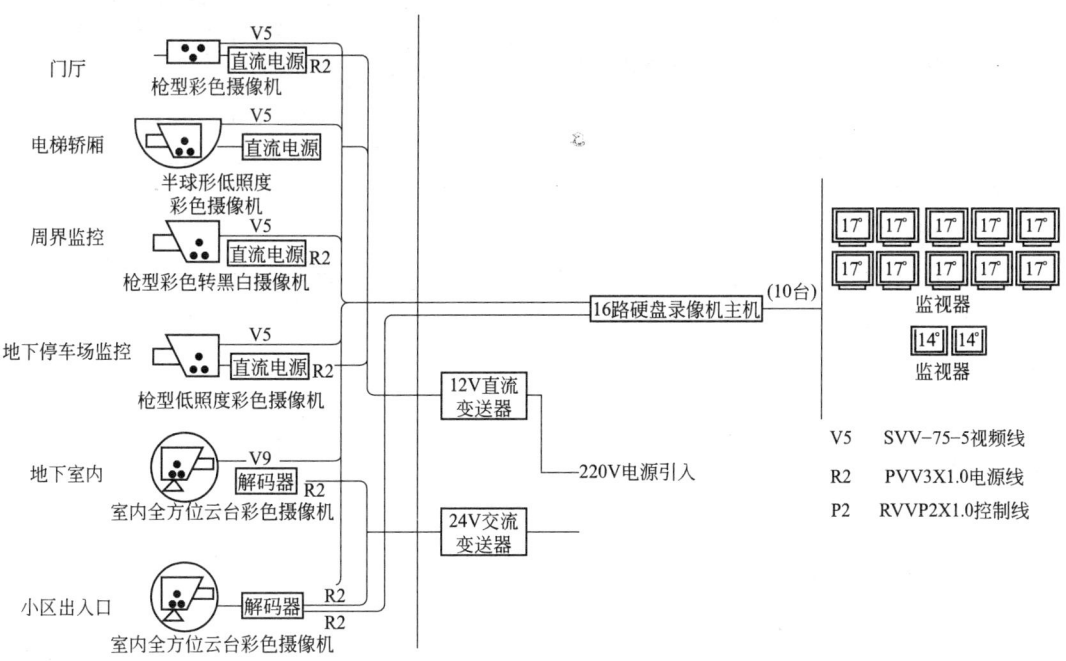

图 4-2-12 视频监控系统图

视频监控系统组成结构如表 4-2-2 所示。

视频监控系统组成结构　　　　　　　　表 4-2-2

名　称	适用范围	示意图
单头单尾型视频监控系统	适合于在一处连续监视一个目标	
单头多尾型视频监控系统	适合于在多处连续监视同一目标	
多头单尾型视频监控系统	适合于在一处集中监视多个目标	
多头多尾型视频监控系统	适合于在多处监视多个目标	

2) 视频信号传输方式

(1) 直接传输。在传输距离较短的时候，可以采用同轴电缆传输视频信号的直接传输方式。当传输距离大于 400 米时，线路上应该加装信号放大器，以保证视频信号的清晰，其示意图见图 4-2-13 所示。

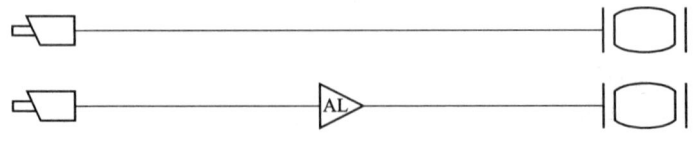

图 4-2-13　视频信号传输方式

(2) 通过 ADSL/CABLE 方式传输。异地长距离传输时候，可以选择连接 ADSL 或有线电视网络的方式。目前，多数视频监控系统都已经采用数字信号进行传输和采集，这样最大的优势就是远距离传输也可以保证信号的清晰和完整。其示意图见图 4-2-14 所示。

(3) 通过光纤方式传输。在长距离传输的时候，也可以采用光纤传输方式。其示意图见图 4-2-15 所示。

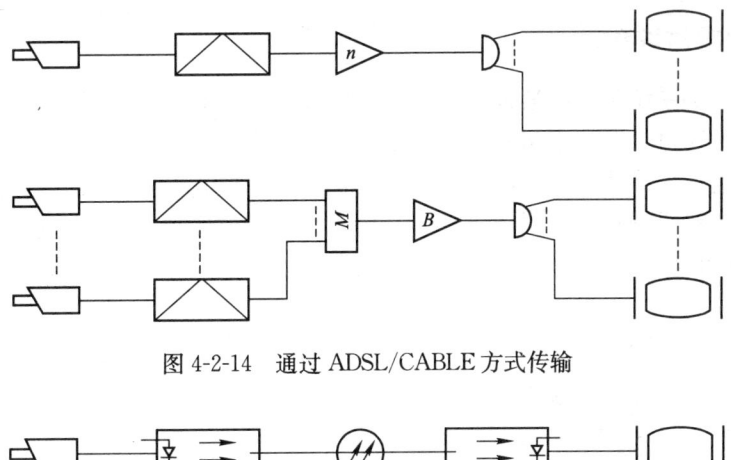

图 4-2-14 通过 ADSL/CABLE 方式传输

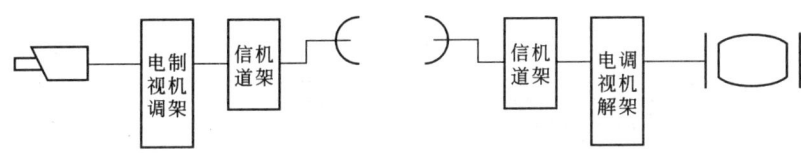

图 4-2-15 通过光纤方式传输

（4）无线传输方式。对于不适合铺设有线的时候，可以通过无线视频传输的方式解决，其示意图见图 4-2-16 所示。目前无线传输主要采用 802.11A/B/G/N、CDMA1x、GPRS 等标准，其传输速度和费用也各不相同。

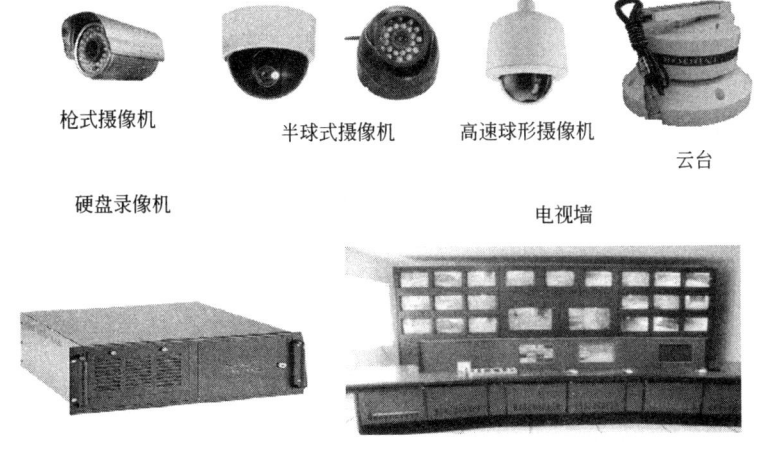

图 4-2-16 无线传输方式

3）视频监控系统主要设备

视频监控系统的主要设备有摄像机、镜头、云台、防护罩、云台镜头控制器、画面切换器、视频放大器、视频分配器、监视器、硬盘录像机等。下面给出一些视频监控系统设备的外观图，如图 4-2-17 所示。

图 4-2-17 视频监控系统主要设备图

4. 楼宇可视对讲系统

楼宇可视对讲系统是由门禁管理系统独立出来的子系统，目前已经被越来越多的智能住宅小区使用。通过该系统来访人员可以通过门口主机与住户建立声音、视频通信，主人可以与来访者通话，确认来访人员身份后打开电控门锁，允许来访者进入。楼宇对讲系统按功能可分为单对讲型和可视对讲型两种。楼宇可视对讲系统由主机(室外机)、分机(室内机)、不间断电源和电控锁组成，基本组成如图 4-2-18 所示。

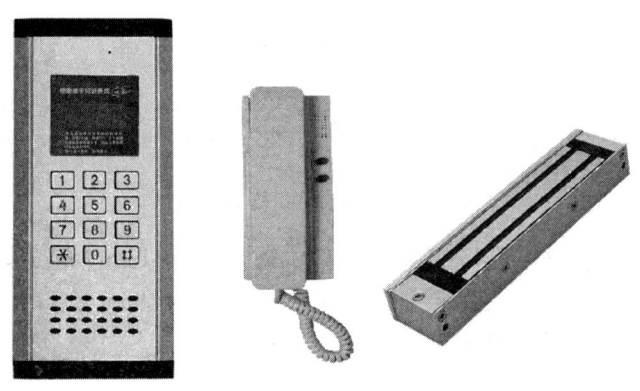

图 4-2-18　楼宇可视对讲系统组成设备

（1）门口主机。配有摄像头、扬声器、麦克风以及多功能按键，一般安装于单元门或墙壁上，用于来访人员和住户之间的可视对讲。

（2）室内分机。安装在住户家中，用于和来访者通话，并控制单元门上电控锁的开启。

（3）不间断电源。系统平时采用 220V 交流电。为了保证在停电时系统能够正常使用，加入不间断电源作为备用电源。

（4）电控锁。安装在单元门上，受控于住户和保安人员。

（5）控制中心主机。设备放置在安防控制中心，可以对整个小区的楼宇对讲系统进行监管和控制。

来访人员通过室外主机按下相应的住户号码，对应的室内分机发出铃声，显示出图像，住户则通过室内分机与来访人员对话，待确认后住户按下自动开锁键，单元门上的电控锁打开，来访者进入后闭门器会自动关闭。

5. 停车场自动管理系统

智能建筑的规模决定了停车场管理系统也是一个必不可少的子系统。车位超过 50 个，需设停车场管理系统。其主要功能是泊车和管理。泊车是对车辆进出、停泊位置进行有效的引导，保证停车全过程的安全。管理是对停车场整个运作进行高效把控，使车辆驶入驶出时交费迅速，让用户享受到便捷的服务。

停车场自动管理系统具有以下的特点：

① 系统采用计算机网络控制和数据交换技术，可靠性高，控制准确；
② 用户采用非接触智能卡，识别率高，且内置编号唯一，安全可靠；
③ 收费由计算机统计和确认，杜绝人为操作引起的失误和作弊；

④ 自动统计进出停车场的汽车数量，并显示在电子屏上；
⑤ 联动视频监控系统，实时记录车辆图像，有效防止车辆的失窃；
⑥ 系统能准确地区分内部车辆、临时车辆和特殊车辆；
⑦ 整个系统模块化设计，方便日后系统升级改造。

停车场管理系统主要由入口控制机、出口控制机、数字道闸、数字车辆检测器、读卡系统、停车场收费系统、车牌识别系统等组成，如图 4-2-19 所示。

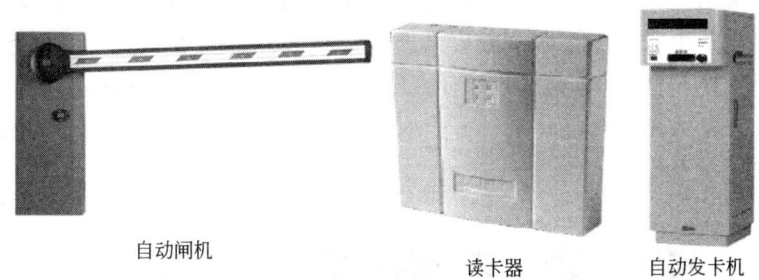

图 4-2-19　智能化停车场部分设备

智能停车场管理系统中，持有固定卡的车主在出入停车场时，经车辆检测器检测到车辆后，在出入口控制机的读卡区使用非接触式智能卡，读卡器读卡并判断有效性，同时将读卡信息送到管理计算机，计算机自动显示对应该卡的车型和车牌，且将此信息记录存档，道闸机自动升起放行。临时停车的车主在车辆检测器检测到车辆后，通过自动出卡机获得一张临时卡，并完成读卡、摄像，计算机存档后放行。在离开停车场时，在出口控制机上的读卡器处读卡，计算机上显示出该车的进场时间、停车费用；同时进行车辆图像的对比，在收费确认后，道闸自动升起放行。如图 4-2-20 所示为停车场管理系统示意图。

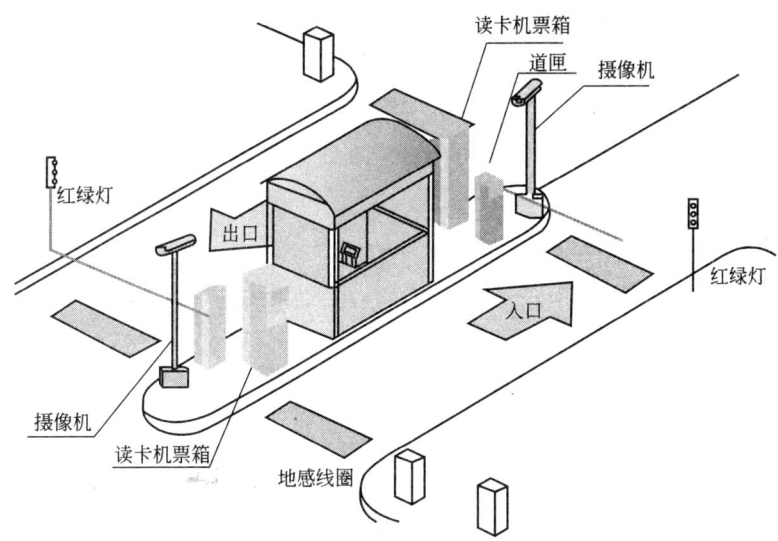

图 4-2-20　停车场管理系统示意图

为了提高安全性，系统还需要与视频监控系统联动。在车辆进入时，把车辆图像记录下来，以便在离开时将图像和进入时的图像对照，只有当智能卡信息和车辆图像一致时才放行。另外，在入口和出口的电动闸门附近车道下埋装有感应线圈（前后安装 2~3 个），当车辆经过时，线圈就会产生感应信号，并送到计算机加以确认，从而达到对进出停车场汽车数量的统计，并可利用该信号启动照相机进行拍照。

6. 电子巡更系统

电子巡更系统也是安全防范系统的子系统。在智能建筑中的主要通道和重要区域设置巡更点，保安人员按照规定的线路和时间到达指定的巡更点进行巡查，并与安防控制中心交换巡更点信息。电子巡更系统主要安装在住宅楼区、小区主干道、公共活动场所等处，系统很好地将人防与技防相结合，不但可以加强小区巡逻效果，而且还可以有效地管理保安人员。目前，绝大多数智能建筑、智能小区中都安装有电子巡更系统。如图 4-2-21 所示为电子巡更系统示意图。

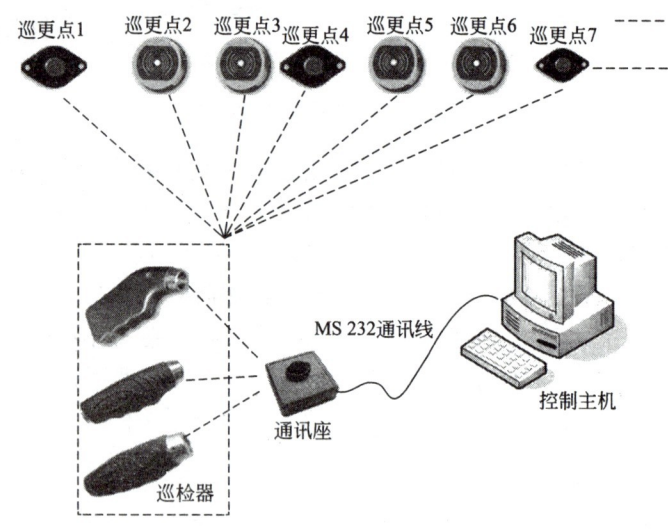

图 4-2-21　电子巡更系统示意图

电子巡更系统按照数据采集方式可以分为在线式和离线式两大类。其系统示意图如图 4-2-22 所示。

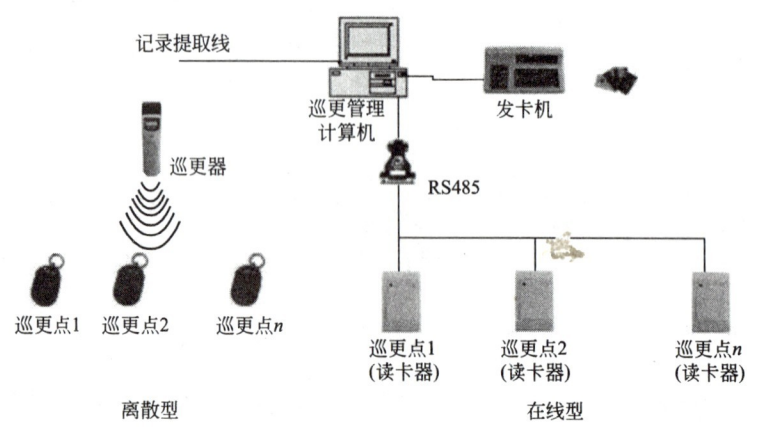

图 4-2-22　在线式与离线式电子巡更系统示意图

(1) 在线式电子巡更系统。该系统需要在各个巡更点安装控制器，并通过有线方式与安防控制中心相连接，保安人员使用接触式或非接触式卡把自己的信息输入控制器中，实现与控制中心的实时通信，具有很好的实时性能。

(2) 离线式电子巡更系统。该系统采用无线方式，巡逻人员到达巡更点后通过巡更棒或手持机，通过接触或非接触方式将巡更点的信息采集，待回到安防控制中心后将数据上传到计算机中，完成巡检任务。目前使用离线式系统的单位为了解决不能实时管理的缺点，一般使用对讲设备同时配合视频监控系统保证保安人员的安全。

两种方式的具体特点及说明见表 4-2-3 所示。

电子巡更系统分类　　　　　　　　　　　　　　　　　　　　表 4-2-3

类型	传输方式	特　　点	应用场合
在线式	有线/无线； 接触式/非接触式	优点是实时反馈信息、便于管理。缺点是成本较高、施工复杂，容易受环境变化的影响	适用于对实时性要求高、巡检地点有一定危险的场合，市场占有率不高
离线式		优点是系统扩容简便、操作方便，性能可靠。缺点是不能实时管理	适用于大多数智能小区，市场占有率高

电子巡更系统是由巡更棒、巡更座、巡更钮、巡更人员感应卡和巡更软件等设备组成，如图 4-2-23 所示。

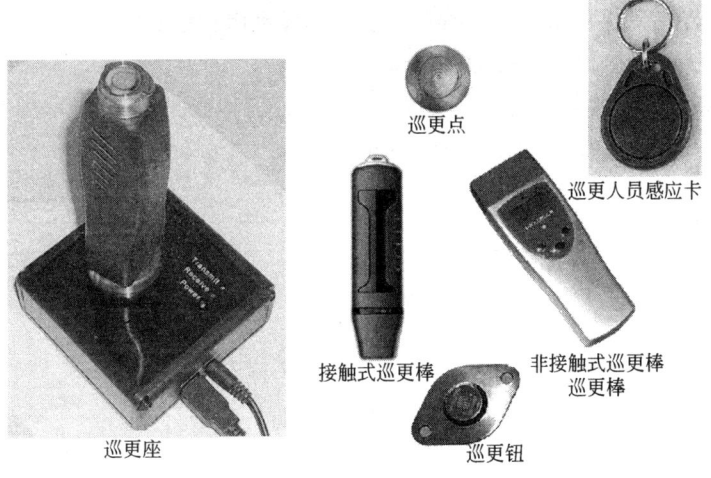

图 4-2-23　电子巡更系统主要设备

(1) 巡更棒是用于离线式巡更系统中采集巡更点信息的设备，分为接触式和非接触式两种。

(2) 巡更座是将巡更棒中的数据上传到计算机的设备。

(3) 巡更钮也叫信息钮，是一种接触式地点识别钮，内部存有巡更点编号，用于标识巡查地点。

(4) 巡更人员感应卡用于在线式巡更系统中以非接触方式进行巡查人员识别的设备。

(5) 巡更软件是用户对电子巡更系统进行设置管理的操作界面，可以方便地记录、查询和管理巡更数据。

7. 周界防范系统

周界防范系统是从防盗报警系统中独立出来的子系统，也称为电子围栏系统，它具有威慑、阻挡、报警多重功能。传统的周界防范系统主要有红外对射、微波对射、振动感应形式，随着电子科技和网络技术的发展，又出现了一些新型的系统，如泄露电缆报警系统、光纤传感器报警系统。其探测范围更大，安装更加隐蔽，特别适合重点单位中的重要部门，如机场、监狱、军事基地等部门。

当有入侵者非法进入警戒区域时，探测器可以立即发出警报信号，安防控制中心的管理者可以通过电子地图显示入侵区域，通知保安人员及时处理，同时现场警告入侵者，甚至电击入侵者，另外联动视频监控系统进行查看和记录。周界防范系统主要功能如下：

① 无盲区、无死角、无漏洞；
② 安全性好、误报率低、威慑性强、可靠性高、适应范围广；
③ 威慑、阻挡、报警多重功能；
④ 防区划分适于报警时准确定位；
⑤ 中心通过显示屏或电子地图识别报警区域；
⑥ 翻越区域现场报警，同时发出语音、警笛、警灯、警告；
⑦ 报警中心可控制前端设备状态的恢复；
⑧ 夜间与周界探照灯联动，报警时自动开启；
⑨ 与视频监控系统联动，报警时自动切换图像到电视墙；
⑩ 将报警状态、报警时间等信息记录。

周界防范系统一般由探测器、报警主机、联动控制主机、模拟显示屏和探照灯等设备组成。如图 4-2-24 所示为泄漏电缆报警系统组成图。

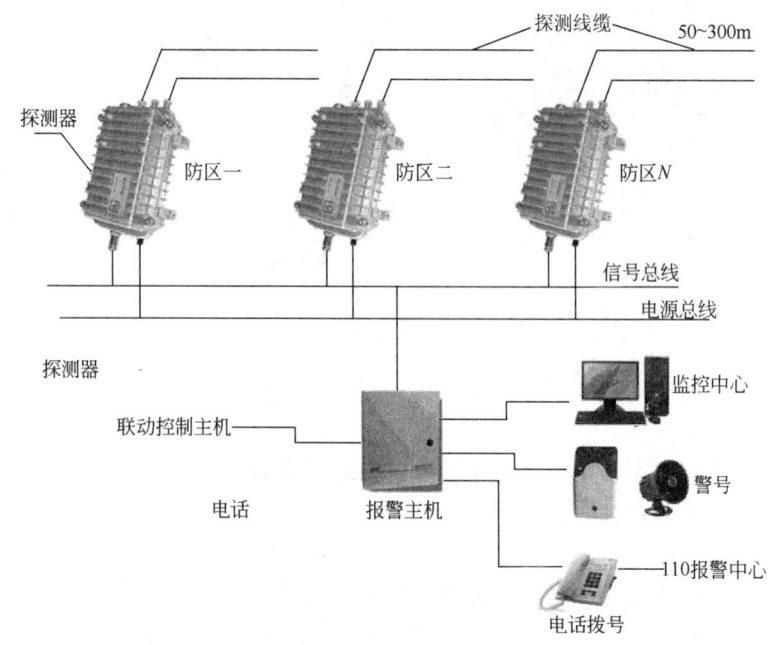

图 4-2-24 泄漏电缆报警系统组成图

下面对目前工程上使用较多的几种周界防范系统进行对比，其区别如表 4-2-4 所示。

几种周界防范系统对比　　　　　　　　　　　　　　表 4-2-4

名　　称	优　点	缺　点
主动红外报警系统	成本较低、安装方便、易扩展、具有一定的震慑力	明装方式容易发现，容易受到天气因素干扰，误报率较高
微波对射报警系统		
振动电缆报警系统		
脉冲电子围栏系统	可靠性高、具有阻挡功能，可电击入侵者	成本较高、安装复杂
泄露电缆报警系统	采用埋地暗装，隐蔽性高，监控范围广，不受天气因素干扰	
光纤传感器报警系统		

下面对其中两种比较新型的系统进行说明。

（1）泄露电缆报警系统。泄露电缆报警系统是一种室外周界防范报警探测系统，系统由两根平行埋于地下的泄露电缆作为传感器，一根与发射机相连，向外发射能量，另一根与接收机相连，用来接收能量。收发电缆之间的空间形成一个椭圆形的电磁场的探测区。当入侵者进入两根电缆形成的警戒区域时，电磁能量会受到扰动，引起接收信号的变化，从而实现报警功能。

（2）光纤传感器报警系统。光纤传感器报警系统也称为光纤振动报警系统，激光从光纤探测器的发射口传送到光导纤维内，从光纤探测器的接收口接收激光，从而构成一个闭合的光环系统。当有入侵发生，激光信号的传输模式就会发生变化，从而触发报警。由于光纤极细，可以很方便地进行隐蔽安装，特别适用于室外及室内对隐蔽性要求较高且无磁场干扰的区域。光纤传感器既可以明装也可以暗敷，安装在围墙上可以感应到入侵者的触动、切割等行为，埋入地下就可以感应到爬过和挖隧道等入侵行为。

第三节　安防自动化系统常用图形符号

图形符号作为工程图组成的基本元素，是读图识图的基础。目前安防行业使用的图形符号主要来自国家标准和行业规范，在此给出了安防自动化系统常用的图形符号以供参考，如表 4-3-1 所示。

安防设备图形符号（新）　　　　　　　　　　　　　表 4-3-1

序号	图像符号	名　　称	备　　注
1		摄像机	
2		带云台摄像机	
3		彩色摄像机	
4		带云台彩色摄像机	

续表

序号	图像符号	名　称	备　注
5	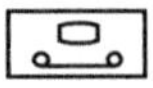	磁带录像机	
6		电视监视器	
7		天线	
8	CPU	计算机	
9	KY	操作键盘	
10	CRT	显示器	
11	PRT	打印机	
12	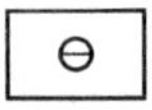	电控箱	
13		光缆	
14		微波天线	
15	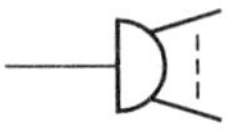	分配器	
16	 R/D	解码器	
17	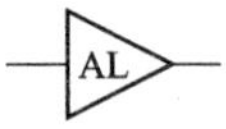 AL	放大器	
18	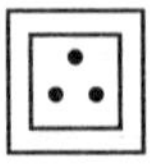	彩色显示器	
19	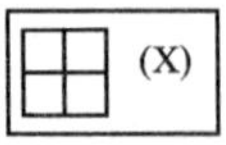 (X)	视频分割器	
20	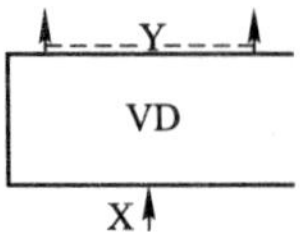 VD	视频分配器	

续表

序号	图像符号	名 称	备 注
21	 UPS	不间断电源	
22	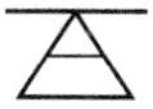	云台	
23	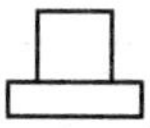	硬盘录像机	
24	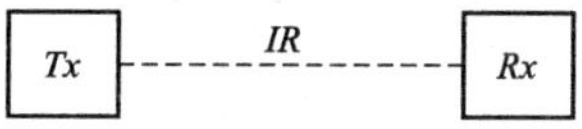 Tx --IR-- Rx	主动式红外探测器	
25	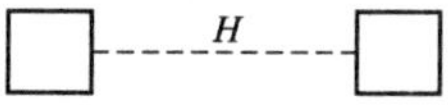 □--H--□	高压脉冲探测器	
26	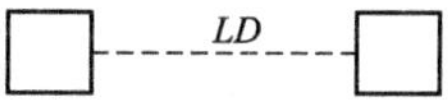 □--LD--□	激光探测器	
27	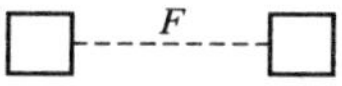 □--F--□	光缆探测器	
28	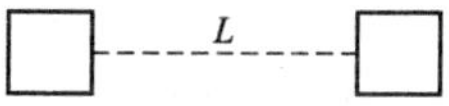 □--L--□	埋入线电场扰动探测器	
29	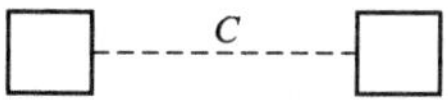 □--C--□	弯曲或振动电缆探测器	
30	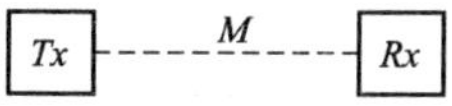 Tx--M--Rx	遮挡式微波探测器	
31	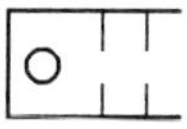	楼宇对讲电控主机	
32	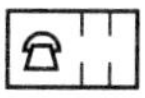	对讲电话分机	
33	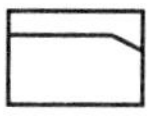	读卡器	
34	 EL	电控锁	
35		保安巡逻打卡器	
36	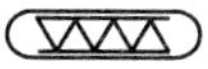	警戒电缆传感器	
37	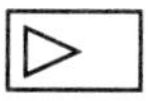 ▷	警戒感应处理器	

续表

序号	图像符号	名　　称	备　　注
38	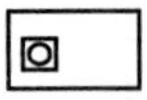	周界报警控制器	
39	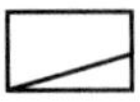	接口盒	
40		指纹识别器	
41		掌纹识别器	
42		人像识别器	
43		眼纹识别器	
44		声控锁	
45	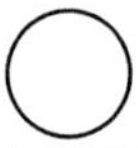	报警开关	
46		紧急脚挑开关	
47	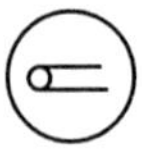	钞票夹开关	
48		紧急按钮开关	
49		压力垫开关	
50		门磁开关	
51		电锁按键	
52		锁匙开关	
53	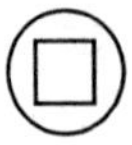	密码开关	
54		振动、接近式探测器	
55	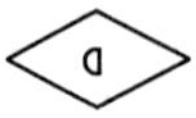	声波探测器	

续表

序号	图像符号	名　称	备　注
56	 ⟨┤├⟩	分布电容探测器	
57	 ⟨P⟩	压敏探测器	
58	 ⟨B⟩	玻璃破碎探测器	
59	 ⟨A⟩	振动探测器	
60	 ◁IR	被动红外入侵探测器	
61	 ◁M	微波入侵探测器	
62	 ◁U	超声波入侵探测器	
63	 ◁IR/U	被动红外/超声波双技术探测器	
64	 ◁IR/M	被动红外/微波双技术探测器	
65	 ◁X/Y/Z	三复合探测器	

以上是安防系统常见的设备图形符号，在实际工作中，可能还会遇到一些非标准的图形符号，这些符号一般是设备供应商自行设计的，这种情况下识读工程图需要参考图纸附带的图例，也可参见项目方案说明书。

第四节　安防自动化系统工程图的读图识图

1. 安防系统框图的识读

这是一张门禁控制的系统框图，如图4-4-1所示。分析内容用表格方式描述，见表4-4-1所示。

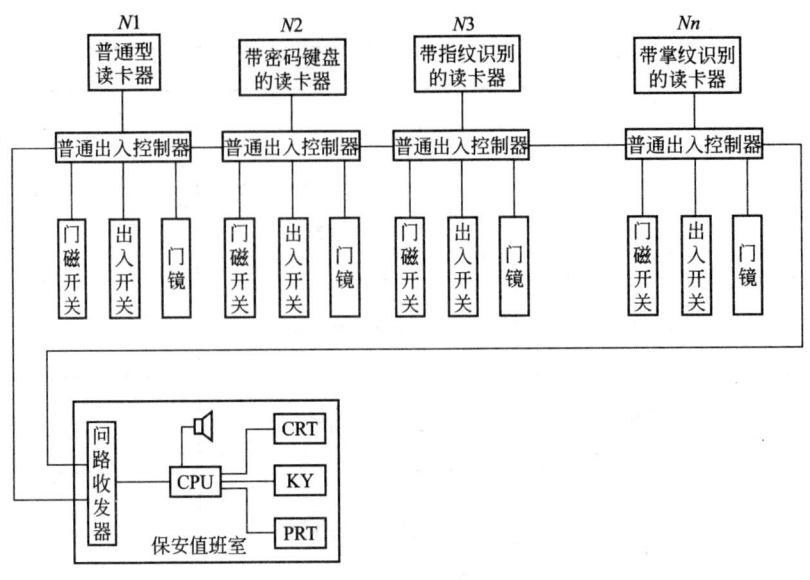

图 4-4-1 门禁控制系统框图

分 析 内 容　　　　　　　　　　　　　　　表 4-4-1

序号	读卡器类型	开门方式
1	普通型的读卡器	通过识别卡片是否正确从而开门
2	带密码键盘的读卡器	在识别卡片的同时密码输入正确后开门
3	带指纹识别的读卡器	在识别卡片的同时指纹验证正确后开门
4	带掌纹识别的读卡器	在确认卡片和掌纹正确后开门

要 点 分 析

1	门禁系统作为建筑物出入口控制系统,对于进出建筑物的人员起到了有效的管理,系统主要由读卡器、门锁、门磁开关、出门开关、门禁控制器、网络收发器等设备组成
2	采用带指纹识别的读卡器类型,进行分析。人员进入建筑物需要非接触式卡片和指纹同时进行验证,通过后门禁控制器控制门磁开关打开门锁,人员可以进入建筑物,随后大门关闭。离开建筑物时,通过按出门开关,经过门禁控制器控制大门打开,人员离开后大门关闭
3	门禁控制器是门禁系统的核心,具有接收、发送、控制、处理等功能,实现对于大门的开关控制。多台门禁控制通过 RS-485 总线或以太网相连接,组建成更大规模的门禁系统,通过网络收发器(网络控制器)将信号汇总并集中到安防控制中心。控制中心的控制主机同时还连接电视墙、硬盘录像机、打印机、声光报警装置以及控制键盘。控制主机不但可以监控各个安防子系统的状态,以便及时的发现非法入侵,而且还可以对各个子系统进行程序化管理,使其能够联动控制
4	门禁系统识别种类有很多,一般有卡片识别、密码识别、声音识别、面部识别、指纹识别、虹膜识别等,可根据安全级别使用不同的识别设备。其中卡片可采用磁卡、智能感应卡、IC 卡等

2. 安防系统安装接线图的识读

下面是一组门禁控制的安装接线图,如图 4-4-2 和图 4-4-3 所示。

分析内容用表格方式描述,见表 4-4-2 所示。

第四节 安防自动化系统工程图的读图识图 | 125

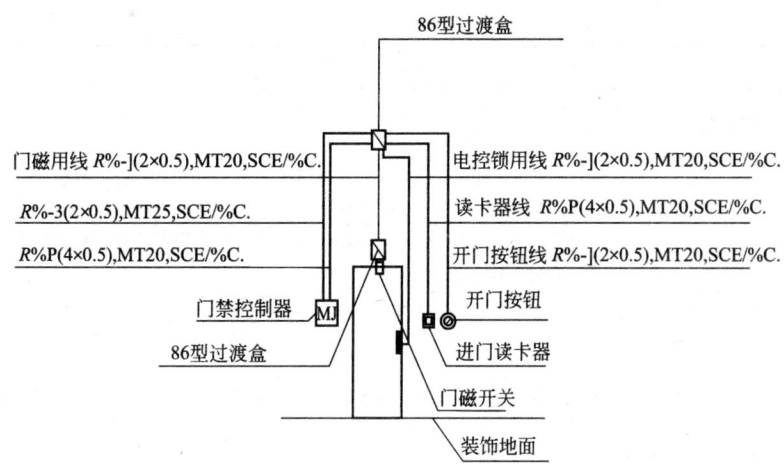

图 4-4-2 单扇门单向读卡安装接线图

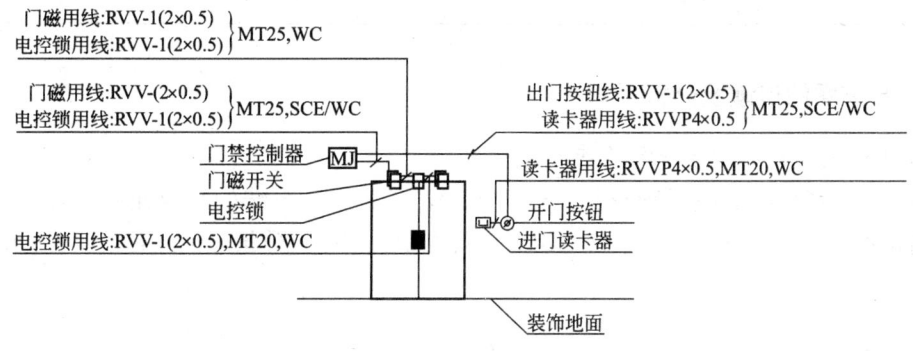

图 4-4-3 双扇门单向读卡安装接线图

分析内容　　　　　　　　　　　　　　表 4-4-2

序号	设备组件	作用
1	门禁控制器	门禁系统的核心,具有接收、发送、处理、控制等功能
2	开门按钮	打开大门
3	进门读卡器	识别卡片真伪
4	门磁开关	控制门的开关
5	电控锁	锁门的执行部件
6	86 型过渡盒	起到保护电线和连接电线的作用
7	线缆	用于连接各种不同电气设备

线 制 说 明

单扇门单向读卡	门磁用线	RVV-1($2\times0.5mm^2$),MT20,SCE/WC RVVP-4$\times0.5mm^2$,MT20,SCE/WC RVV-3($2\times0.5mm^2$),MT25,SCE/WC	RVVP:铜芯聚氯乙烯绝缘屏蔽聚氯乙烯护套软电缆。RVV:铜芯聚氯乙烯绝缘聚氯乙烯护套圆形连接软电线
	电控锁用线	RVV-1($2\times0.5mm^2$),MT20,SCE/WC	
	读卡器用线	RVVP-4$\times0.5mm^2$,MT20,SCE/WC	
	开门按钮用线	RVV-1($2\times0.5mm^2$),MT20,SCE/WC	

续表

线 制 说 明			
双扇门 单向读卡	门磁用线	RVV-1(2×0.5mm²)，MT25，SCE/WC RVV-1(2×0.5mm²)，MT25，WC	RVVP：铜芯聚氯乙烯绝缘屏蔽聚氯乙烯护套软电缆。RVV：铜芯聚氯乙烯绝缘聚氯乙烯护套圆形连接软电线
	电控锁用线	RVV-1(2×0.5mm²)，MT25，SCE/WC RVV-1(2×0.5mm²)，MT20，WC	
	读卡器用线	RVVP-4×0.5mm²，MT25，SCE/WC RVVP-4×0.5mm²，MT20，WC	
	开门按钮用线	RVV-1(2×0.5mm²)，MT25，SCE/WC	

要 点 分 析	
1	门禁系统作为建筑物出入口控制系统，对于进出建筑物的人员起到了有效的管理，系统主要由读卡器、门锁、门磁开关、出门开关、门禁控制器等设备组成。对于大门的控制可分为单扇门控制和双扇门控制，同时还可细分为单向读卡和双向读卡
2	接线安装图主要说明了各个设备之间的线缆连接规格，以及各设备的安装位置
3	门禁控制器安装在室内侧吊顶内挂墙明装，电控锁和门磁开关安装于门框顶。86型过渡盒嵌入墙安装于吊顶上方0.3m处和门框上方

3. 系统图的识读及分析

1) 识读安防自动化系统图的基本方法

(1) 对于系统中的主要图形符号进行识读，了解安防系统的组成元件，对门禁系统、防盗报警系统、视频监控系统等组成设备类型、规格、数量等信息有大体的了解。

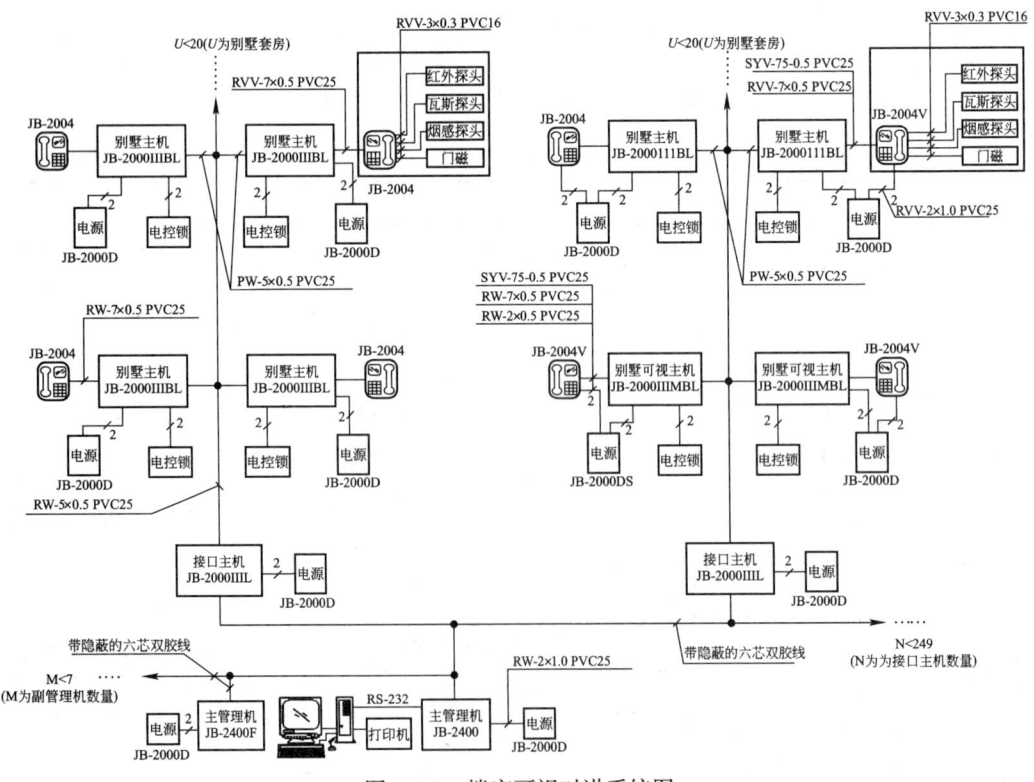

图 4-4-4 楼宇可视对讲系统图

（2）分析系统结构，识读控制总线、电源总线、通信总线的类型，并且从控制主机开始，根据线路走向识读建筑物每层的配置情况。

（3）通过标注对具体的线缆规格、控制器类型、设备数量等信息有所了解。

（4）要对各安防子系统之间的联动关系有深刻的理解和把握。

2）分析识读楼宇可视对讲系统图

这一张某别墅小区楼宇可视对讲系统图，如图4-4-4所示，分析内容用表格方式描述，见表4-4-3所示。

分 析 内 容　　　　　　　　　　　　　　　表4-4-3

序号	系统组件名称	在系统中的作用
1	门口主机	用于来访人员和住户之间的可视对讲
2	室内分机	用于和来访者通话，并控制单元门上电控锁的开启
3	不间断电源	保证停电时系统正常运行
4	电控锁	控制单元门开启和关闭

线 制 说 明

信号总线	竖井采用 ZR RVS-2×1.5mm² 线 平面采用 ZR RVS-2×1.0mm² 线	ZR：阻燃；RVS：铜芯聚氯乙烯绝缘双绞软线
DC24V 电源总线	竖井采用 ZR BV-2×4.0mm² 线 平面采用 ZR BV-2×2.5mm² 线	ZR：阻燃；BV：铜芯塑料硬线
消防广播总线	采用 ZR BV-2×1.5mm² 线	ZR：阻燃；BV：铜芯塑料硬线
消防电话总线	采用 RVVP-2×1.0mm² 线	RVVP：铜芯聚氯乙烯绝缘屏蔽聚氯乙烯护套软电缆
RS-485 通信总线	采用 RVVP-2×1.0mm² 线	RVVP：铜芯聚氯乙烯绝缘屏蔽聚氯乙烯护套软电缆
多线制控制线	采用 ZR BV-4×1.5mm² 线	ZR：阻燃；BV：铜芯塑料硬线
消火栓直启泵线	采用 ZR BV-3×1.5mm² 线	ZR：阻燃；BV：铜芯塑料硬线

要 点 分 析

1	系统分为可视对讲和非可视对讲。根据用户需要室内分机可选用可视和非可视分机
2	本系统采用联网型控制主机，两层网络结构，控制网络采用控制总线，管理网络采用以太网。每栋别墅的对讲主机通过控制总线连接起来，每路连接数量应小于20户。管理网络采用屏蔽双绞线，与控制网络之间通过接口主机相连接，挂接接口主机数量应小于249台。控制中心的管理机分为主管理机和副管理机，副管理机数量应小于7台。主管理机与计算机之间通过RS-232总线相接
3	访问者通过楼宇室外机按下相应住户的号码，该住户室内分机发出铃声，可视分机显示出楼门图像。住户通过室内分机的话筒与访问者通话对讲，确认身份后，住户按下开门键，单元楼大门的电控锁打开，人员进入后，闭门器自动关闭大门

3）分析识读安防监控系统图

某八层综合楼的安防系统图如图4-4-5所示。

分析内容用表格方式描述，见表4-4-4所示。

第四章 安防系统基础及识图

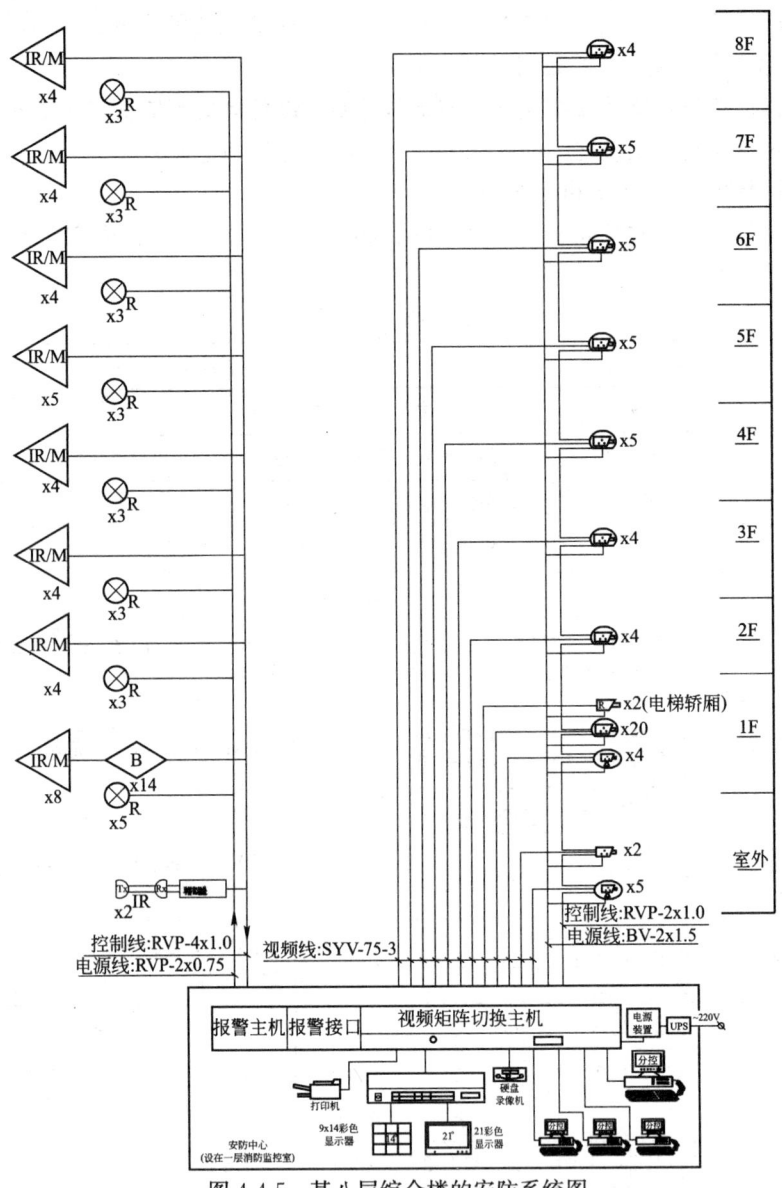

图 4-4-5 某八层综合楼的安防系统图

安防系统图分析内容　　　　　　　　　　　表 4-4-4

序号	符号	名称	作用
1	(带云台摄像机符号)	带云台彩色形摄像机	采集现场图像和声音
2	(半球摄像机符号)	彩色半球摄像机	
3	(固定摄像机符号 R)	固定式摄像机	

续表

序号	符号	名称	作用
4	⊗R	信号灯	状态显示
5	◁IR/M	红外微波双鉴探测器	探测警戒区域状态
6	◇B	玻璃破碎探测器	侦测窗户的破损情况
7	Tx——Rx IR	主动红外探测器	周界防范

线 制 说 明		
防盗报警系统	控制线：RVP-4×1.0mm² 线 电源线：RVVP-2×0.75mm² 线	RVP：铜芯聚氯乙烯绝缘屏蔽软电线；RVVP：铜芯聚氯乙烯绝缘屏蔽聚氯乙烯护套软电缆
视频监控系统	视频线：SYV-75-3 线 控制线：RVP-2×1.0mm² 线 电源线：BV-2×1.5mm² 线	SYV：实心聚乙烯绝缘射频电缆；RVP：铜芯聚氯乙烯绝缘屏蔽软电线；BV：铜芯聚氯乙烯绝缘电线

要 点 分 析	
1	安防中心设在一层消防控制室内，和其他楼宇智能化系统联动控制。安防中心的主要设备有报警主机、报警接口、控制主机、视频矩阵切换主机、九画面分割器、电视墙、硬盘录像机、主电源、备用电源等设备组成
2	视频监控系统的前端设备主要有彩色球形摄像机、彩色半球摄像机和固定式摄像机。室外监控使用2台固定式彩色摄像机和5台带云台的彩色球形摄像机，一层使用20台彩色半球摄像机和4台带云台彩色球形摄像机，电梯轿厢共架设2台固定式摄像机，二层和三层分别使用4台彩色半球摄像机，四层使用6台彩色半球摄像机，五～七层使用5台彩色半球摄像机，八层使用4台彩色半球摄像机。每台摄像机都连接三条线缆：控制线、电源线、视频线
3	所有的视频监控信号都汇总到视频矩阵切换主机，该主机将汇总的视频信号再分别送到硬盘录像机、画面分割器和控制主机、控制分机等监控设备处。硬盘录像机主要用于视频的存储和调用，画面分割器将监控画面分配到电视墙，用于安防中心的实时监控，控制主机不仅可以查看监控画面，还可以控制摄像机的转动、推拉和调焦，同时具备对安防各个子系统的联动控制，以及对安防系统相应控制程序的编写等工作。分控主机的功能和控制主机类似，但是在控制权限上有区别
4	防盗报警系统的前端设备由红外微波双鉴探测器、玻璃破碎探测器、信号灯和主动红外探测器组成。室外部分主要采用2组主动红外探测器建立周界防范报警系统，一层使用8个红外微波双鉴探测器、14个玻璃破碎探测器以及5个信号灯，二～八层分别使用4个红外微波双鉴探测器和3个信号灯。探测器需要连接控制线回送信号，控制线同时为探测器提供电源。架设在室外的主动红外探测器需要加装单防区模块与控制线相接
5	防盗报警系统的前端设备将信号传回报警主机，报警主机将所有信号汇总并处理后，通过报警接口与其他安防子系统连接，通过控制主机或分控主机对其进行联动控制
6	安防中心需要加装不间断电源以保证断电时的安防监控不受影响

4）分析识读周界防范报警系统图

这是一张某住宅小区周界防范报警系统图，如图4-4-6所示。分析内容用表格方式描述，见表4-4-5所示。

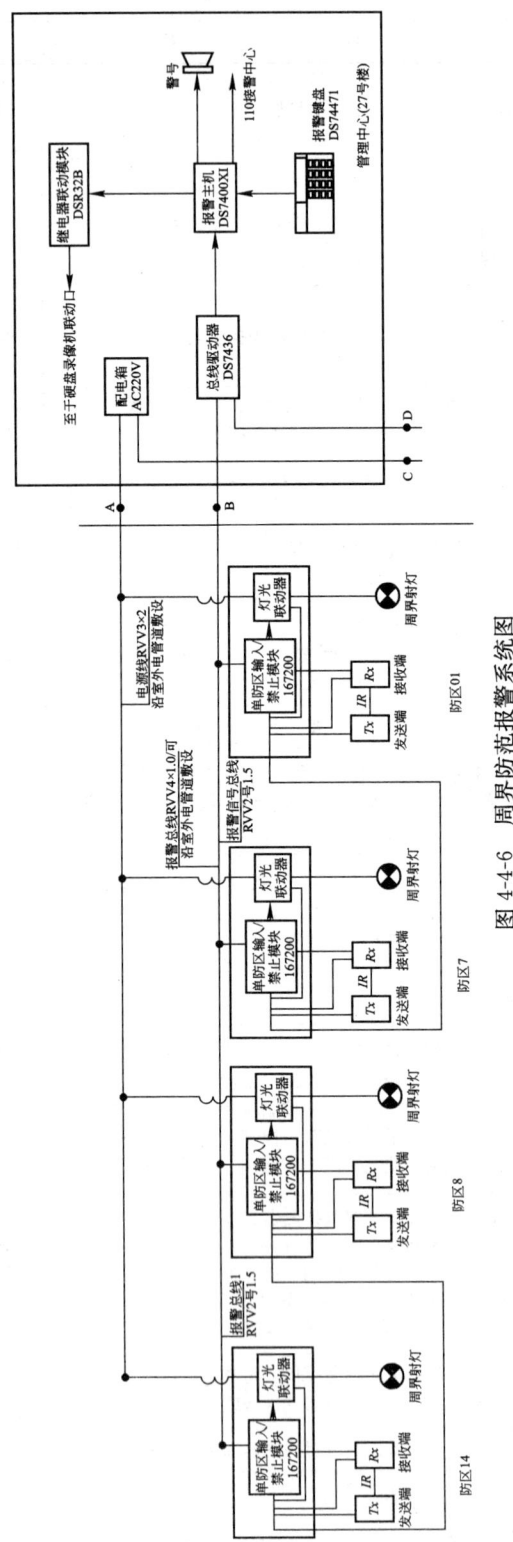

图 4-4-6 周界防范报警系统图

防范报警系统图分析内容 表 4-4-5

序号	符号	系统组件名称	在系统中的作用
1	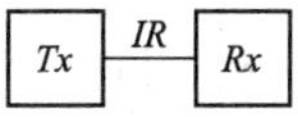 Tx IR Rx	主动式红外探测器	通过检测红外光束的遮断，探测非法入侵
2	⊗	周界射灯	夜间提供照明
3	(键盘图)	报警键盘	用于控制报警主机，进行

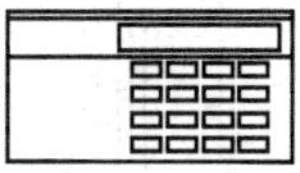

线 制 说 明		
信号总线	竖井采用 ZR RVS-2×1.5mm² 线 平面采用 ZR RVS-2×1.0mm² 线	ZR：阻燃；RVS：铜芯聚氯乙烯绝缘双绞软线
DC24V 电源总线	竖井采用 ZR BV-2×4.0mm² 线 平面采用 ZR BV-2×2.5mm² 线	ZR：阻燃；BV：铜芯塑料硬线

要 点 分 析	
1	系统的前端设备采用主动式红外对射探测器和周界射灯，设备安装在小区外围，由于主动式红外探测器的探测范围由一定的限制，所以将小区划分为 15 个防区，每个防区安装一对红外对射探测器，夜间和周界射灯联动，达到警戒外围的目的
2	主动式红外探测器分为发射和接收两部分，中间是红外线，一旦有物体遮断红外线，探测器就会发出报警信号，通过报警总线与报警主机相连接
3	周界射灯通过电源总线为其提供 220V 电源，配合灯光联动器联动控制，为现场提供照明
4	系统配有总线驱动器和配电箱，为系统提供信号总线和电源总线。报警主机设在管理中心，具有多种接口，可以联动其他子系统并自动记录相应信息

4. 平面图的识读及分析

1) 识读消防自动化平面图的基本方法

（1）通过识读平面图中的主要图形符号，了解消防系统火灾报警控制器、消火栓报警按钮、手动报警按钮等设备的安装位置和数量。

（2）分析设备的位置结构。由于平面图体现的是电气设备的空间位置、安装方式和相互关系，所以需要重点掌握。

（3）通过标注需要掌握设备具体的安装位置以及如何接线连接。

（4）最后要对各楼层之间的消防子系统的关系有一定的体会和认识。平面图并不是孤立的存在的，需要和系统图、安装图配合使用，才会对消防联动系统有一个整体的体会。

2) 识读安全防范自动化系统平面图的举例如图 4-4-7 所示。

这一张某小区的安全防范自动化系统平面图，系统主要由视频监控系统、可视对讲系统、周界报警系统和电子巡更系统组成。

分析内容用表格方式描述，见表 4-4-6 所示。

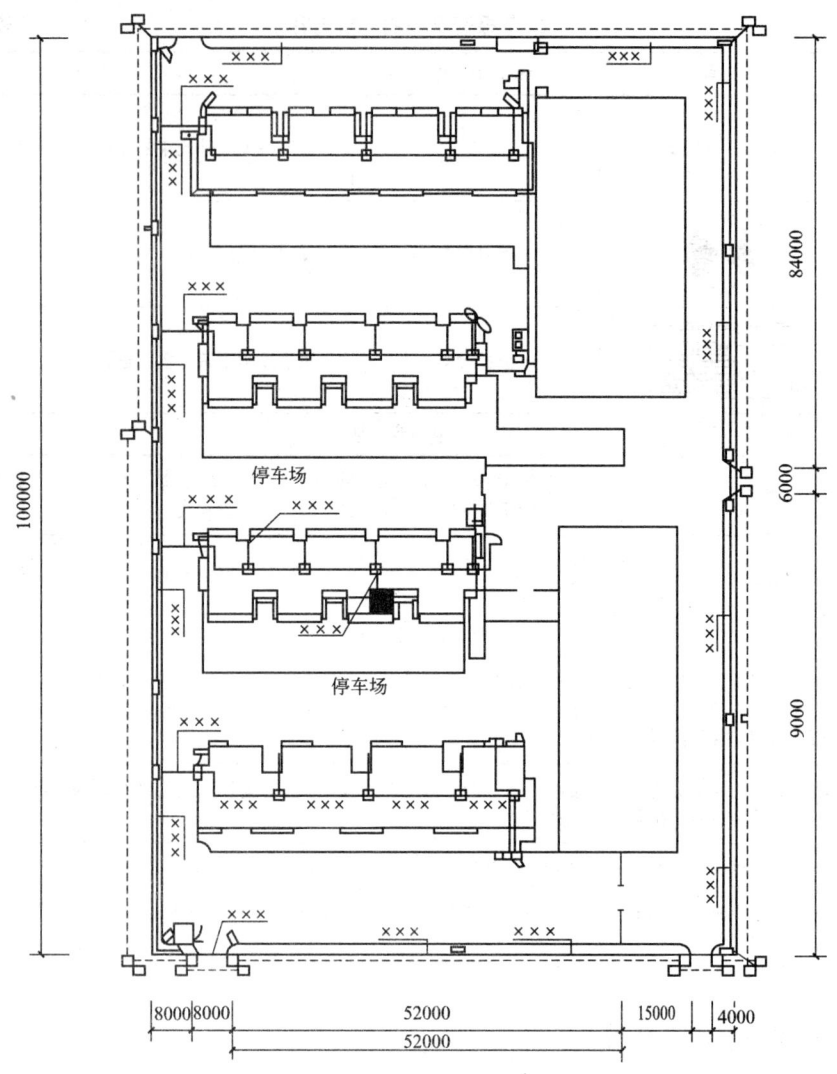

图 4-4-7 某小区的安全防范自动化系统平面图

安防系统平面图的分析内容 表 4-4-6

序号	符号	系统组件名称	在系统中的作用
1	▬▬▬	自动道闸	门禁组成部件
2	◉	电子巡更站	电子巡更点设备
3	固定式符号	固定式彩色摄像机	采集警戒区域画面
4	带R云台符号	带云台彩色摄像机	

续表

序号	符号	系统组件名称	在系统中的作用
5	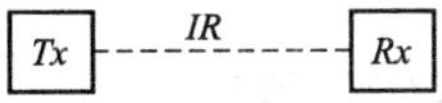 Tx - - IR - - Rx	主动式红外探测器	周界防范
6	 (报警闪灯符号)	报警闪灯	状态显示
7	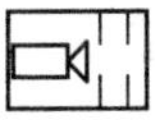 (可视对讲墙机符号)	可视对讲墙机	用于与住户可视对讲
8	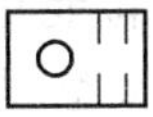 (可视对讲主机符号)	可视对讲主机	

线 制 说 明		
信号总线	竖井采用 ZR RVS-2×1.5mm² 线 平面采用 ZR RVS-2×1.0mm² 线	ZR：阻燃；RVS：铜芯聚氯乙烯绝缘双绞软线
DC24V 电源总线	竖井采用 ZR BV-2×4.0mm² 线 平面采用 ZR BV-2×2.5mm² 线	ZR：阻燃；BV：铜芯塑料硬线

要 点 分 析	
1	小区西侧围墙为砖墙，其余三面围墙为栅栏墙。本套安防系统包括视频监控系统、可视对讲系统、周界报警系统、电子巡更系统等多个子系统组成
2	视频监控系统由安装在小区主要通道、重要公共区域以及周界等位置的九台固定式彩色摄像机和两台带云台彩色摄像机组成，通过网络将监控画面传送到监控中心，系统自动进行实时监控和记录。平面图中所有接线盒至摄像机的线路采用穿 SC20 管保护。两台云台式摄像机采用不锈钢立柱安装，其他摄像机采用挂墙安装
3	可视对讲系统安装在单元门口和小区出入口处，对进入小区的人员进行有效管理。平面图中所有接线盒至可视对讲机的线路采用穿 SC40 管保护
4	周界报警系统采用主动式红外对射探测器和报警闪电组成。平面图中所有接线盒至红外对射探测器的线路采用穿 SC20 管保护
5	电子巡更系统通过在监控中心设置巡更线路，使保安人员按照规定时间和线路对小区进行巡逻。平面图中所有接线盒至巡更站点的线路采用穿 SC20 管保护

第五章 消防系统基础及识图

第一节 消防自动化系统的基本概念

消防自动化系统（FAS：Fire Automation System）作为建筑智能化的重要组成部分，在越来越多的场所中发挥着重要的作用，其中包括超高层建筑、大空间建筑、隧道以及一些特殊场所的火灾防范。目前的消防自动化系统已经由过去单一的喷水灭火系统，发展成为由多个子系统联动控制的智能系统。而在众多消防子系统之中，火灾自动报警系统和消防联动系统则是消防自动化系统的核心，前者的作用在于火灾发生初期，及时有效发出声光报警信号，并显示出发生火警的具体位置，后者的作用在于发现火灾以后，自动启动各种消防设备，统筹各子系统之间的关系，有效地阻止火灾的蔓延，尽可能地保护人员、财产的安全。

1. 消防自动化系统的组成及功能

消防自动化系统按功能可以分为：火灾自动报警系统、消火栓灭火系统、自动灭火控制系统、消防广播系统、防排烟系统、防火卷帘系统、应急照明系统、消防电梯控制系统以及消防联动控制系统。

（1）火灾自动报警系统：主要由各类智能火灾探测器和自动报警控制装置所组成；发生火灾时，可以自动探测并即时发送信号，告知管理人员。

（2）消火栓灭火系统：主要由消火栓、水泵、水池、水箱等设备组成；为建筑物提供灭火所需的水量、水压。

（3）自动灭火控制系统：主要由自动喷水装置，气体灭火控制装置、液体灭火控制装置等组成。用于控制和扑灭火情。

（4）消防广播系统：通过扬声器对人员进行合理疏散。

（5）防排烟系统：主要由防火阀、排烟口、排烟风机等设备组成；该系统可及时将烟雾排出，输送新空气，保证人员安全。

（6）防火卷帘系统：主要实现对防火卷帘门等设备的控制。

（7）应急照明系统：主要实现对应急灯具的控制，为人员疏散、消防人员灭火提供照明保障。

（8）消防电梯控制系统：主要实现对电梯的控制，为人员疏散、消防队员操作提供便利。

（9）消防联动控制系统：通过对各个消防子系统的联动控制，实现火灾的即时报警、人员的有序撤离以及火灾的有效扑灭。

一般情况下，绝大多数消防子系统都可以划归到火灾自动报警和消防联动控制系统中；同时我们可将其作为消防自动化系统的核心，重点地研究和分析。

另外，消防自动化系统也可以按照图5-1-1所示的方法划分子系统。

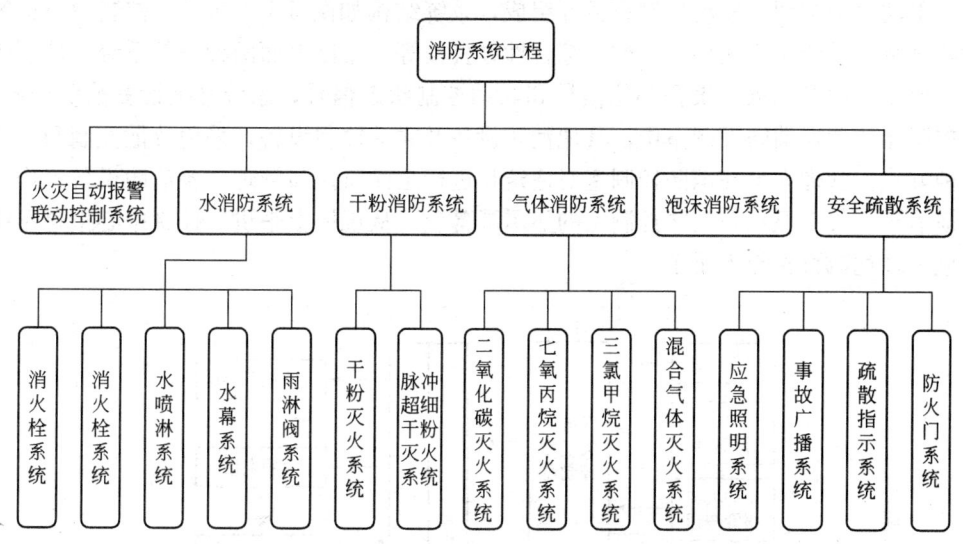

图5-1-1　消防自动化系统构成图

2. 火灾自动报警系统的分类

根据探测器和火灾报警控制器的使用，可以分为区域报警系统、集中报警系统、控制中心报警系统和智能火灾自动报警系统四种。

1）区域报警系统

区域报警系统由火灾探测器、区域火灾报警控制器和火灾报警装置组成，结构简图如图5-1-2所示，系统结构简单，操作方便，易于维护。该系统主要应用于面积比较小的建筑物，同时也可以作为集中报警系统和控制中心报警系统的基本组成部分。

2）集中报警系统

集中报警系统由区域报警控制器、集中报警控制器、火灾探测器、手动报警按钮及联动控制设备等设备组成，其系统结构如图5-1-3所示。集中报警系统功能比较复杂，通常用于中型建筑物和较为分散的场所。

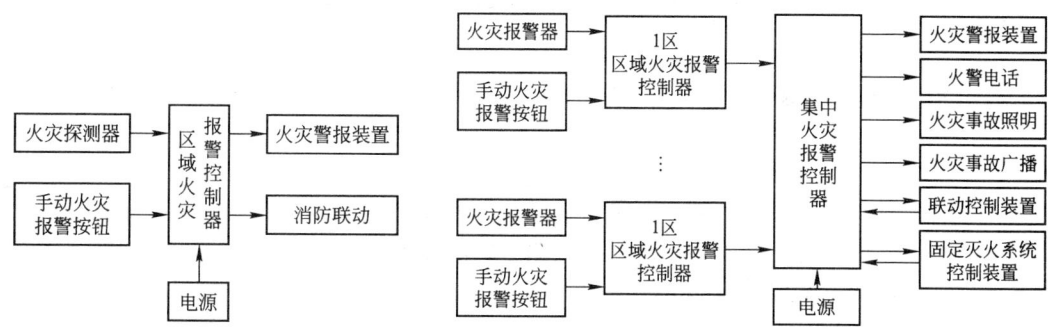

图5-1-2　区域报警系统结构简图　　图5-1-3　集中报警系统结构简图

3）控制中心报警系统

控制中心报警系统由消防室的消防设备、区域报警控制器、集中报警控制器、火灾探测器、手动报警按钮及联动控制设备等组成，系统结构如图 5-1-4 所示。控制中心报警系统功能复杂，适合用于大型建筑群、综合性办公楼等。相比上面两种报警系统，控制中心报警系统能集中显示火灾报警部位信号和联动控制状态信号，系统必须设置消防控制室，报警控制器放置在消防控制室中，其他消防设备及联动控制设备，采用分散控制和集中遥控两种方式。管理人员在消防控制室对建筑物进行全面监控与管理，各消防设备工作状态的反馈信号，集中显示在消防控制室的显示屏幕上。从规模上来讲，控制中心报警系统探测区域可多达数百甚至上千个。

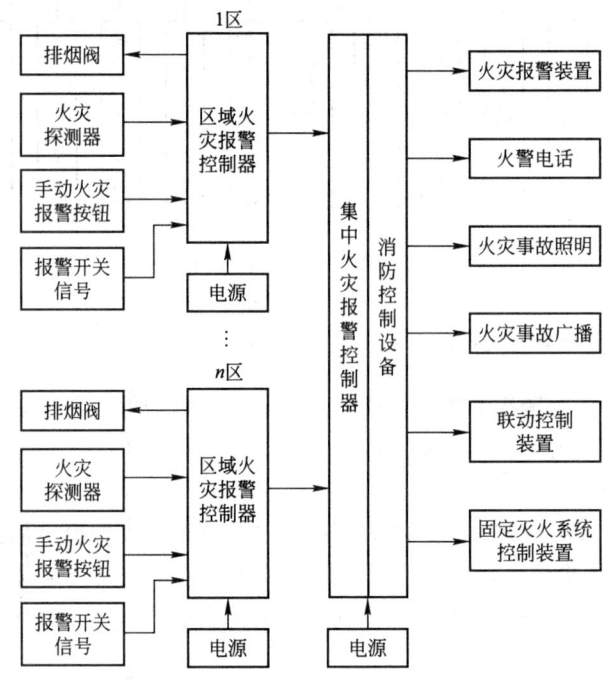

图 5-1-4 控制中心报警系统结构

第二节 消防自动化系统主要设备及组件

1. 火灾自动报警系统

1）火灾探测器

火灾发生时，会产生出烟雾、高温、火光及可燃性气体等理化现象，火灾探测器按其探测火灾不同的理化现象而分为：感烟探测器、感温探测器、感光探测器、可燃性气体探测器和复合式火灾探测器。

按探测器结构可分为点型和线型。点型火灾探测器，这类探测器主要用于对"点区域"的监控；线形火灾探测器，常装置于一些特定环境区域，如电缆隧道这样一些窄长区域。详细分类如图 5-2-1 所示。

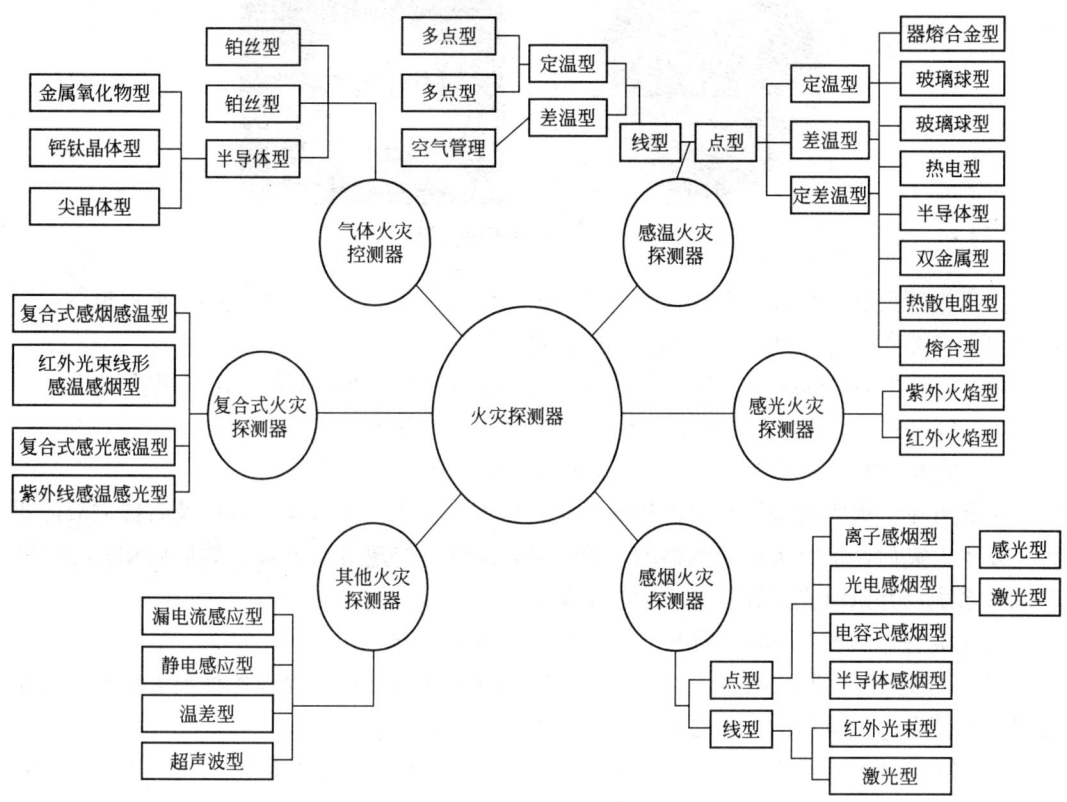

图 5-2-1　火灾探测器分类

下面给出一些智能火灾探测器的设备图，如图 5-2-2 所示。

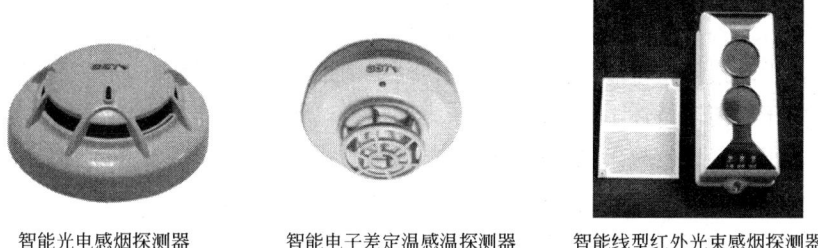

智能光电感烟探测器　　智能电子差定温感温探测器　　智能线型红外光束感烟探测器

图 5-2-2　智能火灾探测器

2) 手动报警按钮

手动报警按钮是以手动方式产生火灾报警信号，同时启动火灾自动报警系统的设备，如图 5-2-3 所示。

报警区域内每个防火分区应至少设置一个手动火灾报警按钮，且从一个防火分区里的任何位置至最近一个手动火灾报警按钮的距离不应大于 30m，并应设置在明显和便于操作的位置。手动报警按钮距地面 1.5m。

3) 火灾报警控制器

 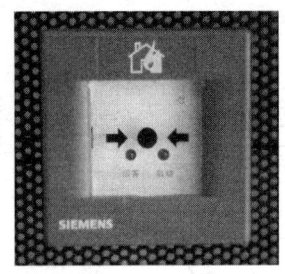

图 5-2-3　手动报警按钮

火灾报警控制器是火灾自动报警系统的重要组成部分，是系统的核心。火灾报警控制器是可向探测器供电，并具有下列功能的设备。

(1) 接收探测器的探测信号，将其转换成电信号，指示着火部位和记录报警信息。

(2) 接收到火灾报警信号后，启动自动灭火设备和消防联动控制设备。

(3) 能够检测系统是否工作正常，对特定故障给出声光报警。

由此可见，火灾报警控制器的作用是实时检测系统的工作状态，可以及时提供故障报警。发生火灾后，接收火灾探测器的报警信号，准确、快速进行处理，然后启动各个消防联动子系统，并以声光形式显示火灾发生位置。

火灾报警控制器按其用途和设计使用可分为以下几种。

(1) 区域火灾报警控制器。其控制器直接连接火灾探测器，处理各种报警信息，是组成自动报警系统最常用的设备之一。

(2) 集中火灾报警控制器。它一般不与火灾探测器相连，而与区域火灾报警控制器相连，处理区域级火灾报警控制器送来的报警信号，常用在较大型系统中。

(3) 通用火灾报警控制器。它兼有区域、集中两级火灾报警控制器的双重特点。通过设置或修改某些参数（硬件或软件），即可作区域级使用，连接控制器；也可作集中级使用，连接区域火灾报警控制器。

集中报警控制器与区域报警控制器有所不同。区域报警控制器处理的探测源可以是各种火灾探测器，手动报警按钮或其他探测按钮；而集中报警控制器处理的是区域报警控制器传输的信号。由于其传输特性不同，其输入单元的接口电路也不同。下面给出了一张消防系统的组成框图，很清楚地反映出区域报警控制器和集中报警控制器的关系，如图 5-2-4 所示。

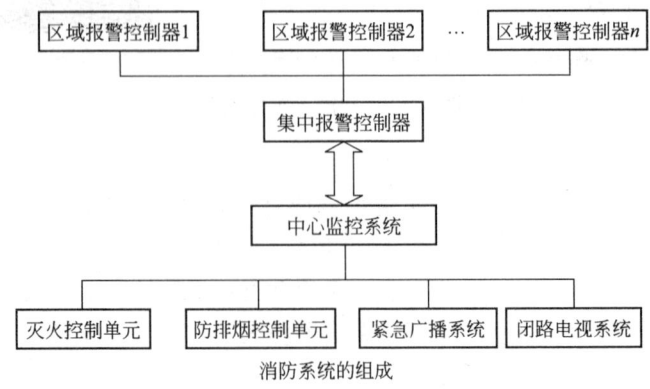

消防系统的组成

图 5-2-4　消防系统的组成框图

一般情况下，一级保护对象宜采用控制中心报警系统，并设有专用消防控制室；二级保护对象宜采用集中报警系统，消防控制室可兼用；三级保护对象宜用区域报警系统，可设消防报警室。

如果报警控制器按信号处理方式可以分为以下几种情况。

（1）多线制火灾报警控制器。其探测器与控制器的连接采用一一对应方式。各探测器至少有一根线与控制器连接，因而其连线较多，仅适用于小型火灾自动报警系统。图 5-2-5 所示为早期的多线制($n+4$)线制，n 为探测器数；4 指公用线，分别为电源线（+24V）、地线（G）、信号线（S）和自诊断线（T）。另外，每个探测器设一根选通线（ST）。这种线制的优点是探测器的电路比较简单；但缺点是线路多，故障多，已逐渐被淘汰。

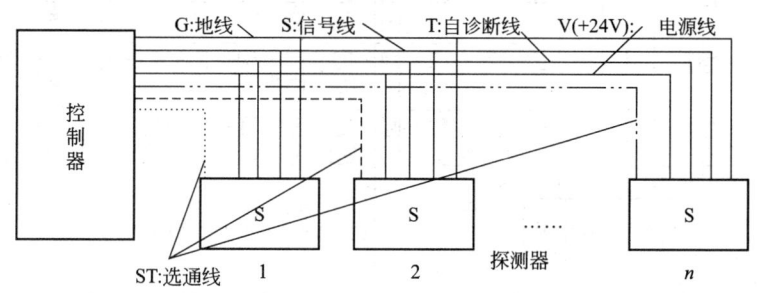

图 5-2-5　多线制($n+4$)连接方式

（2）总线制火灾报警控制器。控制器与探测器采用总线连接。所有探测器均并联或串联在总线上（一般总线数量为 2～4 根），具有安装、调试、使用方便，工程造价较低的特点。分为二总线制和四总线制，二总线制相比四总线制用线量更少，技术更为先进，目前多数系统使用该线制，如图 5-2-6 所示。

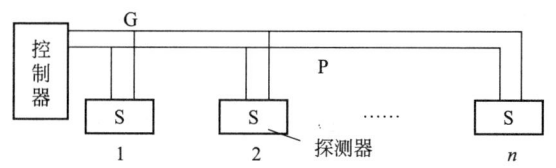

图 5-2-6　二总线连接方式（树型）

G—公共地线；P—供电、选址、自检、获取信息

二总线系统的连接方式主要有树型、环型和链型。如图 5-2-7 所示。

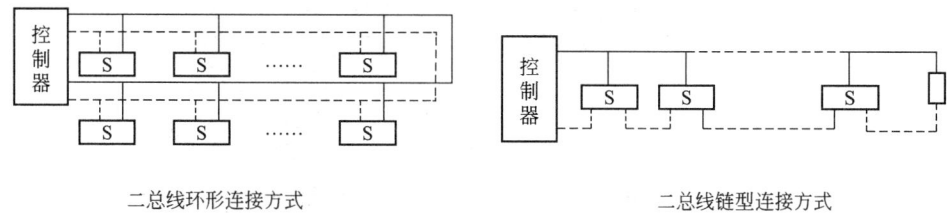

二总线环形连接方式　　　　　　　二总线链型连接方式

图 5-2-7　二总线系统的两种连接方式

下面给出了一张基于总线制火灾报警控制器的火灾自动报警与消防联动控制系统图,该系统采用二总线树型方式控制,其中报警与控制合用总线,如图 5-2-8 所示。

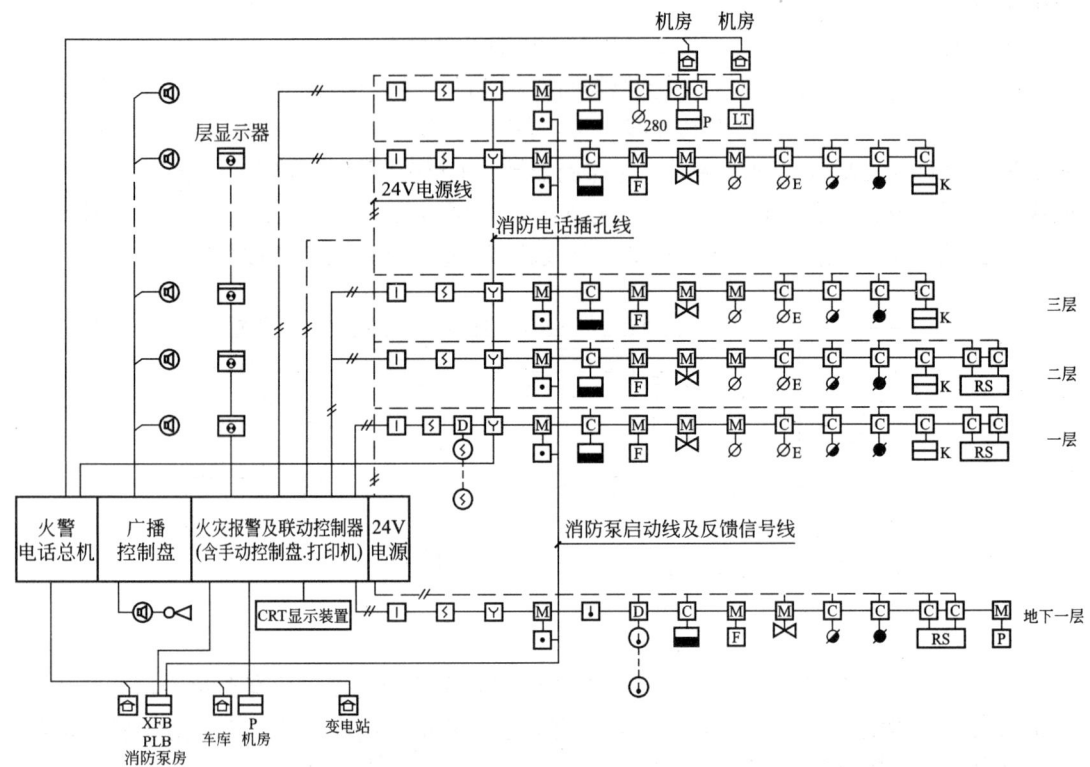

图 5-2-8　火灾自动报警与消防联动控制系统图

2. 消火栓灭火系统

1) 消火栓设备

消火栓设备由水枪、水带和消火栓组成,均安装于消火栓箱内。下面给出了一部分消火栓灭火系统外观图,如图 5-2-9 所示。

图 5-2-9　消火栓灭火系统外观图

2) 水泵接合器

水泵接合器是连接消防车向室内消防给水系统加压供水的装置，一端有消防给水管网水平干管引出，另一端设于消防车易于接近的地方。下面给出了一部分水泵接合器外观图，如图 5-2-10 所示。

3) 消火栓手动报警按钮

消火栓手动报警按钮也成为消火栓手动起泵按钮，安装在消火栓箱附近。火灾发生以后，人员通过手动方式按下报警按钮，信号送到消防控制中心，同时启动消防水泵和喷淋水泵。其外观图如图 5-2-11 所示。

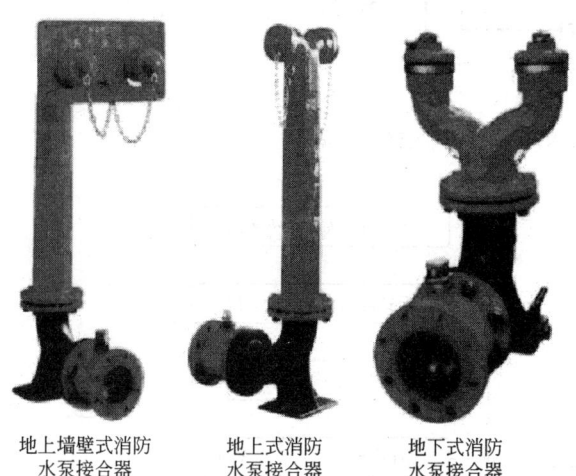

图 5-2-10　水泵接合器外观图　　　　图 5-2-11　消火栓手动报警按钮

4) 消防管道

建筑物内消防管道可以单独设置，也可与生活给水系统合用。应根据建筑物的设计等级和预算要求比较后确定。

5) 消防水箱

消防水箱对火灾初期的扑救提供一定的水源供给。消防水箱宜与生活水箱合用，应采用重力自流供水方式，且应储存有室内 10min 的消防水量。

6) 消防水池

消防水池用于无室外消防水源情况下，储存火灾持续时间内的室内消防用水量。消防水池一般设置于室外地下，可与室内游泳池、水景水池兼用。

下面给出了一张安装水池水箱的消火栓灭火系统的示意图，如图 5-2-12 所示。

3. 自动喷水灭火系统

1) 自动喷水灭火系统分类及特点

自动喷水灭火系统分类如图 5-2-13 所示，下面对几种主要的自动喷水灭火系统进行介绍。

(1) 湿式自动喷水灭火系统。湿式自动喷水灭火系统是建筑物常用的灭火系统，由闭式喷头组成，平时管网中充满水。当建筑物发生火灾后，达到相应温度打开闭式喷头，开

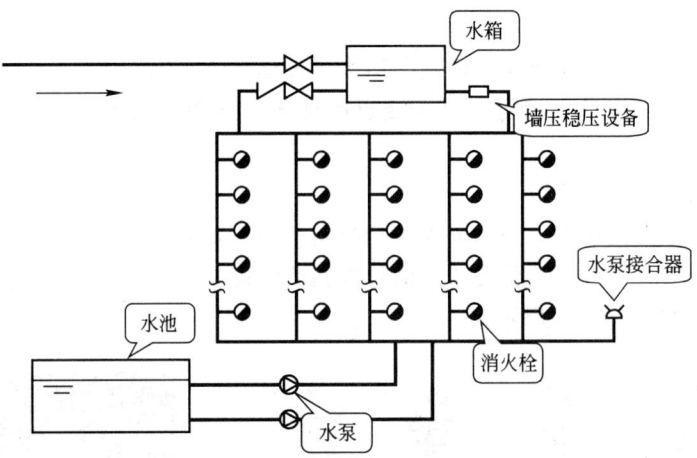

图 5-2-12　安装水池水箱的消火栓灭火系统

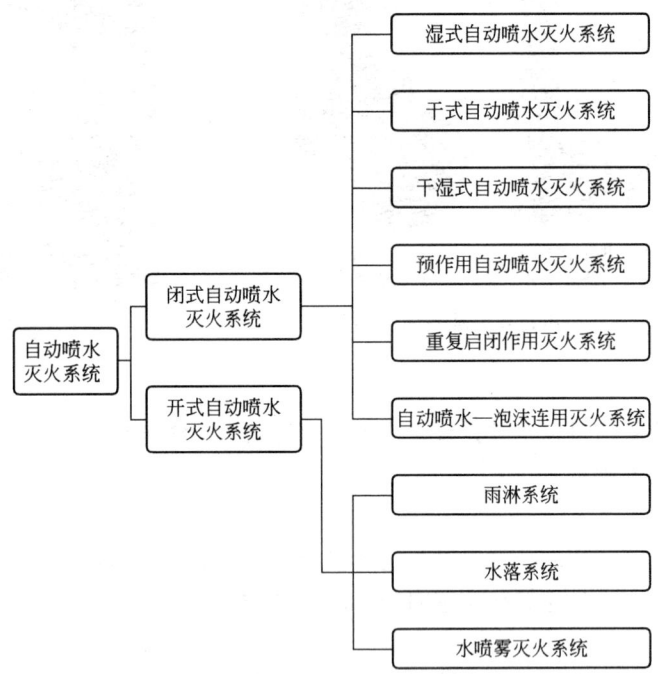

图 5-2-13　自动喷水灭火系统分类

始喷水灭火。这种方式的优点是灭火及时，扑救效率高；但由于管网中平时储水，容易造成渗漏。

（2）干式自动喷水灭火系统。干式自动喷水灭火系统同样是由闭式喷头组成，但区别于湿式系统的地方在于，平时管网中充有空气或氮气。当发生火灾后，喷头开启先进性排气，再喷水灭火。这种方式的优点是管网中平时不充水，对环境温度要求较低，不易漏水，但是在灭火速度上不如湿式系统。

（3）预作用自动喷水灭火系统。预作用自动喷水灭火系统是在干式和湿式基础上发展而来的，系统也采用闭式喷头，平时管网中不储水，而是充气。在火灾探测器报警后，提前排气,当温度达到预设值,开式喷水灭火。这种方式具备了湿式系统灭火速度快的优点,同时也具有干式系统不易漏水的优点,可以代替干式系统提高灭火速度。也可代替湿式系统,用于容易漏水的场所。

(4) 雨淋喷水灭火系统。雨淋喷水灭火系统采用开式喷头,当火灾发生以后,装置打开集中控制阀,使整个防火区域内的喷头开式喷水灭火。这种方式的特点是出水量大,灭火速度快,效率高。适合安装在火灾蔓延速度快、闭式喷头不能有效覆盖的场所。

(5) 水幕系统。水幕系统采用开式喷雾喷头,喷头沿线形分布,发生火灾时主要起冷却和隔离作用。适用安装在需要防火隔离区域,如舞台与观众之间的隔离水帘、消防防火卷帘的冷却等。

(6) 水喷雾灭火系统。水喷雾灭火系统采用开式喷雾喷头,当发生火灾之后,系统将水粉碎成细小的雾滴,喷射到火灾现场,通过冷却、窒息等作用实现有效灭火。水雾自身具有电绝缘性能,可用于扑救电气火灾。

2) 自动喷水灭火系统主要组件

自动喷水灭火系统是由洒水喷头、报警阀、水流报警装置等组件,以及管道、供水设施组成,并能在发生火灾时自动打开喷头灭火,同时发出火灾报警信号的消防灭火系统。

(1) 喷头。喷头是自动喷水灭火系统的执行机构,分为闭式和开式。闭式喷头平时喷口关闭,只有达到一定温度时才能自动开启。开式喷头喷口常开,可分为雨淋式和喷雾式等。

(2) 报警阀。报警阀用于开启和关闭管网的水流,传递控制信号至控制系统并启动水力警铃直接报警。有湿式、干式、干湿式和雨淋式4种类型。其中,雨淋阀用于雨淋、预作用、水幕、水喷雾自动喷水灭火系统。

(3) 水流报警装置。水流报警装置主要有:水力警铃、水流指示器和压力开关。

水力警铃安装在报警阀附近,主要用于湿式喷水灭火系统。当报警阀打开后,具有一定压力的水流冲动叶轮打铃报警。值得注意的是水力警铃不得由电动报警装置取代。

水流指示器的作用是监测管网的水量变化。当喷头开启喷水或管网发生水量泄漏时,管道中的水产生流动,从而引起水流指示器中桨片转动,然后将电信号送至消防控制室。

压力开关安装在水力警铃附近,当水力警铃报警后,网内的水升高自动接通电触点,随即向消防控制室传送报警信号或启动消防水泵。

(4) 延迟器。延迟器安装于报警阀与水力警铃之间。起到防止水压波动等因素引起报警阀误报报警阀开启后,水流需经 30s 左右充满延迟器后方可冲打水力警铃。

下面给出了湿式报警阀和雨淋报警阀的结构简图,如图 5-2-14 和图 5-2-15 所示。通过两幅图可以清楚地看出上述设备的位置以及相应关系。

4. 气体自动灭火系统

气体灭火系统主要有二氧化碳自动灭火系统、七氟丙烷(HFC—227ea)和混合气体自动灭火系统。其中二氧化碳自动灭火系统是市场上常用的气体灭火系统,其具有毒性低、不污损设备、绝缘性能好、灭火能力强等优点。其组成设备如图 5-2-16 所示。

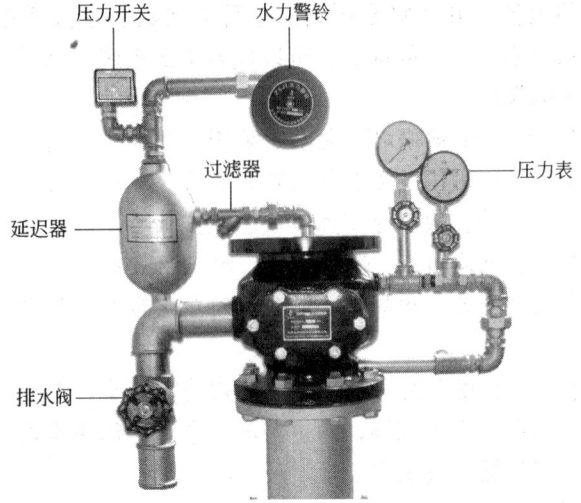

图 5-2-14 湿式报警阀

图 5-2-15 雨淋报警阀

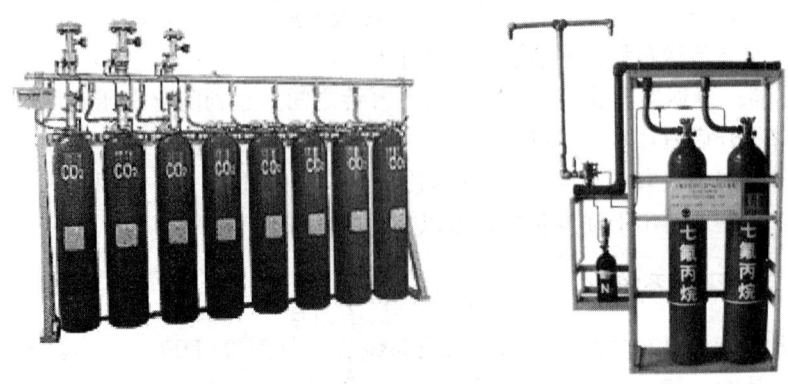

图 5-2-16 气体灭火系统

通常启动灭火系统后，控制系统会经过30s启动灭火装置进行灭火，在开始延时是会启动气体保护区内外的声光报警器，提示人员在30s之内撤离。图5-2-17是气体自动灭火控制图，报警信号通过气体灭火控制盘送至消防中心，经编码控制灭火，消防中心能及时了解报警全过程。该系统适合灭火区多，较集中的场合。

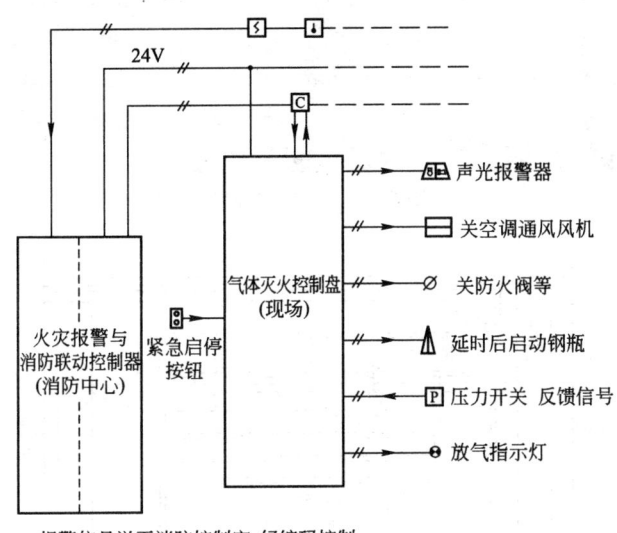

图 5-2-17　气体自动灭火控制图

5. 防排烟系统

消防排烟系统主要由排烟风机、送风机等设备组成。系统的主要功能是将火灾发生时候产生的大量有毒有害烟雾及时排出室外，输送新鲜空气进入建筑物，保证人员的生命安全。图5-2-18为排烟联动控制的原理框图，从图中可以分析出火灾发生时，火灾探测器及时报警，将报警信号传送到区域报警控制器，再经过集中报警控制器进行汇总分析，消防控制主机送出控制信号，通过控制模块启动排烟风机和送风机，完成联动控制。

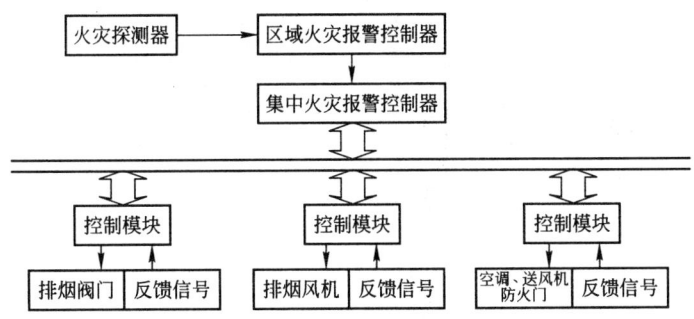

图 5-2-18　排烟联动控制的原理框图

6. 防火卷帘系统

防火卷帘系统是消防自动化系统不可缺少的防火设施，主要由防火卷帘门、电动机、探测器等设备组成，如图 5-2-19 所示。防火卷帘通过电动传动装置和控制系统实现防火卷帘的升降，起到隔烟、防火、划分防火分区的作用。防火卷帘门安装图如图 5-2-20 所示。

图 5-2-19　防火卷帘门

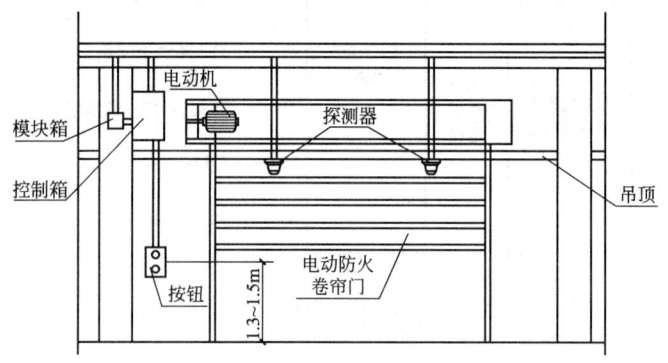

图 5-2-20　电动防火卷帘门安装图

防火卷帘门一般采用三种电气控制方式：自动、远控、就地控制。

1）自动

卷帘门平时处于开启状态。如果发生火灾，卷帘门附近的感烟探测器就会动作，通过联动控制，卷帘门下降至距地面 1.8m，防止烟雾扩散。随后若感温探测器动作，卷帘门将下降至地面，直到完全关闭。其联动原理图见图 5-2-21 所示。

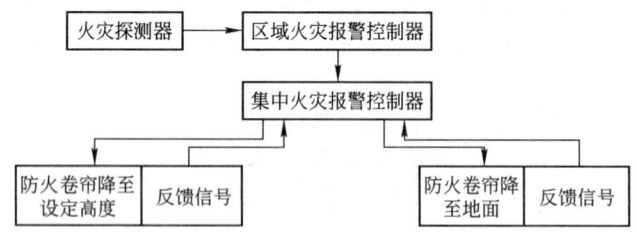

图 5-2-21　防火卷帘联动控制原理图

2）远控

由消防控制中心发出关闭信号后，卷帘门下降到关闭位置。

3）就地控制

卷帘门的前后方，各安装有一组手动控制按钮，可以实现现场控制。

7. 应急照明与疏散指示标志

应急照明及疏散指示系统能在火灾发生时及时提供照明，指引人员按照疏散标示标志快速撤离，避免环境黑暗造成不必要的人身伤亡。该系统作为人员安全有效疏散的保障设备。

应急照明的电源是双路供电，并设有双电源自动投入装置，同时配备蓄电池组，正常时蓄电池充电备用，火灾时市电电源断电，应急蓄电池组供电，并能维持供电 20min 以上。系统由消防控制中心发出信号，自动接通应急照明回路，保证人员的安全疏散。

在《火灾自动报警系统设计规范》GB 50116—2008 中指出：消防控制室在确认火灾后，应能切断有关部位的非消防电源，并接通警报装置及火灾应急照明灯和疏散标志灯。

下面给出了一些应急照明与疏散指示标志的设备图，如图 5-2-22 所示。

图 5-2-22　应急照明及疏散标志

第三节　消防自动化系统常用图形符号

图形符号作为工程图组成的基本元素，是读图识图的基础。目前消防行业使用的图形符号主要来自《消防技术文件用消防设备图形符号》(GB/T 4327—2008)、《火灾报警设备图形符号》(GA/T 229—1999)等国家标准和行业规范，表 5-3-1 给出了消防自动化系统常用的图形符号以供参考，如表 5-3-1 所示。

消防设备图形符号(新)　　　　　　表 5-3-1

序号	图像符号	名　　称	备　　注
1	⌊S⌉	感烟火灾探测器	
2	⌊S⌉	离子感烟探测器	
3	⌊·S·⌉	光电感烟探测器	
4	⌊S⌉	电容感烟探测器	

续表

序号	图像符号	名　　称	备　注
5	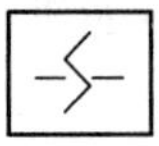	红外光束感烟探测器	
6	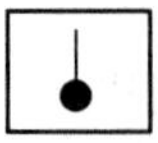	感温火灾探测器	
7	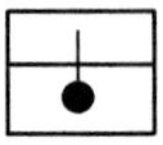	定温火灾探测器	
8	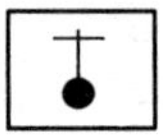	差温火灾探测器	
9	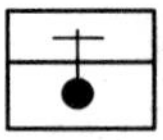	差定温火灾探测器	
10		感光火焰探测器	
11	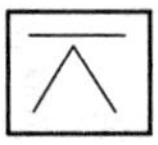	紫外火焰探测器	
12		红外火焰探测器	
13		可燃气体探测器	
14	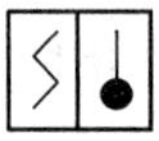	复合式感烟感温火灾探测器	
15	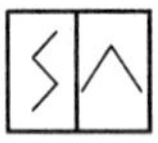	复合式感烟感光火灾探测器	
16	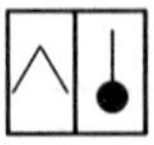	复合式感光感温火灾探测器	
17		消火栓报警按钮	
18		讯响器	
19	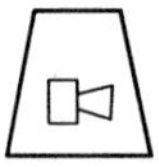	消防广播	
20		室外消火栓	

续表

序号	图像符号	名称	备注
21		室内消火栓	
22		室内消火栓箱	
23	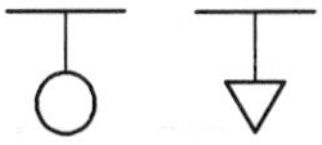	消防喷淋头(开式)	
24	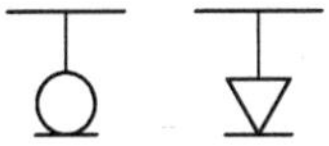	消防喷淋头(闭式)	
25		火灾报警按钮	
26		防火调节阀	
27		排烟防火阀	
28	⌀70°	70°防火阀	
29	⌀280°	280°防火阀	
30		湿式自动报警阀	
31		报警电话	
32	ZG	总线隔离器	
33	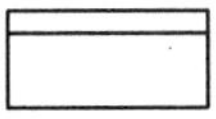	火灾报警显示盘	
34	M	输入模块	
35	C	控制模块	
36	 Q/T	紧急启动/停止按钮	

续表

序号	图像符号	名　　称	备　　注
37	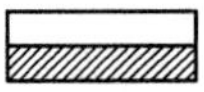	电梯控制箱	
38		排烟兼排气风机控制箱	
39		正压送风控制箱	
40	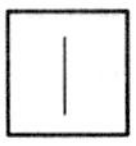	短路隔离器	
41		启动钢瓶	
42	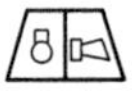	火灾声光信号显示装置	
43	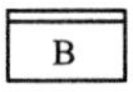 B	火灾报警控制器	
44	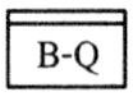 B-Q	区域火灾报警控制器	
45	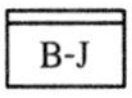 B-J	集中火灾报警控制器	
46	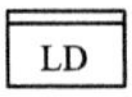 LD	联动控制器	
47		火灾显示盘	
48	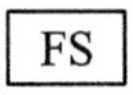 FS	火警接线箱	
49	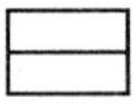	电控箱	
50	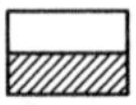	配电箱	
51	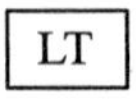 LT	电梯电控箱	
52	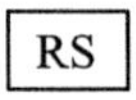 RS	电动卷帘门电控箱	
53		水流指示器	

续表

序号	图像符号	名　称	备　注
54		警铃	
55		电梯控制箱	

以上是一些常见的消防设备图形符号，在实际工作中，可能还会遇到一些非标准的图形符号，这些符号一般是设备供应商自行设计的，这种情况下识读工程图需要参考图纸附带的图例，也可参见项目方案说明书。

第四节　消防自动化系统工程图的读图识图

消防自动化系统的工程图主要有系统图、平面图、系统结构框图、设备安装图、电路原理图等，重点应该学会系统图和平面图的对照分析。其中，消防自动化系统的核心是各消防子系统的联动报警，所以识读分析时应特别关注。

1. 消防系统框图的识读

分析识读火灾自动报警与消防联动控制关系方框图

一个火灾自动报警与消防联动控制关系框图如图 5-4-1 所示。

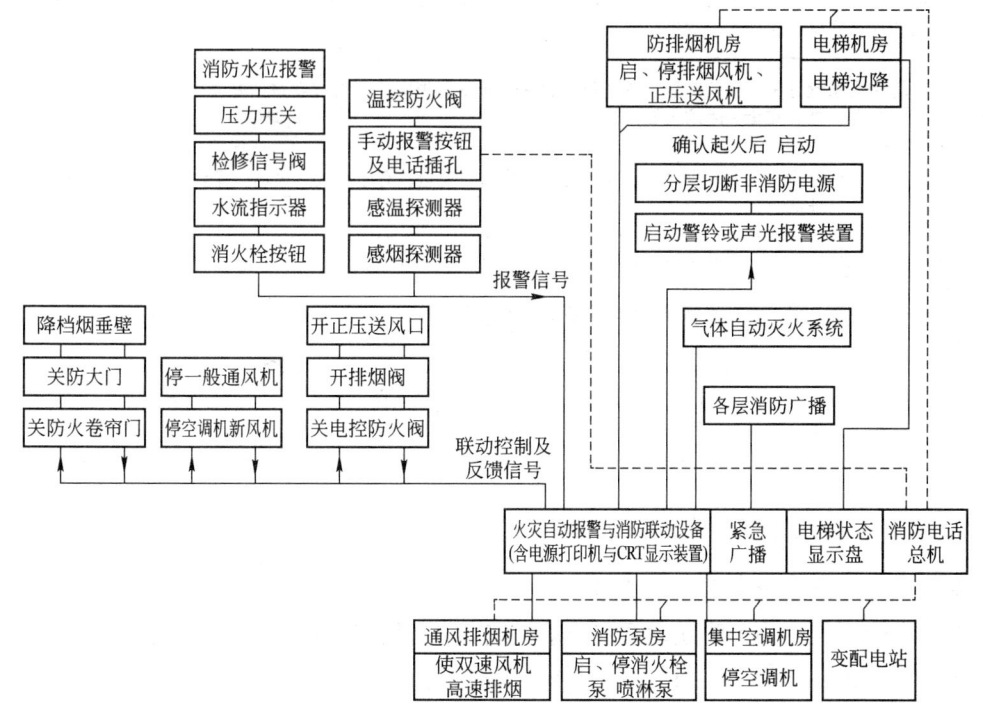

图 5-4-1　火灾自动报警与消防联动控制关系方框图

分析内容用表格方式描述，见表 5-4-1 所示。

火灾自动报警与消防联动方框图分析内容 表 5-4-1

序号	火灾发生后需要联动的子系统	作 用
1	火灾自动报警系统	火灾初期自动检测火灾的发生
2	消火栓灭火系统	火灾发生以后开启消火栓泵和喷淋泵，以供消防灭火
3	气体灭火系统	采用冷却、窒息、隔离、化学抑制方法扑救，不宜用水灭火的场合
4	卷帘门防火系统	隔离有毒有害烟气，阻止火势的蔓延
5	紧急广播系统	引导人员即时有序疏散
6	防排烟系统	将有毒烟气及时排出
7	电梯系统	降至首层后以便消防人员使用
要 点 分 析		
1	火灾报警控制系统一般采用二总线方式，将分散于各层的智能探测器、手动报警按钮等设备挂接到控制总线上。而对于消防联动起到重要作用的设备，需要采用专线控制，如排烟风机、消火栓泵和喷淋泵等	
2	火灾自动报警系统的分析。系统前端的感温探测器和感烟探测器在火灾初期及时发现火情，通过控制总线将报警信号回传给控制主机。同时，如果巡逻人员发现火情，通过手动报警按钮也可以及时将火警信号送到控制主机	
3	消火栓灭火系统的分析。当火灾发生之后，消火栓报警按钮被触碰，报警信号沿控制总线送回到控制主机，随后消防泵和喷淋泵启动	
4	气体灭火系统分析。在确认火灾发生后，系统向防护区喷射一定浓度的气体灭火剂，并使其均匀地充满整个防护区的灭火系统，达到灭火效果	
5	卷帘门防火系统分析。安装在防火卷帘附近的感烟探测器报警后，防火卷帘门降至距离地面 1.8m 处，随后若感温探测器报警，完全关闭防火卷帘门	
6	紧急广播系统分析。火灾发生之后，为了使人员快速、安全、有序地撤离火场，需要开启紧急广播系统，通过有效引导，保证撤离人员安全	
7	防排烟系统分析。在火灾发生后，及时快速把有毒有害烟气排出	
8	电梯系统分析。电梯前室的感烟探测器报警后，控制主机在确认火灾发生后，使电梯降至首层，同时切断非消防电源	
9	消防电话系统分析。消防电话是在火灾发生后紧急情况使用的通讯工具，在手动报警按钮附近、电梯机房、防排烟机房、集中空调机房、消防泵房等位置都需要布设	

2. 消防系统设备安装图的识读

分析识读电动防火卷帘门安装图

防火卷帘系统作为消防联动系统的子系统，在火灾发生以后发挥着隔离有毒、有害气体、划分防火分区的作用，图 5-4-2 是该系统的安装图。

分析内容用表格方式描述，见表 5-4-2。

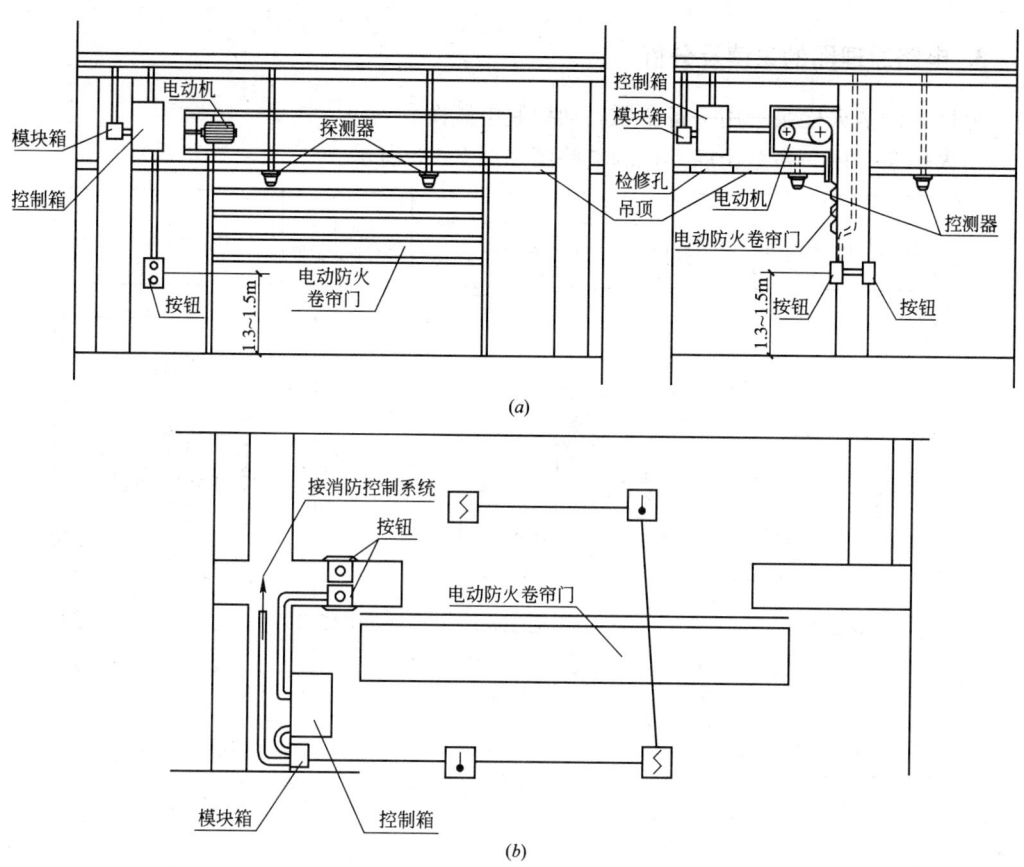

图 5-4-2 电动防火卷帘门安装图

电动防火卷帘门安装图分析内容　　　　　　　　　　　　表 5-4-2

序号	系统组件	在系统中作用	说 明
1	探测器	探测火灾的发生，即时报警	分别在卷帘门内外安装感烟探测器和感温探测器
2	电动机	卷帘门的电动机构	
3	防火卷帘门	火灾发生之后，起到隔烟、防火的作用，使火灾抑止在一定的区域内	
4	按钮	在现场手动控制卷帘门的上升和下降	
5	控制箱	接收报警信号，控制卷帘门升降	
6	模块箱	一路将探测器检测的电信号传送回控制中心；另一路传给控制箱，以便卷帘门联动	
要　点　分　析			
1	安装图主要体现的是现场各设备的安装方法和安装位置			
2	在卷帘门内外区域，需要安装感烟探测器和感温探测器。当发生火灾后，感烟探测器动作，通过联动控制，卷帘门下降至距地面 1.8m，防止烟雾扩散。随后，感温探测器动作，卷帘门将下降至地面，直到完全关闭			
3	防火卷帘门一般采用三种电气控制方式：自动、远控、就地控制			
4	防火卷帘门安装在疏散通道中，用于划分防火分区			
5	手动按钮安装在距离地面 1.3～1.5m 位置			

3. 电路原理图的识读及分析

分析识读消火栓泵一用一备全压启动控制电路图

消火栓泵一用一备全压启动控制电路图如图 5-4-3 所示。

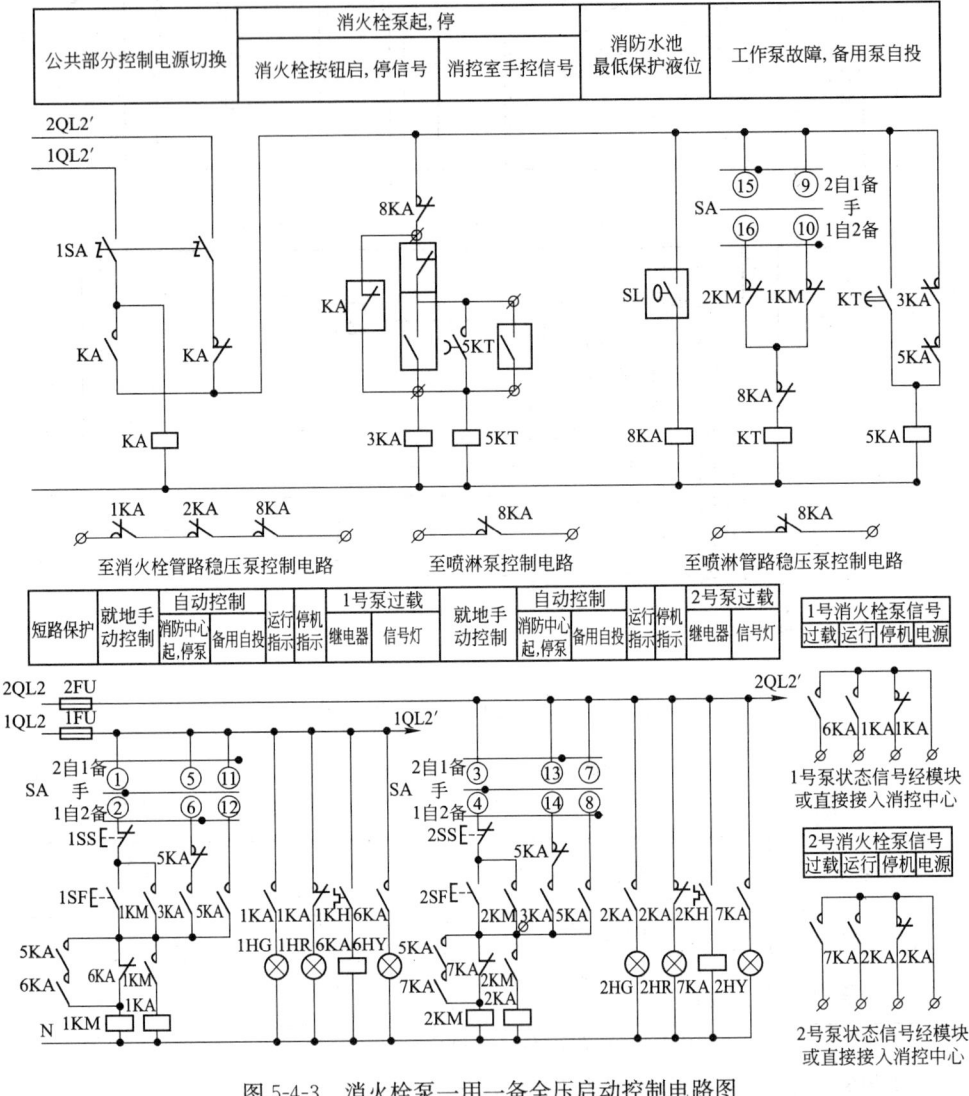

图 5-4-3　消火栓泵一用一备全压启动控制电路图

消火栓消防泵一般情况下为一用一备、两台一备，启动方式主要有消火栓全压启动、降压启动、星三角启动、子耦降压启动等方式。分析内容用表格方式描述，见表 5-4-3。

消火栓泵一用一备电路图分析内容　　　　　表 5-4-3

序号	代号	名称	说明
1	1-2KM	交流接触器	
2	1-2KH	热继电器	
3	1-2TA	电流互感器	
4	1-2PA	电流表	

续表

序号	代号	名称	说明
5	1-3KA 5-7KA 8KA	中间继电器	JDZ1-44,220V JDZ1-62,220V JDZ1-26,220V
6	5KT KT	时间继电器	JS7-3A,220V JS7-1A,220V 0-180S
7	SA	转换开关	LW12-16/4,6044/4T
8	1SA	电源开关	K22-22X2A/K 380V
9	1-2FU	熔断器	RT14-20/6A
10	1-2SS	停止按钮	K22-11P1/R
11	1-2SF	启动按钮	K22-11P1/G
12	1-2HG	运行信号灯	K22-DP/G
13	1-2HR	停止信号灯	K22-DP/R
14	1-2HY	过载信号灯	K22-DP/Y
15	SL	液位计	

	要点分析
1	两台水泵互为备用,工作泵故障备用泵延时投入。现场手动控制,消火栓箱内按钮及消防联动模块自动控制,消防中心应急控制。水源水位低,两台泵均故障报警
2	如稳压泵的水源取自屋顶水箱时候,8KA不需要接入。5KT的延时时间要大于双电源的切换时间

4. 系统图的识读及分析

1) 识读消防自动化系统图的基本方法

(1) 通过识读系统中的主要图形符号或者图例,了解消防系统的组成元件,对于火灾报警控制器、消火栓报警按钮、手动报警按钮以及其他联动子系统的组成设备的类型、规格、数量等信息有大体的认识。

(2) 分析系统结构,识读控制总线和联动报警总线类型,并且从报警控制中心或集中报警控制器开始,根据线路走向识读各个报警分区的设备配置情况。

(3) 通过标注对具体的线缆规格、报警控制器等消防设备数量有所了解,还要对每条总线上连接的设备、模块供电要求有所分析。

(4) 最后要对各消防子系统之间的联动关系有深刻的理解和把握。

2) 分析识读火灾自动报警系统图

火灾自动报警系统图如图5-4-4所示。

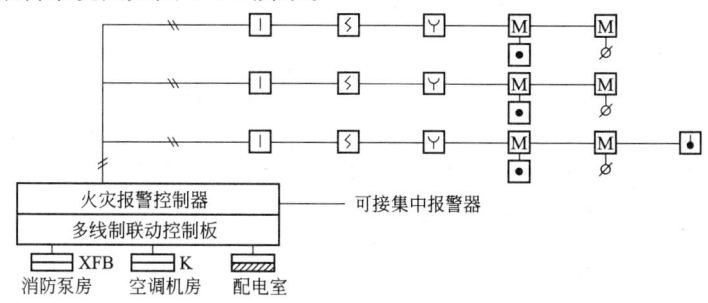

图5-4-4 火灾自动报警系统图

分析内容用表格方式描述，见表 5-4-4。

火灾自动报警系统图分析内容　　　　　表 5-4-4

序号	代　号	名　　称	作　用
1	 ⌂(智能感烟)	智能感烟探测器	
2	 ○	编码消火栓报警按钮	
3	 ↓	智能感温探测器	
4	M	输入模块	
5	 ∣	总线隔离器	
6	⌀70°	70°防火阀	
7	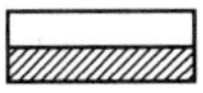 ▨	配电室	
8	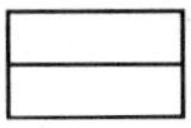 K	空调机房	
9	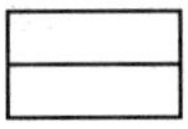 XFB	消防泵房	

	要　点　分　析
1	采用二总线制报警，多线制联动控制方式，适用于小系统/对于多个小型建筑，可实现集中报警功能
2	设备通过控制总线连接到火灾报警控制器，每条支路需要加装总线隔离器，防止线路故障引发短路，有效地起到短路隔离的作用
3	每条支路的感烟探测器、手动报警按钮直接挂接在控制总线上。消火栓报警按钮和防火阀需要加装输入模块与控制总线连接
4	多线制联动控制板主要用于联动消防水泵、喷淋水泵、排烟风机等设备

5. 平面图的识读及分析

1) 识读消防自动化平面图的基本方法

（1）通过识读平面图中的主要图形符号，了解消防系统火灾报警控制器、消火栓报警按钮、手动报警按钮等设备的安装位置和数量。

（2）分析设备的位置结构。由于平面图体现的是电气设备的空间位置、安装方式和相互关系，所以需要重点掌握。

（3）通过标注需要掌握设备具体的安装位置以及如何接线连接。

（4）最后要对各楼层之间的消防子系统的关系有一定的体会和认识。平面图并不是孤立的存在的，需要和系统图、安装图配合使用，才会对消防联动系统有一个整体的体会。

2) 识读消防联动报警平面图的举例

五层酒店火灾自动报警系统位置分布平面图如图 5-4-5 所示。

火灾自动报警系统图如图 5-4-6 所示。

第四节 消防自动化系统工程图的读图识图 | 157

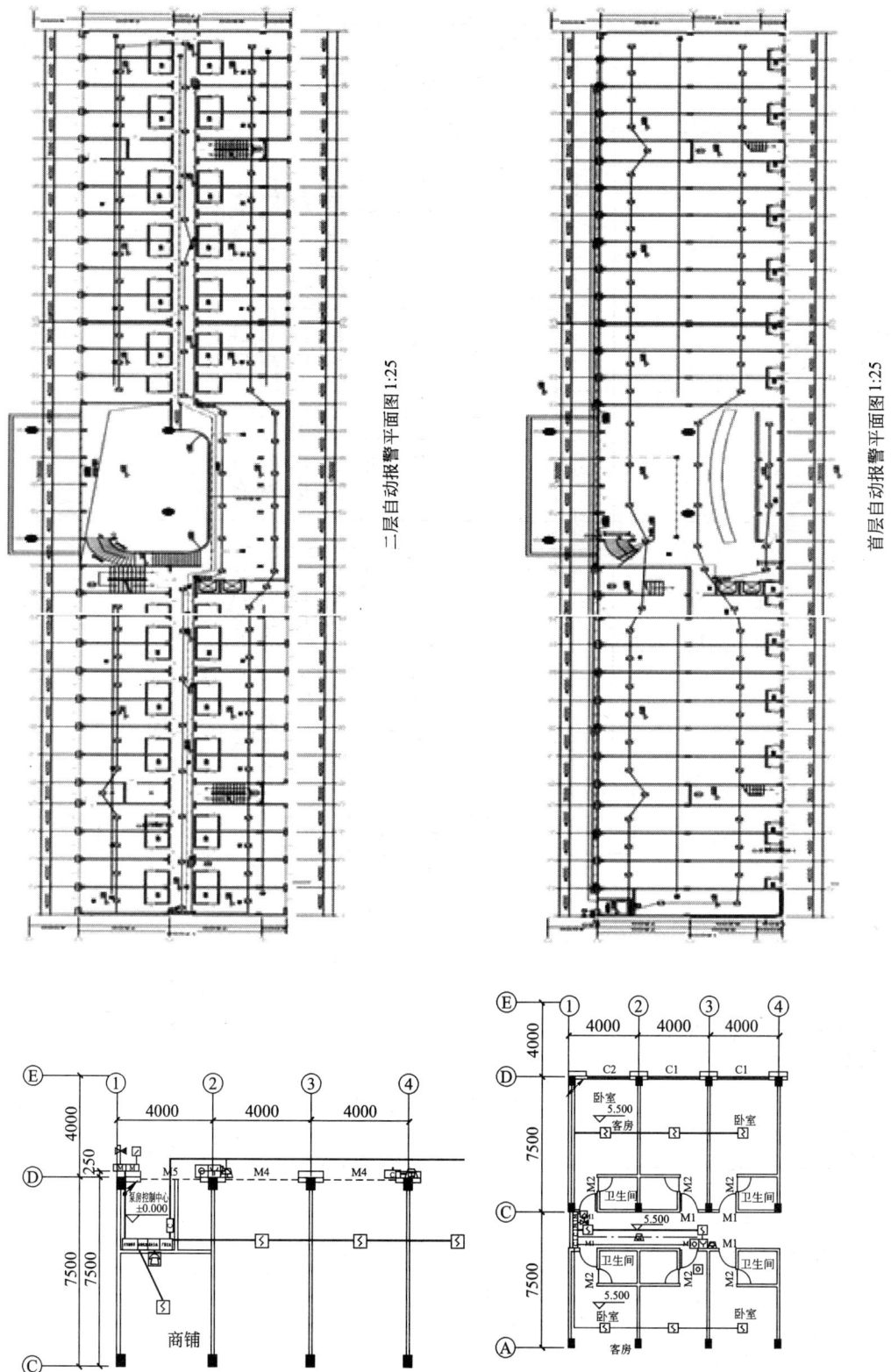

图 5-4-5 五层酒店火灾自动报警系统位置分布平面图

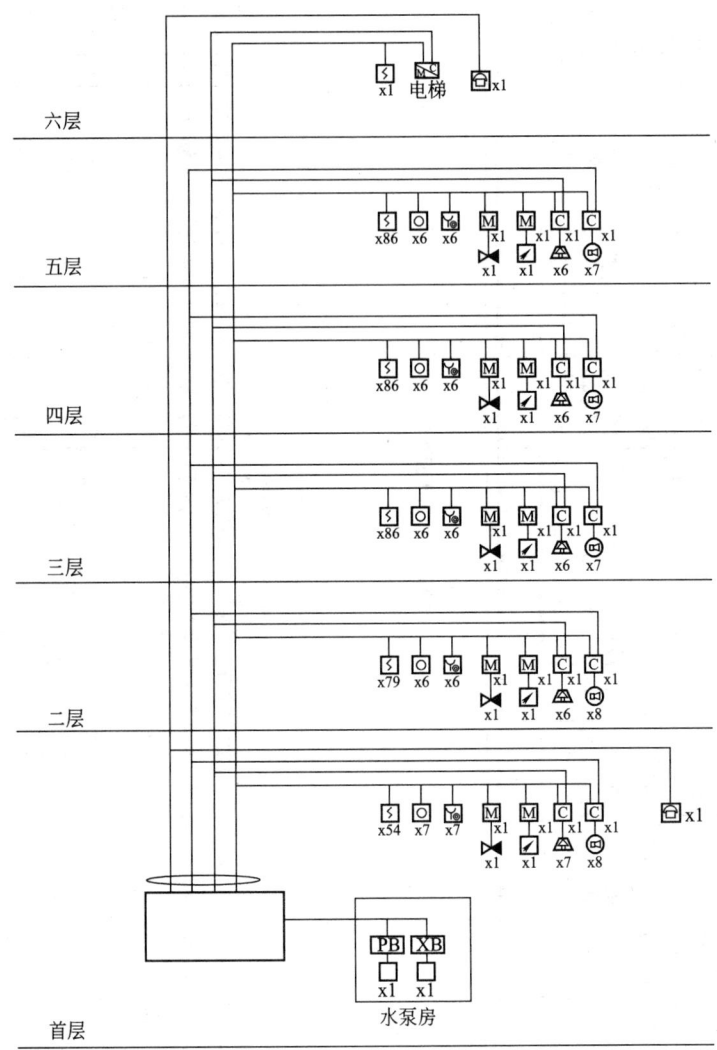

图 5-4-6 火灾自动报警系统图

这里重点分析首层和二层火灾自动报警平面图，其他楼层设备与二层基本一致，分析内容见表 5-4-5 所列。

火灾自动报警平面图分析内容　　　　表 5-4-5

序号	符号	系统组件名称	在系统中的作用
1	S	智能感烟探测器	
2	O	编码消火栓报警按钮	
3	Y	手动报警按钮（含电话插孔）	

续表

序号	符号	系统组件名称	在系统中的作用
4	▷◁	湿式报警阀	
5	↗	水流指示器	
6	⌒	警铃	
7	M C	电梯控制箱	
8	M	输入模块	
9	C	控制模块	

线 制 说 明		
消防电话总线	采用 RVVP-2×1.5mm² 线	RVVP：铜芯聚氯乙烯绝缘屏蔽聚氯乙烯护套软电缆
消防广播线	采用 RVV-2×1.5mm² 线	RVV：聚氯乙烯绝缘软电缆
电源总线	ZR-BV-2×2.5mm² 线	ZR：阻燃；RVS：铜芯聚氯乙烯绝缘双绞软线
信号总线	ZR-RVS-2×1.5mm² 线	ZR：阻燃；BV：铜芯塑料硬线

要 点 分 析	
1	本工程为丙类建筑耐火等级二级。这是一个采用二总线控制方式的火灾自动报警系统，报警与控制合用总线，以树型连接
2	先分析首层平面图。火灾控制中心设在首层，位置在2号轴线和D轴线的相交处附近，主要设备有火灾报警控制器、消防广播主机、消防电话主机和联动电源。分别从控制中心引出五路报警控制线路：其中两路为以树型方式连接的智能感烟探测器，铺设位置覆盖整个一层空间，数量为64个；另一路控制总线以加装控制输出模块的方式控制火警电铃和紧急广播音箱，位置分别位于2号轴线与D轴线相交处、4号轴线与D轴线相交处、8号轴线与D轴线相交处、10号轴线与D轴线相交处等，基本可以满足设计规范的要求。其中，手动报警按钮和消火栓报警按钮也在这路控制总线上，但它们是直接接在总线上，没有加装控制输出模块，不用连接24VDC电源；还有一路通过加装输入模块与湿式报警阀和水流指示器相连接，位置在1号轴线和D轴线相交处；最后一路将控制总线引至上层
3	再分析二层平面图。控制总线通过1号轴线和D轴线相交处将总线引至二层。其中，智能感烟探测器以树型结构直接接在控制总线上，布设范围覆盖整个二层空间，数量为79个。在1号轴线与C轴线相交处，一路总线通过加装输入模块，与水流指示器和湿式报警阀连接；另一路总线通过加装输出控制模块控制火警电铃和紧急广播音箱，该模块需要连接24VDC电源；还有一路用于连接建筑物中部地区的智能感烟探测器、手动报警按钮和消火栓报警按钮，这些设备是直接挂接在控制总线上的
4	平面图主要体现的是电气设备的安装位置、数量和接线关系。由于平面图需要每层逐一绘制，同时有时候还会将复杂的子系统单独绘制出来，阅读时候需要参见系统图以了解它们的结构关系，以辅助理解平面图的相关信息

第六章 综合布线系统识图

第一节 综合布线系统概述

1. 综合布线系统及子系统

1) 综合布线系统

综合布线是一种模块化的、灵活性极高的建筑物内或建筑群之间的信息传输系统。通过它可使话音设备、数据设备、交换设备及各种控制设备与信息管理系统连接起来,同时也使这些设备与外部通信网络实现连接。综合布线系统还包括建筑物外部网络或电信线路的连接点与应用系统设备之间的所有线缆及相关的连接部件。综合布线由不同系列和规格的部件组成,其中包括传输介质、相关连接硬件(如配线架、连接器、插座、插头、适配器)以及电气保护设备等。这些部件可用来构建各种子系统,它们都有各自的具体用途,不仅易于实施,而且能随需求的变化而平稳升级。综合布线系统总的特点是"设备与线路无关",也就是说,在综合布线系统上,设备可以方便地进行更换与添加,具体表现在它的兼容性、开放性、灵活性、可靠性、先进性和经济性等方面。

2) 综合布线系统的特点

综合布线系统可以将语音、数据、电视设备的布线组合在一套标准的布线系统上,并且将各种设备终端插头插入一套标准的插座内,使用起来非常方便。很显然,与传统的独立布线系统相比,综合布线具有以下优点。

(1) 有更大的灵活性、适应性以及兼容性。

综合布线通常采用模块化结构,除能连接语音、数据、电视外,还可用于智能楼宇控制以及诸如消防、保安监控、空调管理,流程控制等;且任一信息端口均可方便连接不同的终端。这样,在大楼设计之初,便可根据楼内各个部分的功能要求,预设一定数量的信息端口,为以后新系统的随时接入提供极便利的条件。

(2) 开放特性。

对于传统布线,一旦选定了某种设备,也选定了布线方式和传输介质,如要更换一种设备,原有布线也将全部更换。这对于已完工的布线工作来说,既极为麻烦,且又增加大量资金。而综合布线系统由于采用开放式体系结构,符合国际标准,对现有著名厂商的品牌均属开放的,当然对通信协议也同样是开放的。

(3) 可靠性高。

综合布线采用高质量的材料和组合压接方式构成一套标准高的信息网络,所有线缆与器件均满足国际标准,保证综合布线的电气性能。综合布线全部使用物理星形拓扑结构,任何一条线路若有故障不影响其他线路,从而提高了可靠性,各系统采用同一传输介质,互为备用，实现了备用冗余。

（4）经济性。

综合布线设计信息点时要求按规划容量，留有适当的发展容量，因此，就整体布线系统而言，按规划设计所做经济分析表明，综合布线比传统的性能价格比高，后期运行维护及管理费会有较大幅度下降。

（5）先进性。

采用传统布线根本满足不了信息网络的宽带化，数据传递和话音传送以及大数据量多媒体信息的传输和处理，而综合布线系统能够充分地满足这种上述技术发展的需求。

目前综合布线技术也在迅速发展，从 6 类线缆到 7 类线缆，一直到光纤光缆，从速率为 10Mbit/s 的标准以太网，到 100Mbit/s 的快速以太网，一直发展到千兆以太网和万兆以太网，布线系统都能满足网络的通信要求。

3）综合布线系统的子系统

综合布线系统由以下六个子系统组成，如图 6-1-1 所示。

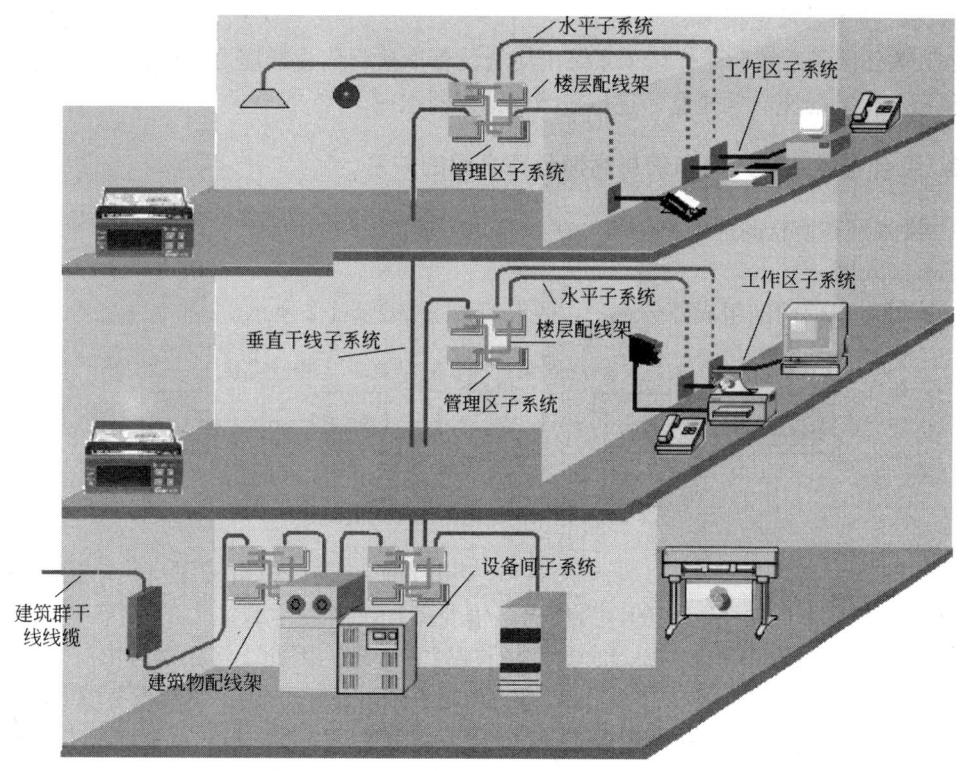

图 6-1-1 综合布线系统的六个子系统

（1）建筑群干线子系统。建筑群干线子系统是指将一个建筑物中的数据通信线缆延伸到建筑群的另一些建筑物中的通信设备和装置上的系统，它由电缆、光缆和入楼处线缆上具有过流保护和过压保护功能的相关硬件组成，这样的连接各建筑物之间的缆线叫建筑群子系统。

（2）设备间子系统。设备间子系统是一个连接系统公共设备，如程控交换机、局域网联网设备如交换机和路由器、建筑自动化和保安系统以及通过垂直干线子系统连接至管理子系统的硬件集合称为设备间子系统。设备间子系统是大楼中数据、语音垂直主干线缆端接的场所；也是建筑群来的线缆进入建筑物端接的场所；更是各种数据语音主机设备及保护设施的安装场所。设备间子系统多设在建筑物中部或在建筑物的一、二层，位置不宜远离电梯。

（3）垂直干线子系统。垂直干线子系统通常是由主设备间（如计算机房、程控交换机房）提供建筑中最重要的铜线或光纤线主干线路，是整个大楼的信息交通枢纽。一般它提供位于不同楼层的设备间和布线框间的多条连接路径，也可连接单层楼的大片地区。

（4）管理区子系统。管理子系统由楼宇各层分设的配线间（交换间）构成，它可用来灵活调整一层中各房间的设备移动及网络拓扑结构的变更。每个配线间的常用设备有双绞线跳线架、光纤跳线架以及必要的网络设备（如光纤、双绞线适配器等）。

（5）水平子系统。水平布线子系统是指从工作区子系统的信息点出发，连接到楼层配线架之间的线缆部分。水平布线子系统分布于楼宇内的各个区域。相对于垂直干线子系统而言，水平布线子系统一般安装得十分隐蔽。在楼宇工程交工后，更换和维护水平线缆的费用很高，技术要求也很高。

（6）工作区子系统。工作区子系统由终端设备连接到信息插座之间的设备组成。该子系统包括：信息插座、插座盒、连接跳线和适配器组成。

2. 综合布线、接入网和信息高速公路之间的关系

1）接入网和信息高速公路

（1）接入网

接入网是电信网的组成部分之一，两者的关系如图 6-1-2 所示。

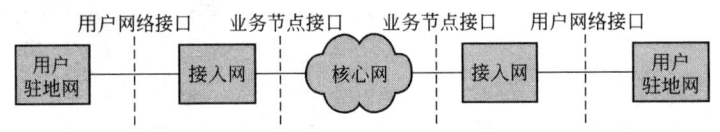

图 6-1-2　接入网是电信网的组成部分

接入网是由业务节点接口（Service Node Interface，SNI）和相关用户网络接口（User Network Interface，UNI）组成的，为传送电信业务提供所需承载能力的系统，经管理 Q 接口（Q-interface at the Local Exchange）进行配置和管理。因此，接入网可由三个接口界定，即网络侧经由 SNI 与业务节点（SN）相连，用户侧由 UNI 与用户终端设备（TE）或用户驻地网（CPN）相连，管理方面则经 Q 接口与电信管理网（Telecommunications Management Network，TMN）相连。接入网的界定如图 6-1-3 所示。

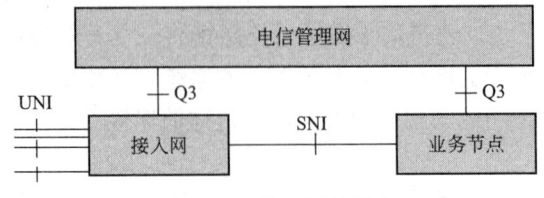

图 6-1-3　接入网的界定

业务节点(SN)是提供业务的实体，可提供规定业务的业务节点有本地交换机、租用线业务节点或特定配置的点播电视和广播电视业务节点等。

接入网与用户间的 UNI 接口能够支持目前网络所能够提供的各种接入类型和业务。

接入网的主要特征详见如下所述。

① 接入网对于所接入的业务提供承载能力，实现业务的透明传送。

② 接入网对于用户信令是透明的，除了一些用户信令格式转换外，信令和业务处理的功能依然在业务节点中。

③ 接入网的引入不应限制现有的各种接入类型和业务，接入网应通过有限的标准化的接口与业务节点相连。

④ 接入网有独立于业务节点的网络管理系统，该系统通过标准化的接口连接 TMN，TMN 实施对接入网的操作、维护和管理。

(2) 光接入网

所谓光接入网(Optical Access Network，OAN)就是采用光纤传输技术的接入网，指本地交换局和用户之间全部或部分采用光纤传输的通信系统。

(3) 信息高速公路

信息高速公路是在 1992 年 2 月美国总统发表的国情咨文中首次被提出的。信息高速公路由以下四个基本要素组成。

① 信息高速通道：一个能覆盖全国的以光纤通信网络为主，辅以微波和卫星通信的数字化大容量，高速率的通信网络。

② 信息资源：把众多的分布在不同地域的信息、数据、图像和多媒体数据信息源连接起来，通过通信网络为用户提供各类资料、影视、书籍、报刊等信息服务。

③ 信息处理与控制：通过通信网络上的高性能计算机和服务器，高性能个人计算机和工作站对信息在输入/输出、传输、存储以及交换过程中进行增值处理和控制。

④ 信息服务对象：为数量极为巨大的用户提供海量的多媒体数据信息资源供其使用，通过这种海量的多媒体数据信息资源的使用，生产巨大的有形财富。

信息高速公路的主要关键技术有：通信网技术；光纤通信网(SDH)及异步转移模式交换技术；接入网技术；数据库和信息处理技术；移动通信及卫星通信，数字微波技术；高性能并行计算机系统和接口技术；图像库和高清晰度电视技术；多媒体技术等。

2) 综合布线、接入网和信息高速公路之间的关系

接入网是指骨干网络到用户终端之间的所有设备。其长度一般为几百米到几公里，用通俗的话讲，就是用户桌面到局端交换机之间的通信网络传输系统，因而被形象地称为"最后一公里"技术。可以说：接入网是信息高速公路上距用户桌面的最后一公里技术。

综合布线是信息高速公路在建筑物内的延伸，是建筑物内部数据、信息通信的传输网络，是信息高速公路到用户桌面的最后一百米段技术，实际上，综合布线系统在一定意义上讲，可以并入接入网部分。

综合布线、接入网和信息高速公路之间的关系如图 6-1-4 所示。

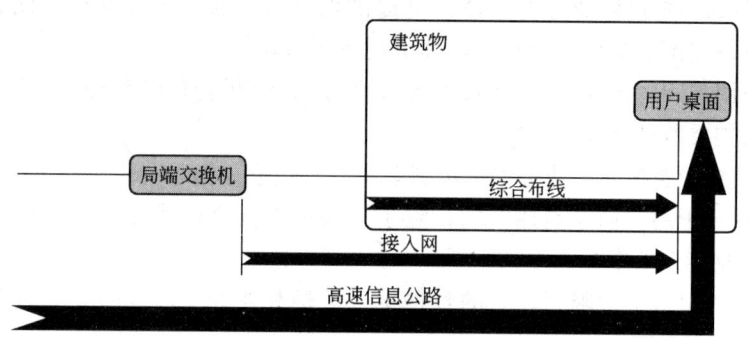

图 6-1-4 综合布线、接入网和信息高速公路之间的关系

第二节 综合布线的术语和符号

1. 综合布线的术语

1) 布线(Cabling)
由支持信息电子设备相连的各种缆线、跳线、接插软线和连接器件组成的系统叫布线。

2) 建筑群子系统(Campus Subsystem)
由配线设备、建筑物之间的干线电缆或光缆、设备缆线、跳线等组成的系统。

3) 电信间(Telecommunications Room)
放置电信设备、电缆和光缆终端配线设备并进行缆线交接的专用空间。

4) 工作区(Work Area)
需要设置终端设备的独立区域。

5) 信道(Channel)
连接两个应用设备的端到端的传输通道。信道包括设备电缆、设备光缆和工作区电缆、工作区光缆。

6) 链路(Link)
一个 CP 链路或是一个永久链路。

7) 永久链路(Permanent Link)
信息点与楼层配线设备之间的传输线路。它不包括工作区缆线和连接楼层配线设备的设备缆线、跳线,但可以包括一个 CP 链路。

8) 集合点(Consolidation Point,CP)
楼层配线设备与工作区信息点之间水平缆线路由中的连接点。

9) CP 链路(CP Link)
楼层配线设备与集合点(CP)之间,包括各端的连接器件在内的永久性的链路。

10) 建筑群配线设备(Campus Distributor)
终接建筑群主干缆线的配线设备。

11) 建筑物配线设备(Building Distributor)

为建筑物主干缆线或建筑群主干缆线终接的配线设备。

12）楼层配线设备（Floor Distributor）

终接水平电缆、水平光缆和其他布线子系统缆线的配线设备。

13）建筑物入口设施（Building Entrance Facility）

提供符合相关规范机械与电气特性的连接器件，使得外部网络电缆和光缆引入建筑物内。

14）连接器件（Connecting Hardware）

用于连接电缆线对和光纤的一个器件或一组器件。

15）光纤适配器（Optical Fiber Connector）

将两对或一对光纤连接器件进行连接的器件。

16）建筑群主干电缆、建筑群主干光缆（Campus Backbone Cable）

用于在建筑群内连接建筑群配线架与建筑物配线架的电缆、光缆。

17）建筑物主干缆线（Building Backbone Cable）

连接建筑物配线设备至楼层配线设备及建筑物内楼层配线设备之间相连接的缆线。建筑物主干缆线可为主干电缆和主干光缆。

18）水平缆线（Horizontal Cable）

楼层配线设备到信息点之间的连接缆线。

19）永久水平缆线（Fixed Horizontal Cable）

楼层配线设备到 CP 的连接缆线，如果链路中不存在 CP 点，为直接连至信息点的连接缆线。

20）信息点（Telecommunications Outlet，TO）

各类电缆或光缆终接的信息插座模块。

21）跳线（Jumper）

不带连接器件或带连接器件的电缆线对与带连接器件的光纤，用于配线设备之间进行连接。

22）光缆（Optical Cable）

由单芯或多芯光纤构成的缆线。

23）电缆、光缆单元（Cable Unit）

型号和类别相同的电缆线对或光纤的组合。电缆线对可有屏蔽物。

24）线对（Pair）

一个平衡传输线路的两个导体，一般指一个对绞线对。

25）平衡电缆（Balanced Cable）

由一个或多个金属导体线对组成的对称电缆。

26）屏蔽平衡电缆（Screened Balanced Cable）

带有总屏蔽和/或每线对均有屏蔽物的平衡电缆。

27）非屏蔽平衡电缆（Unscreened Balanced Cable）

不带有任何屏蔽物的平衡电缆。

28）接插软线（Patch Cable）

一端或两端带有连接器件的软电缆或软光缆。

29) 多用户信息插座(Multi-user Telecommunications Outlet)
在某一地点，若干信息插座模块的组合。
30) 交接(交叉连接)(Cross-connect)
配线设备和信息通信设备之间采用接插软线或跳线上的连接器件相连的一种连接方式。
31) 互连(Interconnect)
不用接插软线或跳线，使用连接器件把一端的电缆、光缆与另一端的电缆、光缆直接相连的一种连接方式。

2. 几个缩略词

BD(Building Distributor)：建筑物配线设备；一般指建筑物配线架或主配线架。
CD(Campus Distributor)：建筑群配线设备；一般指建筑群配线架，建筑群中的配线中心所在处的主配线架。
FD(Floor Distributor)：楼层配线设备，一般指楼层配线架或分配线架。
ISO(International Organization for Standardization)：国际标准化组织。
OF(Optical Fiber)：光纤。
OFC(optical fiber connector)：用户连接器(光纤连接器)。
TE(Terminal Equipment)：终端设备。
建筑群配线架 CD、建筑物配线架 BD 和楼层配线架之间的连接关系如图 6-2-1 所示。

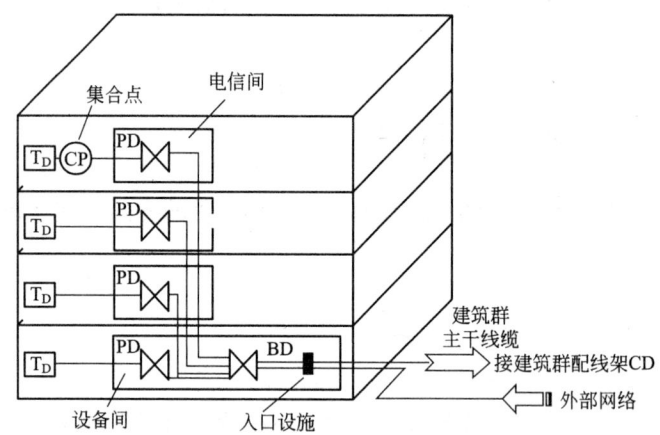

图 6-2-1　建筑群配线架、建筑物配线架和楼层配线架之间的连接关系

第三节　综合布线系统的构成及基本要求

1. 综合布线系统的构成

1) 综合布线系统基本构成
综合布线系6统基本构成如图 6-3-1 所示。
在综合布线系统中，不同的建筑物配线架之间，不同的楼层配线架之间可以设置主

第三节 综合布线系统的构成及基本要求 | 167

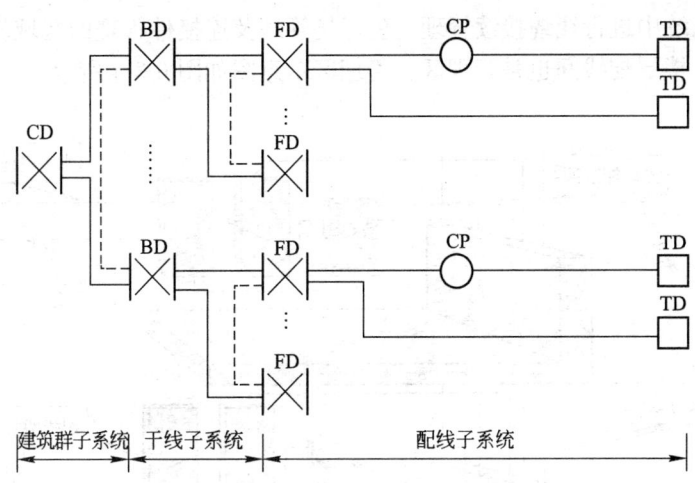

图 6-3-1 综合布线系统基本构成

缆线；楼层配线架 FD 可以经过主干缆线直接连至建筑群配线架 CD，信息插座也可以经过水平缆线直接连至建筑物配线架 BD 上。

使用铜缆布线（双绞线）时，水平缆线最长为 90m，工作区缆跳线和设备缆线最长为 10m。布线系统信道构成如图 6-3-2 所示。

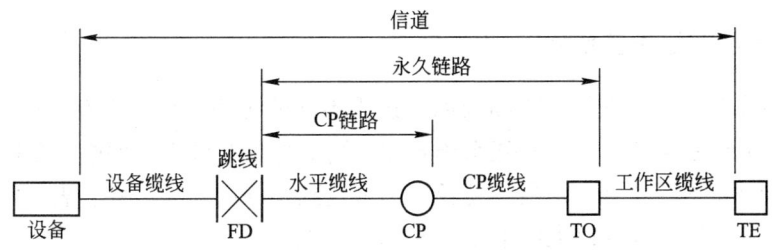

图 6-3-2 布线系统信道构成

如果使用光纤信道，水平光缆和主干光缆至楼层电信间的光纤配线设备应经光纤跳线连接构成，如图 6-3-3 所示。

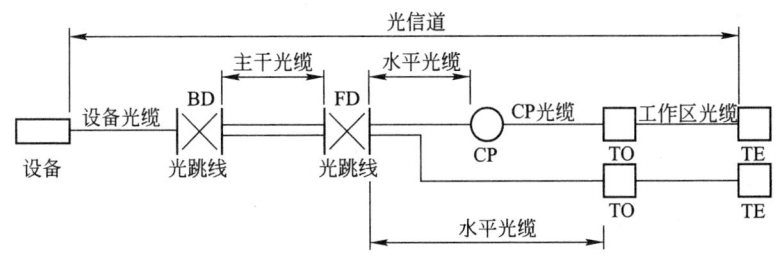

图 6-3-3 光纤信道构成

2）综合布线系统的管理区

综合布线系统中进行线缆接续管理、色标场管理及连接件管理的区域就是管理区。设备间是管理区，楼层配线间也是管理区。管理区示意图如图 6-3-4 所示。

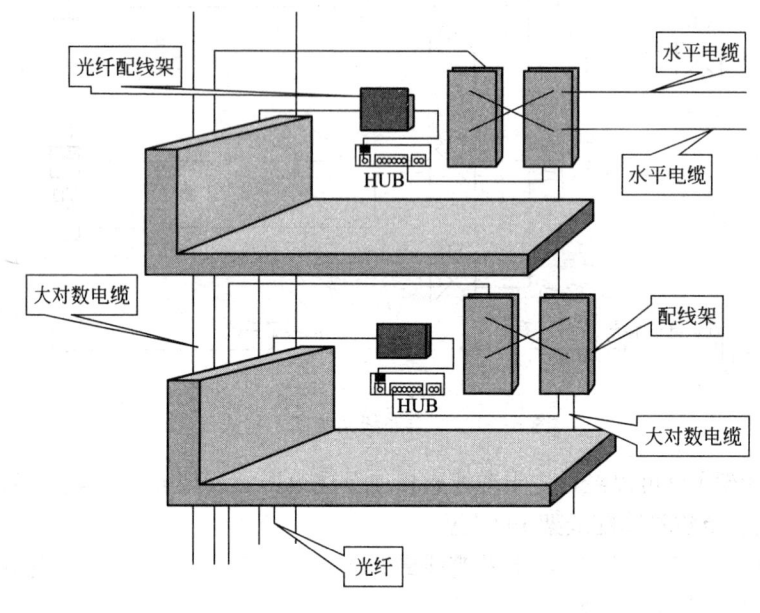

图 6-3-4　管理区示意图

2. 布线系统缆线长度划分

综合布线系统主干缆线及水平缆线如果选用不同的传输介质，则有不同的长度限值。在 IEEE 802.3 an 标准中，综合布线系统 6 类布线系统在 10G 以太网中所支持的长度应不大于 55m，但 6 类和 7 类布线系统支持长度仍可达到 100m。表 6-3-1、表 6-3-2 中分别列出光纤在 100M、1G、10G 以太网中支持的传输距离。

100M、1G 以太网中光纤的应用传输距离　　　　　　表 6-3-1

光纤类型	应用网络	光纤直径/μm	波长/nm	带宽/MHz	应用距离/m
多模	100Base-FX	62.5	850		2000
	1000Base-SX			160	220
	1000Base-LX			200	275
				500	550
	1000Base-SX	50	850	400	500
				500	550
	1000Base-LX		1300	400	550
				500	550
单模	1000Base-LX	<10	1310		5000

10G 以太网中光纤的应用传输距离　　　　　　　　　　　表 6-3-2

光纤类型	应用网络	光纤直径/μm	波长/nm	模式带宽/(MHz·km)	应用范围/m
多模	10GBase-S	62.5	850	160/150	26
				200/500	33
				400/400	66
		50		500/500	82
				2000	300
	10GBaseLX4	62.5	1300	500/500	300
		50		400/400	240
				500/500	300
单模	10GBase-L	小于 10	1310		1000
	10GBase-E		1550		30000～40000
	10GBase-LX4		1300		1000

布线系统各部分缆线长度的关系及要求，参考图 6-3-5 和表 6-3-3。

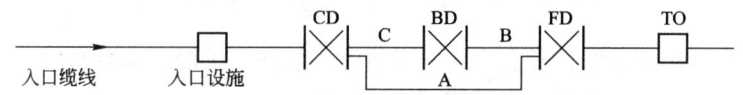

图 6-3-5　布线系统各部分缆线的关系

布线系统各部分电缆长度及要求　　　　　　　　　　　表 6-3-3

缆线类型	各线段长度限值/m		
	A	B	C
100Ω 对绞电缆	800	300	500
62.5m 多模光缆	2000	300	1700
50m 多模光缆	2000	300	1700
单模光缆	3000	300	2700

注意事项：

① 如 B 距离小于最大值时，C 为对绞电缆的距离可相应增加，但 A 的总长度不能大于 800m；

② 表中 100Ω 对绞电缆作为语音的传输介质；

③ 单模光纤的传输距离在主干链路时允许达 60km，但被认可至本规定以外范围的内容；

④ 在总距离中可以包括入口设施至 CD 之间的缆线长度；

⑤ 建筑群与建筑物配线设备所设置的跳线长度不应大于 20m，如超过 20m 时主干长度应相应减少；

⑥ 建筑群与建筑物配线设备连至设备的缆线不应大于 30m，如超过 30m 时主干长度应相应减少。

3. 综合布线的拓扑结构

综合布线系统采用分层的星形拓扑结构。建筑群配线架 CD、建筑物配线架 BD 和楼层配线架 FD 之间的连接关系如图 6-3-6 所示。

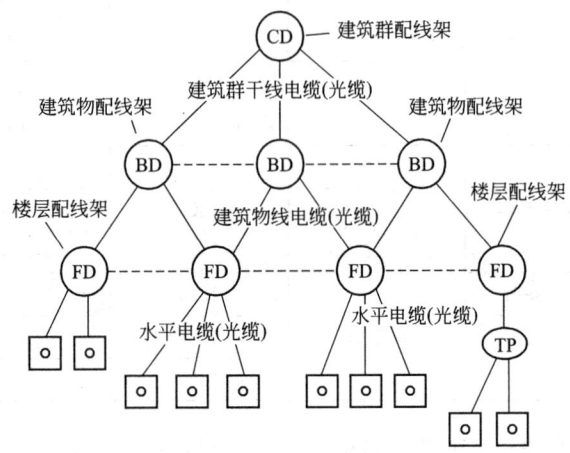

图 6-3-6　综合布线系统采用分层的星形拓扑

采用分层的星形拓扑结构具有很大的灵活性。为进一步提高综合布线的灵活性，还可以在楼层配线架或建筑物配线架之间使用直通电缆。

4. 综合布线系统的设备配置

综合布线系统工程的设备配置主要是指对建筑物配线架、建筑群配线架、楼层配线架、布线子系统、传输介质、信息插座和交换机等进行按照实际工程需求进行配置。建筑物配线架、建筑群配线架是主配线架、楼层配线架配线架是分配线架。

综合布线系统的主干线路连接方式多采用星形拓扑或树形拓扑结构，要求整个布线系统的主干电缆的交接次数一般不应超过两次，即从楼层配线架到建筑群配线架之间，只允许经由建筑物配线架转接，成为 FD-BD-CD 结构。这是采用两级干线系统（建筑物干线子系统和建筑群干线子系统）进行布线的情况。如果仅考虑建筑物配线架与楼层配线架之间的接续，对应有 FD-BD 结构。

FD-BD 结构如图 6-3-7 所示。这是一种标准 FD-BD 结构：楼宇设备间放置建筑物配线架 BD，楼层配线间放置楼层配线架 FD。

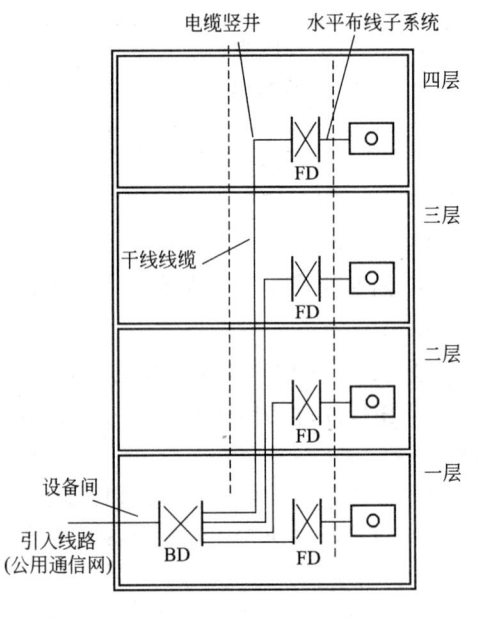

图 6-3-7　FD-BD 结构

FD-BD 结构有不同的表现方式，如图 6-3-8 所示。楼宇没有楼层配线间，楼层配线架 FD 和建筑物配线架 BD 全部设置在大楼设备间。

有以下两种情况：

① 小型建筑物中信息点少且信息插座至建筑物配线架 BD 之间的电缆的最大长度不超过 90m，没有必要为每个楼层设置一个楼层配线架；

② 当建筑物不大但信息点很多，信息插座至建筑物配线架 BD 之间电缆的最大长度不超过 90m 时，为便于维护管理和减少对空间占用的目的采用这种结构。

当楼宇的楼层面积不大，用户信息点数量不多时，为了简化网络结构和减少接续设备，可以采取每相邻几个楼层共用一个楼层配线架（FD），由中间楼层的 FD 分别与相邻楼层的信息插座相连的连接方法。但是要满足 TO 至 FD 之间的水平缆线的最大长度不应超过 90m 的标准传输通道限制。这种情况下的 FD-BD 结构如图 6-3-9 所示。

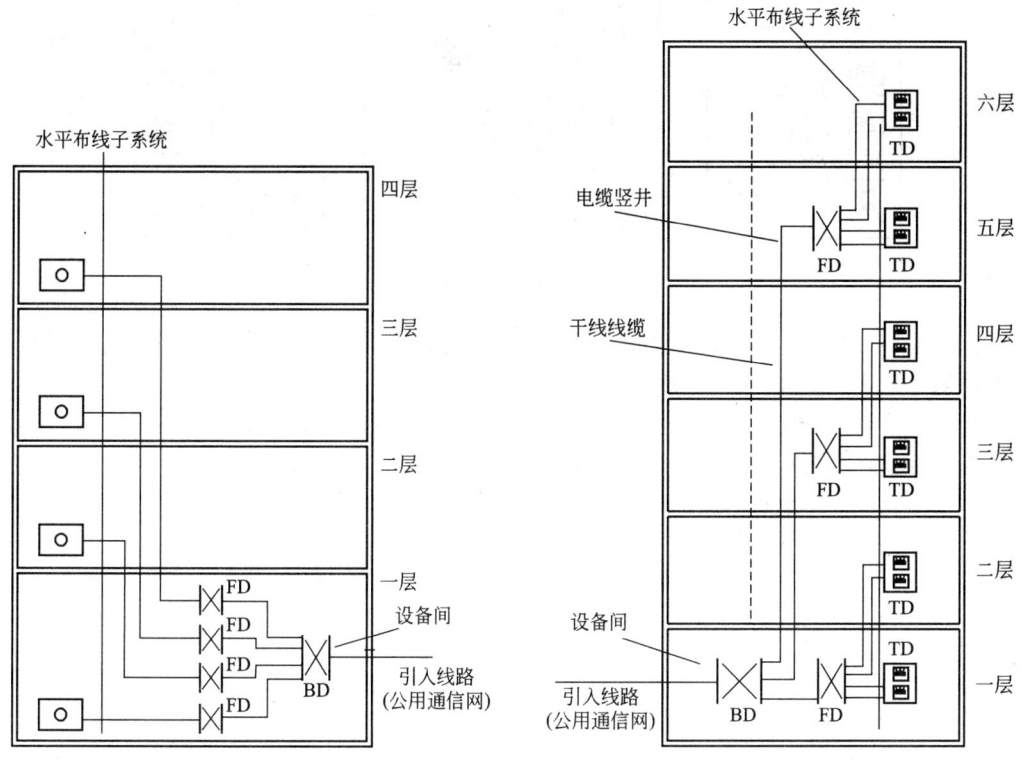

图 6-3-8　FD-BD 结构有不同的表现方式　　图 6-3-9　FD-BD 共用楼层配线间的结构

当楼宇主楼带辅楼，且楼层面积较大、信息点较多时，可将整幢楼宇进行分区，各个分区均可以认为是楼宇群中的一个楼宇，在楼宇的中心位置设置建筑群配线架，在各个分区适当地设置建筑物配线，这样的结构也叫做建筑群 FD-BD-CD 结构，如图 6-3-10 所示。

5. 垂直干线系统和水平子系统的几种情况

垂直干线系统由设备间的配线设备、跳线以及设备间到各楼层配线间的线缆组成。由于不同的应用环境中，垂直干线系统的配置有不同的形式，如单垂直干线系统、多垂直干线系统和水平式干线系统等。

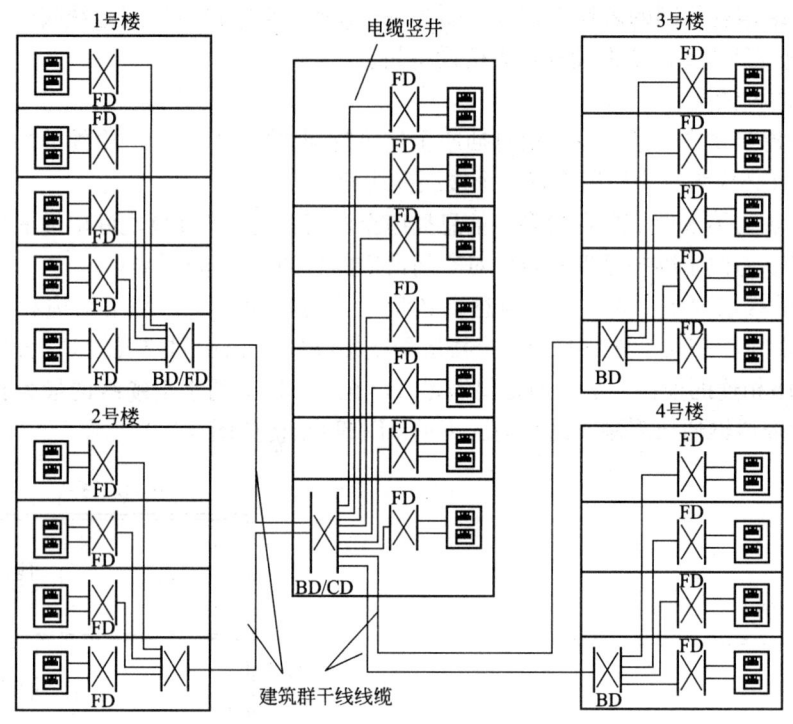

图 6-3-10　建筑群 FD-BD-CD 结构

单垂直干线系统是指，每一楼层设置一个分线箱（跳线架），每层的水平方向配线经由垂直干线线缆接至建筑物配线架。如图 6-3-11 所示。

在建筑楼层面积较大时，每个楼层可设置几个配线间，并通过垂直干线线缆接续，这种情况叫多垂直干线系统，如图 6-3-12 所示。

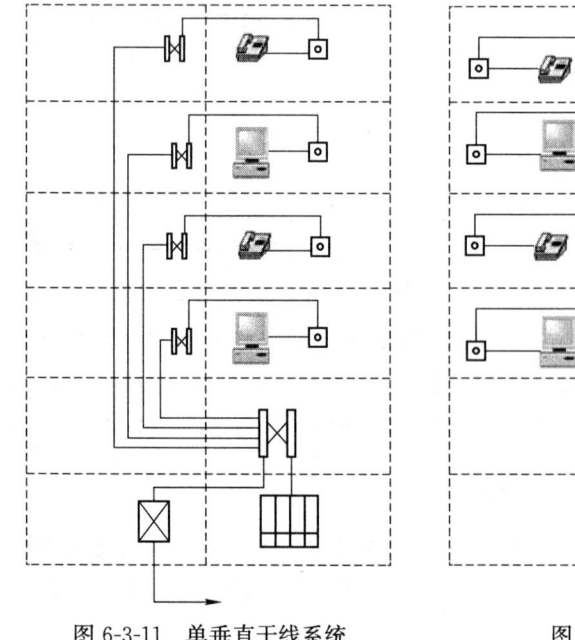

图 6-3-11　单垂直干线系统

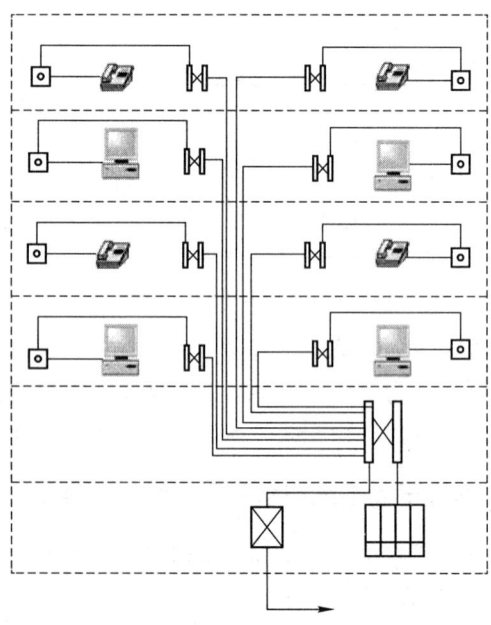

图 6-3-12　多垂直干线系统

在楼层面积较大时,还要设置二级交接间,来满足布线的需求,如图 6-3-13。

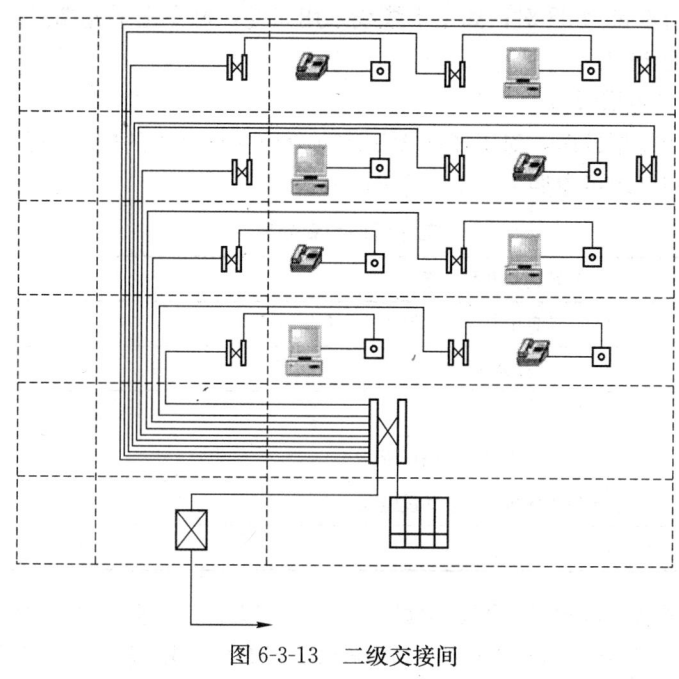

图 6-3-13 二级交接间

第四节 系 统 配 置 设 计

综合布线系统在进行系统配置设计时,必须充分考虑用户近期与远期的实际需求与发展,尽量避免布线系统投入正常使用以后,较短的时间又要进行扩建与改建,造成资源的浪费。一般来说,布线系统的水平配线应以远期需要为主,垂直干线应以近期实用为主。

1. 数据主干缆线的配置和工作区信息点数设置

1) 最少量配置和最大量配置

进行数据主干缆线的配置时,应该考虑最少量配置和最大量配置的情况。下面以具体配置示例来说明什么是最少量配置和最大量配置。

(1) 最少量配置

设定楼层某区域的数据点有 100 个,在使用集线器或交换机组织局域网时,每个集线器或交换机的端口数设定为 24 个,100 个数据信息点需设置 5 个集线器或交换机;以每 4 个集线器或交换机为一群(96 个端口),组成了 2 个集线器或交换机群;现以每个集线器或交换机群设置 1 个主干端口,并考虑 1 个备份端口,则 2 个集线器或交换机群需设 4 个主干端口。如主干缆线采用对绞电缆,每个主干端口需设 4 对线,则线对的总需求量为 16 对;如主干缆线采用光缆,每个主干光端口按 2 芯光纤考虑,则光纤的需求量为 8 芯。

(2) 最大量配置

以每个集线器或交换机为 24 端口计,100 个数据信息点需设置 5 个集线器或交换机;以每 1 个集线器或交换机(24 个端口)设置 1 个主干端口,每 4 个集线器或交换机考虑 1 个备份端口,共需设置 7 个主干端口。如主干缆线采用对绞电缆,以每个主干电端口需要 4 对线,则线对的需求量为 28 对;如主干缆线采用光缆,每个主干光端口按 2 芯光纤考虑,则光纤的需求量为 14 芯。

2) 工作区信息点数设置

建筑物的功能类型较多,对工作区面积的划分应根据具体的应用场合做具体的分析后确定,工作区面积需求可参照表 6-4-1 所示内容。

工作区面积划分表　　　　　　　　　　　　　　　表 6-4-1

建筑物类型及功能	工作区面积/m²
网管中心、呼叫中心、信息中心等终端设备较为密集的场地	3~5
办公区	5~10
会议、会展	10~60
商场、生产机房、娱乐场所	20~60
体育场馆、候机室、公共设施区	20~100
工业生产区	60~200

每一个工作区信息点数量的配置数量调整空间较大,从实际工程情况出发每个工作区从设置 1 个信息点到 10 个信息点的配置情况都有,有些应用场合还预留了电缆和光缆备份的信息插座模块。

每个工作区信息点数量可按用户的性质、网络构成和需求来确定。表 6-4-2 做了一些分类,仅提供给设计者参考。

信息点数量配置　　　　　　　　　　　　　　　表 6-4-2

建筑物功能区	信息点数量(每一工作区)			备　　注
	电话	数据	光纤(双工端口)	
办公区(一般)	1 个	1 个		
办公区(重要)	1 个	2 个	1 个	对数据信息有较大的需求
出租或大客户区域	2 个或 2 个以上	2 个或 2 个以上	1 或 1 个以上	指整个区域的配置量
办公区	2~5 个	2~5 个	1 或 1 个以上	涉及内、外网络时

2. 关于布线线缆和标识符

1) 光纤信道

综合布线系统光纤信道应采用标称波长为 850nm 和 1300nm 的多模光纤及标称波长为 1310nm 和 1550nm 的单模光纤。

单模和多模光缆的选用应符合网络的构成方式、业务的互通互连方式及光纤在网络中的应用传输距离。楼内宜采用多模光缆,建筑物之间宜采用多模或单模光缆,需直接与电信业务经营者相连时宜采用单模光缆。

2) 电话语音传输的物理信道

应用于电话语音系统传输时,宜选用双芯对绞电缆。

3) 配线架的模块和连接器件

楼层配线架 FD、BD 建筑物配线架、和建筑群配线架 CD 等配线设备应采用 8 位模块通用插座或卡接式配线模块(多对、25 对及回线型卡接模块)和光纤连接器件及光纤适配器(单工或双工的 ST、SC 或 SFF 光纤连接器件及适配器)。

4) 屏蔽布线系统

综合布线区域内存在的电磁干扰场强高于 3V/m 时, 宜采用屏蔽布线系统进行防护; 用户对电磁兼容性有较高的要求(电磁干扰和防信息泄漏)时, 或网络安全保密的需要, 宜采用屏蔽布线系统; 采用非屏蔽布线系统无法满足安装现场条件对缆线的间距要求时, 宜采用屏蔽布线系统。

屏蔽布线系统采用的电缆、连接器件、跳线、设备电缆都应是屏蔽的, 并应保持屏蔽层的连续性。

5) 标识符

综合布线的每一条电缆、每一条光缆、配线设备、端接点、接地装置、敷设管线等组成部分均应给定唯一的标识符, 并设置标签。标识符应采用相同数量的字母和数字等标明; 电缆和光缆的两端均应标注相同的标识符。

第五节 电气防护、接地和安装

1. 电气防护及接地

综合布线电缆与附近可能产生高电平电磁干扰的电动机、电力变压器、射频应用设备等电器设备之间应保持必要的间距。

1) 综合布线与电力电缆的间距

综合布线与电力电缆的间距必须符合表 6-5-1 的规定。

综合布线与电力电缆的间距　　　　　表 6-5-1

类型	与综合布线接近状况	最小间距/mm
380V 电力电缆小于 2kV·A	与缆线平行敷设	130
	有一方在接地的金属线槽或钢管中	70
	双方都在接地的金属线槽或钢管中	10①
380V 电力电缆介于 2~5kV·A 之间	与缆线平行敷设	300
	有一方在接地的金属线槽或钢管中	150
	双方都在接地的金属线槽或钢管中	80
380V 电力电缆大于 5kV·A	与缆线平行敷设	600
	有一方在接地的金属线槽或钢管中	300
	双方都在接地的金属线槽或钢管中	150

注: 当 380V 电力电缆小于 2kV·A, 和综合布线线缆都在接地的两个不同的线槽中, 且平行长度不大于 10m 时, 最小间距可为 10mm; 如果 80V 电力电缆和布线缆线在同一线槽中必须用金属隔离件隔开。

2) 综合布线缆线与电气设备的距离要求

综合布线系统缆线与配电箱、变电室、电梯机房、空调机房之间的最小净距宜符合表 6-5-2 的规定。

综合布线缆线与电气设备的最小净距　　　表 6-5-2

名称	最小净距/m	名称	最小净距/m
配电箱	1	电梯机房	2
变电室	2	空调机房	2

3) 墙上敷设的综合布线缆线与其他管线的间距要求

墙上敷设的综合布线缆线及管线与其他管线的间距应符合表 6-5-3 的规定。

综合布线缆线及管线与其他管线的间距　　　表 6-5-3

其他管线	平行净距/mm	垂直交叉净距/mm
避雷引下线	1000	300
保护地线	50	20
给水管	150	20
压缩空气管	150	20
热力管（不包封）	500	500
热力管（包封）	300	300
煤气管	300	20

4) 屏蔽、接地与电气保护

综合布线系统应根据环境条件选用相应的缆线和配线设备，并应符合下列规定。

(1) 当综合布线区域内存在的电磁干扰场强低于 3V/m 时，宜采用非屏蔽电缆和非屏蔽配线设备。

(2) 当综合布线区域内存在的电磁干扰场强高于 3V/m 时，或用户对电磁兼容性有较高要求时，可采用屏蔽布线系统和光缆布线系统。

(3) 当综合布线路由上存在干扰源，且不能满足最小净距要求时，宜采用金属管线进行屏蔽，或采用屏蔽布线系统及光缆布线系统。

(4) 在电信间、设备间及进线间应设置楼层或局部等电位接地端子板。

(5) 综合布线系统应采用共用接地的接地系统，如单独设置接地体时，接地电阻不应大于 4Ω。如布线系统的接地系统中存在两个不同的接地体时，其接地电位差不应大于 $1V_{rms}$。

(6) 楼层安装的各个配线柜（架、箱）应采用适当截面的绝缘铜导线单独布线至就近的等电位接地装置，也可采用竖井内等电位接地铜线引到建筑物共用接地装置，铜导线的截面应符合设计要求。

(7) 缆线在雷电防护区交界处，屏蔽电缆屏蔽层的两端应做等电位连接并接地。

(8) 综合布线的电缆采用金属线槽或钢管敷设时，线槽或钢管应保持连续的电气连接，并应有不少于两点的良好接地。

(9) 当缆线从建筑物外面进入建筑物时，电缆和光缆的金属护套或金属件应在入口处就近与等电位接地端子板连接。

(10) 当电缆从建筑物外面进入建筑物时,应选用适配的信号线路浪涌保护器,信号线路浪涌保护器应符合设计要求。

5) 计算机房的接地系统

接地系统直接影响机房通信设备的通信质量和机房电源系统的正常运行,对机房工作人员的人身安全和机房内的许多弱电系统和设备起到保护作用。

(1) 接地的种类

接地的种类包括工作接地、保护接地、重复接地、静电接地、直流工作接地和防雷接地等。

① 工作接地:利用大地作为工作回路的一条导线。

② 保护接地:利用大地建立统一的参考电位或起屏蔽作用,以使电路工作稳定、质量良好,良好的保护接地对保证设备和工作人员的安全是非常重要的。

③ 重复接地:将零线上的多点与大地多次作金属性连接。

④ 静电接地:设备移动或物体在管道中移动,因摩擦产生静电,它聚集在管道、容器和储藏或加工设备上,形成很高的电位,对人身安全及对设备和建筑物都有危害。

⑤ 直流工作接地(也称逻辑接地、信号接地):计算机系统及许多微电子信息设备,大部分采用 CMOS 集成模块芯片,工作于较低的直流电压下,为使同一系统的计算机系统、微电子设备的工作电路具有同一"电位"参考点,将所有设备的"零"电位点接于同一接地装置,它可以稳定电路的电位,防止外来的干扰,这被称为直流工作接地。

⑥ 防雷接地:为使雷电浪涌电流泻入大地,使被保护物免遭直击雷或感应雷等浪涌过电压、过电流的危害,所有建筑物、电气设备、线路、网络等不带电金属部分、金属护套、避雷器及一切水、气管道等均应与防雷接地装置做金属性连接。

(2) 接地电阻要求

接地系统是由接地体、接地引入线、地线盘或接地汇接排和接地配线组成。接地系统的电阻主要由接地体附近的土壤电阻所决定。如果土壤电阻率较高,无法达到接地电阻小于 4Ω 的要求,就必须采用人工降低接地电阻的方法。

在采用分散接地方式时,接地电阻要求如下:

工作接地电阻不大于 2Ω;

保护接地电阻不大于 4Ω;

防雷接地电阻不大于 10Ω。

2. 安装要求

1) 电信间的面积预测

一般情况下,综合布线系统的配线设备和计算机网络设备采用 19inch 标准机柜安装。机柜尺寸通常为 600mm(宽)×900mm(深)×2000mm(高),共有 42U 的安装空间。机柜内可安装光纤连接盘、RJ45(24 口)配线模块、多线对卡接模块(100 对)、理线架、集线器和交换机设备等。如果按建筑物每层电话和数据信息点各为 200 个考虑配置上述设备,大约需要有 2 个 19inch(42U)的机柜空间,以此测算电信间面积至少应为 5m^2(2.5m×

2.0m)。对于涉及布线系统设置内、外网或专用网时，19inch 机柜应分别设置，并在保持一定间距的情况下预测电信间的面积。

2) 设备间

设备间是大楼的电话交换机设备和计算机网络设备，以及安装建筑物配线架 BD 的地点，也是进行网络管理的场所。如果一个设备间以 10m² 计，大约能安装 5 个 19inch 的机柜。在机柜中安装电话大对数电缆多对卡接式模块，数据主干缆线配线设备模块，大约能支持总量为 6000 个信息点所需（其中电话和数据信息点各占 50%）的建筑物配线设备安装空间。

3) 进线间

一般地，一个建筑物宜设置 1 个进线间，一般位于地下层，外线宜从两个不同的路由引入进线间，有利于与外部管道沟通。进线间与建筑物红外线范围内的人孔或手孔采用管道或通道的方式互连。

4) 屏蔽布线系统的接地

对于屏蔽布线系统的接地做法，一般在配线设备（FD、BD、CD）的安装机柜（机架）内设有接地端子，接地端子与屏蔽模块的屏蔽罩相连通，机柜（机架）接地端子则经过接地导体连至大楼等电位接地体。为了保证全程屏蔽效果，终端设备的屏蔽金属罩可通过相应的方式与 TN—S 系统的 PE 线接地。

5) 信息插座

安装在墙面或柱子上的底盒、多用户信息插座盒及集合点配线箱体的底部离地面的高度宜为 300mm。

6) 交流电源插座

每 1 个工作区至少应配置 1 个 220V 交流电源插座。工作区的电源插座应选用带保护接地的单相电源插座，保护接地与零线应严格分开。

7) 电信间

电信间的数量应按所服务的楼层范围及工作区面积来确定。如果该层信息点数量不大于 400 个，水平缆线长度在 90m 范围以内，宜设置一个电信间；当超出这一范围时宜设两个或多个电信间；每层的信息点数量数较少，且水平缆线长度不大于 90m 的情况下，宜几个楼层合设一个电信间。电信间应与强电间分开设置，电信间内或其紧邻处应设置缆线竖井。

每幢建筑物内应至少设置 1 个设备间，如果电话交换机与计算机网络设备分别安装在不同的场地或根据安全需要，也可设置 2 个或 2 个以上设备间，以满足不同业务的设备安装需要。设备间宜尽可能靠近建筑物线缆竖井位置，有利于主干缆线的引入。

8) 弱电竖井

垂直干线线缆从弱电竖井敷设。也可采用电缆孔、管槽的方式，电缆竖井的位置应上、下对齐。

9) 建筑群线缆

建筑群之间的缆线宜采用地下管道或电缆沟敷设方式，并应符合相关规范的规定。

第六节　部分综合布线的组件

1. 配线架、信息插座和传输介质

1）配线架

配线架外观如图 6-6-1 所示。

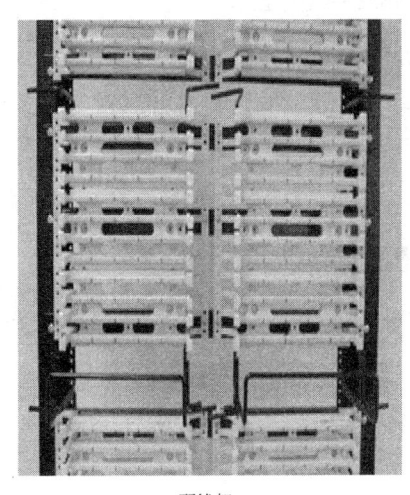

配线架　　　　　　　　　配线架

图 6-6-1　配线架外观

2）信息插座

信息插座的外观如图 6-6-2 所示。

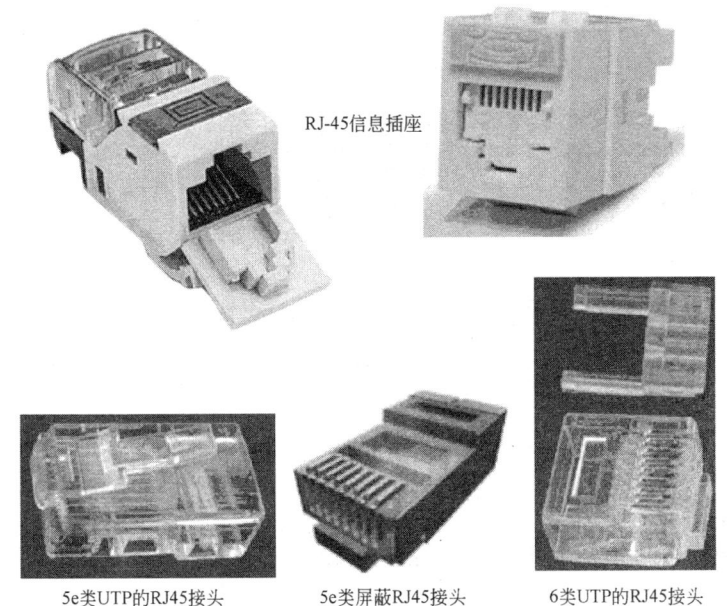

5e类UTP的RJ45接头　　5e类屏蔽RJ45接头　　6类UTP的RJ45接头

图 6-6-2　部分信息插座和模块

大开间、大进深办公间地插式信息插座如图 6-6-3 所示。

大开间、大进深办公间地插式信息插座

图 6-6-3　大开间、大进深办公间地插式信息插座

3）对绞电缆、同轴电缆和光纤

综合布线系统中的部分传输介质如图 6-6-4 所示。

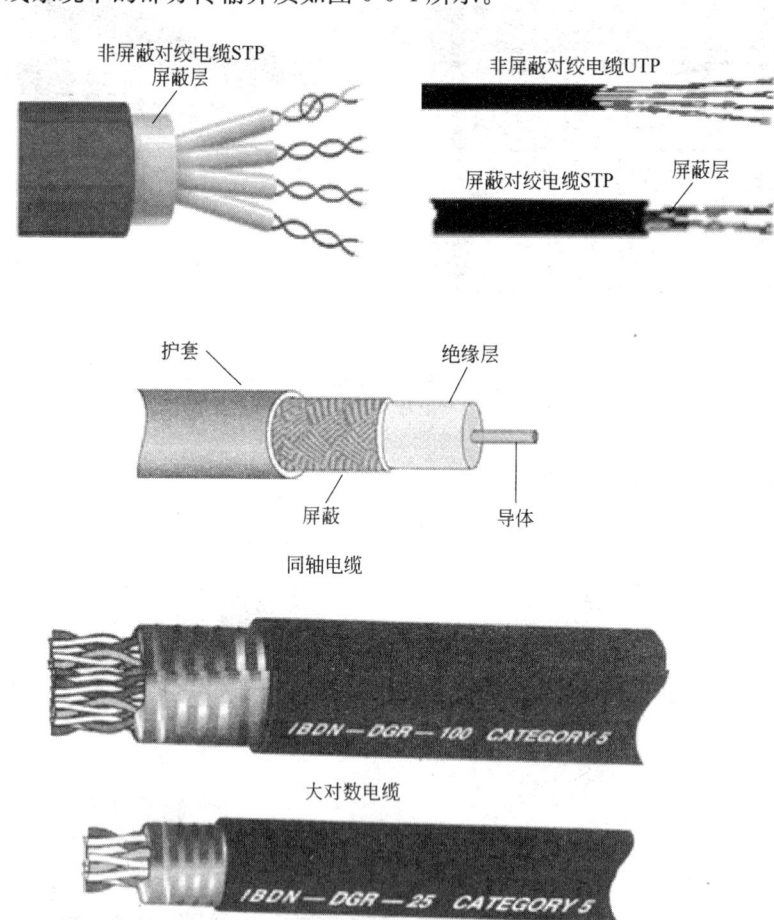

图 6-6-4　综合布线系统中的部分传输介质

4）桥架

用于线缆敷设的桥架如图 6-6-5 所示。

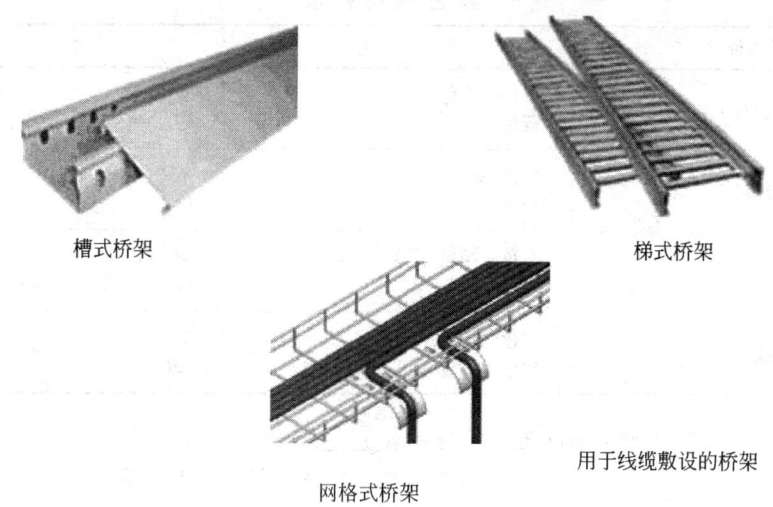

图 6-6-5　用于线缆敷设的桥架

2. T568B 标准与 T568A 标准

1）T568 标准信息插座 8 针引线线对排序

T568 标准信息插座 8 针引线线对安排如图 6-6-6 所示。

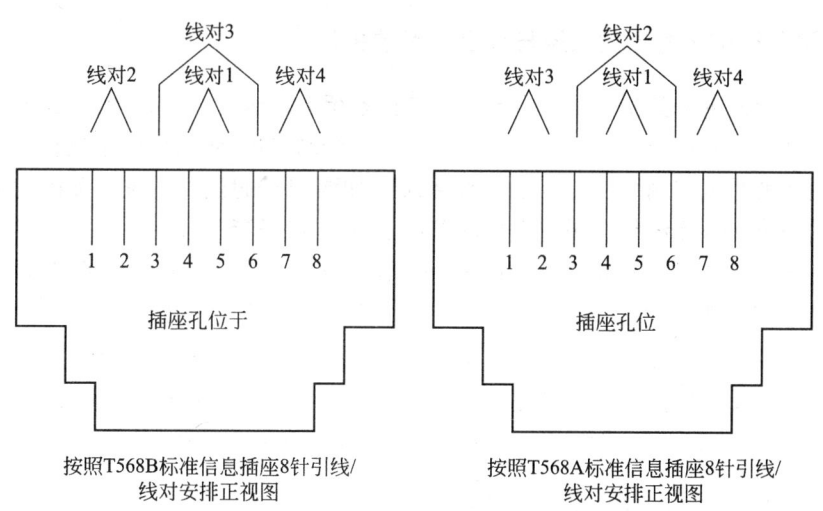

图 6-6-6　T568 标准信息插座 8 针引线线对安排

2）对绞电缆的 8 芯线颜色编码标准

对绞电缆的 8 芯线颜色编码标准如表 6-6-1 所示。

3）对绞电缆的 8 芯线按不同标准的排序

对绞电缆的 8 芯线按 T568A 或 B 标准的排序如图 6-6-7 所示。

颜色编码标准　　　　　　　　　　　表 6-6-1

导线种类	颜　色	缩　写
线对 1	白色—蓝色 蓝色	W—BL BL
线对 2	白色—橙色 橙色	W—O O
线对 3	白色—绿色 绿色	W—G G
线对 4	白色—棕色 棕色	W—BR BR

T568B：橙白/橙　　　　绿白/蓝　　　　蓝白/绿　　　　棕白/棕

T568A：绿白/绿　　　　橙白/蓝　　　　蓝白/橙　　　　棕白/棕

图 6-6-7　T568A 和 T568B 标准的排序

第七节　综合布线和楼宇自控系统的关系

楼宇自控系统在结构体系上有两大类：一类是使用层级通信网络结构的楼控系统；还有一大类是管理域网络和控制域网络使用通透以太网的楼控系统。

1. 使用层级结构的楼控系统与综合布线的关系

这里首先分析第一类楼控系统。第一类楼控系统的结构有一个特征：控制网络和管理层的中央管理工作站不能直接通信，必须要通过一个网络控制器（也叫全局控制器）交换数据，这种网络就是具有网络控制器的楼控系统，如西门子的顶峰系统、美国的艾顿系统、江森公司的 Matasys 系统等、霍尼韦尔的 Excel5000 等楼控系统。

第一类楼控系统以楼宇内的综合布线为通信和控制主干，管理层通过综合布线网络和以太网相接，遵从 TCP/IP、BACnet/IP 兼容协议，所有的工作站、文档服务器和网络控制器都在这一网络上，无任何级别。网络控制器可以通过 RS485、MS/TP 总线、Lonworks 等控制总线连接各类独立的直接数字控制器。这类楼控系统与综合布线的连接关系例如图 6-7-1 所示，即管理层可以直接接入楼宇的综合布线系统中。

2. 使用通透以太网的楼控系统与综合布线的关系

具有管理网和控制网使用通透以太网的楼控系统有着非常好的发展前景。一个工业以太网楼宇控制系统结构如图 6-7-2 所示。该系统将智能建筑各子系统集成到以太网上。电梯系统、火灾报警等传统设备，带有 RS-232 或 RS-485 接口，分别可通过专用网关模块集成到以太网上，而 IP 电话及口摄像机也接集成到以太网上；除此之外还接供 GSM/GRPS 无线网关接口。

该系统实现了信息网络与控制网络的统一。所有设备通过参量集成模块或接口直接集成到以太网上，参量控制模块是一个网络服务器，内嵌 WEB 服务器。

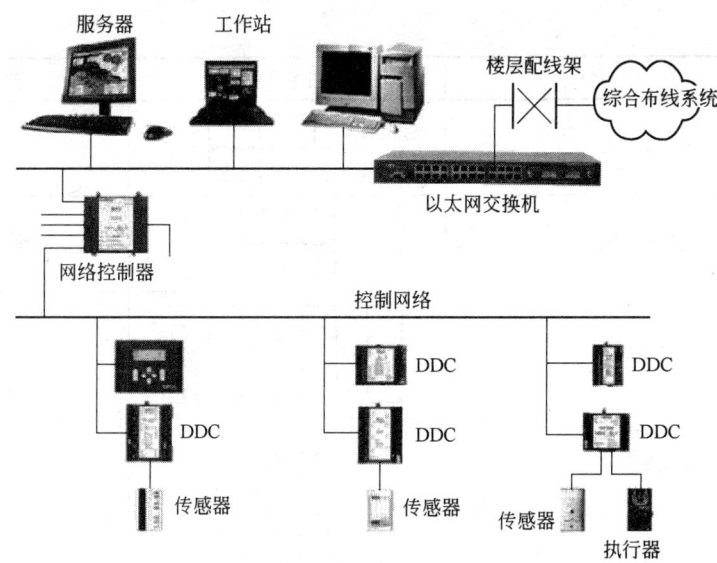

图 6-7-1　层级结构的楼控系统与综合布线的连接关系

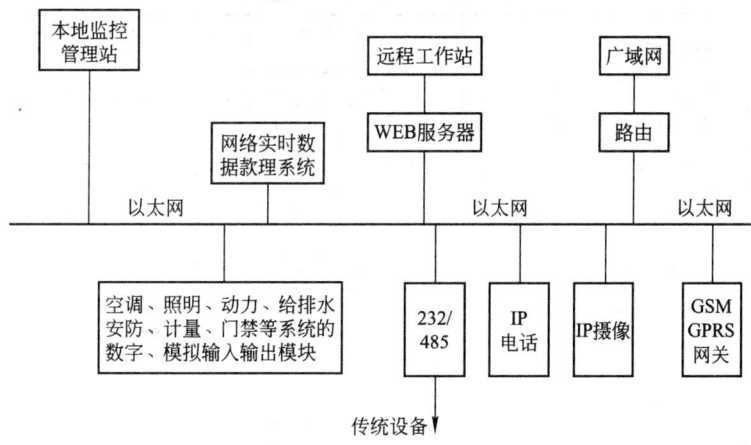

图 6-7-2　工业以太网楼宇控制系统结构

由于以太网的基础设施就是综合布线系统,所以管理网和控制网使用通透以太网的楼控系统可以直接挂接到综合布线系统中。

第八节　综合布线系统工程中的常用图形符号

综合布线系统工程中的常用图形符号如表 6-8-1 所列。

综合布线系统工程中的常用图形符号　　　　　表 6-8-1

序号	名称	图像符号	备注
1	总配线架		总配线架(MDF)

续表

序号	名称	图像符号	备注
2	中间配线架	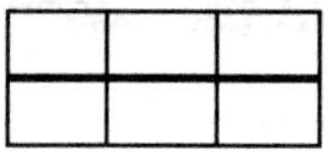	
3	配线箱(柜)	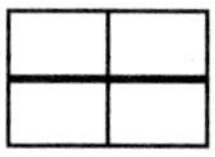	楼层配线架(FD)
4	交叉连接	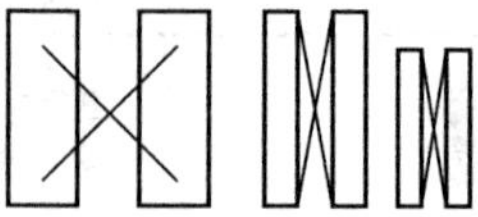	
5	配线架		
6	综合布线系统的互连	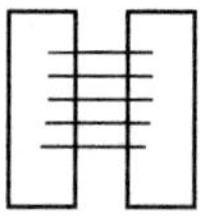	
7	槽道(桥架)		
8	走线槽、线槽(明槽)		设在地面上的明槽
9	电话机	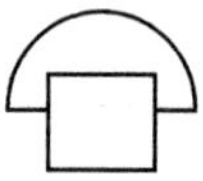	电话机的一般符号
10	自动交换设备	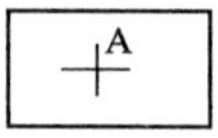	
11	个人计算机	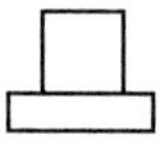	
12	服务器	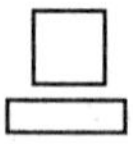	
13	数据终端设备	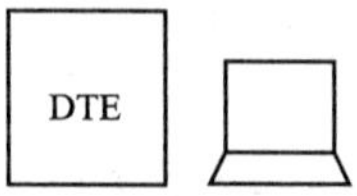 DTE	
14	计算机终端	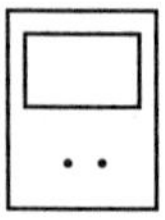	
15	适配器	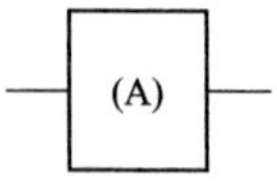 (A)	主要用于系统图
16	调制解调器	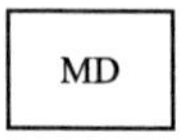 MD	

续表

序号	名称	图像符号	备注
17	光纤或光缆		光纤或光缆的一般符号
18	多模突变型光纤		
19	多模渐变型光纤	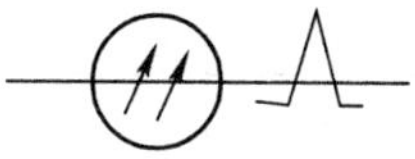	
20	单模突变型光纤	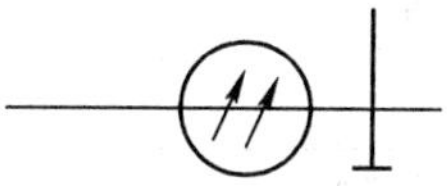	
21	永久接头(固定接头)	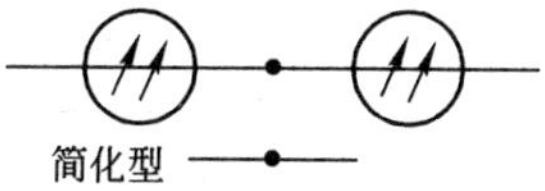 简化型	
22	可拆卸接头(活接头)	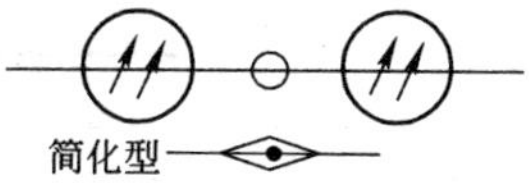 简化型	
23	连接器(1) 光纤连接器	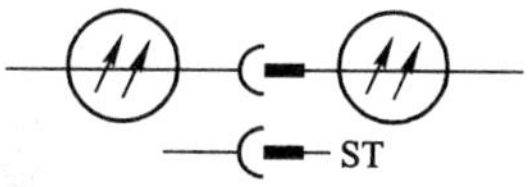 ST	
24	连接器(2)	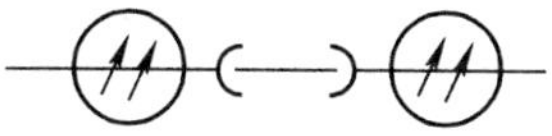	
25	导线、电缆、线路		导线、电缆、线路的一般符号
26	直埋电缆	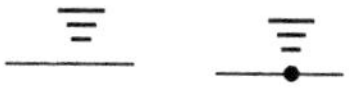	图中的黑点表示接头
27	架空线路	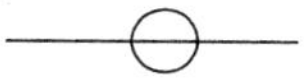	
28	管道线路	6	
29	沿建筑物明敷设通信线路		一般用于系统图、规划图或方案图
30	沿建筑物暗敷设通信线路		一般用于系统图、规划图或方案图
31	电缆上铺砖保护	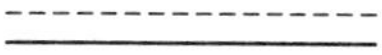	
32	电缆在槽道中敷设	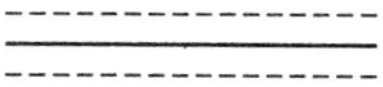	
33	电缆或光缆预留		

续表

序号	名称	图像符号	备 注
34	电缆或光缆的蛇形敷设		
35	电缆或光缆的盘留	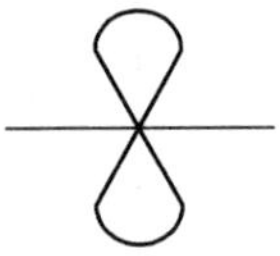	
36	直埋电缆或光缆的标石	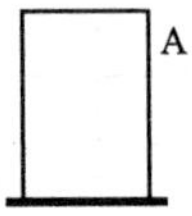	
37	电缆连接点或电缆接头		
38	导线	 或 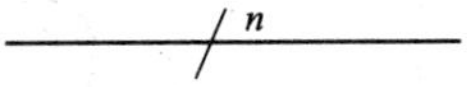	斜线表示导线根数
39	电缆或光缆沿建筑物墙壁引上		
40	墙挂配线设备		
41	交接间	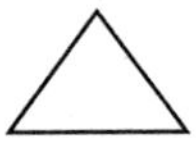	
42	光电转换器	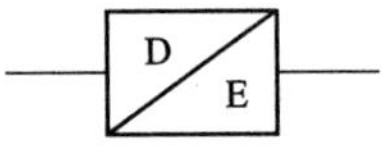	
43	电光转换器	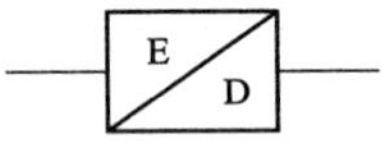	
44	光中继器,掺铒光纤放大器	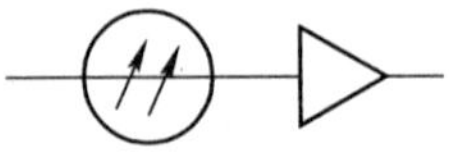	
45	分配器的一般符号	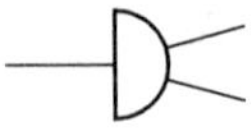	光通信用
46	混合器的一般符号	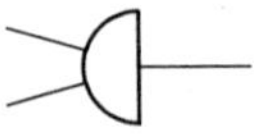	光通信用
47	无线通信局站的一般符号	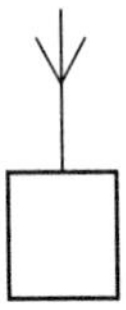	

续表

序号	名称	图像符号	备注
48	传真机的一般符号	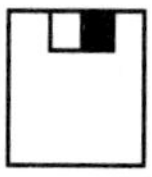	
49	传声器的一般符号		
50	受话器的一般符号	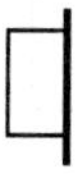	
51	数字通信设备的一般符号	形式1  形式2 	
52	固定光衰减器	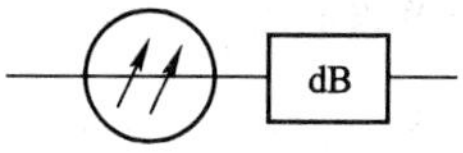	
53	可变光衰减器	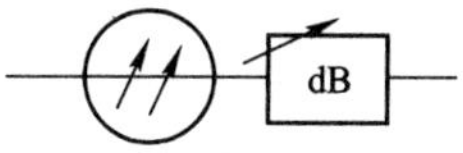	
54	灯或信号灯的一般符号		
55	电缆穿管保护	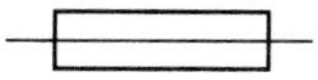	
56	接地的一般符号		适用于各种场合
57	电杆上装设接地的一般符号		
58	墙壁、隔断		
59	检查孔	可见(明)　不可见(暗)	
60	方形洞孔		
61	圆形洞孔		
62	电缆绝缘套管	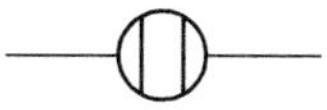	
63	标高	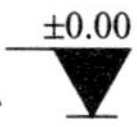 ±0.00 屋外　±0.00 屋内 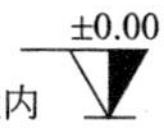	

续表

序号	名称	图像符号	备注
64	水准点	 ▲	
65	接图号标志	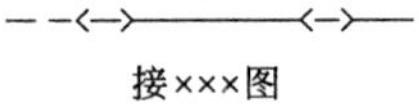 —-<>————<>— 接×××图	
66	图内接断开线标志	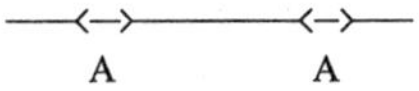 —<>————<>— A A	
67	集合点	CP	
68	计算机主机	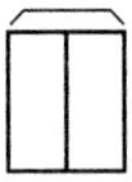	
69	电源插座		电源插座的一般符号
70	带保护节点的单相电源插座		带接地插孔
71	局域网交换机	LANX	
72	用户自动电话交换机	PABX	
73	集线器	HUB	
74	光纤配线接续设备	ODF	
75	架空光缆	 p_1 —⊘— CYTA-24D p_{20} 1000	GYTA-24D 表示 24 芯单模光纤；1000 表示光缆长度 1000m；p_1、p_{20} 表示架空光缆的起讫号
76	管道光缆	 N_1 —⊘— CYTA-24D N_2 102	
77	直埋光缆	 —⊘— CYTA-24D 810	
78	墙壁光缆	 —⊘— CYTA-24D 110	
79	光纤跳线	)———(	

续表

序号	名称	图像符号	备 注
80	UTP 线缆	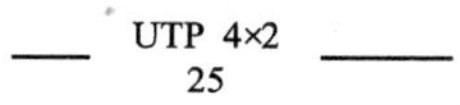 —— UTP 4×2 / 25 ——	
81	RJ45 连接线	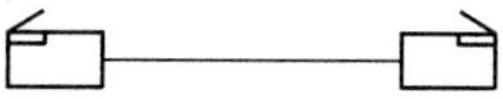	
82	6 芯光缆终端盒	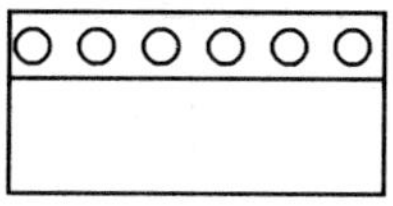	
83	电杆的接地装置	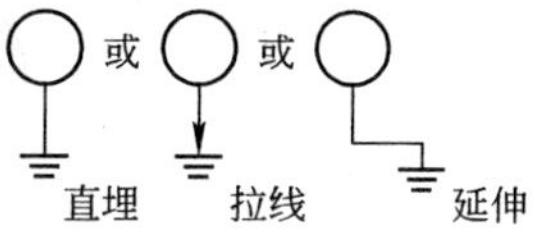 或 或 直埋 拉线 延伸	
84	交换箱	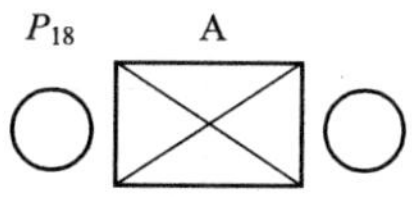 P_{18} A	
85	槽道光缆 程控交换机	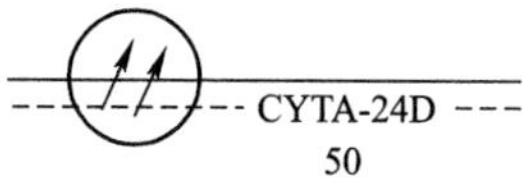 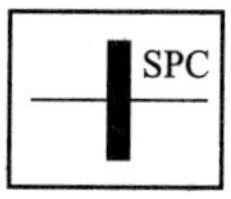 CYTA-24D 50 SPC	
86	集线器	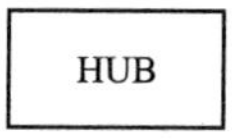 HUB	
87	光缆配线设备	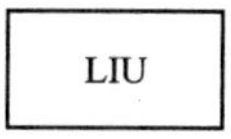 LIU	
88	自动交换设备	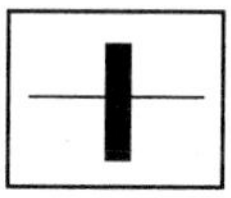	
89	总配线架	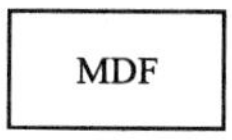 MDF	
90	数字配线架	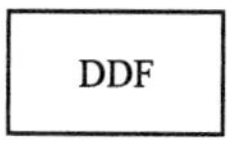 DDF	
91	语音信息点	 TP	
92	有线电视信息点	 TV	
93	信息插座	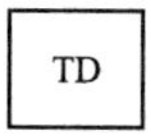 TD	

续表

序号	名称	图像符号	备注
94	综合布线接口	■	
95	架空交接箱	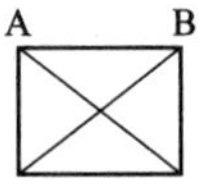 (A B 方框,对角线划分)	A：编号 B：容量
96	落地交接箱	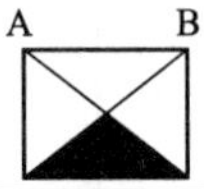 (A B 方框,下半部涂黑)	A：编号 B：容量
97	防爆电话		
98	壁挂式交接箱	 (A B 方框,右半部涂黑)	A：编号 B：容量
99	光纤配线架	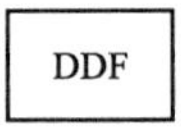 DDF	
100	中间配线架	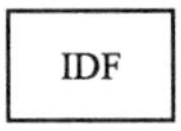 IDF	
101	数据信息点	 PC	
102	电话出线座	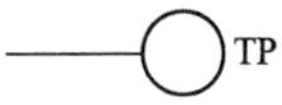 ○TP	
103	电源插座	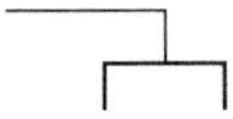	
104	电话出线盒	●	
105	综合布线通用配线架		
106	室内分线盒		
107	室外分线盒		
108	光纤衰减器	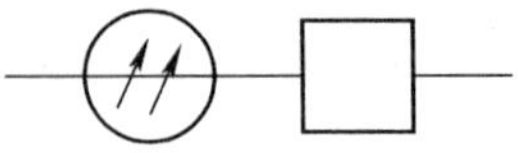	

续表

序号	名称	图像符号	备注
109	由下至上穿线		
110	由上至下穿线		

第九节　综合布线设计与电信网络的配合关系

1. 光纤接入网及基本结构

1) 光纤接入网

（Optical Access Network）光纤接入网是指用光纤作为主要的传输媒质，实现接入网的信息传送功能。通过光线路终端（Optical Line Terminal，OLT）与业务节点相连，通过光网络单元（ONU）与用户连接。光纤接入网包括远端设备——光网络单元和局端设备——光线路终端，它们通过传输设备相连。系统的主要组成部分是 OLT 和远端 ONU。它们在整个接入网中完成从业务节点接口（SNI）到用户网络接口（UNI）间有关信令协议的转换。

OLT 的作用是为接入网提供与本地交换机之间的接口，并通过光传输与用户端的光网络单元通信。它将交换机的交换功能与用户接入完全隔开。

一般把装有包括光接收机、上行光发射机、多个桥接放大器网络监控的设备叫做光节点（Optical Network Unit，ONU）。

ONU 功能：选择接收 OLT 发送的广播数据；响应 OLT 发出的测距及功率控制命令，并作相应的调整；对用户的以太网数据进行缓存，并在 OLT 分配的发送窗口中向上行方向发送。

ONU 的网络端是光接口，而其用户端是电接口。因此 ONU 具有光/电和电/光转换功能。它还具有对话音的数/模和模/数转换功能。ONU 通常放在距离用户较近的地方，其位置具有很大的灵活性。

光纤接入网（OAN）从系统分配上分为有源光网络（Active Optical Network，AON）和无源光网络（Passive Optical Network，PON）两类。

2) 光纤接入网的基本结构

光纤接入网的基本结构如图 6-9-1 所示。从图中可以看出，在光纤接入网中，网络两端的电话交换机和用户终端设备的工作过程中，处理、发送或接收的信号都是电信号。因此，在电话交换机和用户终端设备的两端要加入光/电转换设备。

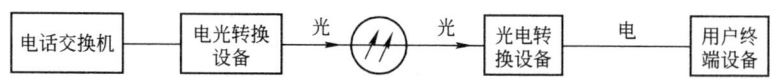

图 6-9-1　光纤接入网的基本结构

2. 光纤接入网的参考配置

光纤接入网(OAN)由光线路终端 OLT、光网络单元 ONU、光配线网 ODN 和接入适配转换功能模块 AF 组成。参考的配置情况如图 6-9-2 所示。

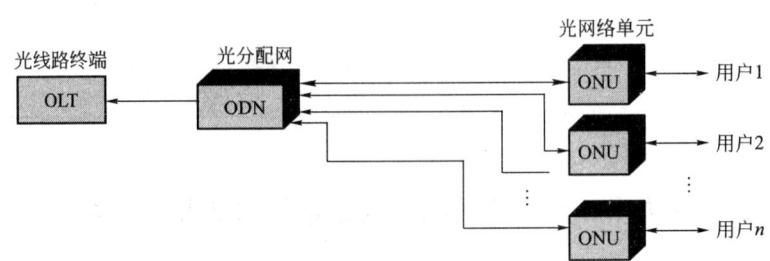

图 6-9-2　OAN 的参考配置

光配线网 ODN 为 OLT 与 ONU 之间提供光传输手段，其主要功能是完成光信号功率的分配任务。ODN 是由无源光件(如光纤光缆等)组成的纯无源的光配线网。光网络单元 ONU 的作用是为光接入网提供远端的用户侧接口，处于 ODN 的用户侧。

接入适配转换功能模块 AF 为 ONU 和用户设备提供适配功能。

3. 光纤接入网的应用类型

按照光网络单元(ONU)在光纤接入网(OAN)中所处的具体位置不同，可以将 ONU 的装设位置分为以下几种情况：光纤到路边(FTTC)；光纤到大楼(FTTB)和光纤到户(FTTH)。

1) 光纤到路边(Fibre To The Curb，FTTC)

光纤到路边(FTTC)是指从电信中心局敷设光纤网络及光网络单元(ONU)到楼宇不远的路边。FTTC 为目前最主要的服务形式，主要是为住宅区的用户作服务，将 ONU 设备放置于路边机箱，利用 ONU 出来的同轴电缆传送 CATV 信号或双绞线传送电话及上网服务。

2) 光纤到大楼(Fibre To The Building，FTTB)

光纤到大楼(FTTB)，是指将光纤直接敷设到楼宇，是一种基于优化光纤网络技术的宽带接入方式，采用光纤到楼，再通过楼宇内部的综合布线系统为用户提供网络的基础线路。FTTB 将光网络单元(ONU)设置在大楼的地下室配线箱处，是楼宇内的 ONU 是 FTTC 的延伸。

3) 光纤到户(Fibre To The Home，FTTH)

光纤到户(FTTH)是指局端与用户之间完全以光纤作为传输媒体，换句话讲就是：一根光纤直接到用户家庭。具体说，FTTH 是指将光网络单元(ONU)安装在住家用户或企业用户处，是光接入系列中除光纤到桌面(FTTD)外最靠近用户的光接入网应用类型。

随着技术的更新换代，光纤到户的成本大大降低，不久可降到与 xDSL 和 HFC 网相当，这使光纤到户的实用化成为可能。

作为提供光纤到家的最终网络形式，光纤到户去掉了整个铜线设施，即馈线、配线和引入线。对所有的宽带应用，这种结构是最佳的解决方案。它还去掉了铜线所需要的所有维护工作并大大延长了网络寿命。

一部分业内认为：从光纤端头的光电转换器（或称为媒体转换器 MC）到用户桌面不超过 100m 的情况才是光纤到户。光纤到户将光纤的距离延伸到终端用户家里，使得家庭内能提供各种不同的宽带服务。

几种光纤接入的方案如图 6-9-3 所示。

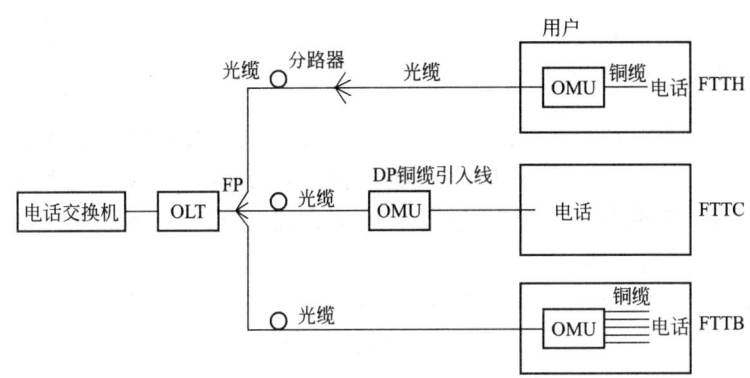

图 6-9-3　光纤接入网的应用

4) FTTH（光纤到户）还是 FTTB/C（光纤到楼/路边）

由于以太网无源光网络 EPON 和千兆无源光网络 GPON 的技术日趋成熟，光缆的价格也越来越便宜。光缆延伸到楼宇、社区节点（路边），以及到用户家庭的选择，电信运营企业要考虑投入与产出的关系，考虑回收成本及盈利的因素。

(1) FTTH（光纤到户）方案的优、缺点

优点：

① 提供较大的宽带容量，适用于高速网络应用；

② 不受外界电磁干扰影响，抗干扰性能好，通信质量高；

③ 光缆价格已低于铜缆（但光电转换设备的价格还比较高，因此，总体成本还是较高）。

缺点：

① 同等规模的工程，初次投资较高；

② 新建工程，建设周期较长（相对于 FTTB/C 方案）；

③ 投资回报较慢。

(2) FTTB/C 光纤到楼/路边（社区节点）方案的优、缺点

优点：

① 提供较好的宽带容量，适用于一般的网络应用；

② 同等规模的工程初次投资较少，约为 FTTH 方案的 21%～34%（主干侧光电转换可节省大量用户侧的光电转换费用，利用已有铜缆也可节省费用）；

③ 利用已有铜缆，建设周期较短；

④ 投资回报较快。

缺点：

① 易受外界电磁干扰影响，如果采取防护措施，需另外增加投资；

② 铜是战略物资，应用受控。

鉴于上述方案比较，FTTH、FTTB 和 FTTC 各有特点，根据各地的实际情况会选取合适的建设方案。例如：在新建的社区可能会选择 FTTH 进行建设，而在原有的社区很可能会选择 FTTB/C 进行建设。

综上所述，在进行综合布线设计时，应对所在地区的电信环境做充分的了解，同时还要充分了解所在地区电信网络建设的近期规划，才能选择科学、合理、经济地进行综合布线设计及建设。

4. EPON 和 GPON 无源光网络

当前，无源光网络（PON）发展很快，其中，EPON（以太网无源光网络）、GPON（千兆比无源光网络）、GEPON（千兆以太网无源光网络）、APON（ATM 无源光网络）/BPON（宽带无源光网络）等网络应用，将会布线产生直接的影响。下面举例说明 EPON 和 GPON 的组网方式进行介绍。

EPON、GPON 主要由 OLT（光线路终端）局端设备、ODN（光配线网络）交接设备和 ONU（光网络单元）用户端设备等组成。EPON、GPON 组网方式示意图如图 6-9-4 所示。

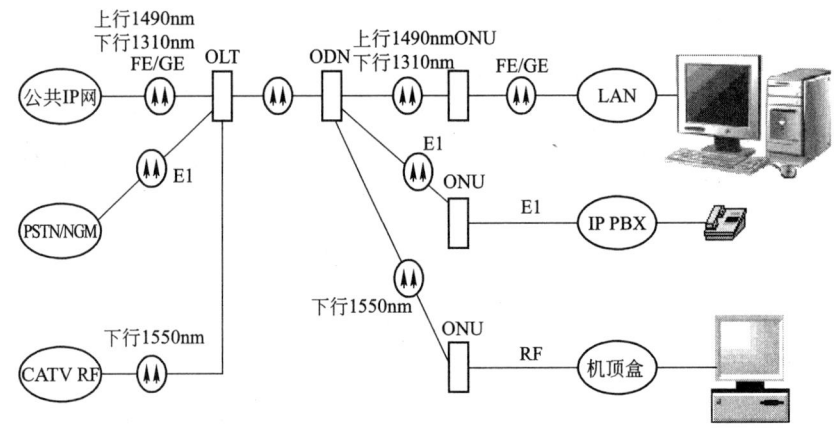

图 6-9-4　EPON、GPON 组网方式示意图

图中，光缆终端设备（Optical Line Terminal，OLT），也叫光线路单元，用于连接光纤干线的终端设备；ONU 是光网络单元。OLT 的主要功能是：以广播方式向光网络单元（ONU）发送以太网数据；为 ONU 分配带宽，即控制 ONU 发关数据的起始时间和发送窗口大小。

在 OLT 和 ONU 上除了光接口外，加上 GE（千兆以太网）、FE（光纤以太网）、RF（射频）等接口，即可应用于各种网络用途。

● EPON 可提供上行、下行对称速率 1.25Gbit/s。

● GPON 可提供上行 155Mbit/s、622Mbit/s、1.24Gbit/s 或 2.48Gbit/s。

● 公用 IP 网信号采用波分复用技术，将上行 1490nm 和下行 1310nm 信号通过局端 OLT 集成收发器分别注入同一芯光纤内，通过光分配网络 ODN 分支出 32、64 或 128 个光链路至对应的 ONU。必要时，也可将 CATV 信号采用第 3 波长 1550nm 注入局端 OLT 集成收发器，在对应比用户端 ONU 集成收发器分离出来，经 RF 接口分接到用户有线电视分配网。

● EPON、GPON 网络支持树形、星形、总线型、混合型和冗余型等拓扑结构。

EPON 是基于以太网技术和 IEEEP 802.3ah 的标准，在传输 1.25Gbit/s 的数据流的情况下，在光线路端（OLT）与光网络端（ONU）之间的传输距离可达 20km 左右。

某个 FTTB 的方案如图 6-9-5 所示。

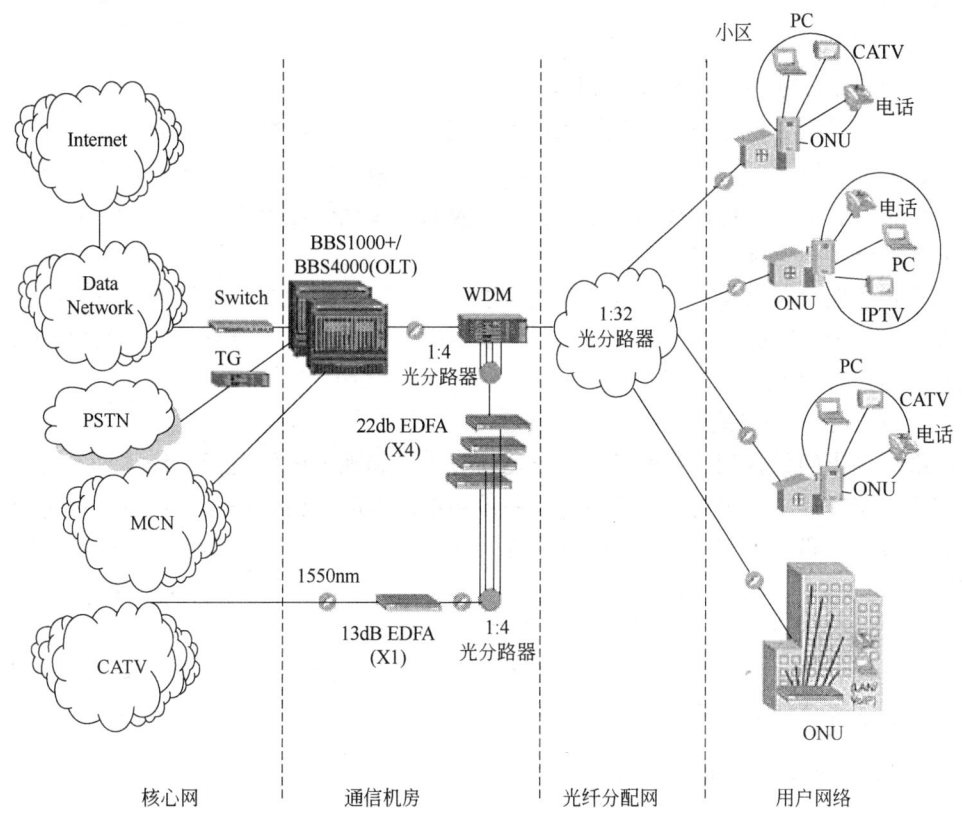

图 6-9-5　某个 FTTB 的方案

系统中，BBS4000 大容量机框式电信级 EPON 设备就是 EPON（以太网无源光网络）中的 OLT 局端设备（光线路终端），如图 6-9-6 所示。系统中的光分路器就是 EPON 中的 ODN（光分配网络）。从图中看到，系统中的光网络单元（ONU）架设到每幢楼宇中了。

互联网、数字数据网、公共交换式电话网络（PSTN）、下一代互联网（NGN）和有线电视网络（CATV）都可以通过 OLT 局端设备接入到每幢楼宇的用户家中。

图 6-9-6　OLT 局端设备（光线路终端）

第十节　综合布线的读图识图

下面主要通过对综合布线系统图和平面图的读图识图分析，掌握阅读和分析综合布线系统工程图纸的基本规律和要点。

1. 综合布线的工程图纸和文件

综合布线的工程图纸和文件包括：系统图、平面布置图、文字符号标注格式以及主要材料和设备。

1）综合布线系统图

系统图可以反映整个网络的拓扑结构；还可列出布线铜缆和光缆的数量、类别、路由、敷设方式等内容；综合布线系统图还可以表示垂直干线线缆的布线方式和类别，是使用光缆还是大对数双绞线；水平系统的电缆根数、面板个数、电话线的数量等，配线架所在的楼层位置、型号，可连接的数量、类别以及系统接地的位置等。

2）综合布线平面布置图

平面布置图绘制出了水平布线的路由和方式，如桥架敷设或是埋管敷设等；绘制出了信息端口在每个房间的位置、数量和编号，弱电竖井和设备间的位置，设备间放置的布线材料和进出设备间电缆的类型和种类等信息。

3）主要材料、设备表

图纸上列出的材料和设备表是为了方便建设单位和施工单位进行工程预算、设备采购和编制施工组织计划。表内需列出所有子系统布线产品的规格、型号、数量、单位及对应的重要参数，一般对表中所列产品的品牌及生产厂家不用特意指定，由采购单位自行决定。

4）综合布线系统中的文字符号标注格式

目前在综合布线系统设计的工程图纸和文件中，对图形的标注格式应用得比较混乱，还没有形成业界公认的、统一的表达格式，导致在交流和施工中带来诸多不便。

2. 综合布线系统图的读图识图

1）系统图读图识图

分析内容主要有：

① 主配线架的配置情况；

② 建筑群干线线缆采用哪类线缆；干线线缆和水平线缆采用哪类线缆；

③ 是否有二级交接间对干线线缆进行接续；

④ 通过布线系统，使用交换机组织计算机网络的情况；

⑤ 整个布线系统对数据的支持和对语音的支持情况，即指，数据点和语音点的分布情况；

⑥ 设备间的设置位置，以及设备间内的主要设备，包括主配线架和网络互联设备的情况；

⑦ 布线系统中光纤和铜缆的使用情况。

2）平面图的识读分析

分析内容主要有以下几类

① 水平线缆使用哪类线缆采用什么方式敷设，如：2根4对对绞电缆穿 sc 20 钢管暗敷在墙内或吊顶内。

② 每个工作区的服务面积是多少平方米，每个工作区设置有几个信息插座，数据点信息插座和语音点信息插座的分布情况。

③ 由于用户的需求不同，对应就有不同的布线情况，如：有无光纤到桌面，有无特殊的布线举措；大开间办公室内的信息插座既有壁装的也有地插式的等。

④ 各楼层配线架 FD 装设于什么位置，是在楼层配线间呢，还是直接将楼层配线架 FD 装设于弱电竖井内；各楼层所使用的信息插座是单孔、双孔或四孔等情况。

⑤ 随之光网络技术的发展，综合布线系统和电信网络的配合是一个必须要考虑的问题，如：布线系统是否采用 FTTB+LAN 方式，还是采用 FTTC 或 FTTH 方式等。

3）读图识图应用案例一

【例 6-10-1】 某楼宇的综合布线系统图如图 6-10-1 所示。阅读该系统图，并对要点进行分析。

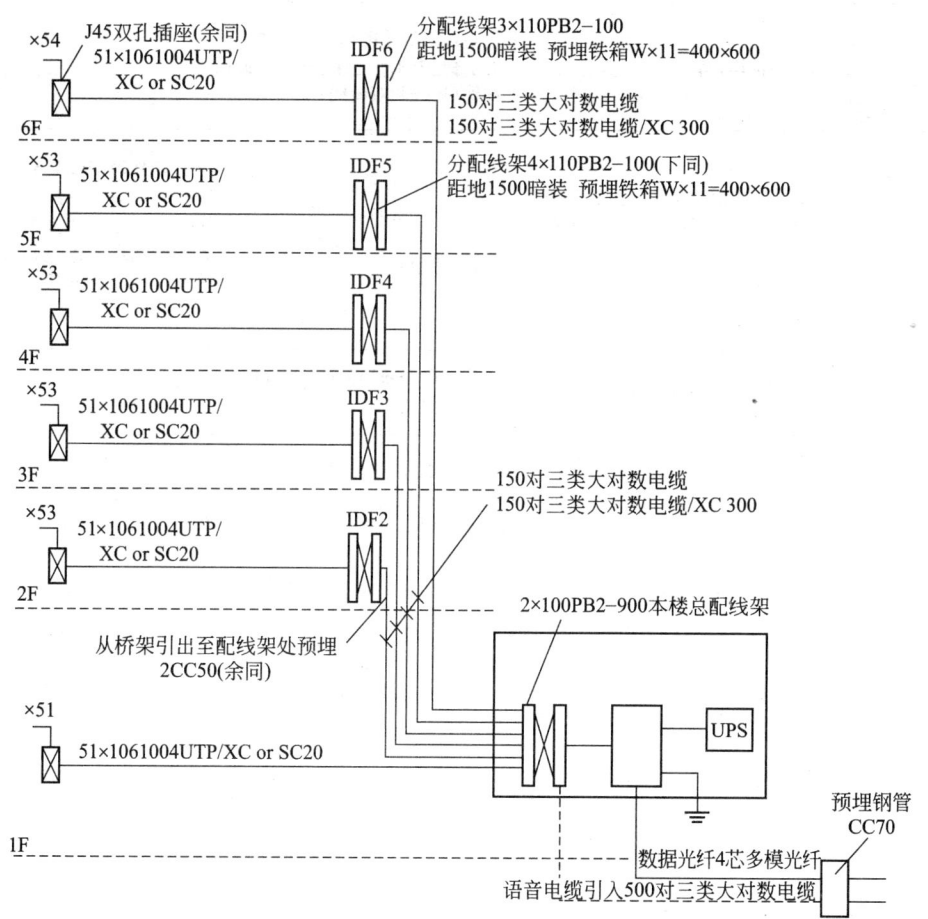

图 6-10-1　某楼宇的综合布线系统图

对该系统图的识读分析内容用表格方式描述，见表 6-10-1。

对某楼宇的综合布线系统图的识读与分析　　　　　　　　　表 6-10-1

序号	系统组件	在系统中的作用	说　明
1	总配线架两台 型号：100PB2-900（P型900对跳线架）	作为建筑物配线架（主配线架）	从室外引入500对大对数电缆作为语音电缆
2	建筑群子系统	从室外向设备间引入数据线缆和语音线缆	建筑群子系统数据线缆是4芯多模光纤，语音线缆是大对数3类双绞线
3	UPS	设备间装置了不间断电源UPS，保证在出现非正常断电时，能够为关键性设备继续供电	为保证网络系统中的数据安全而设置
4	预埋钢管	将建筑群线缆从室外引入，并从保护物理上保护引入的线缆（光纤和双绞线）	
5	2～6层的楼层配线架：IDF2、IDF3、IDF4、IDF5、IDF6。 型号：100PB2-100（100对有腿配线架）	为2～6层的每一楼层引入网络布线，作为楼层配线架（分配线架）	从建筑物配线架到楼层配线架之间引入的线缆是干线线缆，内有4芯多模光纤作为数据线缆，还包括500对的大对数3类双绞线作为语音线缆
6	RJ45双孔信息插座	作为各个楼层的信息出口、数据信息点	
7	一楼的RJ45双孔信息插座	一楼没有再设置楼层配线架，直接从主配线架向各个信息点引出水平线缆	
8	距地1500mm的预埋铁箱	作为分配线架的安装机箱	
要　点　分　析			
1	该楼宇是一个6层高的建筑，建筑群干线线缆中包括4芯多模光纤作为数据线缆，开包括500对的大对数3类双绞线作为语音线缆		
2	系统图中，没有标出水平线缆的情况，一般情况下，水平线缆采用超5类双绞线作为数据线缆，3类双绞线作为语音线缆。对于部分高端用户，可直接光纤到桌面		
3	由于各个楼层的用户使用情况的不平衡，每个楼层的分配线架数量可以调整		

4）读图识图应用案例二

【**例 6-10-2**】　某楼宇信息中心的综合布线系统如图 6-10-2 所示。阅读该系统图，并对要点进行分析。

对该系统图识读的分析内容用表格方式描述，见表 6-10-2。

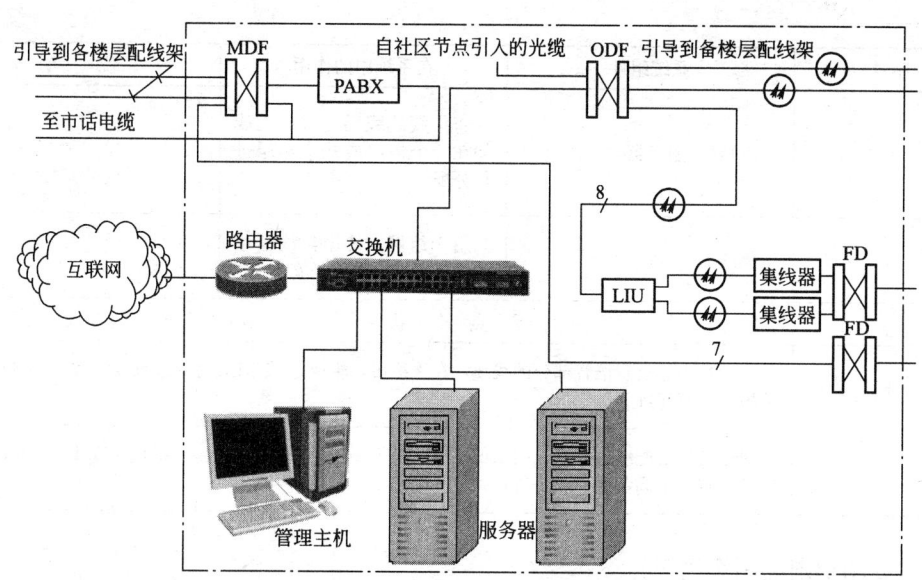

图 6-10-2 某楼宇信息中心的综合布线系统

对某楼宇的综合布线系统图的识读与分析　　　　　　　表 6-10-2

序号	系统组件	在系统中的作用	说　明
1	总配线架 MDF	此处的总配线架就是建筑物配线架或称主配线架，作用是将室外线缆引入室内	建筑物配线架一般符号为 BD
2	光纤配线架 ODF	对从室外社区节点引入的建筑群光纤干线线缆进行接续	从光纤配线架 ODF 到集线器之间的线缆采用单模或多模光缆，上面所标的数字 8 代表光纤的芯数为 8
3	用户程控交换机 PABX	组织信息中心的内部电话网	
4	交换机	从光配线架引出光纤到交换机，服务器和管理主机通过交换机组成一个管理网络	
5	路由器	由于管理网络具有连接互联网的需求，设置一台路由器，完成将管理网络（局域网）接入 Internet	
6	服务器	有文件服务器、数据库服务器、WEB 服务器、远程访问服务器等	
7	LIU 光纤转接装置	负责光纤接续	

续表

序号	系统组件	在系统中的作用	说　明
8	FD 楼层服务器	将干线线缆通过楼层配线架在一个楼层或几个楼层进行分配	
9	集线器	用于组网。使用集线器组的网络属于共享式带宽	
要　点　分　析			
1		该信息中心负责语音部分的线缆，在干线段，主要是 25 对大对数双绞线；数据部分则采用单模或多模光纤	
2		对于各楼层配线架来讲，引出的水平线缆以超 5 类双绞线为主，提供 100M 和 10M 带宽。对于带宽要求高的用户，可直接敷设光缆	

5）读图识图应用案例三

【例 6-10-3】 某医院的综合布线系统如图 6-10-3 所示。阅读该系统图，并对要点进行分析。

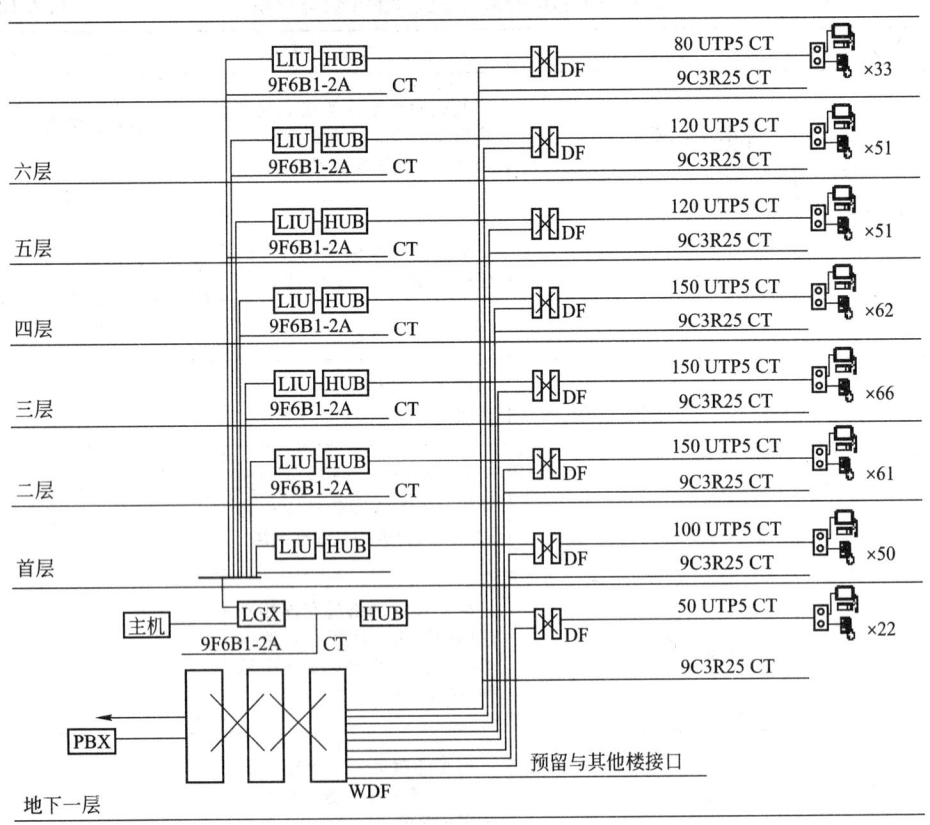

图 6-10-3　某医院的综合布线系统

对该系统图识读的分析内容见表 6-10-3。

对某医院的综合布线系统图的识读与分析　　　　　　　　表 6-10-3

序号	系统组件	在系统中的作用	说明
1	主配线架	是楼宇的主配线架,从该配线架上引出干线线缆至楼层配线架	在系统图的左下角
2	光纤互联装置 LIU	光纤互联	光纤互联是直接将来自不同光缆的光纤互联起来而不必通过光纤跳线,有时也用于线路的管理。当主要需求不是线路的重新安排,而是要求适量的光能量的损耗时,就使用互联模块,互联的光能量损耗比交叉连接要小。这是由于在互联中光信号只通过一次连接,而在交叉连接中光信号要通过两次连接
3	PBX 电话交换机	组建内部电话网	使用三类大对数电缆作为干线线缆中的语音线缆
4	光缆配线架 LGX	将室外建筑群干线光缆引入室内的设备间,设备间的光缆配线架 LGX 是主配线架	综合布线系统中所有的单工终端应用时,均采用 ST 光纤连接器,它与光缆接线箱(又称光缆互连单元)(LIU)和光缆配线架(LGX)上的 ST 光纤连接耦合器配合使用
5	集线器 HUB	用于连接网络中的计算机成为局域网	集线器为接入的计算机提供的是共享式带宽
6	楼层配线架 DF	在每个楼层引出水平布线线缆	
7	信息插座	为网络中的计算机提供数据点;为电话提供语音点	数据点是 RJ45 信息口,语音点是 RJ11 信息口
8	3 类 25 对非屏蔽双绞线:9C3R25	作为语音线缆	
要点分析			
1	在该医院的综合布线系统中,主配线架分包括对绞电缆的配线架、光纤配线架。对绞电缆主配线架,为工作区的计算机提供数据通路;同时还为工作区的电话提供语音通路。数据通路主要适用于超 5 类非屏蔽对绞电缆;语音通路主要使用三类非屏蔽对绞电缆		
2	设备间设置了光纤主配线架,通过光纤互联装置 LIU 和集线器和楼层配线架相连		
3	从系统图看出,该医院的设备间设在了地下一层		

6)读图识图应用案例四

【例 6-10-4】 某楼宇的综合布线系统和光缆敷设示意图如图 6-10-4 所示。阅读该系统图,并对要点进行分析。

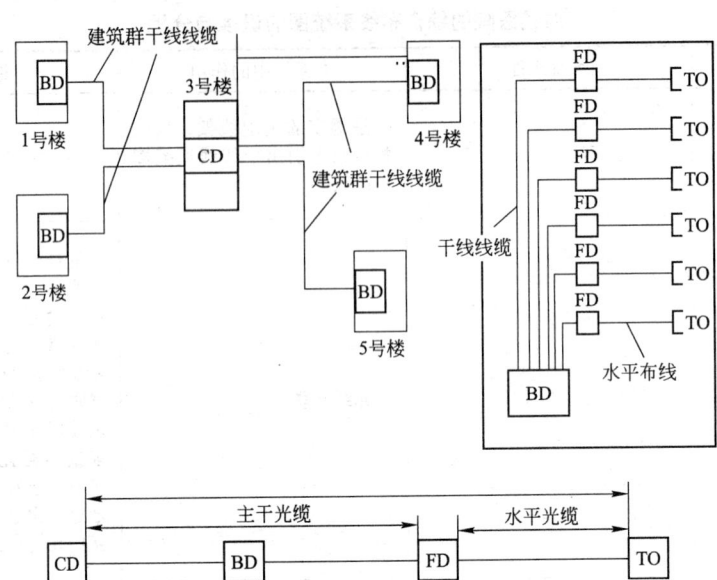

图 6-10-4 某楼宇的综合布线系统和光缆敷设示意图

对系统图的识读分析内容用表格方式描述,见表 6-10-4 所列。

对某楼宇的综合布线系统图的识读与分析　　　　表 6-10-4

序号	系统组件	在系统中的作用	说明
1	CD	建筑群配线架	
2	BD	建筑物配线架	建筑物配线架也叫主配线架
3	FD	楼层配线架	楼层配线架也叫分配线架
4	建筑群干线线缆	建筑群配线架到建筑物配线架间的布线线缆是建筑群干线线缆	
5	垂直干线线缆	建筑物配线架到楼层配线架之间进行接续的线缆是垂直干线线缆	垂直干线线缆一般可由光缆或大对数双绞线组成
6	水平线缆	楼层配线架到信息插座之间进行接续的线缆是水平线缆	
要点分析			
1	该建筑群的综合布线系统的组成情况:3号楼是设置建筑群配线架的地方;由3号楼建筑群配线架向1号、2号、4号和5号楼辐射状敷设建筑群干线线缆		
2	所有楼宇的布线都是从所在楼宇的建筑物配线架开始。在楼宇面积较大时,经常需要附加二级交接间(卫星间),使布线线缆的长度能够满足规范和要求		
3	随着综合布线技术的发展和光纤光缆价格的下降,以及光网络技术的发展,光纤光缆在布线系统中使用的越来越多。一些高端用户直接使用光纤到桌面了		

第十一节 常用综合布线标准

常用综合布线标准见表 6-11-1 所列。

常用综合布线标准　　表 6-11-1

序号	中文名称	标准号
1	《综合布线系统工程设计规范》	GB 50311—2007
2	《综合布线系统工程验收规范》	GB 50312—2007
3	《智能建筑设计标准》	GB/T 50314—2006
4	《智能建筑工程质量验收规范》	GB 50339—2003
5	《建筑物防雷设计规范》	GB 50057
6	《综合布线系统工程施工监理暂行规定》	YD 5124—2005
7	《信息技术、工业建筑综合布线》	ISO/IEC 24702—2006
8	《通信机房静电防护通则》	YD/T 754—1995
9	《电子计算机场地通用规范》	GB/T 2887—2000
10	《信息化工程监理规范第 2 部分：通用布缆系统工程监理规范》	GB/T 19668.2—2007
11	《信息化工程监理规范第 6 部分：信息化工程安全监理规范》	GB/T 19668.6—2007
12	《信息化工程监理规范第 4 部分：计算机网络系统工程监理规范》	GB/T 19668.4—2007
13	《商业建筑电信光缆标准第 1 部分：通用要求附录 14 对 UTP 和 4 对 ScTP 插塞式电缆最小弯曲半径 TIA/EIA-568-A 的修订版；附录：1；2001 年 8 月》	TIA/EIA-568-B.1-1
14	《信息技术、用户建筑群的通用布缆》	ISO/IEC 11801—2002
15	《通用布线系统》	IEC 61935

第十二节 综合布线常用术语或符号中英文对照表

综合布线常用术语或符号中英文对照表见表 6-12-1 所列。

综合布线常用术语或符号中英文对照表　　表 6-12-1

术语或符号	英文名称	中文名称或解释
ACR	Attenuation to Crosstalk Ratio	衰减串音比
ADU	Asynchronous Data Unit	异步数据单元
ATM	Asynchronous Transfer Mode	异步传输模式
BA	Building Automatization	楼宇自动化
BD	Building Distributor	建筑物配线设备
B-ISDN	Broadband ISDN	宽带 ISDN
10Base-T	10Base-T	10Mb/s 基于 2 对线应用的以太网
100Base-TX	100Base-TX	100Mb/s 基于 2 对线应用的以太网

续表

术语或符号	英文名称	中文名称或解释
100Base-T4	100Base-T4	100Mb/s 基于 4 对线应用的以太网
100Base-T2	100Base-T2	100Mb/s 基于 2 对线全双工应用的以太网
1000Base-T	1000Base-T	1000Mb/s 基于 4 对线全双工应用的以太网
100Base-VG	100Base-VG	100Mb/s 基于 4 对线应用的需求优先级网络
CA	Communication Automatization	通信自动化
CD	Campus Distributor	建筑群配线设备
CP	Consolidation Point	集合点
CSMA/CD 1 Base 5	Carrier Sense Multiple Access with Collision Detection 1 Base5	用碰撞检测方式的载波监听多路访问 1Mb/s 基于粗同轴电缆
CSMA/CD 10Base-F	CSMA/CD 10Base-F	CSMA/CD 10Mb/s 基于光纤
CSMA/CD FOIRL	CSMA/CD Fiber Optic Inter-Repeater Link	CSMA/CD 中继器之间的光纤链路
dB	dB	电信传输单位：分贝
DCE	Data Circuit Equipment	数据电路设备
DDN	Digital Data Network	数字数据网
DSP	Digital Signal Processing	数字信号处理
DTE	Data Terminal Equipment	数据终端设备
EIA	Electronic Industries Association	美国电子工业协会
ELFEXT	Equal Level Far End Crosstalk	等电平远端串音
EMC	Electro Magnetic Compatibility	电磁兼容性
EMI	Electro Magnetic Interference	电磁干扰
ER	Equipment Room	设备间
FC	Fiber Channel	光纤信道
FD	Floor Distributor	楼层配线设备
FDDI	Fiber Distributed Data Interface	光纤分布数据接口
FEXT	Far End Crosstalk	远端串音
FR	Frame Relay	帧中继
FTP	Foil Twisted Pair	金属箔对绞线
FTTB	Fiber To The Building	光纤到大楼
FTTD	Fiber To The Desk	光纤到桌面
FTTH	Fiber To The Home	光纤到家庭
GCS	Generic Cabling System	综合布线系统
HUB	HUB	集线器

续表

术语或符号	英文名称	中文名称或解释
ISDN	Integrated Building Distribution Network	建筑物综合分布网络
IEC	International Electrotechnical Commission	国际电工技术委员会
IEEE	The Institute of Electricals and Electronics Engineers	美国电气及电子工程师学会
IP	Internet Protocol	因特网协议
ISDN	Integrated Services Digital Network	综合业务数字网
ISO	Integrated Organization for Standardization	国际标准化组织
ITU-T	International Telecommunication Union-Telecommunications (formerly CCITT)	国际电信联盟、电信(前称 CCITT)
LAN	Local Area Network	局域网
LSHF-FR	Low Smoke Halogen Free-Flame Retardant	低烟无卤阻燃
LSLC	Low Smoke Limited Combustible	低烟阻燃
LSCN	Low Smoke Non-Combustible	低烟非燃
LSOH	Low Smoke Zero Halogen	低烟无卤
MDNEXT	Multiple Disturb NEXT	多个干扰的近端串音
MLT-3	Multi-Level Transmission-3	3 电平传输码
MUTO	Multi-User Telecommunications Outlet	多用户信息插座
N/A	Not Applicable	不适用的
NEXT	Near End Crosstalk	近端串音
N-ISDN	Narrow ISDN	窄带 ISDN
NRZ-I	No Return Zero-Inverse	非归零反转码
OA	Office Automatization	办公自动化
PBX	Private Branch Exchange	用户电话交换机
PDS	Premises Distribution System	建筑物布线系统
PSELFEXT	Power Sum ELFEXT	等电平远端串音功率和
PSNEXT	Power Sum NEXT	近端串音功率和
PSPDN	Packet Switched Public Data Network	公众分组交换数据网
RF	Radio Frequency	射频
SC	Subscriber Connector(Optical Fiber)	用户连接器(光纤)
SC-D	Subscriber Connector-Dual(Optical Fiber)	双联用户连接器(光纤)
SCS	Structured Cabling System	结构化布线系统
SDU	Synchronous Data Unit	同步数据单元
SFTP	Shielded Foil Twisted Pair	屏蔽金属箔对绞线
STP	Shielded Twisted Pair	屏蔽对绞线
TIA	Telecommunications Industry Association	美国电信工业协会
TO	Telecommunications Outlet	信息插座(电信引出端)

续表

术语或符号	英文名称	中文名称或解释
Token Ring	Token Ring	令牌环路
TP	Transition Point	转接点
T-PMD/CDDI	Twisted Pair-Physical Layer Medium Dependent/Cable Distributed Data Interface	依赖对绞线介质的传送模式/或称铜缆分布数据接口
UL	Underwriters Laboratories	美国保险商实验所安全标准
UNI	User Network Interface	用户网络侧接口
UPS	Uninterrupted Power System	不间断电源系统
UTP	Unshielded Twisted Pair	非屏蔽对绞线
VOD	Video on Demand	视频点播
V_{rms}	V root mean square	电压有效值
WAN	Wide Area Network	广域网

第七章　网络通信系统读图识图

建筑智能化系统中，除了楼宇自控系统、安全防范系统、火灾报警联动控制系统、办公自动化系统、有线电视等系统外，还有网络通信系统，它是智能楼宇不可缺少的一个至关重要的系统。因此对于网络通信系统的基础知识掌握和有关网络通信工程图的识图读图也是建筑弱电系统识图读图中的重要组成内容。

下面介绍现代建筑中网络通信系统识图读图需掌握的基础知识和常见网络通信系统工程图的分析方法。

第一节　网络通信的基础知识

1. OSI7 层级模型和计算机网络组网的拓扑结构

1）网络通信中数据在层之间的传递

计算机网络是由许多计算机通过网络组织起来的一个集合系统，该系统内的计算机可以实现便捷的通信和资源共享。网络内的计算机是通过层级结构来实现通信的。这种层级结构如图 7-1-1 所示。

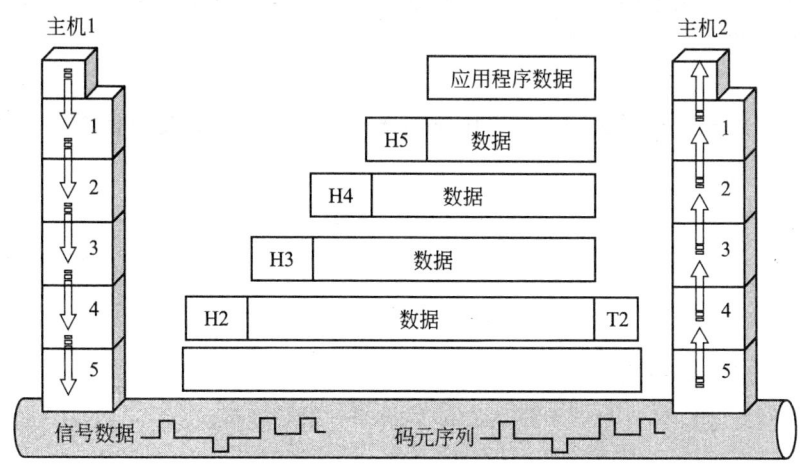

图 7-1-1　网络层级结构

2）计算机网络组网的拓扑结构

计算机网络组网的拓扑结构主要有星形、总线形、环形、树形等，如图 7-1-2 所示。

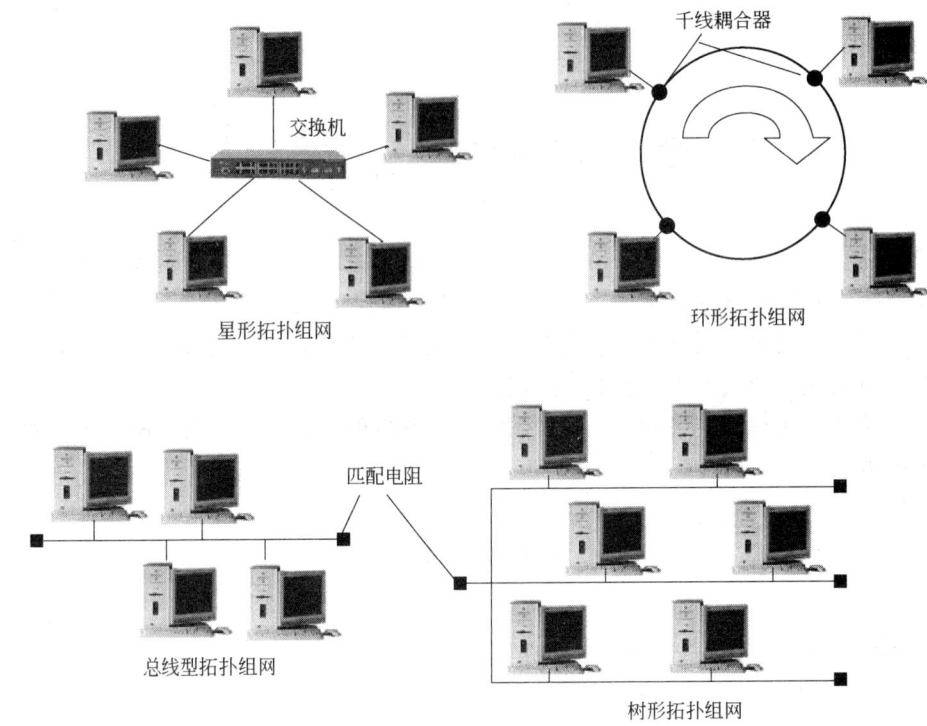

图 7-1-2　计算机网络组网的拓扑结构

2. 常用的网络互联设备

计算机网络中，用来连接不同网络的互联设备主要有中继器、集线器、网桥、交换机和路由器以及网关。

1) 中继器

中继器可以用来连接局域网。每个中继器连接两个网段。中继器能侦听一个网段的所有信号并转发到另外一个网段。

2) 集线器（HUB）

集线器是一种多端口的中继器，工作在物理层。功能：在网段之间复制比特流，信号整形和放大。

工作特点：

● 具有与中继器同样的特点；

● 可改变网络物理拓扑形式，即，总线连接——→星形连接；

● 逻辑上仍是一个总线型共享介质网络；

● 端口数包括 8、12、16、24。

集线器的外观图，如图 7-1-3 所示。

3) 网桥

网桥能连接局域网从而扩大局域网的规模。每个网桥连接两个网段，并能转发一个网

图 7-1-3　集线器的外观图

段的帧到另外一个网段。

网桥工作在数据链路层的 MAC 子层,其基本功能是在不同局域网段之间转发帧。网桥从端口接收该接口所连接网段上的所有数据帧,每收到一个帧,就存在缓存区并进行差错校验;如果该帧没有出现传输错误而且目的站属于其他网段,则根据目的地址通过查找存有端口——MAC 地址映射的桥接表,找到对应的转发端口,将它从该端口上转发出去,否则丢弃该帧。如果数据帧的源站和目的站在同一个网段内,网桥不进行转发。其工作原理如图 7-1-4 所示,网络初始化时,网桥接收来自网段 1 的数据帧(对应接受端口为 1),并读取数据帧头中的源站点 MAC 地址,并将此 MAC 地址和对应的端口号写入工作表中。将目的站点的 MAC 地址广播到连接网段上,然后将响应者的物理地址和接收端口号写入桥接表中。工作一段时间后,网段上的所有站都和端口号形成一个映射关系。桥接表建立好以后,网桥就根据表中对应关系判断数据帧是否需要转发。

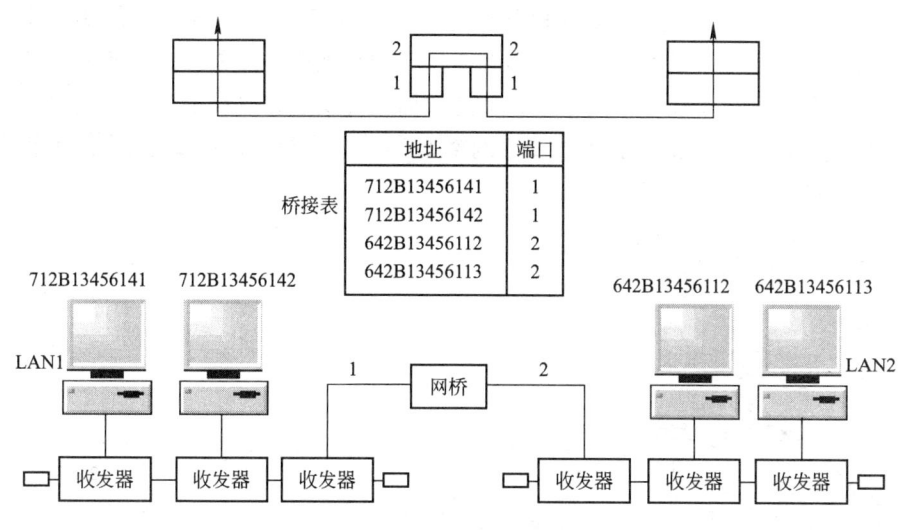

图 7-1-4 网桥工作原理

4) 二层交换机

二层交换机可以这样认为:它等同于网络交换机上堆叠了网桥,但是,转发速度要比网桥快很多。二层交换机是数据链路层的设备,它能够读取数据包中的 MAC 地址信息并根据 MAC 地址来进行交换。交换机内部有一个地址表,这个地址表列中给出了 MAC 地址和交换机端口的对应关系。二层交换机的端口有 N 个,每个端口的带宽是 M,则交换机的集合带宽为 $N \cdot M$。

交换机的外观图如图 7-1-5 所示。

图 7-1-5 交换机的外观图

5) 路由器

路由器是在第三层的分组交换设备(或网络层中继设备)。路由器的基本功能是把数据(IP 报文)传送到正确的网络,包括 IP 数据报的传输路径选择和传送;子网隔离,抑制广播风暴;维护路由表,并与其他路由器交换路由信息;IP 数据报的差错处理及简单的拥塞控制。

在主干网上，路由器的主要作用是路由选择。在地区网中，路由器的主要作用是网络连接和路由选择，同时负责下层网络之间的数据转发。在园区网内部，路由器的主要作用是子网间的报文转发和广播隔离。路由器每一接口连接一个子网，连接在路由器不同接口的子网属于不同子网。

企业级路由器的外观如图 7-1-6 所示。

6) 网关

网关工作在 OSI 模型的最高层——应用层。从一个网络向另一个网络发送信息，必须经过网关。网关的工作过程如图 7-1-7 所示：有网络 A 和网络 B，网络 A 的 IP 地址范围为"192.168.1.1~192.168.1.254"，子网掩码为 255.255.255.0；网络 B 的 IP 地址范围为"192.168.2.1~192.168.2.254"，子网掩码为 255.255.255.0。在没有路由器的情况下，两个网络之间是不能进行 TCP/IP 通信的，即使是两个网络连接在同一台交换机(或集线器)上，TCP/IP 协议也会根据子网掩码(255.255.255.0)确定两个网络中的主机处在不同的网络里。而要实现这两个网络之间的通信，则必须通过网关。如果网络 A 中的主机发现数据包的目的主机不在本地网络中，就把数据包转发给它自己的网关，再由网关转发给网络 B 的网关，网络 B 的网关再转发给网络 B 的某个主机。网络 B 向网络 A 转发数据包的过程也是如此。

图 7-1-6　企业级路由器的外观

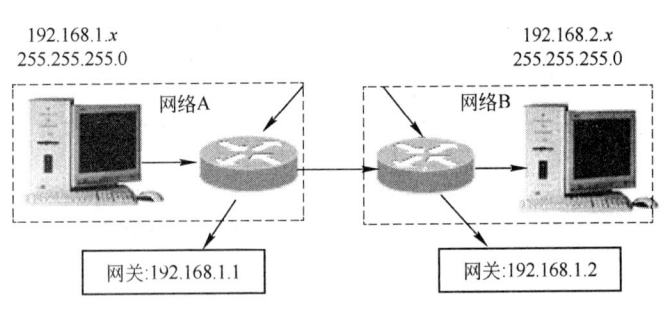

图 7-1-7　网关的工作过程

7) 集线器与交换机的区别

集线器工作在 OSI 模型的物理层，交换机工作在 OSI 模型的数据链路层。集线器通信采用广播方式工作。一个三端口集线器连接了三台计算机，组成了一个小型局域网，如图 7-1-8 所示。图中集线器是各计算机的共享设备。图中计算机 A 发出的数据会同时送到计算机 B 和计算机 C。在计算机 A 发送数据时，计算机 C 不能同时发送数据，因此计算机 B 的接收器是计算机 A 和计算机 C 共享的。同理计算机 A 的接收器是计算机 B 和计算机 C 共享的，计算机 C 的接收器是计算机 A 和计算机 B 共享的。

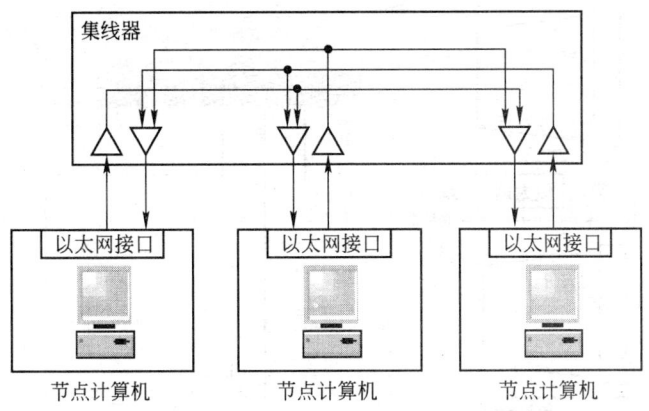

图 7-1-8 三端口集线器连接三节点的星形网

一个挂接了三台计算机的小型局域网,如图 7-1-9 所示。组网设备是一个三端口交换机。使用交换机可以避免发生冲突。在交换机中每个发送器设有一套缓冲存储区用于存储收到而未能发送的数据,所存储的数据一旦目的信道空闲时即发送,由于交换机内有存储器在信道被占用时可暂存,从而避免了冲突。

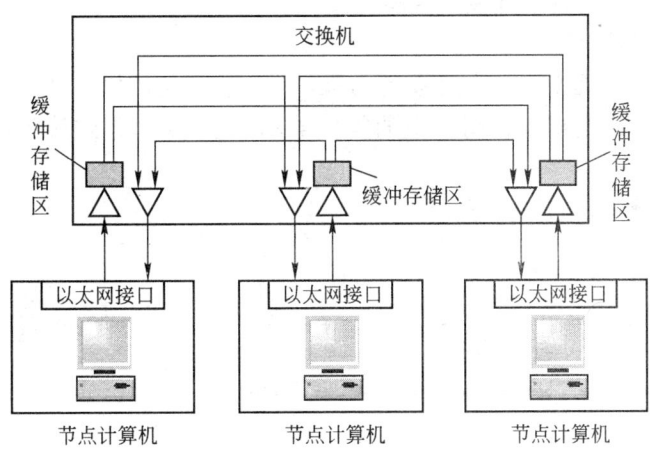

图 7-1-9 三端口交换机连接三节点的星形网

3. 几种典型的局域网

1) 10Base—T 网络

10Base—T 中,"10" 表示,该网络的传输速率为 10Mbit/s;"Base" 表示,基带传输;"T" 表示使用双绞线网络电缆(两种典型的双绞线组网技术是 10Base—T 和 100Base—TX)。

10Base—T 网络结构如图 7-1-10 所示。

硬件设备:

● 使用 RJ45 接口的 10Mbit/s 网卡;

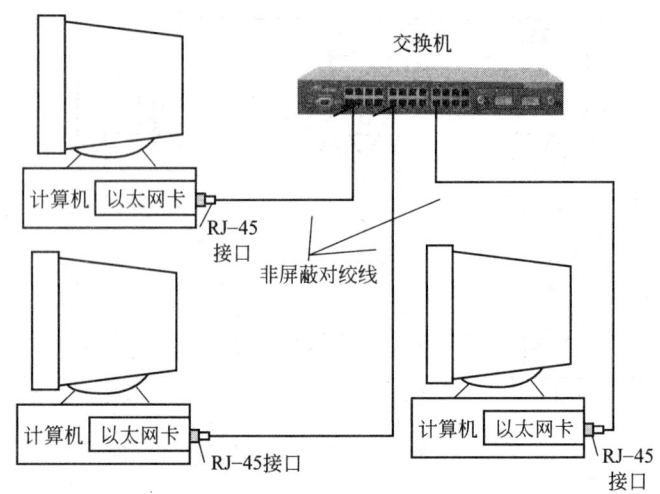

图 7-1-10 10Base—T 网络结构

- 10Mbit/s 的交换机；
- 超 5 类 UTP 线缆；
- 使用直通线(B—B 线)连接网卡和交换机。

2) 粗缆以太网(10Base—5)

10Base—5 网络可靠性好，抗干扰能力强，是一种典型的以太网。使用粗同轴电缆做网络传输介质；总线型拓扑；网络中的收发器功能包含有发送/接收，冲突检测，电气隔离。

10Base—5 网络如图 7-1-11 所示。

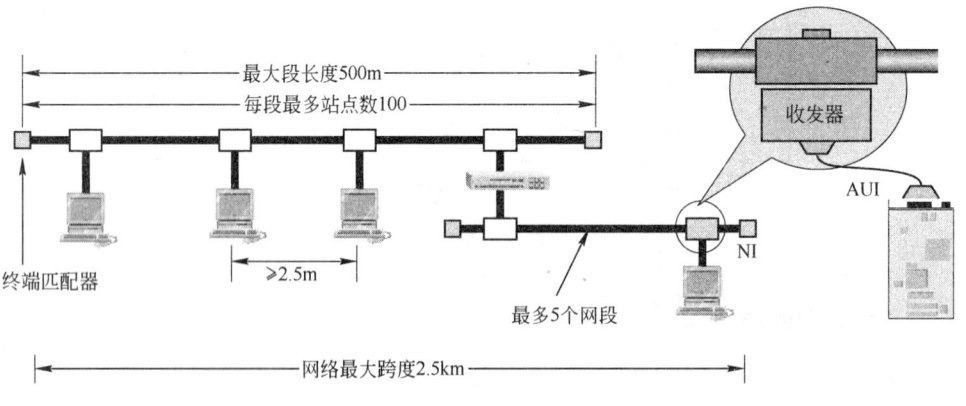

图 7-1-11 10BASE—5 网络

3) 细缆以太网(10Base—2)

10Base—2 网络，也是一种典型的以太网。10Mbit/s 的传输速率，基调传输，覆盖距离 185m，近似为 200m；传输介质使用细同轴电缆；总线型拓扑。

10Base—2 网络如图 7-1-12 所示。

第一节 网络通信的基础知识 | 213

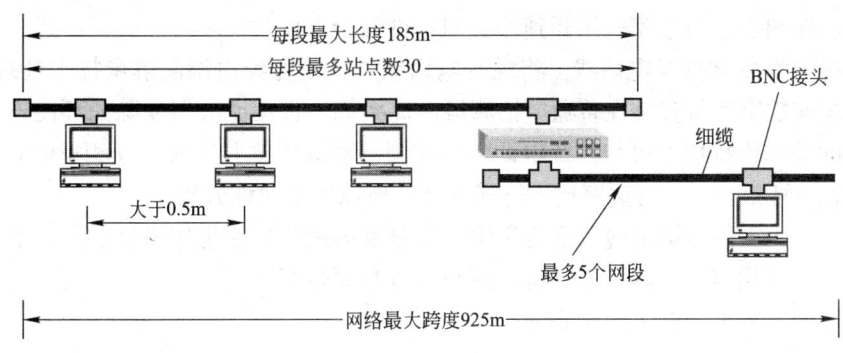

图 7-1-12 10Base—2 网络

4. 二层交换机、三层交换机和路由器的连接关系

计算机网络中，二层交换机、三层交换机和路由器的连接必须按照以下的规律：二层交换机组建局域网，用来连接计算机或接入局域网；二层交换机可以上联三层交换机。如果一个局域网有连入互联网的需求，就要通过路由器连入互联网。路由器可以接入三层交换机的上一层再和互联网相连。如图 7-1-13 所示。

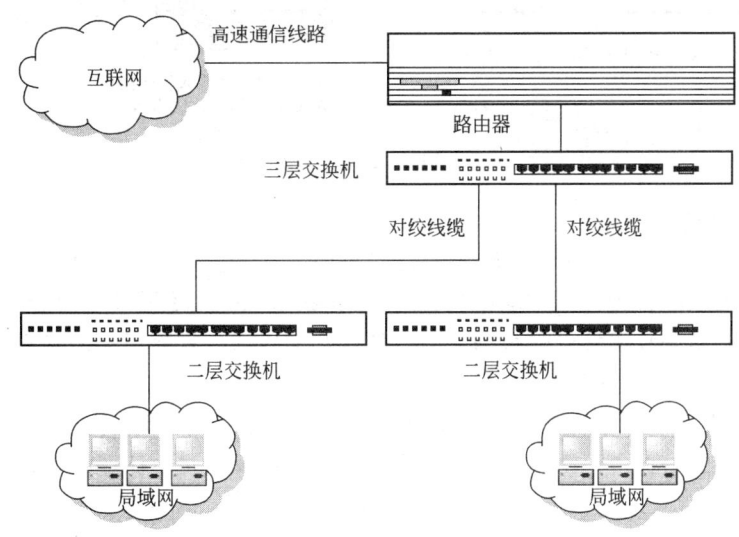

图 7-1-13 二层交换机、三层交换机和路由器的连接关系

5. ADSL 和 HFC 宽带接入

1) 宽带接入

ADSL 和 HFC 是目前应用较为广泛的宽带接入方式。接入互联网的接入叫接入网技术。传统的接入互联网是通过电话网 PSTN 使用调制解调器拨号上网。

2) ADSL 宽带接入

DSL(Digital Subscriber Line)是以铜质电话线为传输介质的传输技术组合，它包括 HDSL、SDSL、VDSL、ADSL 和 RDSL 等，一般称之为 xDSL。其主要差别表现在信号传输速度、距离、上行速率、下行速率、对称性几个方面。

ADSL 技术在 PSTN 电话线上将现有电话线路的频宽经由调制解调技术处理后扩大，ADSL 将高速数字信号安排在普通电话频段的高频侧，再用滤波器滤除如环路不连续点和震铃引起的瞬态干扰后即可与传统电话信号在同一对双绞线共存而不互相影响；ADSL 下行速率高达 8Mbit/s，上行速率比下行速率低，所以叫不对称方式。

ADSL 接入无须另铺电缆，适合于集中与分散的用户；能为用户提供上、下行不对称的传输带宽；采用点—点的拓扑结构，用户可独享高带宽。

ADSL 接入原理如图 7-1-14 所示。

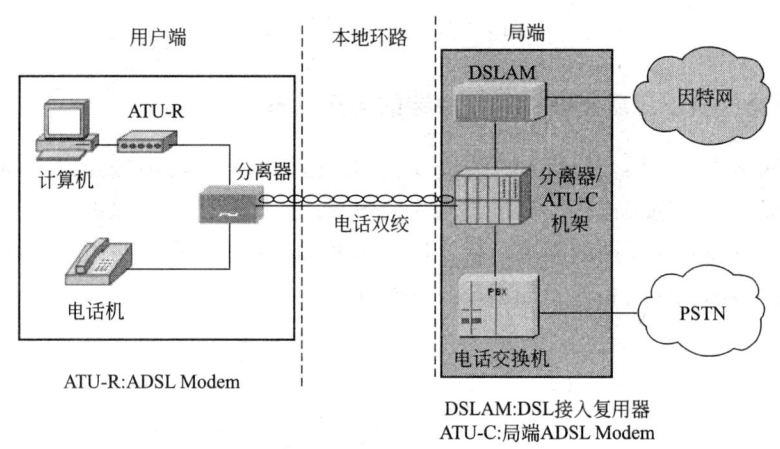

图 7-1-14　ADSL 接入原理

3）HFC 宽带接入

有线电视（CATV）网的主要传输媒质是同轴电缆，为提高传输距离和信号质量，各有线电视网逐渐采用混合光纤同轴电缆（Hybrid Fiber /Coax，HFC）取代纯同轴电缆，HFC 网络采用副载波频分复用技术将数据、语音信号和多媒体信息通过调制解调器调制，送上同轴电缆传输。

HFC 网络的一个很大的优势在于它原有的网络覆盖面广，在满足数字通话和交互式视频服务功能的同时还可以为每个用户传送大容量的电视节目，传输距离远。

HFC 网络是对原有的基于同轴电缆的单向有线 CATV 网改造为能双向传输的混合光纤同轴电缆网。HFC 网络的主干系统使用光纤，配线部分使用树状拓扑结构的同轴电缆传输和分配信息。经过双向改造后，成为高速接入互联网的宽带接入技术。

HFC 网络中模拟光纤从头端连接到光纤节点（Fiber Node），即光分配结点 ODN（Optical Distribution Node）。在光纤节点光信号被转换为电信号。在光纤节点以下就是同轴电缆。

HFC 宽带接入如图 7-1-15 所示。

6. 接入以太网的无线局域网和室内点对点组网

1）接入以太网的无线局域网

在有线网络中加入一个无线 AP，从而将一个无线局域网和现有网络连接起来。无线

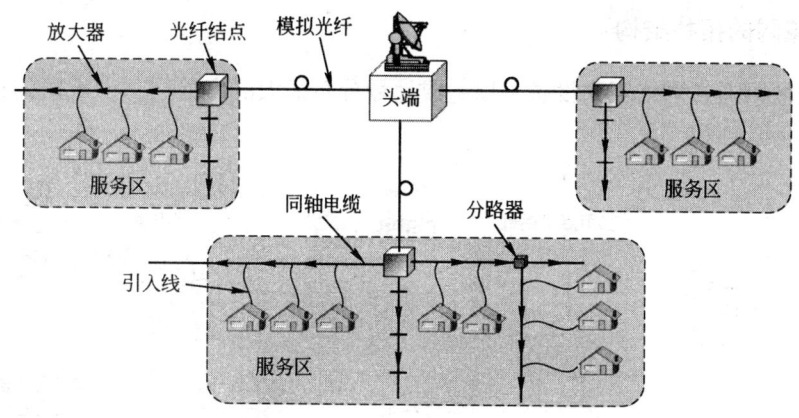

图 7-1-15　HFC 宽带接入

AP 在无线工作站与有线网络间起了网桥作用，实现了无线局域网与有线网络的无缝集成，即允许无线工作站访问网络资源，同时又为有线网络增加了可用资源。接入以太网的无线局域网如图 7-1-16 所示。

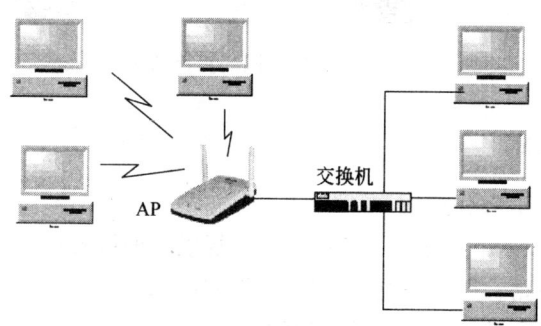

图 7-1-16　接入以太网的无线局域网

2) 无线局域网室内点对点组网

使用点对点方式组建一个室内无线局域网的原理如图 7-1-17 所示。

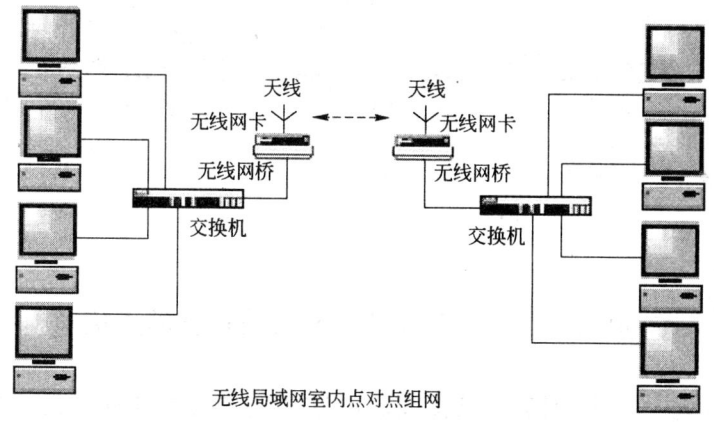

图 7-1-17　无线局域网点对点方式组网

7. 广域网的拓扑结构

许多局域网通过网络互联设备可以组成地域分布很大的广域网,广域网的拓扑结构如图 7-1-18 所示。

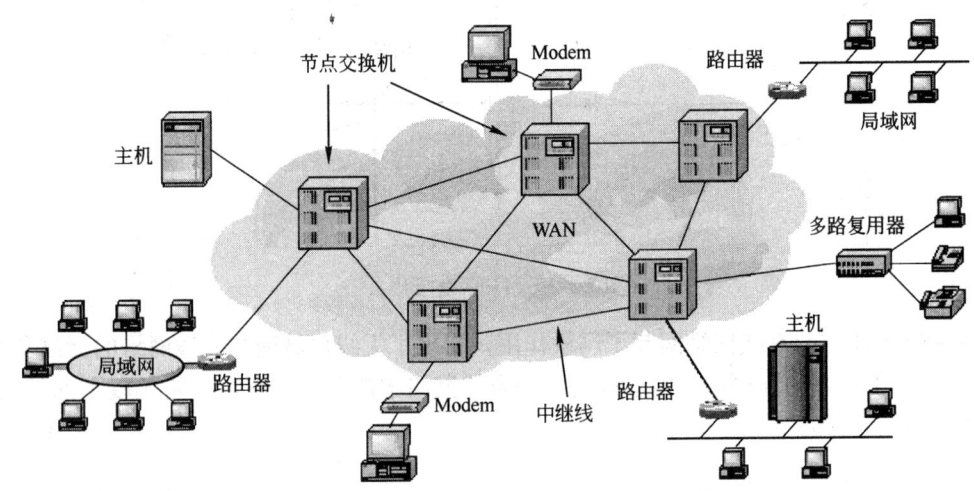

图 7-1-18 广域网的拓扑结构

8. 电话网络的组成

电话网络有以下三个部分组成。
- 交换局：端局(CO),汇接局、长途局——提供交换链接。
- 接入网：本地环路、用户环路——提供用户接入。
- 传输网：干线、中继线——交换局间的连接线路。

电话网络组成示意图如图 7-1-19 所示。

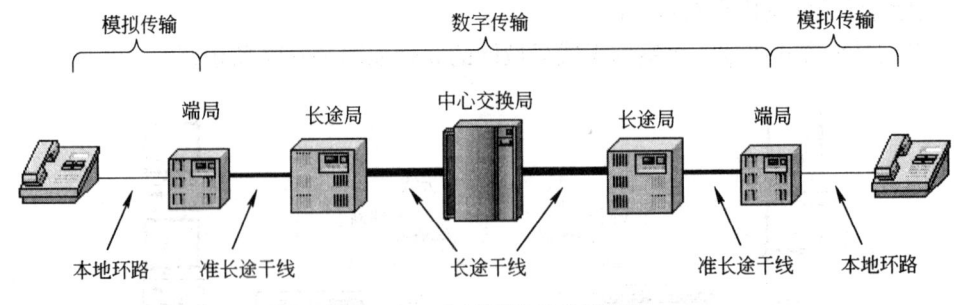

图 7-1-19 电话网络组成示意图

第二节 计算机网络中与交换设备的连接

网络通信系统中,网络计算机只有和交换机连接才能实现组网,才能实现网络内的计算机彼此之间的通信和资源共享。

1. 网卡的连接

使用双绞线组建的局域网中，使用直通线(B—B 线)将网络计算机的网卡与信息插座连接在一起。再使用直通线，将该节点所对应的配线架上的端口与交换机连接在一起。

交换机与配线架的连接以及计算机与信息插座的连接所使用的跳线也全部都是直通线，如图 7-2-1 所示。

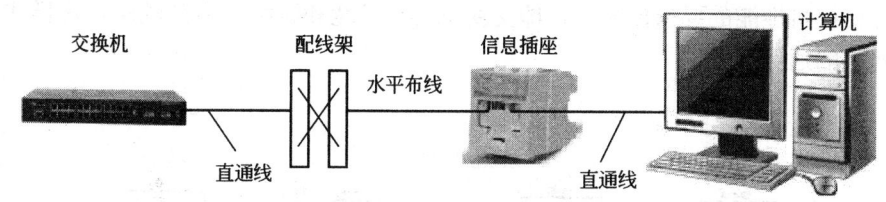

图 7-2-1　使用双绞线将交换机与配线架相连

在 10Base—T 和 100Base—TX 网络只是使用双绞线 4 对线中的 2 对，即 1、2 线对和 3、6 线对，而 1000Base—T 网络则使用双绞线的 4 对线。因此，在连接 1000Base—T 千兆网络时，要保证双绞线 8 条线全部连通。

2. 带光纤网卡的服务器与交换机的连接

交换机的带光纤接口的网卡价格较贵，因此，一般情况下，为避免可能产生的服务器访问瓶颈，服务器采用光纤网卡。

在服务器装置了光纤网卡和交换机带有光纤接口的情况下，使用光纤跳线连接服务器的光纤网卡和交换机的光纤接口。

如果在综合布线系统中进行连接，连接关系为：服务器接入光纤信息插座；带有光纤接口的交换机与光纤配线架相连。

3. 网络中交换机的连接

使用交换机组网时，交换机的连接要按规律进行。

1）交换机的连接

由于交换机的种类很多，不同类型的交换机之间在连接时，应当根据具体的应用环境采用不同的连接策略，以获得较佳的网络性能。

2）由不对称交换机构建网络中交换机的连接

由不对称交换机构建的网络叫不对称网络。不对称交换机，是指交换机拥有不同速率的端口，或者是 100Mbit/s 和 1000Mbit/s，或者是 10Mbit/s 和 100Mbit/s。

由不对称交换机构建的网络连接规律：高速率端口用于连接其他交换机或服务器，而低速率端口则用于直接连接计算机或集线器，如图 7-2-2 所示。

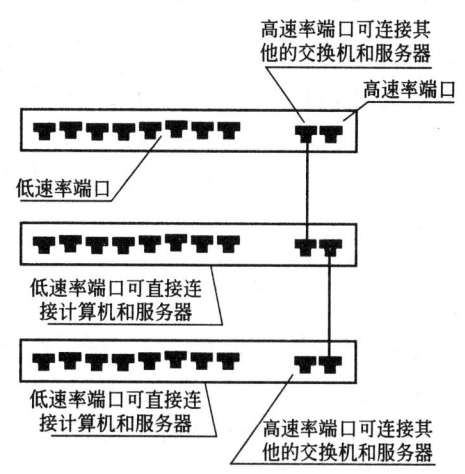

图 7-2-2　由不对称交换机构建的网络连接

3）由对称交换机构建网络的连接

交换机所有端口拥有相同的传输速率，这样的交换机叫对称交换机；由对称交换机构建的网络叫对称网络。

由对称交换机构建的网络的连接规律：选择其中一台交换机作为核心交换机；再将其他所有被频繁访问的交换机、服务器，都连接到核心交换机，其他设备则连接至非核心交换机，如图 7-2-3 所示。

核心交换机性能的要求比较高，即交换机背板带宽和转发速率都较高，这样才不会影响整个网络的通信效率。

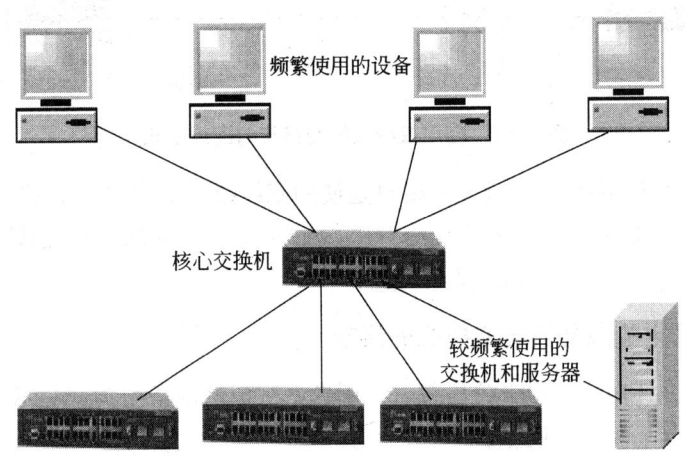

图 7-2-3　由对称交换机构建的网络的连接

第三节　网络通信系统的识图、举例及分析

1. 网络通信系统的识图

网络通信系统的工程图中，对于结构原理图、系统图的识图来讲，首先要掌握网络通信系统中常用的设备、组件的作用和工作原理；熟悉这些设备、组件的符号及常见的画法。在此基础上，能够对网络通信系统中的工程图进行较为系统的分析，从而对工程图所表达的内容进行较全面和深入的理解。

下面通过对一些具体系统图的识图读图分析，帮助掌握对网络通信系统的识图方法。

2. 举例及分析

【例 7-3-1】　某高校的校园网网络系统结构如图 7-3-1 所示。阅读该系统图，并对要点进行分析。

对系统结构的分析内容用表格方式描述，见表 7-3-1。

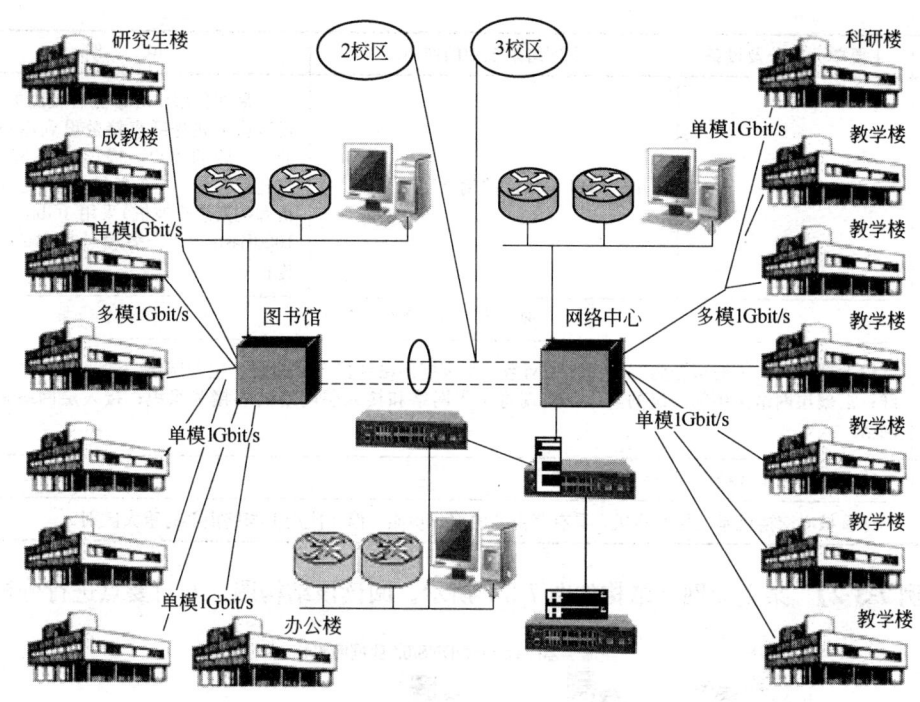

图 7-3-1 某高校的校园网网络系统结构

对某高校的校园网网络系统结构系统图的识读与分析　　　　　　　　　表 7-3-1

序号	主要单元部分及设备	在网络系统中的作用	说　明
1	图书馆主机房	在校园网中是一个中心节点（主配线间2）；图书馆主机房配置了核心交换机，作为星形拓扑主干网的中心节点	图书馆主机房为中心结点向外辐射，通过各部门、学院等单位所在建筑楼节点构成主干网。 中心节点配置高档3层交换机作为主干网的核心交换机
2	网络中心主机房	在校园网中是一个中心节点（主配线间1），也配置了核心交换机，作为星形拓扑主干网的中心节点	校区主干网以校园网络中心的主机房（主配线间1）、为中心节点向外辐射，通过各部门、学院等单位所在建筑楼节点构成主干网。主配线间中的3层交换机作为主干网的核心交换机
3	教学楼、办公楼和科研楼的楼宇级交换机	作为汇聚层的交换机	各幢大楼汇聚层的交换机要保证建筑楼信息点对交换机端口密度的要求和网络性能与可靠性的要求。作为汇聚层的交换机，下连接入层的交换机
4	成人教育学院、研究生公寓、教工住宅楼的楼宇级交换机	作为汇聚层的交换机	作为汇聚层的交换机，下连接入层的交换机
5	网络中心主机房的交换机	是校园网的核心交换机	是3层交换机，并具有组建虚拟局域网的功能
6	路由器	实现校园网与公网的连接	

序号	主要单元部分及设备	在网络系统中的作用	说　　明
7	1Gbit/s 光纤	作为主干网络的传输介质	如果部分用户对带宽有较高的要求，可以将千兆光纤直接敷设到用户的桌面；一般的用户，提供 10M 和 100M 带宽就够了。主干各结点（核心层交换机和汇聚层交换机）采用 1Gbit/s（单模 1000Base—LX、多模 1000Base—SX）连接

要　点　分　析		
1	较大型的网络一般可分为三层：主干网络、汇聚层网络和接入层网络。主干网络一般采用万兆位的光纤；汇聚层网络是中间层级的网络，实现将主干网络和接入层网络的连接和组织；接入层网络是底层网络	
2	路由器用来实现校园网与公网的连接	
3	尽管核心交换机是三层交换机，具有路由器的部分功能，但在使用上与路由器有重大区别	

【例 7-3-2】 某企业网络结构如图 7-3-2 所示。阅读该结构图，并对要点进行分析。

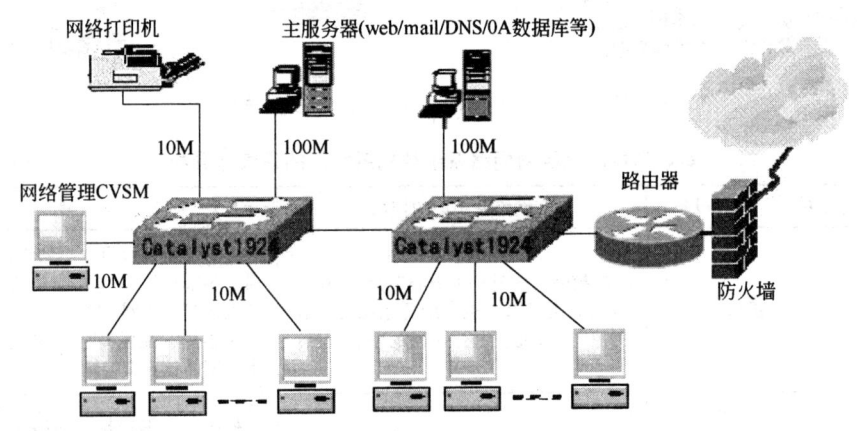

图 7-3-2　某企业网络结构

对该企业网络结构的分析内容见表 7-3-2。

对某企业网络结构系统图的识读与分析　　　　表 7-3-2

序号	主要单元部分及设备	在网络系统中的作用	说　　明
1	两台 Catalyst1924 交换机	每台交换机的 2 个 100M 高速交换端口中的一个连接服务器，另一个则实现交换机之间的互联	两台交换机共 48 个 10M 交换端口连接相对分散的桌面用户。该方案采用 1720 模块化路由器实现与广域网连接
2	网络打印机	为局域网共享	
3	主服务器	包括：Web 服务器、文件服务器、邮件服务器、域名服务器、办公用数据库服务器等	50 用户以内的网络可以分为两种，一种是采用 10M 交换端口连接桌面用户；另一种则是采用 10/100M 自适应交换端口连接桌面用户。这两种情况分别采用了不同的交换机

续表

序号	主要单元部分及设备	在网络系统中的作用	说　　明
4	路由器	实现将局域网与公网的联结	路由器内置了 IOS 软件防火墙
5	连接线缆	实现网络内设备的连接	两台 Catalyst1924 交换机之间可使用光纤连接，交换机到各个用户计算机之间可用超 5 类对角线连接，提供 10M 的带宽
要 点 分 析			
1	中小型企业的组网方案主要要素有：局域网进行覆盖、与广域网连接、有较好的网络管理和安全性		
2	可选用 DDN、帧中继、模拟拨号等广域网连接方式		
3	随着发展，所有网络设备均可在升级原有网络后继续使用，有效实现投资保护，系统安全，保密性高		

【例 7-3-3】　某大学校园网网络结构如图 7-3-3 所示。读图并分析。

某大学校园网总体采用环型和星型相结合的网络拓扑结构，主干采用 1000M 网络技术组网。全校所有上网计算机均通过各个院系大楼的楼栋汇聚交换机与该区域的汇聚层交换机相连，区域汇聚交换机分别连接到两台不同的核心交换机上，再通过两台路由器分别与 CERNET 和中国电信网连通，详见图 7-3-3。

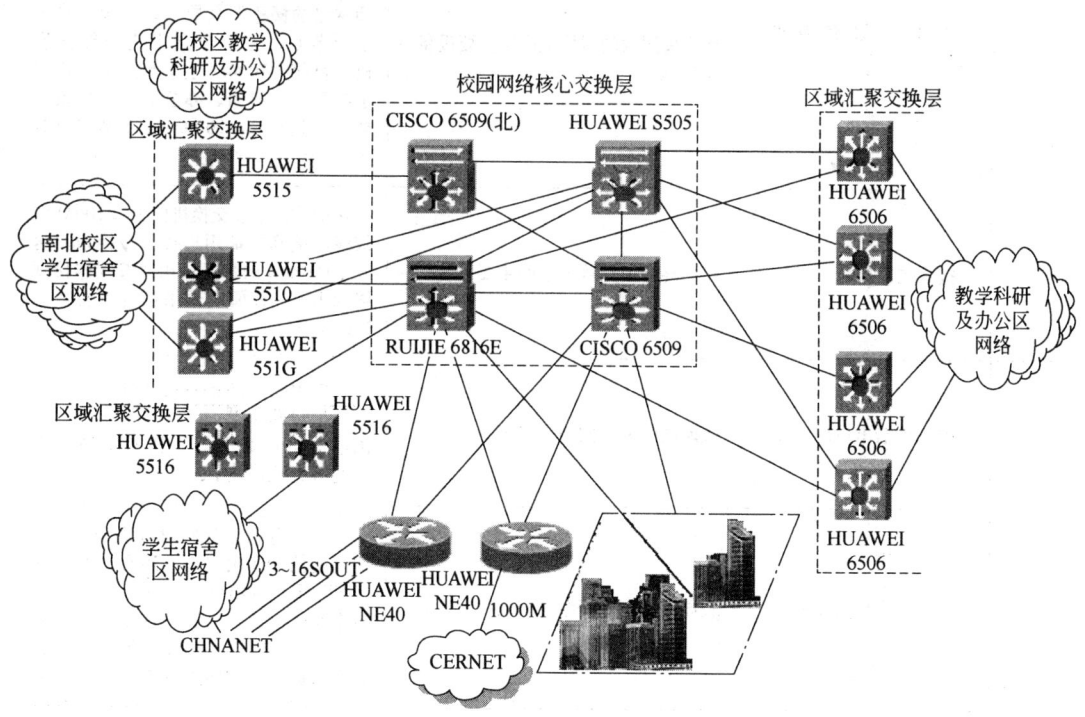

图 7-3-3　某大学校园网网络结构

对该校园网网络结构的分析内容见表 7-3-3。

	要 点 分 析
1	如果一个较大型的校园网络或企业网络,核心交换机有四台,彼此之间可以使用环形拓扑实现连接
2	但网络信息点数量较大且网络功能较为复杂时,在汇聚层下面开可以有楼栋汇聚层,在楼栋汇聚层下面再设接入层
3	核心交换机上连的路由器可以作为校园网的出口,如连接到教育网(CERNET)或中国电信 163 等
4	可以使用透明硬件防火墙来作为网络的安全屏障
5	主干网、汇聚网的传输介质一般都用千兆或万兆光纤;接入层网络由于各类用户的需求不同可以灵活地分别提供:1000M、100M、10M 的带宽

【例 7-3-4】 某企业网络解决方案如图 7-3-4 所示。读图并分析。建网原则见表 7-3-4。

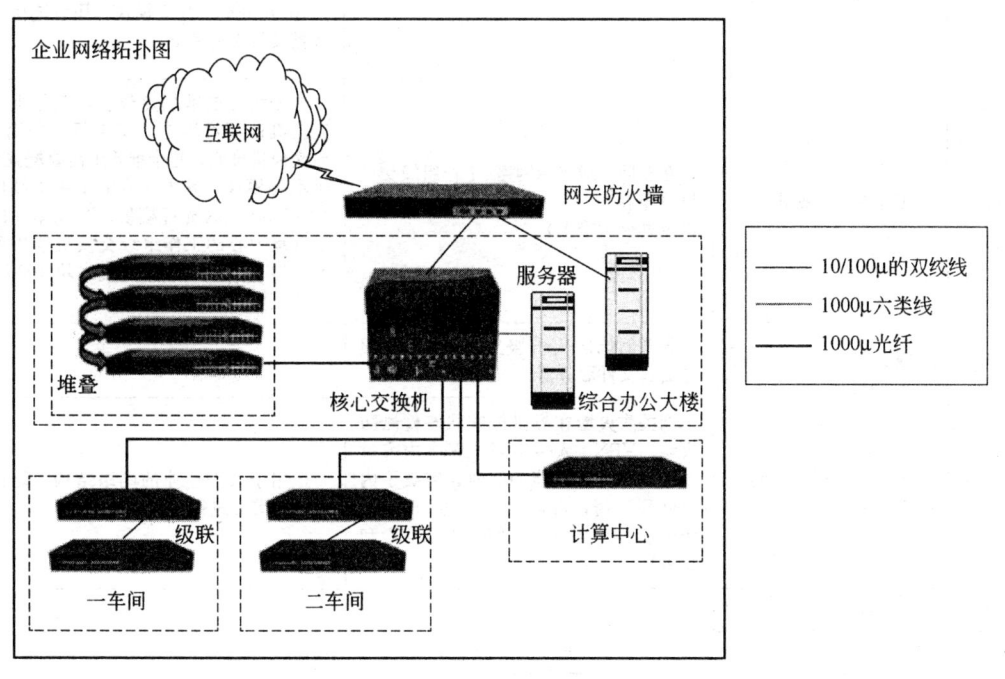

图 7-3-4 某企业网络解决方案

建 网 原 则　　　　　　　　　　　表 7-3-4

建网原则	简 单 描 述
标准型	所有设备均遵循 ISO 标准,支持 IEEE 802.3 协议族
开放性	所有设备均采用 SC、RJ45 接口,交换机的通用 MIB 支持第三方的管理软件
可靠性	所有设备均采用权威机构认可的产品,采用集中式管理,简化线路检查维护
经济性	在保证网络性能的同时,选用的设备集成化程度高、线路简单和性价比高

该解决方案的分析内容见表 7-3-5。

某企业网络解决方案系统图识读与分析　　　　表 7-3-5

序号	主要单元部分及设备	在网络系统中的作用	说　明
1	核心交换机	是整个企业网络星形拓扑的中心节点，这里也是中心交换机	中心交换机是三层交换机，配置有路由模块，还提供了 14 个模块化插槽，最大支持 24 个千兆光纤口，96 个百兆端口和光口。交换机支持通用的路由协议（RIPv1、RIPv2、OSPFv2 等）、DVMRP（距离矢量组播路由协议），并且支持 2048 个基于 IEEE 802.1Q VLAN 划分（PORT、IP）。 机箱式三层路由交换机放在办公大楼的中心机房内，通过多模光纤下联各工作组级交换机，为此，YES—3714M 扩展了 2 块 2 端口 1000Base—SX 模块。另外选用了一块 8 端口。 10/100Base RJ45 模块，用以连接服务器及管理机等 PC
2	工作组级交换机	在车间一级组织网络（工作组级交换机分布在车间一、车间二、计量中心以及办公大楼上）	办公大楼的数据点较多，工作组级交换机选用可堆叠式交换机，采用 4 台交换机堆叠，每个堆叠组需要配置 1 个堆叠模块，其中一台配 1 块 1 端口 1000Base—SX 光纤模块。其他车间以及计量中心的工作组级交换机选用可网管型交换机，每台配置一块 1000M 光纤模块
3	服务器	服务器包含 Web 服务器、E-mail 服务器、文件服务器	
4	防火墙（采用了网关防火墙）	网关防火墙在提供传统状态检测防火墙、VPN、入侵检测、Web 内容过滤和流量控制功能的同时，突破了内容处理障碍，可以提供实时的保护，防御基于内容的安全威胁（例如病毒和蠕虫）	适用于大型企业的网络结构，能在本地部署并进行远程管理
5			
要点分析			
1	局域网的建设目标是：其主干为 1000M 带宽；采用多模光纤，100M 到桌面；中心交换机应支持三层交换；网络可划分 VLAN。服务器实现 Web、E-mail 等功能，能实现网络用户的 Internet 接入。同时还应考虑网络的性价比，保证建成后整个厂的局域网具有良好的标准性、开放性、可靠性、经济性		
2	采用星型以太网结构；中心交换机应支持至少 4 个 1000M 光纤端口。交换机应支持 VLAN（虚拟局域网）功能		
3	二级交换机应支持至少 1 个 1000M 光纤端口		
4	为了网络保证速率和性能，网络结构可设计成二级结构（核心级和工作组级）		
5	Internet 接入采用路由器或软路由方式实现		
6	为了获得更好的网络性能，各级交换机应支持 QoS		
7	核心交换机支持 VLAN 功能，划分 VLAN 可有效低阻隔数据包的广播，降低病毒侵害的危险。VLAN 间的通信通过中心交换机的三层路由转发功能实现（此处的核心交换机和中心交换机是通过一台交换机）		
8	网络采用了层次化、模块化；本网络设计的特点为层次化、模块化设计		

【例 7-3-5】 一个 D-Link 无线 ADSL 小型网络解决方案如图 7-3-5 所示。读图并分析。

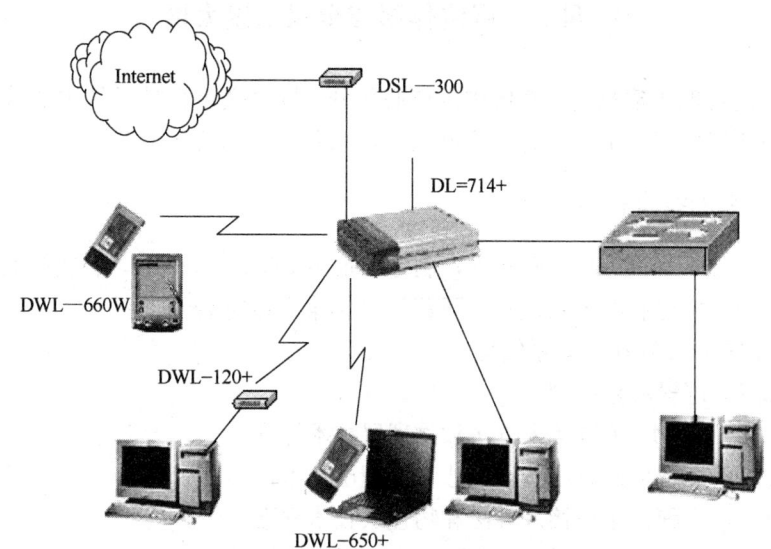

图 7-3-5　D-Link 无线 ADSL 小型网络解决方案

分析内容见表 7-3-6。

对 D-Link 无线 ADSL 小型网络解决方案系统图的识读与分析　　表 7-3-6

序号	主要单元部分及设备	在网络系统中的作用	说　明
1	DI-714P＋无线局域网宽带路由器	组建无线局域网	实现了无线、有线网络的结合
2	D-Link DWL—660 无线网卡	台式机和笔记本必须配备的硬件设备	组建无线局域网的终端设备必须装备无线网卡。通信标准为 IEEE 802.11b；速率为 11M；接口类型为 PCMCIA 接口
3	DSL—300 调制解调器	是 ADSL 宽带接入的必须配置的设备	
4	交换机	组建有线局域网	用来组建有线局域网
5	PDA 个人数字助理	通过无线网卡，可以使 PDA 接入无线网络	
要　点　分　析			
1	无线局域网宽带路由器的广域网端口和 ADSL Modem 的 RJ-45 端口相连，将装备了 802.11b 无线网卡的台式机和笔记本电脑通过直通线接入到无线路由器的局域网端口，组成一个无线网络和有线网络混合的局域网		
2	在硬件连接完毕后，还要进行必要的软件设置后，混合网络才能够正常工作		
3	PDA 与其他台式机和笔记本电脑一同接入混合网络		
4	接入方式较为灵活，组网方式也较为灵活		

第四节　网络体系与全双工以太网

计算机网络是现代建筑信息系统中的核心部分，同时楼宇自控系统中的管理网络一般情况下，也使用以太网。下面是计算机网络的体系及相关的技术标准。

1. 网络体系的技术标准

在 IEEE802 L&MAN/RM 框架下，制定了很多 IEEE802 标准，有些标准已经修改为 ISO 的国际标准，但也有的未获成功。IEEE802 标准有以下若干类。

IEEE802.1(A)：综述和体系结构

IEEE802.2：逻辑链路控制

IEEE802.3：CSMA/CD 接入方法和物理层技术标准

IEEE802.4：令牌传递总线接入方法和物理层技术标准

IEEE802.5：令牌传送环接入方法和物理层技术标准

IEEE802.6：城域网 MAN 接入方法和物理层技术标准

IEEE802.7：宽带技术

IEEE802.8：光纤技术

IEEE802.9：综合话音数据局域网

IEEE802.10：可互操作的局域网的安全

IEEE802.11：无线局域网 WLAN

IEEE802.12：优先级轮询局域网

IEEE802.13：没有使用

IEEE802.14：基于电缆电视(Cable—TV)的广域网

IEEE802.15：无线个人区域网络 WPAN(蓝牙)

IEEE802.16：宽带无线网

IEEE802.17：弹性分组环 RPR

与楼宇自控系统管理层网络紧密相关的 IEEE802.3 规范和布线标准见表 7-4-1。

IEEE 802.3 规范和布线介质标准　　　　表 7-4-1

分类	802.3 规范	通信介质	介质标准
传统以太网	802.3	同轴粗电缆	10Base.5
	802.3a	同轴细电缆	10Base.2
	802.3i	三类双绞线	10Base—T
	802.3j	MMF 光缆	10Base—F
快速以太网(FE)	802.3u	五类双绞线	100Base—T
		MMF/SMF 光纤	100Base—F
吉比特以太网(GE)	802.3ab	超五类双绞线	1000Base—T
	802.3z	850nm 短波光缆	1000Base—SX
		1310nm 长波光缆	1000Base—LX/LH

续表

分类	802.3规范	通信介质	介质标准
10吉比特以太网（TE）	802.3ae	850nm 短波光缆	10GBase—S
		1310nm 长波光缆	10GBase—L
		1550nm 长波光缆	10GBase—E

2. 全双工和交换式以太网

楼控系统如果采用通透以太网结构，应该使用全双工和交换式以太网或工业以太网。

1）全双工以太网的特点

采用 CSMA/CD 方式的以太网，在每个时刻总线上只能有一个站在某个方向发送数据，是一种半双工传输方式。

1997 年制定的 IEEE802.3x 标准定义了全双工以太网，其主要特点详见如下所述。

① 全双工以太网能够同时发送和接收数据，因此它可以提供半双工模式两倍的带宽。为此，需要使用能够同时进行数据发送和接收的媒体类型，10BaseT、10BaseFL、100BaseT4、100BaseTX、100BaseFX、100BaseT2、1000BaseX 的媒体系统支持全双工模式。

② 全双工以太网使用交换机通过点对点链路连接计算机组成，在点对点媒体段上只能连接一对站点。计算机的网络接口和交换机必须支持全双工模式。

③ 使用和半双工以太网同样的帧格式、最小帧长、帧间隙 IFG 和 CRC 校验等。

④ 不再使用 CSMA/CD 媒体接入控制方式，是无冲突的（Collision Free）。网络长度也就不受 CSMA/CD 时槽的限制。基于多模光纤的 100BaseFX 的网段长度由半双工模式的 412m 扩大到 2000m，其他 100 兆及以下的以太网网段长度没有变化，这与电缆的信号传输特性有关。1000BaseX 多模和单模光纤在全双工模式下，网段跨距分别可达到 550m 和 5000m。

⑤ 定义了显式的流量控制。为了进行流量控制，定义了 MAC Control 帧。

全双工模式可以用于以下场合：

① 交换机到交换机的连接，它们之间往往有较长的距离；

② 交换机到服务器的连接，可以加倍服务器的链路带宽；

③ 长距离计算机设备的连接。

2）交换式以太网

在传统的以太网中，采用 CSMA/CD 媒体接入控制协议。这种传统的媒体接入方法使众多的站点处于一个冲突域中，冲突域中的各站点共享一个公共传输媒体，在任何给定时间内，共享媒体局域网只允许一个工作站有权发送信息，各站点共享网络固定的带宽（如100Mbit/s）。如果网上共连接了 n 个站点，那么每个站点平均分享到的带宽只有总带宽的 $1/n$，当存在冲突时还要低，网络系统的效率会随着节点数的增加和应用的增多而大大降低。另外，由于冲突域的限制，传统的以太网也难以构建较大规模的网络交换机接收并暂存传入的帧，根据目的地址和一个端口—地址表转发到另一个输出端口。交换机是由网桥（bridge）发展而来的，技术上非常类似网桥。交换机有多个端口，而且交换机的功能由网桥的基于软件转向使用先进的专用集成电路 ASIC 硬件，使转发速度大大加快。交换机本质上是一个高速的多口网桥（Multipart Bridge）。

第五节　无源光网络

1. 无源光网络的一个实现方案

当前，无源光网络（PON）正在迅速发展，EPON（以太网无源光网络）、GPON（千兆无源光网络）、GEPON（千兆以太网无源光网络）等网络应用，使光纤距离用户桌面越来越近，无源光网络还会对布线产生直接的影响。

EPON/GPON 主要由 OLT（光线路终端）局端设备、ODN（光分配网络）交接设备和 ONU（光网络单元）用户端设备等组成。EPON/GPON 组网方式如图 7-5-1 所示。

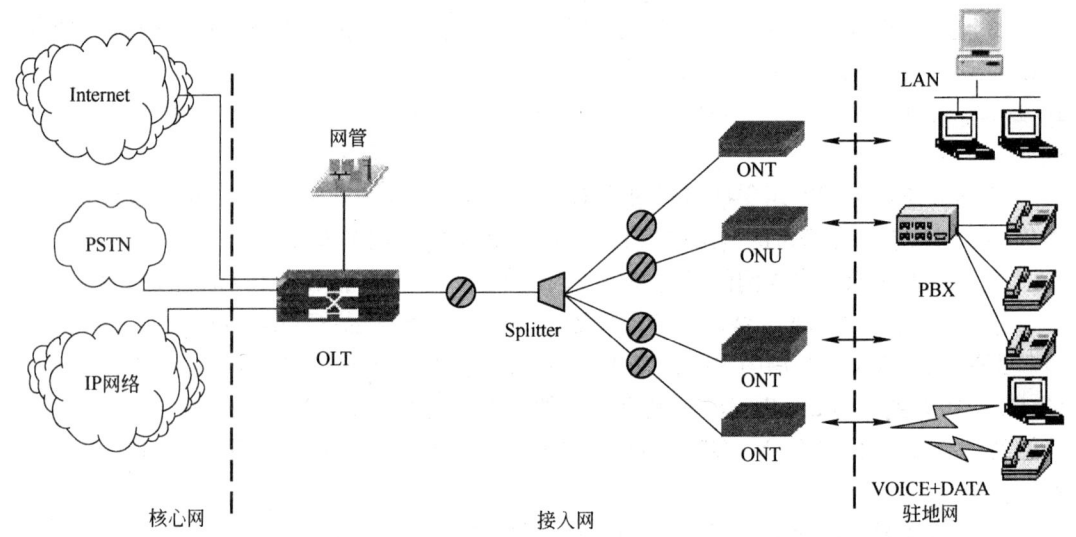

图 7-5-1　EPON/GPON 组网方式

注：图 7-5-1 中的 Splitter 是光分路器（光分配网络）；ONT 是 GPON 光网络终端。

2. EPON 写字楼接入的一个解决方案

在 EPON 网络中，光网络单元 ONU 直接进入用户驻地，对于商业写字楼内的用户就是实现了 FTTO（光纤到办公室），一根光纤入楼后，通过无源分支器接入用户。这样一来，写字楼一侧就不需要为汇聚设备提供机房和供电、维护成本低。

EPON 写字楼接入的一个解决方案如图 7-5-2 所示。

3. 光纤接入在楼宇中的几个应用方案

1）楼宇千兆光纤主干网络解决方案

一个千兆光纤主干网络解决方案如图 7-5-3 所示。

在图中，千兆光纤接入到楼层配线间的光纤配线架。楼层配线架至信息插座之间可使

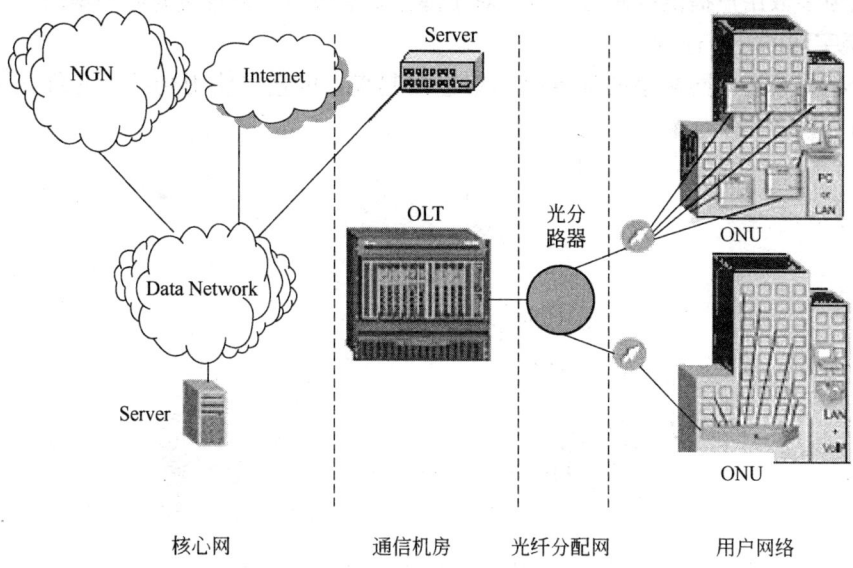

图 7-5-2　EPON 写字楼接入的一个解决方案

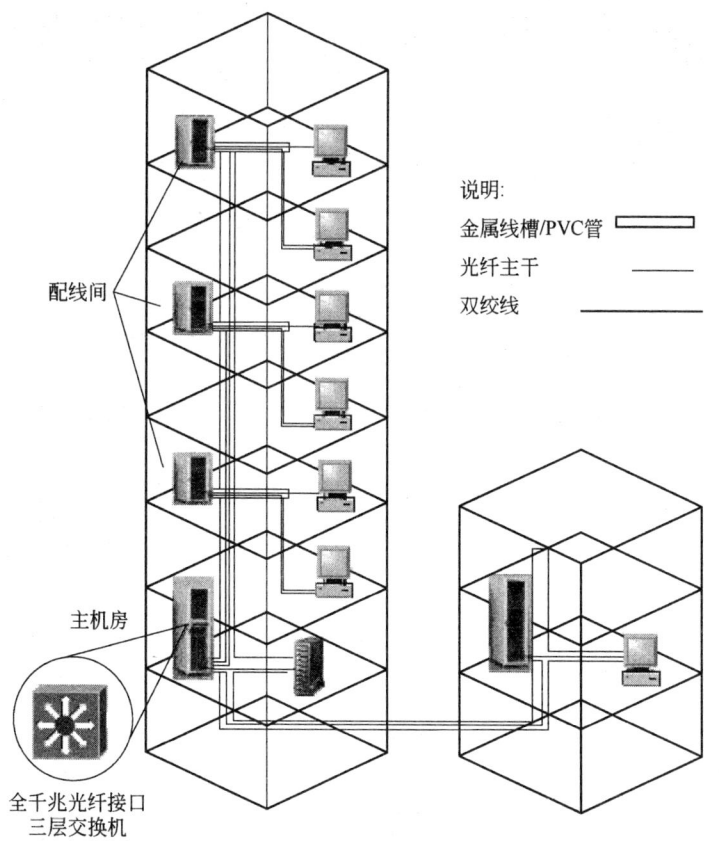

图 7-5-3　千兆光纤主干网络解决方案

用双绞线为多数用户提供接入层链路，对于部分高端用户可以直接光纤到桌面。

2）楼宇间的光纤连接

为使相距较近不同楼宇的计算机网络连接起来，可直接使用光纤和光纤接入设备连接，如图 7-5-4 所示。

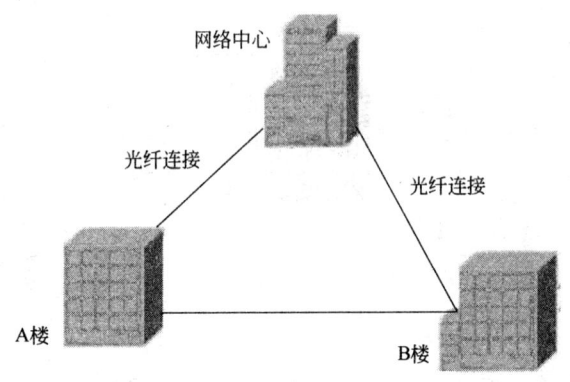

图 7-5-4　使用光纤和光纤接入设备连接

第八章 卫星电视及有线电视系统基础及识图

第一节 卫星电视及有线电视系统的基本概念

1. 卫星电视及有线电视系统概述

有线电视系统的英文缩写是CATV，一般使用同轴电缆作为介质，传送电视和广播信号到用户终端的弱电系统。早期传统的有线电视系统采用共用天线电视系统（Community Antenna Television）的组成结构，后来发展到以有线闭路的形式传送各种电视信号。随着网络通信技术的发展，光缆技术和双向传输技术逐渐应用于有线电视系统中，同时卫星和微波通信技术也为传统形式的有线电视系统提供了有效的补充，打破了传统闭路与开路的界限。其传输媒质主要包括同轴电缆、光缆、卫星和微波。智能建筑中的有线电视系统不仅可以提供节目的收看与点播，还可以通过HFC（综合数字服务宽带网接入技术）技术使用户方便地与互联网相连。

卫星电视及有线电视系统主要由前端系统、干线传输系统和用户分配系统组成。有时候前端系统还可细分出信号源部分，如图8-1-1所示，该图为卫星电视及有线电视系统的基本组成框图。卫星电视及有线电视系统通过前端设备将各种电视信号（包括卫星电视信号、微波电视信号、广播信号以及其他的有线电视信号等）采集并进行相应的调制、放大

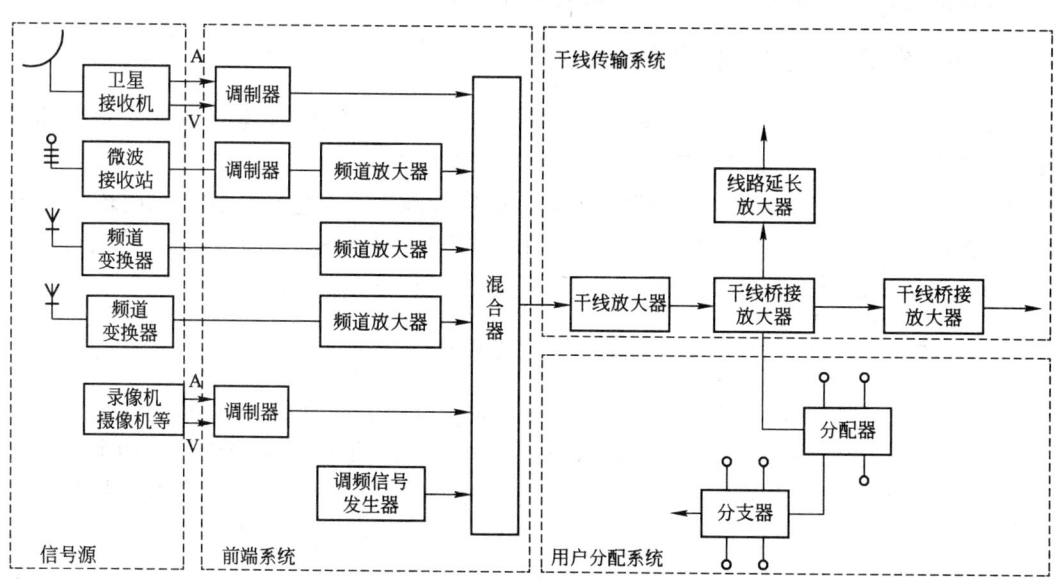

图8-1-1 卫星电视及有线电视系统的基本组成框图

和均衡，再将所有信号汇集到混合器通过干线传输系统将信号送到各个用户分配系统中去，在用户分配网络中通过分配器或分支器的组合应用将电视信号送到客户端，使用户收看到清晰的电视节目。

传统的有线电视系统采用闭路的形式，容易和闭路电视监控系统混淆。虽然两套系统结构形式有相似之处，但它们还是有着许多的区别，无论是核心技术发展，还是应用领域，特别是在视频监控系统向着网络化、无线化发展以后，两者的区别也越来越明显。

2. 卫星电视及有线电视系统的特性与功能

1）提供清晰的广播电视节目

有线电视系统通过多种接收方式，完成对视频和音频信号的采集，通过同轴电缆或光缆组成的传输系统和分配系统，将信号传送到用户终端。

2）通过 HFC 宽带网络提供互联网接入服务

如今，有线电视系统其功能已不再局限于仅仅传输电视节目，随着双向传输技术的应用，基于 HFC（综合数字服务宽带网接入技术）的互联网络系统使用户可以高速连接到 Internet 中，不仅省去了再次布线的麻烦，而且在传输速度上并不比其他接入方式差。

3）实现 VOD 视频点播服务

数字有线电视系统可支持 VOD 视频点播，用户可随时点播想要收看的各种节目，彻底改变目前被动的收看方式，完全可以根据用户的喜好灵活地进行选择。同时，还可通过安装硬盘录像设备，完成对节目的永久保存。

4）提供多种增值业务

通过对数字信号的加密处理，用户可有偿地选择多种增值业务，如付费电视、远程教育、股票信息、电子游戏、电子商务等综合交互式业务。

3. 卫星电视及有线电视系统的传输方式

卫星电视及有线电视系统分为有线和无线两种传输方式。有线传输方式主要以同轴电缆或光缆为传输介质。无线传输方式主要以微波传输和卫星传输。

在中近距离传输时，通常采用隔频传输、邻频传输、增补频道传输、双向传输等方式，其传输媒质一般是同轴电缆、光缆、平衡电缆等有线介质；而在较远距离传输时，除用光缆和光纤同轴混合方式（HFC）外，还常用微波和卫星通信方式。

4. 卫星及有线电视系统的频道划分及系统带宽

根据我国广播电视的频道划分的标准，每个频道占用带宽为 8MHz，因为中间插有调频广播等因素，实际电视节目使用的频率范围内可以安排约 68 个电视频道，如果是通过有线闭路电视系统传输电视节目，因为没有其他无线电业务，可以在 68 个电视频道的基础上，增加 43 个电视频道，称为增补频道，分别见图 8-1-2 与表 8-1-1 所示。目前国内有线电视系统常用的系统带宽主要有 300MHz、450MHz、550MHz 和 750MHz 等，由于 300MHz、450MHz 系统频带较窄，已经逐渐被淘汰。

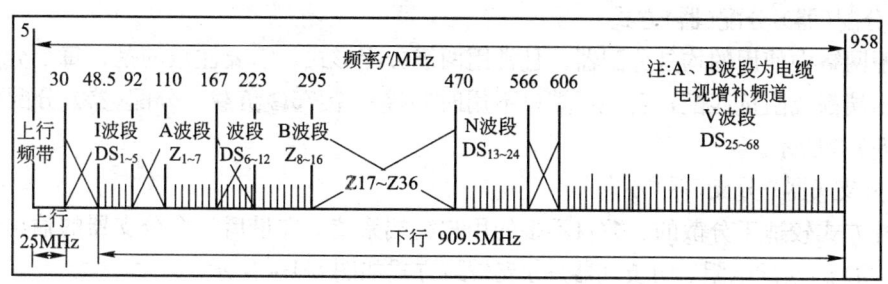

图 8-1-2 广播电视的频道划分

有线电视频道划分表　　　　　　　　　　　　　　　　　　表 8-1-1

频率范围/MHz	系统种类	电视频道数/个	增补频道数/个	总频道数/个
48.5～223	VHF 系统	12	7	19
48.5～300	300MHz	12	16	28
48.5～450	450MHz	12	36	48
48.5～550	550MHz	22	38	60
48.5～600	600MHz	24	43	67
48.5～750	750MHz	42	43	85
48.5～860	860MHz	55	43	98
48.5～958	V+U 系统	68	43	111

有线电视频段可划分为上行频段、过渡频段、FM 频段和下行频段，如表 8-1-2 所示。其中，5MHz～65MHz 用于上行交互式综合业务频带，包括状态监控计算机联网、模拟电视及数据信号等；(65～87)MHz 用于上下行频段的隔离带；(87～108)MHz 用于 FM 调频立体声广播频段；(108～550)MHz 用于下行模拟电视传输频段，可传送 59 路 PAL 电视节目；(550～650)MHz 用于下行数字压缩电视频段，主要用于 VOD 视频点播业务；(50～860)MHz 用于交互式综合业务的下行传送频段，可实现计算机联网和个人通信等业务。

有线电视系统频率划分表　　　　　　　　　　　　　　　　表 8-1-2

波 段	频率范围/MHz	业务内容
上行频段(R)	5～65	上行业务
过渡频段(X)	65～87	过渡带
FM 频段(FM)	87～108	声音广播业务
下行频段(A)	110～1000	模拟电视、数字电视、数据业务

5. 有线电视系统分配模式

卫星及有线电视系统中分配模式主要有以下几种。

1) 串接分支链方式

这是分配网络中常用的分配方式。串接的分支器数目与分支器的插入损耗和电缆衰减有关。通常在 VHF 系统中，一条分支链上可串接二十几个分支器，在全频道系统中，一条分支链上串接的分支数小于 8 个。在最后一个分支器的输出端要接上一个 75Ω 的匹配电阻。

2) 分配(器)-分配(器)方式

分配网络中使用的均是分配器，且常用两级分配形式。需要注意的是，每个分配器的每个输出端都要阻抗匹配，若某一端口不用时要接一个 75Ω 负载。分配(器)-分配(器)方式如图 8-1-3 所示。

3) 分支(器)-分支(器)方式

这种方式较适于分散的、数目不多的用户终端系统。在最后一个分支器的输出端要接上一个 75Ω 的匹配电阻。分支(器)-分支(器)方式如图 8-1-4 所示。

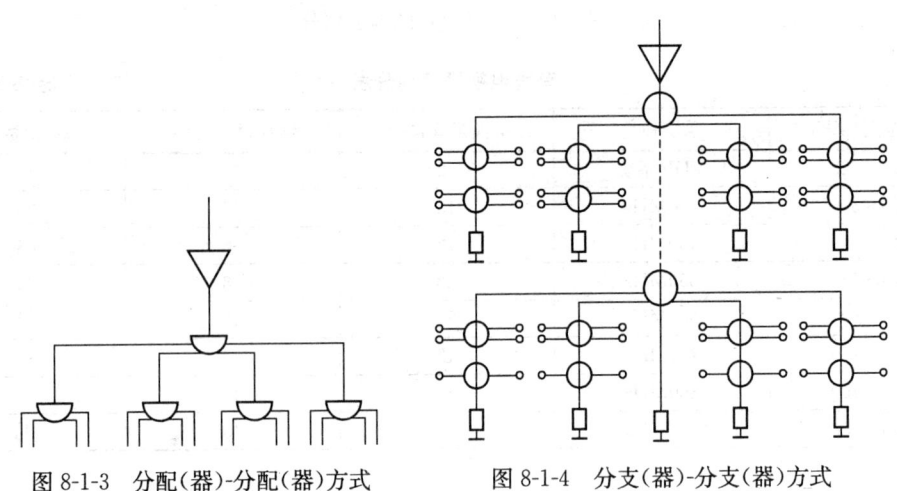

图 8-1-3　分配(器)-分配(器)方式　　　　图 8-1-4　分支(器)-分支(器)方式

4) 分配(器)-分支(器)方式

这种分配方式是用户分配系统中最常用的分配方式。在分配-分支网络各分支端可以空载，但最后一个分支器的输出端仍要接上一个 75Ω 的负载电阻。分配(器)-分支(器)方式如图 8-1-5 所示。

5) 分配(器)-分支分配(器)方式（多分支输出端分支器）

这种方式带的用户终端较多，但分配器输出端不要空载。分配(器)-分支分配(器)方式如图 8-1-6 所示。

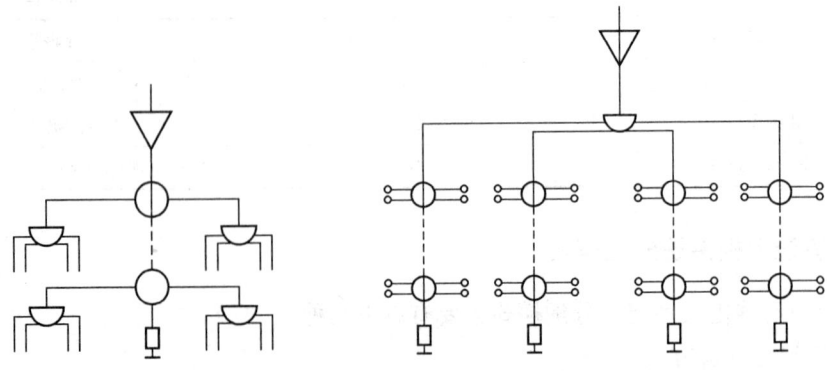

图 8-1-5　分配(器)-分支(器)方式　　　　图 8-1-6　分配(器)-分支分配(器)方式

对于具体到建筑物中有线电视系统的分配可以根据不同户型采用不同的分配结构。线框内设备装于楼梯间或竖井内见表 8-1-3～表 8-1-8。

一梯二户型　　表 8-1-3

户　型	类　别	示意图
一梯二户型	每户一条入户线、一个输出口	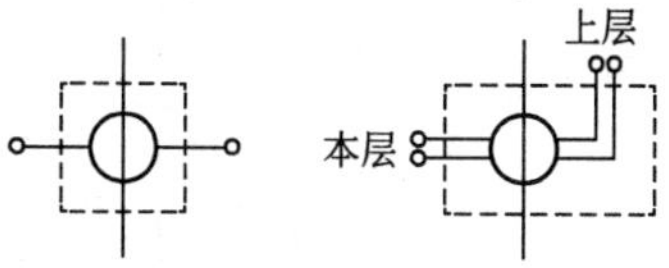上层 本层
	每户一条入户线、二个输出口	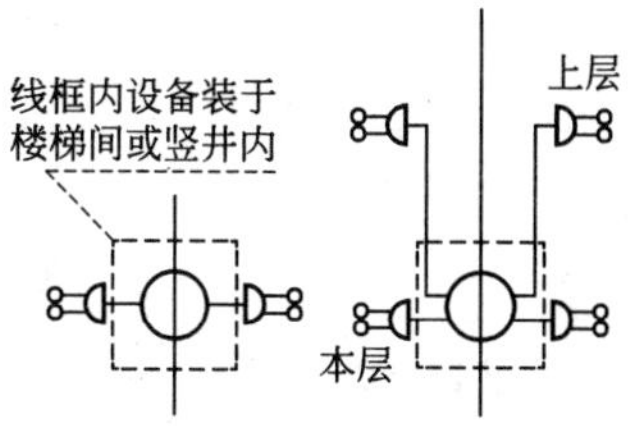线框内设备装于楼梯间或竖井内 上层 本层
	每户二条入户线、二个输出口	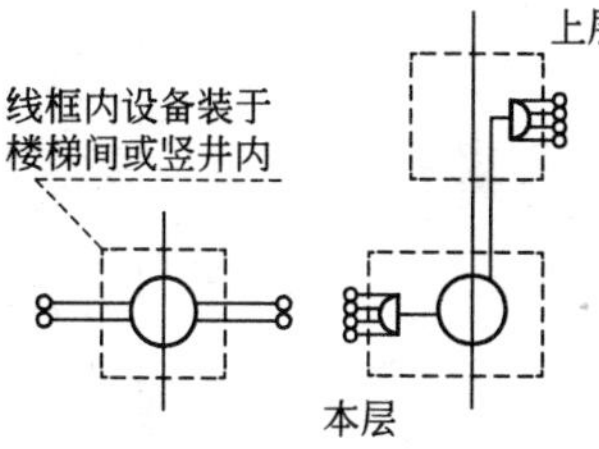线框内设备装于楼梯间或竖井内 上层 本层

一梯三户型　　表 8-1-4

户　型	类　别	示意图
一梯三户型	每户一条入户线、一个输出口	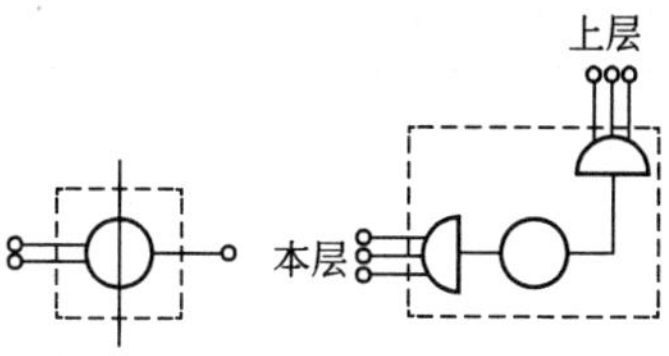上层 本层
	每户一条入户线、二个输出口	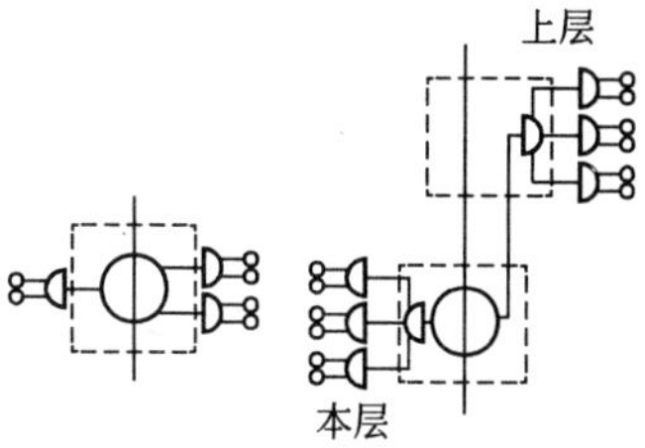上层 本层
	每户二条入户线、二个输出口	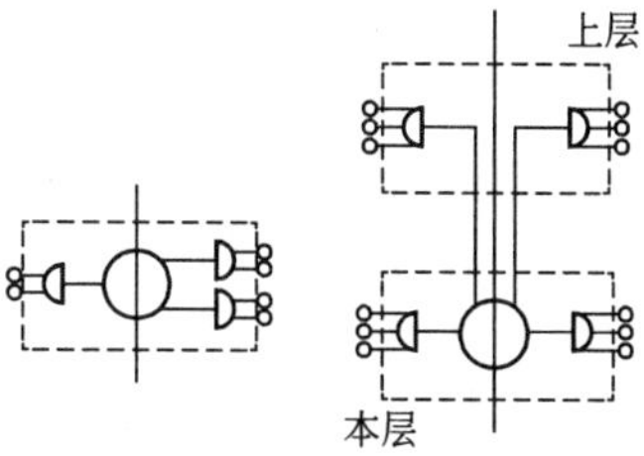上层 本层

一梯四户型 表8-1-5

户 型	类 别	示 意 图
一梯四户型	每户一条入户线、一个输出口	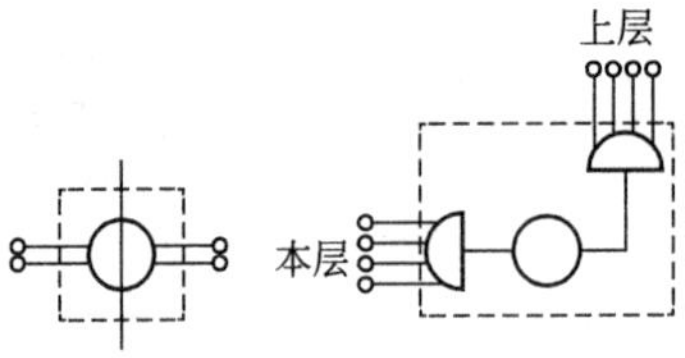
	每户一条入户线、二个输出口	
	每户二条入户线、二个输出口	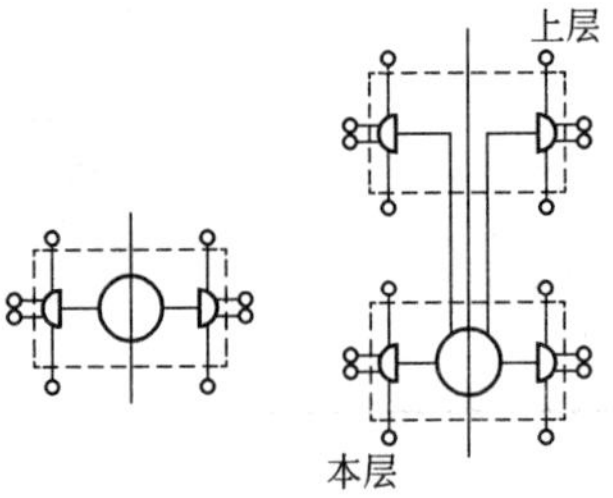

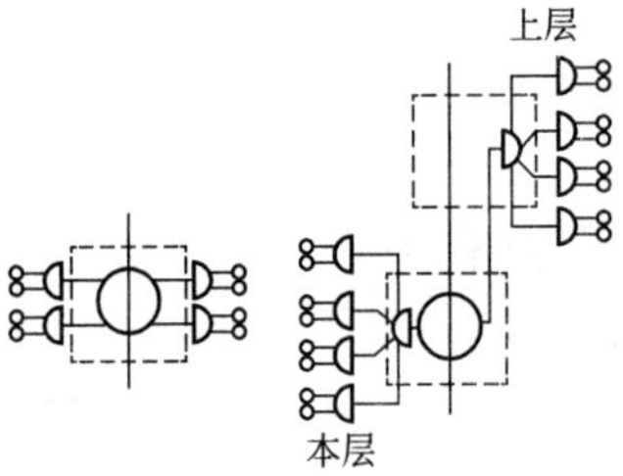

一梯六户型 表8-1-6

户 型	类 别	示 意 图
一梯六户型	每户一条入户线、一个输出口	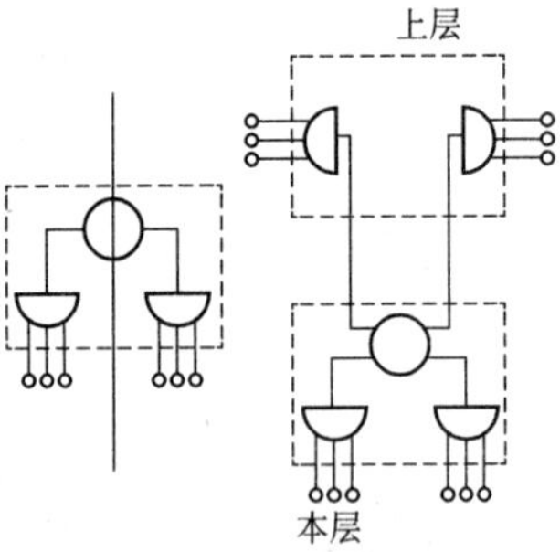
	每户一条入户线、二个输出口	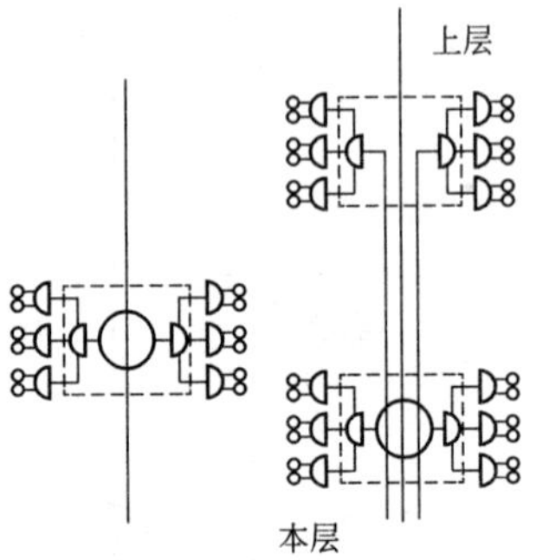

续表

户　型	类　别	示　意　图
一梯六户型	每户二条入户线、二个输出口	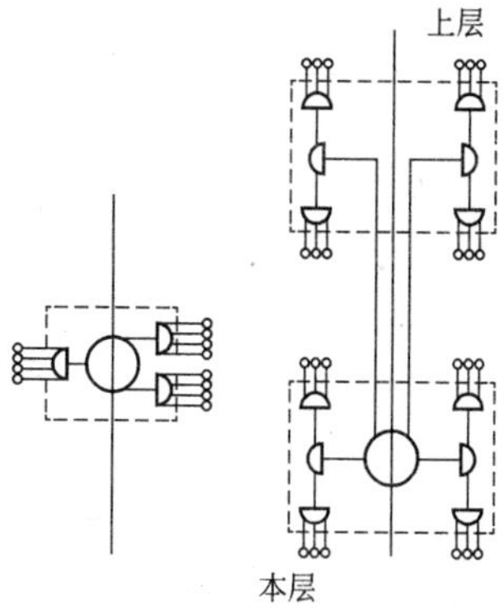

一梯八户型　　　　　　　　　　　　　　　表 8-1-7

户　型	类　别	示　意　图
一梯八户型	每户一条入户线、一个输出口	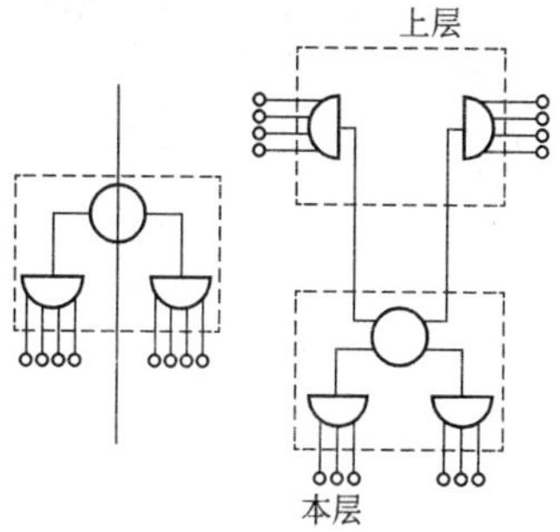
	每户一条入户线、二个输出口	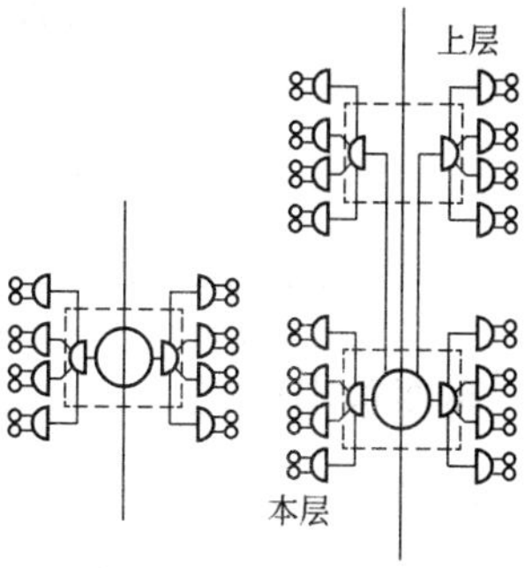
	每户二条入户线、二个输出口	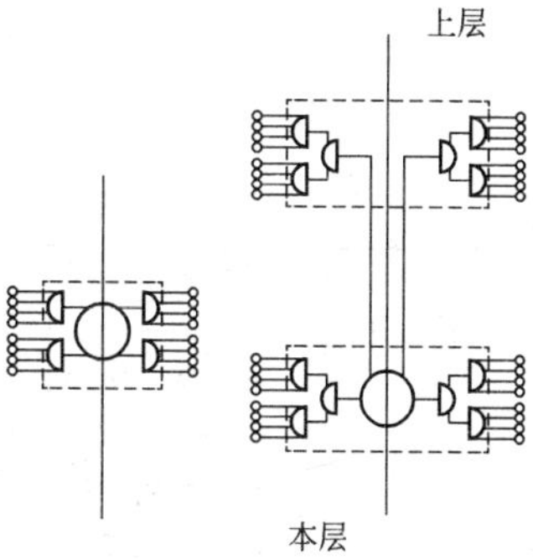

一梯十户型　　　　　　　　　表 8-1-8

户　型	类　别	示　意　图
一梯十户型	每户一条入户线、一个输出口	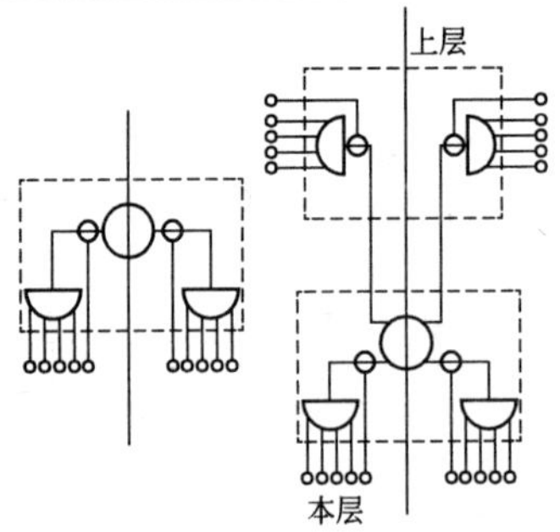
	每户一条入户线、二个输出口	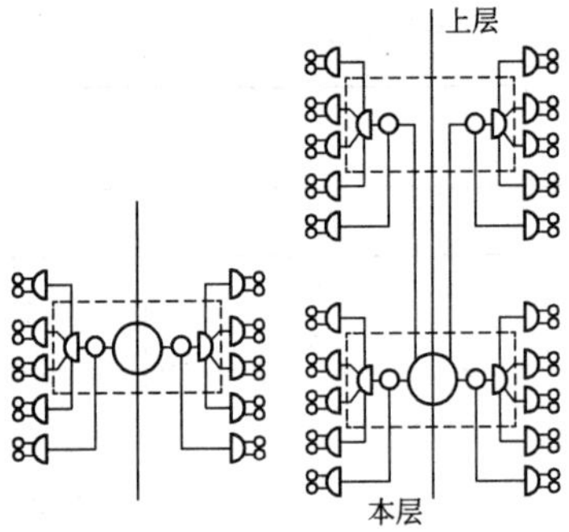
	每户二条入户线、二个输出口	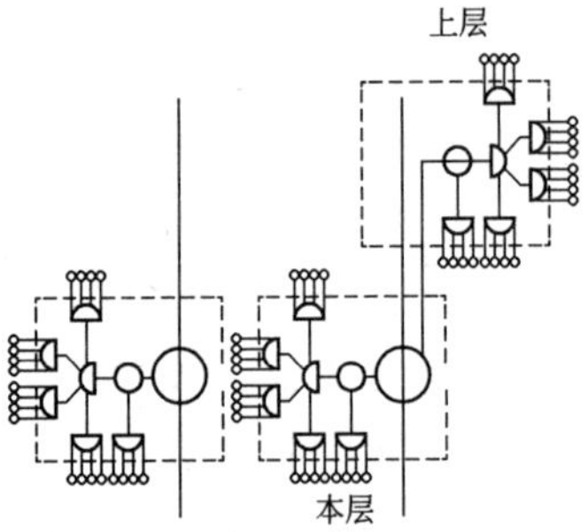

6. 高清数字电视

数字电视是指音频、视频信号从编辑、制作到传输直至接收和处理均采用数字技术的电视系统。数字电视可以通过卫星、地面广播、有线电视系统、宽带这四种方式接入。如表 8-1-9 所示，数字电视可以按以下几种方式分类。

数字电视分类　　　　　　　　　表 8-1-9

分类方式	类　别	分类方式	类　别
按信号传输方式	地面数字电视 DVB-T	按显示比例	4：3
	卫星数字电视 DVB-S		16：9
	有线数字电视 DVB-C		
按清晰度	低清晰度数字电视（LDTV）	按产品类型	数字电视显示器
	标准清晰度数字电视（SDTV）		数字电视机顶盒
	高清晰度数字电视（HDTV）		一体化数字电视接收机

高清数字电视（HDTV）是在数字电视的基础上发展而来的，其清晰度、信号强度和图像格式都有较高的提升，使电视节目的视觉效果和观赏性都大大增加。如表 8-1-10 所示为高清晰数字电视接收机的标准。

高清晰数字电视接收机的标准　　　　　　　　　　　表 8-1-10

序　号	性　　能
1	接收和解调高清晰度电视信号
2	能显示 1920×1080i/50Hz 或更高图像格式的视频信号
3	显示屏的高宽比为 16∶9
4	水平清晰度及垂直清晰度达到 720 电视线
5	能解码、输出独立的多声道声音

高清数字电视（HDTV）主要采用 720p、1080i 和 1080p 格式的视频信号，它们是由《美国电影电视工程师协会》确定的高清标准格式，其中 1080p 被称为目前数字电视的顶级显示格式。表 8-1-11 对常见的视频信号格式进行了分析，其中 i 代表隔行扫描，P 代表逐行扫描。

视频信号格式对比分析　　　　　　　　　　　表 8-1-11

序号	视频格式	分辨率	说　　明
1	480i	720×480i	与模拟电视清晰度相同，隔行 60Hz，行频为 15.25kHz
2	480P	720×480p	与 DVD 规格相类似，逐行 60Hz，行频为 31.5kHz
3	720p	1280×720p	高清格式
4	1080i	1920×1080i	
5	1080p	1920×1080p	

第二节　卫星电视及有线电视系统主要设备及组件

1. 卫星电视系统

卫星电视系统主要由上行发射站、星载转发器、地面接收站三大部分组成。对于建筑智能化系统来讲，地面接收站相关内容应该作为学习卫星电视系统的重点，下面也会对其相关设备进行主要说明。

1）上行发射站

它的作用是把电视台的节目信号经过调制和放大发送给卫星的星载转发器，同时也接收卫星的下行信号，对节目的质量和卫星运行姿态进行监测，以保证系统稳定运行。

2）星载转发器

它主要由天线、太阳能电源、控制系统和转发器等组成。星载转发器把接收到的上行信号转换成下行调频信号，放大后由定向天线向地面发射，起到一个空间中继站的作用。目前主要分为 C 波段转发器和 Ku 波段转发器两种，C 波段约为 6GHz，Ku 波段约为

14GHz，变换成下行频率 C 波段约为 4GHz，Ku 波段约为 12GHz。在工作带宽上主要有 36MHz、54MHz 和 72MHz 等三种带宽。

3）地面接收站

它的作用是接收从卫星传送的节目信号。通过高增益的卫星天线将接收星载转发的下行信号，再经过解调送往有线电视系统（CATV）。卫星地面接收站主要由卫星接收天线、卫星接收高频头和卫星电视接收机等部分组成。对于模拟接收与数字接收系统而言，二者的区别仅在于电视接收机不同。

数字卫星电视接收站通过卫星天线接收卫星的下行信号，经放大和变频得到中频信号，再经 QPSK 解调后转换为数字化信号，然后经过处理分离出视频、音频和数据码流，分别送到视频解压缩电路、音频解压缩电路和数据输出电路进行处理，还原电视信号。

根据用途不同，卫星地面接收站一般有四种类型，见表 8-2-1 所列。四种类型接收站对卫星电视信号的接收部分都是相同的，不同之处在于对信号质量的要求和信号的输出形式。

卫星电视系统地面接收站主要类型　　　　　　　　　　表 8-2-1

类型	说　明
转播接收站	主要用来接收卫星的下行电视信号，作为信号源为该地区的电视台进行转播。该站设施较复杂，接收到卫星转发的信号后，必须经过放大、变频、调制转换，将卫星调频信号进行处理，然后再经过变频和功率放大，从天线上再发射出去，让用户的电视机能直接从空中接收到转发来的卫星电视节目
电缆式转播接收站	电缆式转播接收站区别于转播接收站的是通过电缆将信号分配到用户终端
个体接收站	用户使用小型天线和简易接收设备收看卫星电视节目
集体接收站	通过固定式和移动式接收设备，将接收到卫星节目后经过各种放大和变频，借助于有线电视分配网络送到用户终端

图 8-2-1 为集体接收站的系统组成原理框图，它的前段通过卫星天线接收卫星的下行信号，经过放大和变频处理将信号发送到功率分配器，然后经过调制解调器对音频、视频、数据进行还原，再经过多路混合器合成信号，通过有线电视的用户分配网络传送清晰的电视信号到用户终端。目前，智能建筑中多采用这种模式的卫星电视系统，作为市内公共有线电视系统的有效补充。

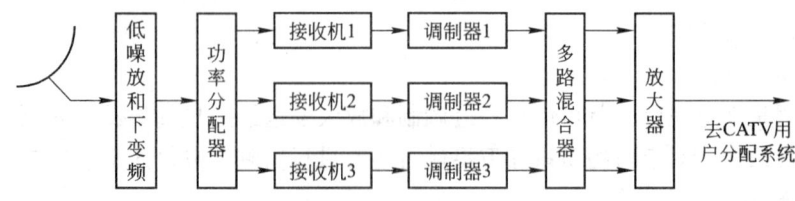

图 8-2-1　为集体接收站的系统组成原理框图

卫星地面接收站主要由卫星接收天线、卫星接收高频头和卫星电视接收机等部分组成，如图 8-2-2 所示。下面就来具体说明各个组件。

(1) 卫星接收天线

卫星电视系统的接收天线多采用抛物面式天线，如图 8-2-3 所示。抛物面天线是把来自空中的卫星信号能量反射聚成一点。抛物面天线又分前馈型和后馈型。前馈方式又分为正馈和偏馈，一般偏馈天线的效率稍高于正馈天线。由于卫星接收天线性能的优劣直接影响电视信号的质量，故天线增益、定向性和天线口径及工作波长等技术参数对于天心的选型就显得尤为

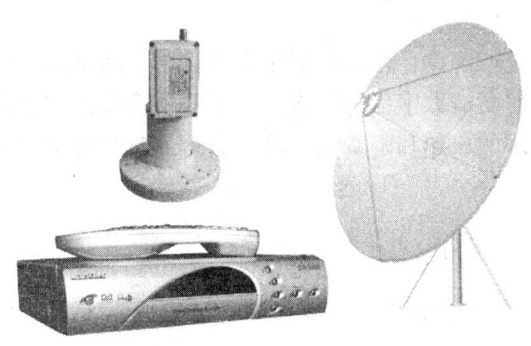

图 8-2-2　卫星地面接收站主要设备

重要。目前 C 波段卫星接收天线按口径可分为 1.2m、1.5m、3.0m、4.0m、5.0m 等，按增益可分别为 31.8dB、33.8dB、40dB、42dB 和 44.1dB 等。一般说来口径越大增益越高，它们都工作在 C 波段或 Ku 波段。

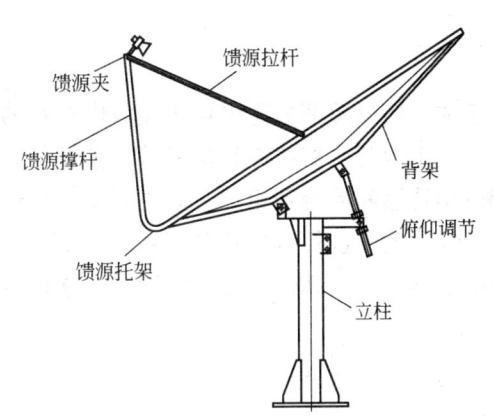

图 8-2-3　抛物面式卫星接收天线

(2) 馈源

抛物面天线的焦点处设置一个采集卫星信号的装置，称为馈源，又称波纹喇叭。主要功能是将天线接收信号(C 波段 3.4GHz～4.2GHz 和 Ku 波段 10.75GHz～12.75GHz)变换成信号电压，供给高频头，同时对接收的电磁波进行极化。

(3) 卫星接收高频头

卫星接收高频头又称降频器，英文简称 LNB，如图 8-2-4 所示，它将馈源送来的卫星信号放大和变频传送至卫星接收机。一般可分为 C 波段频率 LNB(3.7GHz～4.2GHz、18～21V)和 Ku 波段频率 LNB(10.7GHz～12.75GHz、12～14V)。它的工作流程就是先将卫星高频信号放大后利用本地振荡电路将高频信号转换至中频 950MHz～2050MHz，以利于同轴电缆的传输及卫星接收机的解调和工作。高频头的噪声度数越低越好，劣质的高频头会产生漂移的现象。常见高频头增益为 60dB，数值偏高为好，但放大倍数过高容易形成干扰。

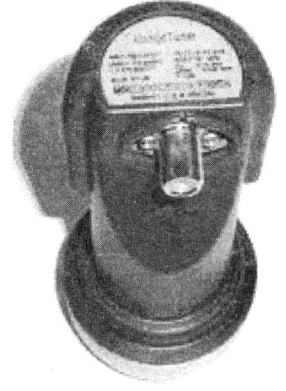

图 8-2-4　卫星接收高频头

(4) 卫星电视接收机

卫星接收机将高频头输送来的卫星信号进行解调，还原出卫星电视信号。目前用户使用较多的是数字卫星电视接收机，近几年随着高清数字信号的推广，有一些高端用户已经配备了高清式卫星电视接收机，相信随着技术的成熟和资费的下降，会得到越来越多的用户的选择。

2. 有线电视系统

有线电视系统主要由前端系统、干线传输系统和用户分配系统三部分组成，如图 8-2-5 所示。

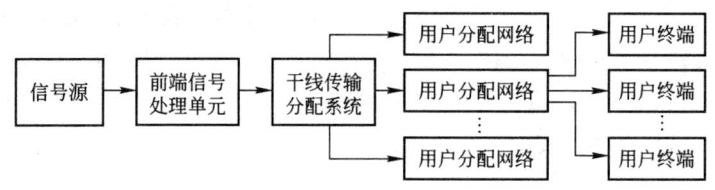

图 8-2-5　有线电视系统组成

前端系统主要由信号源和前端信号处理单元组成。信号源部分主要用于接收电视台的开路电视信号、卫星电视信号和微波电视信号，以及市内公共有线电视信号等。前端信号处理单元主要由天线放大器、频道放大器、调制解调器器和混合器组成。它主要对信号进行分离、放大、调制、变频、混合等处理，还对各信号电平进行调整控制，对干扰信号进行抑制或滤除，为用户提供清晰的电视画面。前端信号质量的高低直接影响到用户端信号的好坏。

干线传输系统的主要由干线放大器、光缆、干线传输电缆等组成，它主要是将前端的采集的电视信号进行放大并稳定地传送到用户分配网络。

用户分配系统主要由分配放大器、分支放大器、分配器、分支器以及电缆组成，主要是分配电视信号到用户终端，是有线电视传输系统的终端。分配系统的作用主要是把传输系统来的信号分配至各个用户点。

有线电视系统的结构示意图如图 8-2-6 所示。

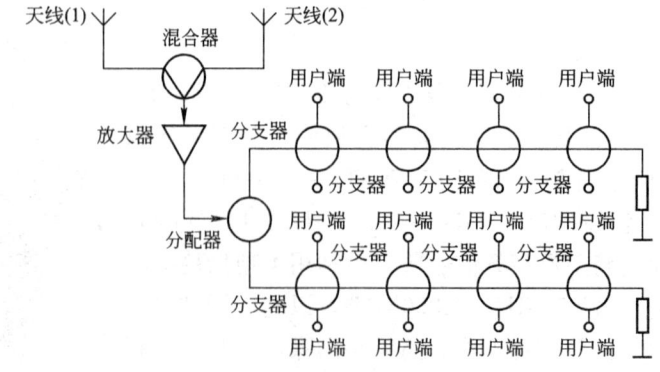

图 8-2-6　有线电视系统的结构示意图

1) 前端系统

(1) 天线

天线部分采用有线电视专用接收天线、FM 调频广播天线、自播节目设备以及各种卫星天线。

(2) 放大器

放大器是有线电视系统重要的组件之一，起到信号放大的作用。放大器的种类很多，不同应用环境使用不同类型的放大器，前端系统中主要使用天线放大器和频道放大器。天线放大器是安装在接收天线上用于放大信号的低噪声放大器，可以分为单频道放大和宽带放大两类。频道放大器一般用在进入混合器前，对每一个频道的信号分别进行放大。用于频道放大、抑制带外干扰、电平控制，一般具有 AGC 功能。天线放大器原理如图 8-2-7 所示；频道放大器原理如图 8-2-8 所示。

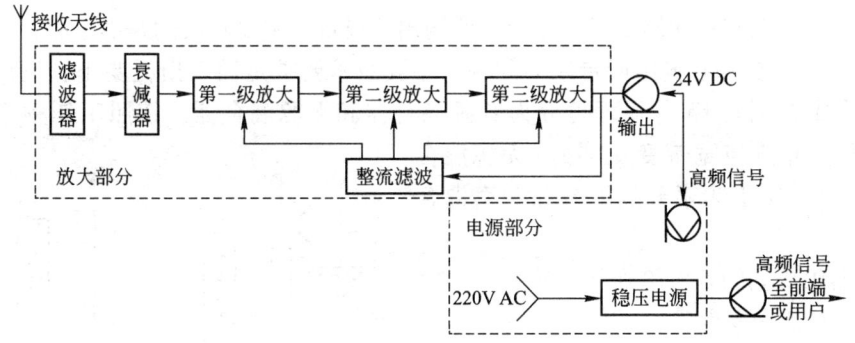

图 8-2-7　天线放大器原理图

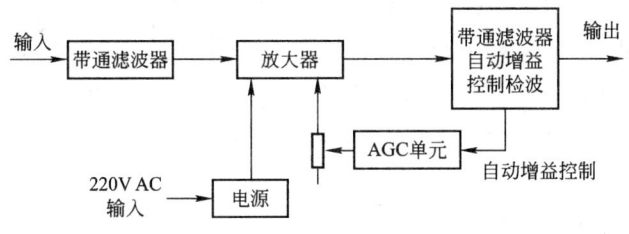

图 8-2-8　频道放大器原理图

(3) 频道转换器

频道转换器只进行载频转换而不改变频谱结构的频率变换器。主要在接收到的信号频道与有线传输的频道不同时使用。主要有 U-V 转换器、V-U 转换器、V-V 转换器等。

(4) 调制器

调制器是将视频和音频信号变换成射频电视信号的装置，分高频（直接）调制和中频调制两种。如图 8-2-9 所示为中频调制器原理框图，中频调制器分为两个部分，即中频调制单元和上变频单元。中频调制采用二次调制方式，先将视频信号调制在图像中频 38MHz、音频信号调制在伴音中频 31.5MHz 上，然后再通过上变频器将中频信号调制成某一频道上的高频电视信号。

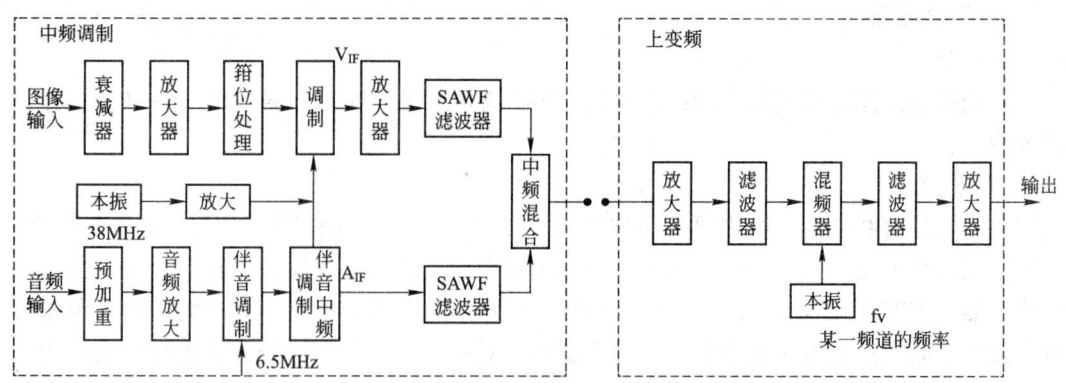

图 8-2-9 中频调制器原理框图

（5）混合器

混合器是把两路或多路信号混合成一路输出的设备，主要解决的是由于直接将多路不同频道信号并接在一起输出所带来的问题。主要技术要求是插入损耗要小、隔离度要大（应大于20dB）。按照工作原理可分为有源混合器和无源混合器。按照工作频率可分为频段/频道混合器与宽带变压器式（无源混合器），它们分别属于频率分隔混合和功率混合方式。

混合器组成如图8-2-10所示。

（6）导频信号发生器

导频信号发生器提供了一个电平值稳定不变的信号。为了自动增益控制（AGC）和自动斜率控制（ASC）的需要而加入的幅度/频率恒定的信号，常由晶体振荡器构成，但目前尚无统一标准。导频信号的幅度一般低于电视信号的幅度（通常为6～10dB），以减轻干线放大器的负担、保证交调指标。

导频信号发生器方框图如图8-2-11所示。

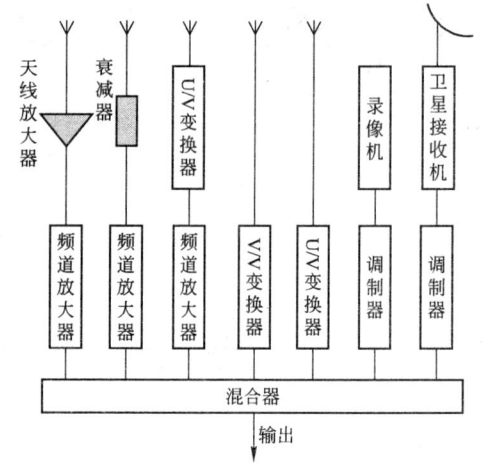

图 8-2-10 混合器组成

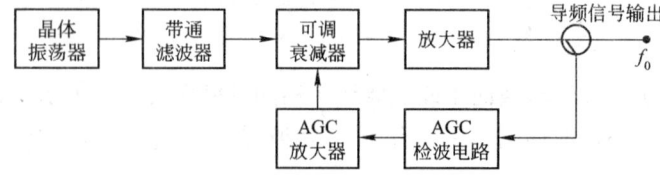

图 8-2-11 导频信号发生器方框图

2）干线传输系统

（1）干线放大器

在干线传输系统中主要使用干线放大器对有线电视信号进行放大，其外观图如图8-2-12所示，在光缆传输系统中传输距离较长时要使用光放大器。干线放大器的指标主要有增益、输出电平和噪声系数。增益一般在 20~30dB 之间，其电源通常采用低压工频交流电，利用专用供电装置通过同轴电缆供电。

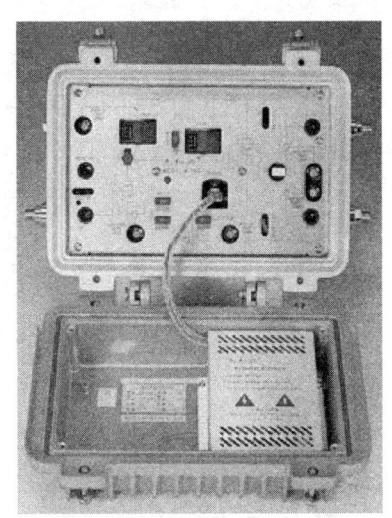

图 8-2-12 干线放大器

(2) 干线分支和分配放大器

干线分支放大器又称桥接放大器。它除一个干线输出端外，还有几个定向耦合(分支)输出端，将干线中部分信号取出，然后再经放大送往用户或支线。干线分配放大器有多个分配输出端，各端输出电平相等。它通常处于干线末端，用以传输几条支线。

(3) 均衡器(EQ)

均衡器是频率特性与电缆相反的无源器件，在有线电视的信号传输过程中，为使各频道信号的电平差始终保持在规定的范围内，通常要采用内均衡措施。

3) 用户分配系统

用户分配系统主要由放大器和分配网组成。分配网络的形式多种多样，但都是由分支器、分配器和电缆组成，详细介绍见第一节中第 5 点，"有线电视系统分配模式"的介绍。

(1) 分配放大器

分配放大器主要用于楼内或室内信号的放大，以输出几路分配所需的电平。它通常无自动增益控制(AGC)和自动斜率控制(ASC)功能。其外观图如图 8-2-13 所示。

(2) 分配器

分配器是将一路输入信号均等或不均等地分配为两路以上信号的部件，以满足不同线路和用户需要。常用的有二配器、三分配器、四分配器和六分配器等，如图 8-2-14 所示。终端应接入 75Ω 的负载电阻。

(3) 分支器

分支器是将电缆中的电视信号进行分支，是直接与用户终端相连的分支设备，又称为串接单元，通常串接在干线。分支器的主要性能指标有插入损

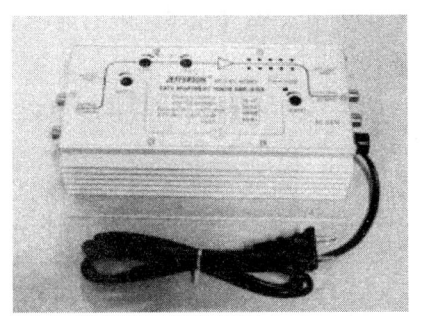

图 8-2-13 分配放大器

耗 Ld、分支损耗 Lb、相互隔离度 S 和反向隔离度 Sr 等。分支器由一个主路输入端(IN)、一个主路输出端(OUT)和若干个分支输出端(BR)构成。其外观图如图 8-2-15 所示。

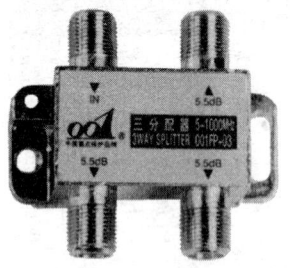
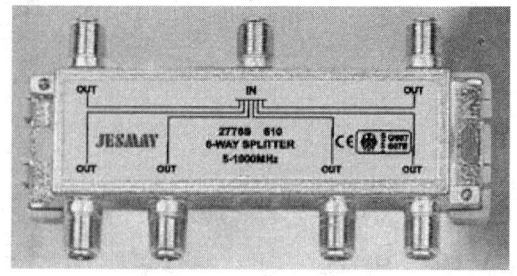

图 8-2-14 分配器

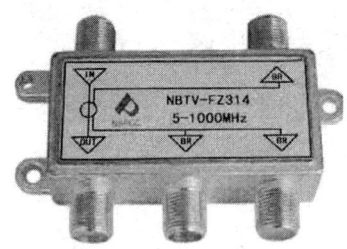
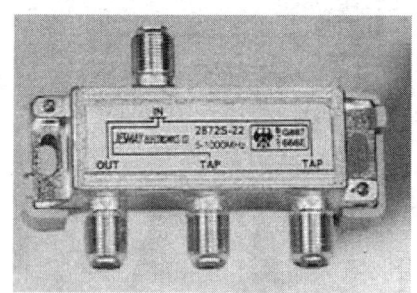

图 8-2-15 分支器

（4）用户终端盒

用户终端盒是有线电视系统和用户电视机连接的桥梁。目前数字式用户终端盒就是电视接收机顶盒。

4）传输介质

（1）同轴电缆

同轴电缆的基本结构如图 8-2-16 所示，组成结构主要有以下几部分。

① 内导体：单实芯导线/多芯铜绞线。

② 绝缘体：聚乙烯、聚丙烯、聚氯乙烯/实芯、半空气、空气绝缘。

③ 外导体：金属管状、铝塑复合包带、编织网或加铝塑复合包带。

④ 护套：室外用黑色聚乙烯、室内用浅色的聚氯乙烯。

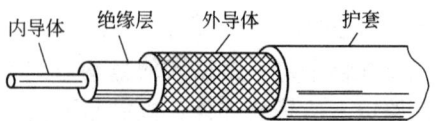

图 8-2-16 射频同轴电缆结构图

同轴电缆按照不同的划分标准可以分成不同的类型，见表 8-2-2 所示。

表 8-2-2 同轴电缆的类型

划分依据	类型
按用途划分	基带同轴电缆和宽带同轴电缆（即网络同轴电缆和视频同轴电缆）
按电抗划分	50Ω 基带电缆和 75Ω 宽带电缆
按直径大小划分	粗同轴电缆和细同轴电缆

有线电视系统中主要使用宽带同轴电缆，它既可使用频分多路复用的模拟信号发送，也可传输数字信号。同轴电缆具有传输距离较长、可靠性高、抗干扰性能较强等特点。

（2）光缆

光缆是由光纤经过一定的工艺而形成的线缆，主要是由缆芯、护层和加强芯构成。

光缆的用途很广泛，按照不同的划分标准可以分成不同的类型，见表8-2-3所示。

光 缆 划 分　　　　　　　　　　表8-2-3

划分依据	类　型
按传输性能、距离划分	市话光缆、长途光缆、海底光缆和用户光缆
按缆芯结构划分	层绞式光缆、中心管式光缆和骨架式光缆
按光纤的种类划分	单模光缆、多模光缆
按敷设方式划分	管道光缆、直埋光缆、架空光缆和水底光缆
按缆芯结构划分	层绞式、骨架式、大束管式、带式、单元式
按外护套结构划分	无铠装、钢带铠装、钢丝铠装
按适用范围划分	中继光缆、海底光缆、用户光缆、局内光缆、长途光缆

光缆传输系统同样也需要：编码、传输、解码。电信号通过传输器转换成为光信号，光线以光纤为媒介，传送到另一端的接收器，接收器再将光信号解码，还原成原先的电信号分配出去。由于改系统传递的是光信号，因此具有很多独特的优点，比如高带宽、低损耗、传输距离长、质量轻等优点，由于光缆是非金属介质材料，具有很强的抗电磁干扰能力，其保密性也更强。

第三节　卫星电视及有线电视系统常用图形符号

图形符号作为工程图组成的基本元素，是读图识图的基础。如表8-3-1所示，给出了消防自动化系统常用的图形符号仅供参考。

卫星电视及有线电视系统常用图形符号（新）　　　表8-3-1

序号	图像符号	名　称	备　注
1	─▷─	室内型二分配器	RF射频功率分配器
2	PS ─▷─	过电型二分配器	RF射频功率分配器
3	─▷─	防水型二分配器	RF射频功率分配器
4	◁─	倒接室内二分配器	RF射频功率分配器
5	PS ◁─	倒接过电二分配器	RF射频功率分配器

续表

序号	图像符号	名　　称	备　注
6		等分室内三分配器	RF 射频功率分配器
7	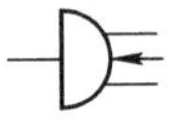	不等分室内三分配器	RF 射频功率分配器
8	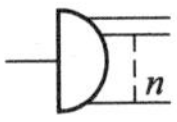	n 路分配器 n 为 2、3、4、6、8	
9	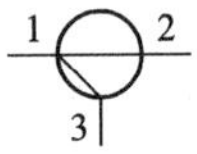	定向耦合器	
10	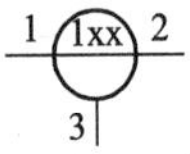	室内型一分支器	
11	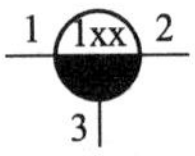	防水型一分支器	
12	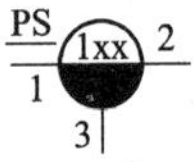	过电防水型一分支器	
13	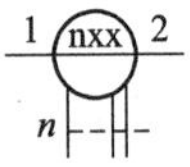	n 端分支器	
14	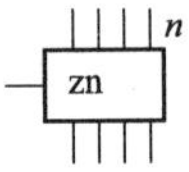	终端分支器	
15	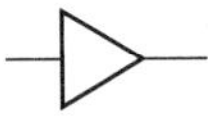	单向 RF 放大器	
16		落地箱	
17	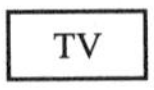	有线电视插座	
18		天线	
19	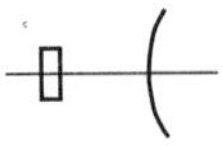	抛物面天线	

续表

序号	图像符号	名　　称	备　注
20		有线电视接收天线	
21	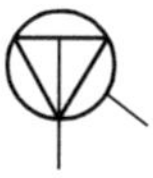	本地天线的前端，支线可在圆上任意点画线	
22		无本地天线的前端（一路干线输入一路干线输出）	
23	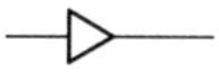	放大器	
24	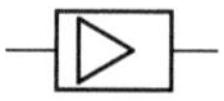	中继器，三角指传输方向	
25		可调放大器	
26	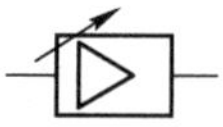		
27	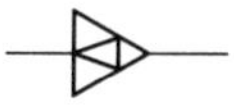	可控制反馈量的放大器	
28	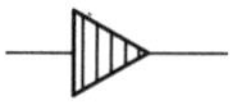	带自动增益的放大器	
29	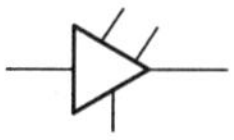	干线桥接放大器	
30	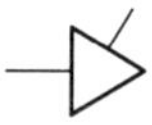	线路末端放大器	
31	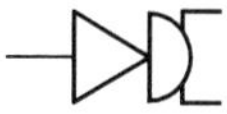	干线分配放大器	
32	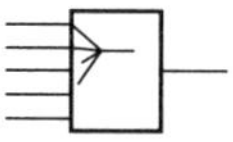	混合器	
33	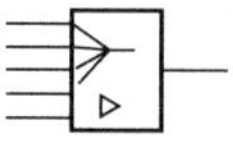	有源混合器	
34	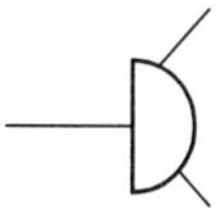	二分配器	

续表

序号	图像符号	名　　称	备　注
35	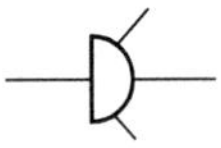	三分配器	
36	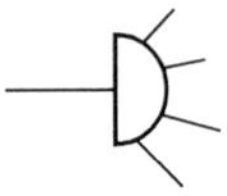	四分配器	
37	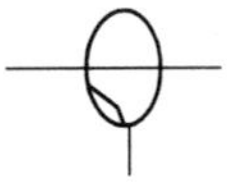	方向耦合器	
38	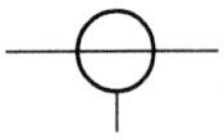	用户一分支器	
39	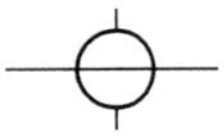	用户二分支器	
40	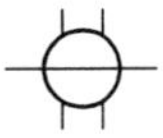	用户四分支器	
41	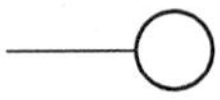	系统出线端	
42		固定均衡器	
43	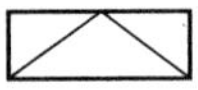	调制解调器	
44	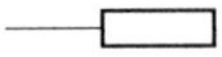	终端电阻	
45	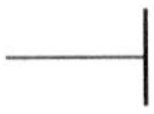	接地	

第四节　卫星电视及有线电视系统的图纸识读

1. 系统框图的识读

HFC 双向系统组成框图如图 8-4-1 所示。

图 8-4-1 是一张 HFC 双向系统组成框图，分析内容用表格方式描述，见表 8-4-1 所示。

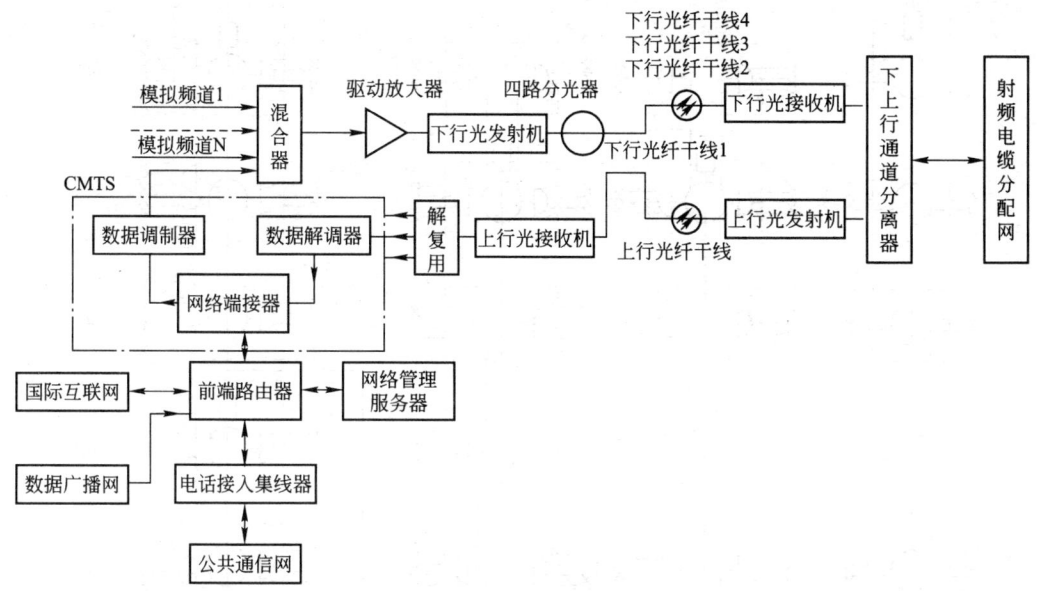

图 8-4-1　HFC 双向系统组成框图

HFC 双向系统组成框图分析内容　　　　　　　　　　　表 8-4-1

	要　点　分　析
1	HFC 双向传输系统由局端系统、HFC 传输网和用户终端系统组成。当数据业务采用 TDMA（时分多址）传输模式时，必须用复用和解复用器
2	局端系统主要用于有线电视信号接入和互联网接入，其中核心部分称为 CMTS，即电缆调制解调器终端系统，它把有线电视网络连接到互联网的设备系统，为有线电视网的用户提供数据接入服务，同时完成对 IP 包和数据信号的调制、解调、转换和路由功能，通常放置在服务提供商的前端设备里。CMTS 设备中的上行通道接口和下行通道接口是分开的
3	传输网络由光纤和同轴电缆组成，光缆是铺设到小区，然后通过光电转换节点，利用有线电视的树型同轴电缆网络连到终端用户。HFC 双向网络的下行通道，在网络前端将信号混合放大后进入光发射机，变成光信号，经过光分路后由光干线传至光接收机再变为电信号分配至用户。上行通道中，信号则从用户家中的 Cable Modem 发射至上行光发射机变为光信号，通过上行光干线至网络前端光接收机
4	用户终端系统采用 Cable Modem 设备接入 HFC 网，负责完成数据信号与模拟信号的转换并对信号进行调制和解调，使信息能够在 HFC 网络上更好地传输，可以为用户统一提供有线电视信号、互联网高速接入、话音业务和视频增值业务等

2. 系统图的识读及分析

1) 多层住宅有线电视系统示意图的识读及分析

多层住宅有线电视系统示意图如图 8-4-2 所示。

这是一张多层住宅有线电视系统示意图，分析内容用表格方式描述，见表 8-4-2 所列。

2) 卫星及有线电视接收系统图的识读及分析

卫星及有线电视接收系统图如图 8-4-3 所示。

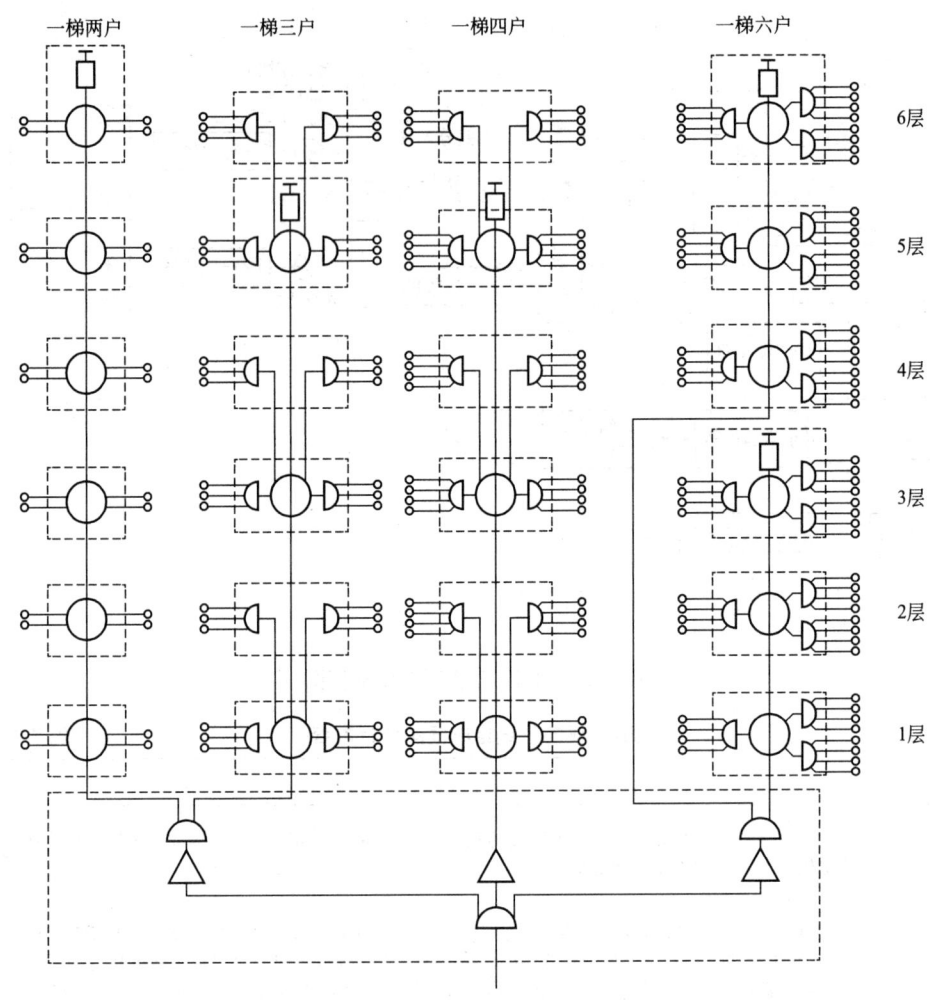

图 8-4-2 多层住宅有线电视系统示意图

多层住宅有线电视系统示意图分析内容　　　　表 8-4-2

序号	符号	系统组件名称	在系统中的作用
1	▷	放大器	将有线电视信号进行放大
2	◗	二分配器	将一路输入信号均等或不均等地分配为多路信号
3	◖	三分配器	
4	◖	四分配器	
5	⊖	用户四分支器	将电缆中的电视信号进行分支

续表

序号	符号	系统组件名称	在系统中的作用
6	─▭─	终端电阻	防止干扰
7	─┴─	接地	

	要 点 分 析
1	本系统为6层住宅有线电视系统,一共90户,每户2个输出口,线框内的设备安装于竖井内。本示意图主要体现的是有线电视系统的多种分配方式,包括一梯二户、一梯三户、一梯四户和一梯六户,以及不同楼层、不同楼宇单元之间的分配模式。如图8-4-2所示,图上左边的两个楼宇单元由同一个二分配器接入有线电视系统,该模式常用于普通低层住宅。图中右边的楼宇单元分为1~3层和4~6层两个部分,该模式常用于信号容易损耗的高层住宅
2	电视信号由建筑物底部接入,引自市内有线电视系统。进入建筑物首先接入三分配器将信号一分为三,然后通过放大器将电视信号放大,以避免因线路损耗带来的不均衡。左边两个单元通过同一个二分配器与放大器相连接,中间的楼宇单元直接用放大器与分支器相连接,进行信号分配,右边的单元分为两个部分,即1~3层和4~6层,通过同一个二分配器与放大器相连接
3	一梯两户型,该方式主要使用四分支器进行信号分配,每户二条入户线、二个输出口,末端接75Ω负载电阻,防止干扰
4	一梯三户型,该方式主要使用四分支器将临近上下两层的信号进行分配,同时每层安装两个三分配器输出信号入户,每户二条入户线、二个输出口,末端接75Ω负载电阻,防止干扰
5	一梯四户型,该方式采用分支-分配的方式,主要使用四分支器将临近上下两层的信号进行分配,同时每层安装两个四分配器输出信号入户,每户二条入户线、二个输出口,末端接75Ω负载电阻,防止干扰
6	一梯六户型,将该楼宇单元划分为两个部分,即1~3层和4~6层,每部分主要使用三分支器将楼宇每层的信号进行分配,同时每层安装三个四分配器输出信号入户,每户二条入户线、二个输出口,末端接75Ω负载电阻,防止干扰

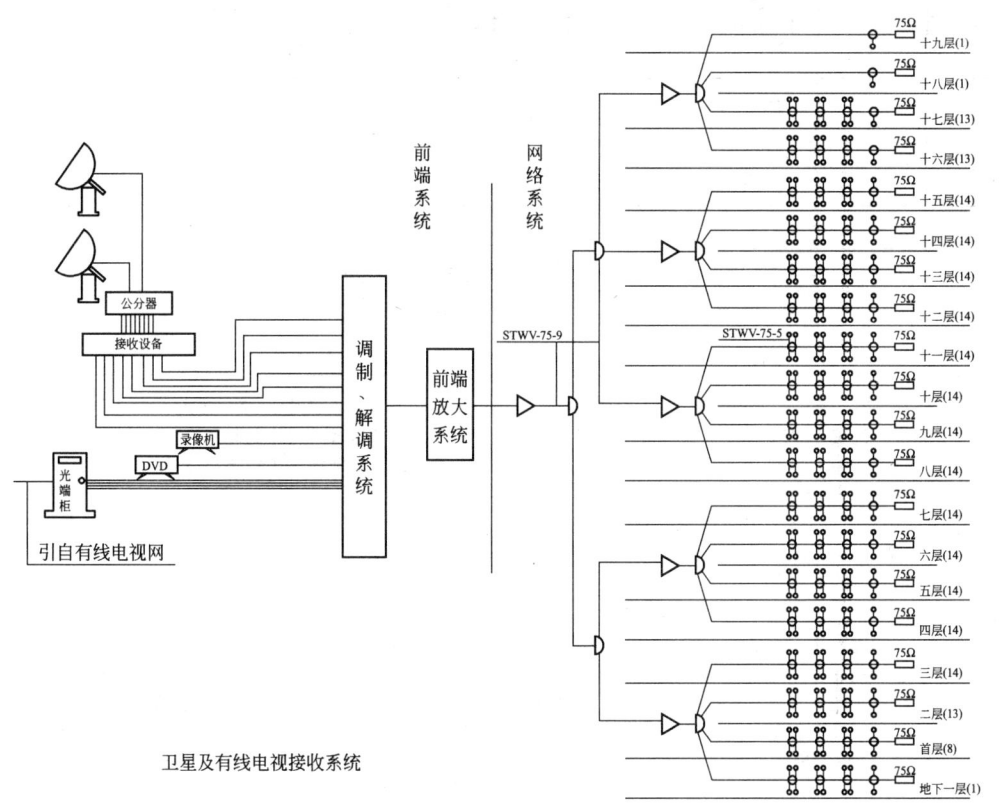

图 8-4-3 卫星及有线电视接收系统图

这是一张某酒店卫星及有线电视接收系统图，分析内容用表格方式描述，见表8-4-3所列。

卫星及有线电视接收系统图分析内容　　　　　表8-4-3

序号	符号	系统组件名称	在系统中的作用
1	─▷−	二分配器	将一路输入信号均等或不均等地分配为多路信号
2	─▷⊥	三分配器	
3	─▷⋉	四分配器	
4	─▷─	放大器	信号放大
5	─○─	用户一分支器	将电缆中的电视信号进行分支
6	─○─	用户二分支器	
7	─○─	用户四分支器	
8	─[ ]─	终端电阻	防止干扰
9	─┴	接地	

线　制　说　明		
1	SYWV-75-9	同轴射频电缆，75根，线径9mm
2	SWYV-75-5	同轴射频电缆，75根，线径5mm

要　点　分　析	
1	该酒店为地上19层，地下1层建筑物，系统采用卫星及市内有线电视混合接入方式，楼宇划分了两个大区域，即地下1~7层和8~19层。两个大区域中五个子区域，分别为地下1~3层、4~7层、8~11层、12~15层和16~19层。分配系统采用分配-分支方式。分配线和干线采用SYWV-75-9型线缆　分支线采用SWYV-75-5型线缆暗敷设
2	该酒店有线电视系统由以下三个主要部分组成：前端系统、信号传输系统和分配系统（图上标注为前端系统和网络系统）
3	前端系统：有线电视系统节目信号源主要有市内有线电视信号、卫星电视信号以及自办节目信号组成。由于市内有线电视网络采用光缆传输信号，前端系统需要安装光电转换等设备置于光端柜中，然后将采集的光信号转换成电信号。卫星电视系统通过卫星地面接收站将卫星转发的信号进行接收，信号从天线上的高频头引至信号分配器进入下一级接收设备。调制解调系统和前端放大系统将有线电视信号、卫星电视信号和自办电视节目信号调制解调处理后进行混合并放大，然后信号被传送到信号传输系统中

续表

	要 点 分 析
4	信号传输系统：系统主要使用干线放大器，对混合后的有线电视信号进行放大。干线采用SYWV-75-9型线缆
5	分配系统：系统首先通过一个二分配器将建筑物划分为两大区域，然后两个区域的信号再通过二分配器和三分配器进行再次划分成为五个子区域。其中每个子区域对应了4个楼层，信号通过分配放大器将进行再次放大，通过一个四分配器将信号分配到各楼层，然后使用一分支器、二分支器、四分支器将信号传送到用户终端。末端接75Ω负载电阻，防止干扰。分支线采用SWYV-75-5型线缆暗敷设
6	最终每层的输出口数量如图中标注。地下1层：1个；1层：8个；2层：13个；3层～15层：14个；16层：13个；17层：13个；18层：1个；19层：1个

3. 平面图的识读及分析

一层有线电视平面图如图 8-4-4 所示。

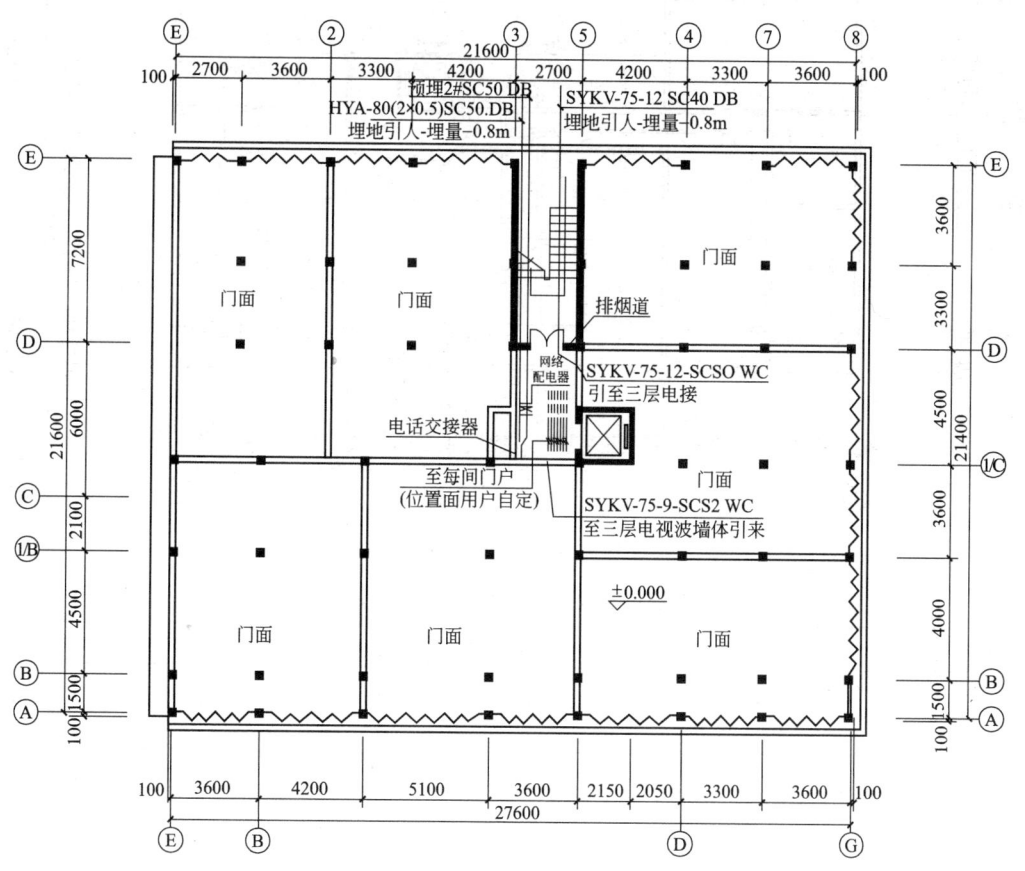

图 8-4-4　一层有线电视平面图

二层有线电视平面图如图 8-4-5 所示。

某12层住宅楼有线电视平面图。有线电视系统信号引自市内公共有线电视网络，采用分配-分支结构组建，楼宇电视前端箱设在第三层，其内部安装有信号放大器将引进的公共信号进行放大，然后通过二分配器将建筑物划分两个部分，1～6层和7～12层。每层再通过分支器将信号分配到用户家中，末端安装终端电阻防止干扰。以上线路走线敷设在吊顶内，进入室内时敷设在楼板内，所有线路全部穿管暗敷。分析内容用表格方式描述，见表 8-4-4 所列。

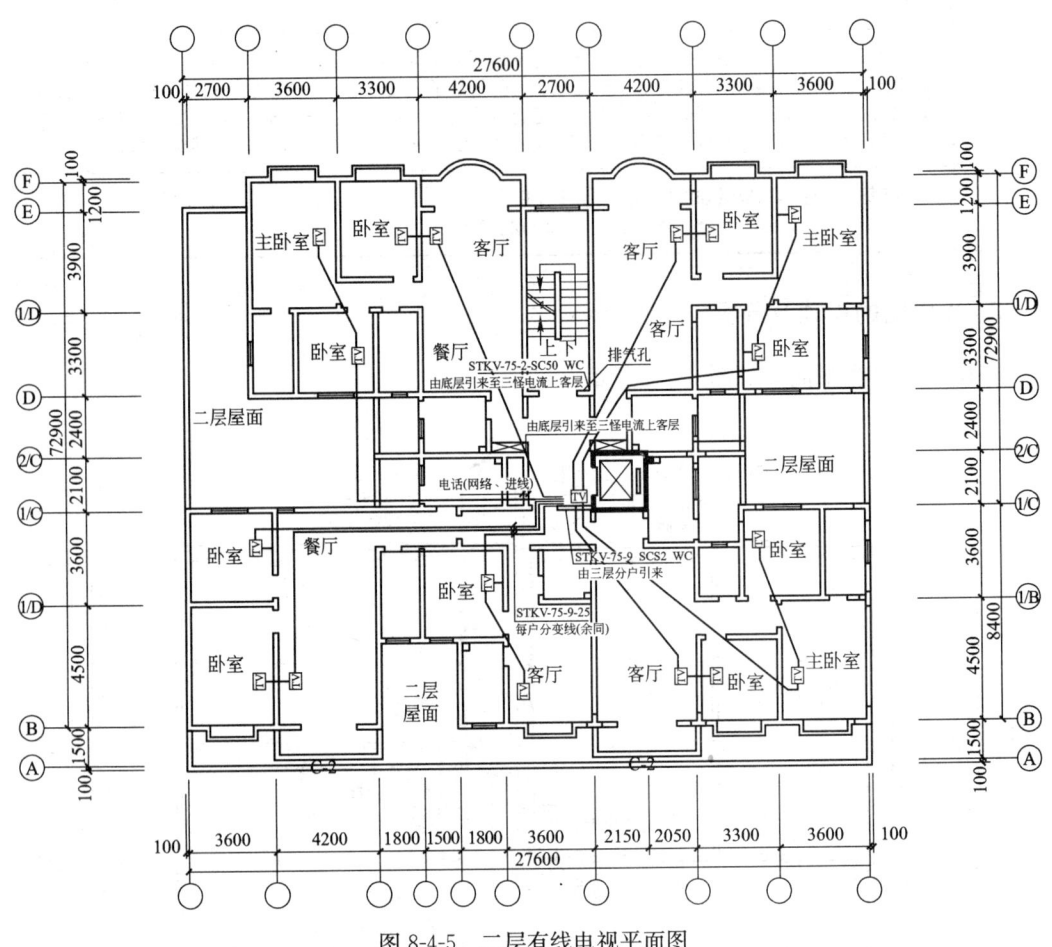

图 8-4-5 二层有线电视平面图

12 层住宅楼有线电视平面图分析内容　　　　　　表 8-4-4

序号	符号	系统组件名称	在系统中的作用
1	TV	有线电视插座	用户终端接口
2	VP	层分支分配箱	将每层有线电视信号进行分配
线 制 说 明			
家庭多媒体箱引入电视线		SYV-75-9	同轴电缆，75Ω，线径 9mm
家庭多媒体箱引出电视线		SYV-75-5	同轴电缆，75Ω，线径 5mm
有线电视干线		SYKV-75-12 SC40 有线电视进线引自有线电视网，SYKV-75-12 SC50 引至三层电视前端箱	

续表

	要 点 分 析
1	根据一层平面图可以分析出建筑物有线电视信号引自市内有线电视网络，采用 SYKV-75-12 SC40 线缆，埋深—0.8m。由于引自公共网络的有线电视信号需要先由底层引至第三层的楼宇电视前端箱，采用 SYKV-75-12-SC50 WC 型同轴电缆，经过信号放大和分配后引至各层的层分支、分配箱中，这部分采用 SYKV-75-9-SC32 WC 型同轴电缆。一层是主要是商业门面，每户的有线电视信号引自一层分支、分配箱，各门面有线电视插座位置由用户自定
2	根据二层平面图可以分析出本层有线电视信号由第三层电视前端箱引来，线缆采用 SYKV-75-9 SC32 WC，然后由安装在平面图中间位置的层分支、分配箱进行信号分配，采用星型连接。由于该层有5名用户，其中包括三户3室1厅、一户2室1厅和一户1室1厅户型。3室1厅户型采用两条入户线，四个有线电视插座。2室1厅户型采用两条入户线，三个有线电视插座。1室1厅户型采用一条入户线，两个有线电视插座。本层一共分配出9路信号，17个有线电视插座，线路采用 SYKV-75-9-25 型同轴电缆。另外，位于楼梯附近的位置的配线管是为由底层引至第三层电视前端箱的干线预留的，其线缆采用 SYKV-75-12-SC50 WC

第九章 广播音响系统与视频会议系统

广播音响系统与视频会议系统在现代建筑中有着重要作用。前者包括公共广播系统、背景音乐系统、同身传译系统、多功能音响系统;"视频会议系统(Video Conference System)"也叫做会议电视系统,指两个或两个以上不同地方的个人或群体,通过传输线路及多媒体设备,将声音、影像及文件资料互相传送,达到即时且互动的沟通,以完成会议目的之系统设备。

第一节 广播音响系统的组成和分类

广播音响系统基本可分四个部分:节目设备、信号的放大和处理设备、传输线路和扬声器系统。

1. 广播音响系统的结构和种类

广播音响系统的结构如图 9-1-1 所示。

广播音响系统的作用是将较微弱的声源信号通过声电转换、放大处理等后传送到各播放点,经电声转换器还原成具有高保真度的声音后,在受众区域广播。广播音响系统按设备组成结构来划分,主要包括音源设备、声处理设备、扩音设备和放音设备。

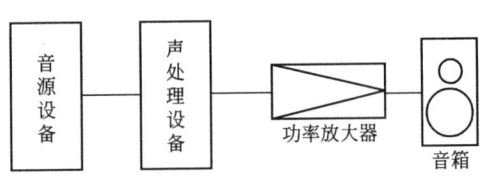

图 9-1-1 广播音响系统的结构

1) 音源设备和声处理设备

音源设备主要用于提供各种音频信号,广播音响系统中的音源设备品种多,功能各异。声处理设备是专门给音频信号进行效果加工、修饰、补偿和控制的设备,如调音台、均衡器、混响器、调相器等都属于声音处理设备,其中,调音台是整个广播音响系统的控制核心。

2) 扩音设备和放音设备

扩音设备是指各类音频功率放大器,主要功能是将各种音源设备输出的音频信号,放大后达到额定的输出功率,驱动扬声器放音系统。现代扩音设备根据使用场合的不同,可分为歌舞厅扩音设备、普通扩音设备、大型音响工程与有线广播扩音设备。

放音设备是广播音响系统的终端,如歌舞厅音响系统使用的各种音箱和公共广播系统使用的声柱、吸顶喇叭等。

2. 广播音响系统的分类

广播音响系统已经作为现代建筑中配备的一个常规系统。广播音响系统的技术指标应根据建筑物的用途、类别、质量标准、服务对象等因素确定。从不同的角度划分,广播音响系统可划分为多种不同类型。

1）根据使用要求划分

（1）语言扩声系统。

（2）音乐扩声系统。

（3）语言和音乐兼用的扩声系统。

2）根据不同的工作环境划分

（1）室外扩声系统。

（2）室内扩声系统。

3）根据工作原理划分

（1）单声道音响系统。

（2）双声道立体声音响系统。

（3）多声道环绕声音响系统。

4）根据用途划分

（1）业务性广播系统。

（2）服务性广播系统。

（3）火灾事故报警广播系统。

火灾事故报警广播系统也叫紧急广播系统，是消防系统的一个重要组成部分。无火情发生时，没有动作或报警；当发生火警等紧急状况时才播送报警广播，帮助楼宇内部人员通告火情信息并引导疏散。

还有其他一些分类方式，如"根据输出到终端的信号形式的不同分类"、"按信号处理的方式分类"等。

第二节 公共广播系统和扩声系统

公共广播系统（Public Address System，PAS）是面向公众区的广播音响系统，主要包括背景广播和紧急广播两部分。

1. 背景广播和紧急广播系统

背景广播的终端设备（主要指扬声器）分布于楼宇内的各个区域，如走廊、大厅等有人员活动的公共场所，主要作用是播放各类轻音乐、调频广播等，为建筑物内的用户营造一个舒适温馨的工作和生活环境。特殊情况下，也用于播送事务广播，如各类信息、内部通知等，典型的背景广播系统结构框图如图 9-2-1 所示。

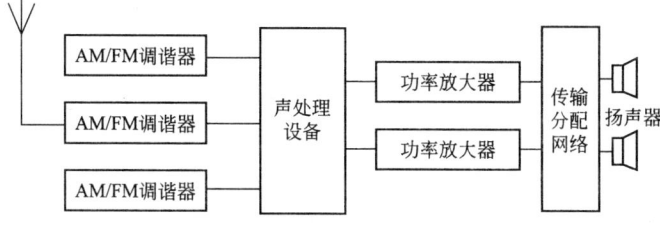

图 9-2-1 典型的背景广播系统结构框图

在建筑物内发生紧急情况时，紧急广播系统用于对楼内人员的疏散、引导。紧急广播系统的有关工程图的识读见消防系统部分。

2. 扩声系统

楼宇内的厅堂包括会议厅、歌舞厅、餐厅、会议厅、剧场、体育馆等，配备专业音响设备，并要求有大功率的扬声器系统和功放。

扩声系统的配置不仅要考虑电声技术问题，还涉及建筑声学问题。因此配置扩声系统要兼顾考虑电声技术和建筑声学问题。

这里叙述的扩声系统主要是指厅堂扩声系统。厅堂扩声系统的类型有以下几种。

1）歌舞厅音响系统

歌舞厅音响系统主要包括演播厅音响、影剧院音响。舞厅音响、多功能厅音响等设备。要求系统要具备高保真的音响效果。高品质的音响设备可以在一定程度上矫正由于室内建筑、装潢等原因而产生的室内声系统的音质缺陷，如可以采用现代混响、延时等先进技术矫正室内音频流传输的方向性扩散和实现立体环绕声等音响特效。

2）会议音响系统

会议音响系统是面向会议室、报告厅的广播音响系统，会议音响系统尽管也属扩声系统，但是由于有特殊的一些要求，如具有同声传译功能，多媒体播放功能等，与一般的扩声系统还是有较大的差别。

对要求较高或国际会议厅，会议音响系统一般还要配置同声传译系统，会议表决系统、大屏幕投影电视等的专用视听系统和充分利用宽带网络的视频会议系统。

3）同声传译系统

在各类不同的国际会议中，要使用同声传译系统实现多种不同语言的沟通。传统的方法是"接线式翻译"，即发言者讲了几句话以后就停下来，然后由翻译人员将其转翻译成另外一种语言；"同声传译"是利用会议话筒将声音传给翻译人员，身处隔音状况良好的工作空间中的翻译人员可以在不影响其他翻译人员工作的情况下进行翻译工作，翻译后的语言便通过有线方式或无线方式传送给现场的听众，现场听众可利用席位上的控制系统进行控制和选择，通过耳机或其他还音响设备进行收听。一个同声传译系统的系统图如图9-2-2所示。

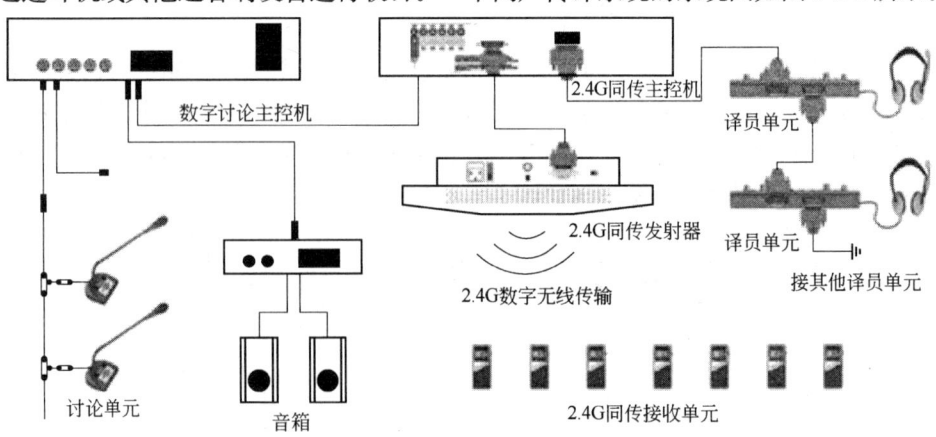

图 9-2-2 同声传译系统

同声传译会议系统主要由中央控制单元、主席/代表单元、译员单元、语言分配系统及一些辅助设备组成。

中央控制单元具有啸声抑制功能，可以监听扬声器、录音及耳机输出，可外接背景音乐广播，有的还内置电子表决功能，支持电话会议。

主席/代表单元一般分配给会议主持人或贵宾。译员单元与中央控制单元相连可同声翻译多种语言。

第三节 扬声器的布置及安装

扩声系统的布置直接关系到整个系统的扩声质量好坏，必须合理布置。

1. 扬声器的布置原则

扬声器是高质量音响效果再现的关键性设备，要求能达到保真度高、音域宽广、高音清脆穿透力强、中音清晰洪亮、低音强劲浑厚。

扬声器的布置，一般要遵循如下原则：

① 使播放区域内的声场均匀；
② 视听方向一致，声音亲切自然；
③ 能很好地克服反馈，提高传声增益；
④ 线路简单，便于维修，调整覆盖角；
⑤ 扬声器发出的声音，要比自然声源延迟 5~30ms；
⑥ 按扬声器覆盖角能够覆盖整个设定的播放区域。

2. 扬声器的布置方式

扬声器布置应根据建筑功能、建筑空间高度、播放区域的空间容积及听众席位置等因素确定，一般分为：分散布置、集中布置、混合布置。

1) 集中布置

下列情况，扬声器适宜集中式布置：

① 要求视听效果一致；
② 受建筑格局、空间限制不宜分散布置。

集中布置如图 9-3-1 所示。

2) 分散布置

以下情况扬声器适宜分散布置：

① 建筑物内的大厅高度较高，纵向距离长；
② 大厅被分隔成几部分使用；
③ 播放区域内混响时间长，不宜集中布置。

分散布置如图 9-3-2 所示。

3) 混合布置

以下情况扬声器适宜混合布置方式：

① 舞台较深；

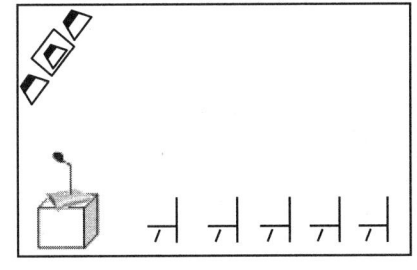

图 9-3-1 集中布置

② 大厅空间很大或纵向距离较长；
③ 各方向均有听众大空间。
混合布置如图 9-3-3 所示。

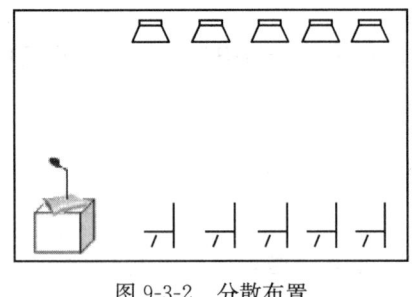

图 9-3-2　分散布置

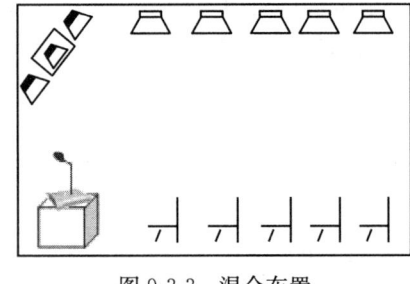

图 9-3-3　混合布置

第四节　电子会议系统

借助于先进的微电子技术、计算机网络与通信技术建立的高效替代传统的会议举办方式的电子化会议系统就是电子会议系统。

电子会议系统能够将来自经济、专业、消防、交通、气象、卫星电视、电视会议、影碟机、录像机、地理信息系统等的图像信号和音频信号进行有序结合、高清晰地显示在屏幕上，建立一个电子化会议环境，完成传统会议组织所具有的所有功能。电子会议系统由音像系统、大屏幕显示系统、计算机信息处理及控制系统等功能单元组成。

1. 电子会议系统的组成

在大量的专业会议上，尤其是需要与会者频繁进行发言的会议环境中；普通会议设备如话筒数量有限，无法满足会议发言要求。即席发言系统就是专门为这类会议配套的会议系统。

即席会议系统由中央控制单元、主席单元、代表单元等部分组成。中央控制单元可以对话筒实现多种灵活的操作和管理，其功能包括对主席单元进行管理。主席单元除具备代表单元的一般功能外，还有优先发言功能和中止代表单元个体发言的控制开关。代表单元设有电子话筒开关，供发言者控制自己的发言话筒。一部分即席发言系统的代表机话筒还可输出一路同声传译信号。

同声传译系统是应用于国际会议或有不同民族、不同语系代表参加的会议翻译系统。完整的会议系统就是由即席发言设备和同声传译系统组成。

2. 会议系统的设备组成和基本功能

1）会议系统设备组成

现代的会议系统主要指数字化会议系统，系统中的设备主要有：

① 会议用扩声设备；
② 中央控制器单元；
③ 主席单元；
④ 代表单元；

⑤ 译员单元；
⑥ 监听控制单元；
⑦ 数字录音与打印设备；
⑧ 摄录像设备和显示屏；
⑨ 多信道有线或无线传输装置；
⑩ 接入局域网和互联网的装置；
⑪ 同声传译系统。

2) 会议系统的主要功能

会议系统的主要功能有：

① 具备普通会议扩声系统设备以及即席发言、和同声传译功能，满足多种不同功能会议的要求；

② 系统单元设备采用模块结构，通用性好和灵活性高；

③ 代表单元机上应有语种选择、发言请求、应答发言等功能；

④ 主席单元可控制会议发言进程，并具有优先发言的权利；还可以对会议代表的发言请求做出应答；

⑤ 可以选择有线或无线信号传送方式的同声传译系统；

⑥ 具备与计算机管理网络连接和通信功能；

⑦ 具有良好的同声传译功能等。

3) 会议系统信号传输方式

会议系统的信号传输采用有线传输或无线传输方式。有线传输方式多采用手拉手式；无线传输方式主要有：射频方式、红外方式。同声传译系统主要采用无线传输方式。

各信号传输的方式特点见如下所述。

① 有线传输方式。该方式传输性能可靠，但线路敷设较复杂。

② 射频传送方式。以长波同声传译为例，由调制发射机、天线、接收机、中央控制器等部分组成。调制方式分调频和调幅两种。调制器内设有多个通道，每个通道设有一个副载频，完成对一路语言的调制。多路调制信号经合成后由一根带调谐装置的发射天线发射。天线敷设在会议厅室的地面或墙上，长波接收机通过感应接收信号。射频传输方式的同声传译系统机构原理框图如图 9-4-1 所示。

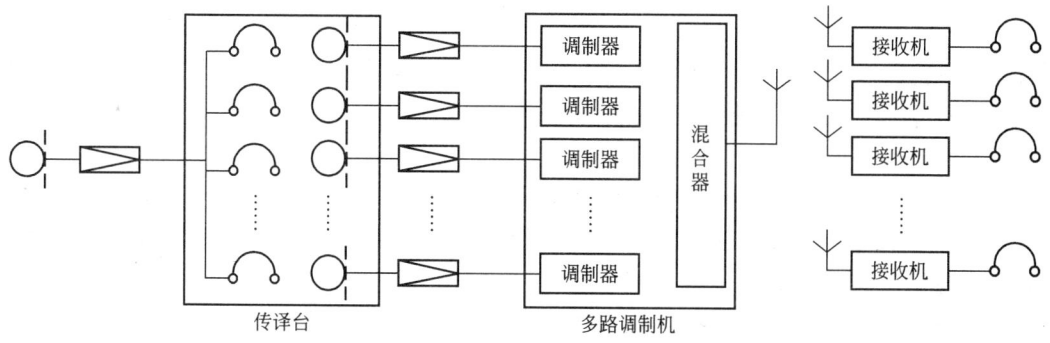

图 9-4-1 射频传输方式的同声传译系统机构原理框图

③ 红外传输方式。在红外传输方式中，红外调制传译设备主要由红外调制发射机、红外辐射器、红外接收机等组成。系统工作原理是：采用二次调制、二次解调，利用副载波调频、红外光调幅传送语音信号。红外同声传译系统结构原理框图如图 9-4-2 所示。

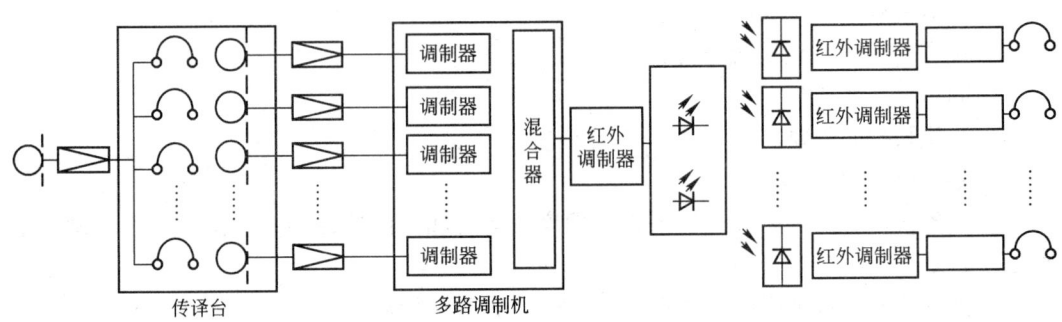

图 9-4-2　红外同声传译系统结构原理框图

第五节　多功能多媒体会议室

1. 讨论型会议系统

讨论型会议室是一种参与人员可以使用语音和多媒体白板自由交流的电子型会议室系统。此类会议室以圆桌会议为主，一般属于高级别的会议形式，会议内容主要以讨论为主。因此，我们设计了一套手拉手会议发言系统作为主要发言系统，配备自动摄像跟踪系统，扩声系统，大屏幕显示系统及智能中央控制系统，从而整体组合成一套智能会议系统。

1）会议系统的功能

系统具有强大的讨论、自动摄像跟踪功能、清晰的音质和快速的数据传输，可以实现了对会议进程的全面控制和管理。系统维护简单方便，具有良好的可扩展性，能够和中央控制系统方便地实现连接。

会议系统主要由数字会议讨论主控机、数字会议讨论主席单元、数字会议讨论代表单元、会议管理软件、计算机、高速球机及外围音响和显示设备等构成。在脱机状态下，系统具有申请等待、限制发言、先进先出等多种发言模式，可实现自动摄像跟踪功能。通过与计算机连接，还可实现会议报到、讨论功能，并可实现远程联网。系统扩展性强，适用于各种规模和用途的会议场合。

2）系统特点

IC 卡会议报到功能：会议单元内部安装 IC 卡装置，用 IC 加密卡可以在指定席位上报到，定位就座，亦可由 PC 软件设置用按键报到，以实现会议报到的功能及液晶提示报到、讨论的信息。

会议单元部分采用高度单指向性驻极体拾音器，先进的语音传送技术保证会议单元音质清晰而保真度高。

主控机内置 MCU，且视频切换系统集成到主控机内部，可实现数字讨论功能，如配备了高速球机，可以实现脱机发言摄像跟踪功能。

3）高保真音响扩声系统

会议系统中的高保真音响扩声系统兼备会议扩声音效，真实地实现人声重放，任何角落都能达到足够的响度；音色丰满、柔和、圆润、明亮、清晰传真度高；能将众多大功率的音频设备采用电源时序器统一管理，能够按照由前级设备到后级设备逐个顺序启动各类设备，关闭供电电源时则由后级到前级的顺序关闭各类用电设备，有效地统一管理控制各类用电设备，避免了人为失误操作的可能，同时又可减低用电设备在开关瞬间时对供电电网的冲击，确保了整个用电系统的稳定工作。

4）视频显示系统

会议室作为一个讨论型会议室，在日常的会议中会有较多的多媒体资料、文件资料需要作演示，因此，一套清晰的、多功能的显示系统是不可缺少的部分。

5）配置中央控制系统

选用中央控制系统完成会议室的自动智能化集中控制。会议室环境中各个系统和设备的操作可以集中到一个简单的图形化控制界面上进行集中控制操作。从而减少设备操作的复杂程度，减少误操作，提高了整个系统的可靠性，使所有设备工作处于最佳状态。

中央控制系统以中央控制主机为核心，以控制总线方式与各控制设备连接，接受操作员发出的控制要求，然后向各个延伸控制设备及被控设备发出控制指令。所有控制要求通过专用系统软件进行编程来实现，并将控制界面全部集中到一个无线触摸式液晶控制屏或 PC 软件中。中央控制系统可对会场的电气设备进行控制，包括投影机、投影屏幕升降、影音设备控制、信号切换，以及会场内的灯光照明、系统调光、音量调节等操作。

2. 多媒体会议室

1）系统特点

① 会议视频信号的任意切换和缩放，可方便地进行多路视频场景的显示和切换显示。

② 设置中央控制单元，系统操作控制简单方便，控制包括设备的开关、显示、音频和灯光的切换。

③ 可实现远程控制。

2）多媒体会议室主要设备

① 大屏显示设备：大屏幕电视墙。

② 视频输入设备：摄像机。

③ 会议处理设备：会议系统。

④ 远程会议设备：视频会议。

⑤ 音响扩声设备：音效处理设备、功放和音箱。

⑥ 系统控制设备：中央控制器或控制软件。

3）系统结构

一个多媒体会议室的组成结构如图 9-5-1 所示。

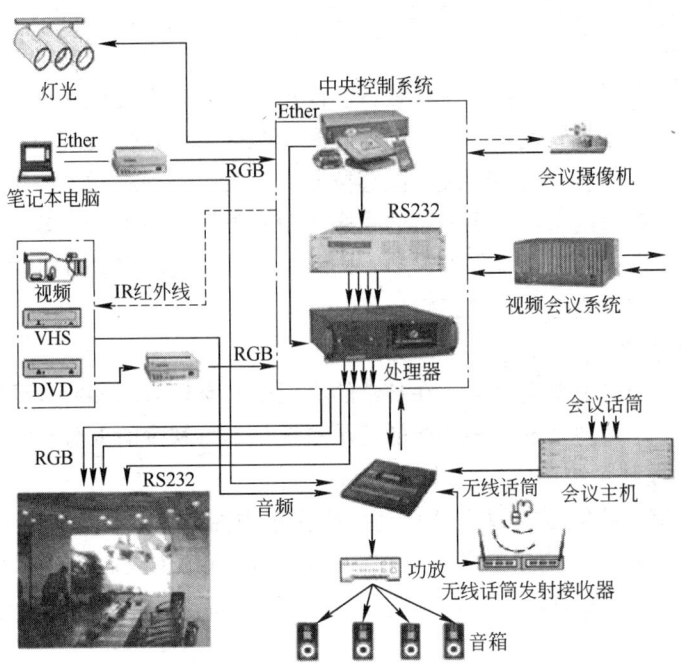

图 9-5-1　多媒体会议室的组成结构

3. 多功能厅

1）系统概述

多功能厅是具有功能多样性特点的会议室系统，具体的表现形式有：会议厅，视频会议厅，报告厅，学术讨论厅，培训厅等。多功能厅在初期的建设投入上可能要高于单一功能的会议室系统投资，系统在设计和施工上都有一定的技术复杂度，对用户方的使用也有一定的技术要求。为了对多功能厅进行综合管理，使用了中央控制技术。

2）用户需求

整个系统要高效率的完成会议室任务，结合各个系统，充分发挥各个系统的功能，实现现代化的会议、教学、培训、学术讨论。

（1）多媒体显示系统。多媒体显示系统由高亮度、高分辨率的液晶投影机和电动屏幕构成；完成对各种图文信息的大屏幕显示。在会议室面积较大时，为了使各个位置的与会人员都能够更清楚地观看，可以使用 2 套投影机显示系统。

（2）A/V 系统。A/V 系统在控制室环境中扮演着重要的角色，提供音频和视频架构、信号处理以及分配信号到设施内的所有显示设备上。它们必须传输高质量、高分辨率的图像和视频到每个控制中心、会议室、工作站，以及电脑桌面，并可以持续满足繁忙的、快速的、每天 24 小时的环境。

多功能厅中的 A/V 系统由计算机、摄像机、DVD、VCR（录像机）、MD 机、实物展台、调音台、话筒、功放、音箱、数字硬盘录像机等 A/V 设备构成。完成对各种图文信息的播放功能；实现多功能厅的现场扩音、播音，配合大屏幕投影系统，提供优良的视听效果。并且通过数字硬盘录像机，能够将整个过程记录在硬盘录像机中。

(3) 会议室环境系统。会议室环境系统由会议室的灯光（包括白炽灯、日光灯）、窗帘等设备构成；完成对整个会议室环境、气氛的改变，以自动适应当前的需要；譬如播放 DVD 时，灯光会自动变暗，窗帘自动关闭。

(4) 智能型多媒体中央控制系统。智能型多媒体中央控制系统实现多媒体电教室各种电子设备的集中控制。要求：

① 操作简单、人性化、智能化；

② 整个系统可靠性高；

③ 使所有设备工作在最佳状态或接近于最佳状态，发挥设备的最大功效；

④ 能够控制 DVD、录像机、MD 进行播放、停止、暂停等功能；

⑤ 能够控制投影机，进行开/关机、输入切换等功能，并能够控制电动吊架、屏幕，实现上升、停止、下降等功能；

⑥ 能够控制实物展台进行放大、缩小等功能；

⑦ 能够控制音量，进行音量大小的调节功能；

⑧ 能够控制 A/V 矩阵、VGA 矩阵，实现音视频、VGA 信号自动切换控制功能；

⑨ 能够控制房间的灯光和窗帘，自动适应当前的需要。

3) 功能描述

通过安装以上中央控制系统，能够轻松地实现智能化、人性化的控制。

(1) 多媒体显示系统的控制。通过 RS232 串口，控制投影机的所有功能，如开/关机、对视频图像、计算机图像的切换等；并且能够自动实现关联动作，如关闭系统时，自动将投影机关闭。

(2) 通过强电继电器控制电动吊架和屏幕的上升、下降、停止；并且能够自动实现关联动作，如投影机开时，电动吊架和屏幕自动下降，投影机关时电动吊架和屏幕自动上升。

4) 实现 A/V 系统的控制

(1) 通过 RS232 串口，控制 VGA/RGB 矩阵（A/V 矩阵）自动选择计算机的图像输出到投影机，并且投影机自动切换到 VGA 输入。

(2) 通过主机后的 IR（红外）控制口和 IR（红外发射棒），控制 DVD（录像机、MD、实物展台）的所有动作，如播放、暂停、停止等功能；并且可以自动将 DVD（录影机、MD）的图像切换到投影机，投影机自动选择视频输入，自动将 DVD（录影机、MD、实物展台）的声音切换到功放。

(3) 通过 KT-VOL 音量控制器，控制功放输出音量的大小。

5) 实现会议室环境系统的控制

(1) 通过强电继电器，控制日光灯的开关，并且能够设置多种灯光模式预设（如会议模式、A/V 模式、培训模式等等），使得灯光适应各种的场合需要。

(2) 通过强电继电器，控制窗帘的开/合，迎合各种场合的需要。

(3) 通过强电继电器，控制投影机、A/V 设备的设备电源，实现电源的自动、节能管理，而且可以更好地保护设备，如系统会在投影机关机后预留足够的时间给投影机散热，然后才自动断开投影机的电源。

6) 系统结构

系统结构如图 9-5-2 所示。

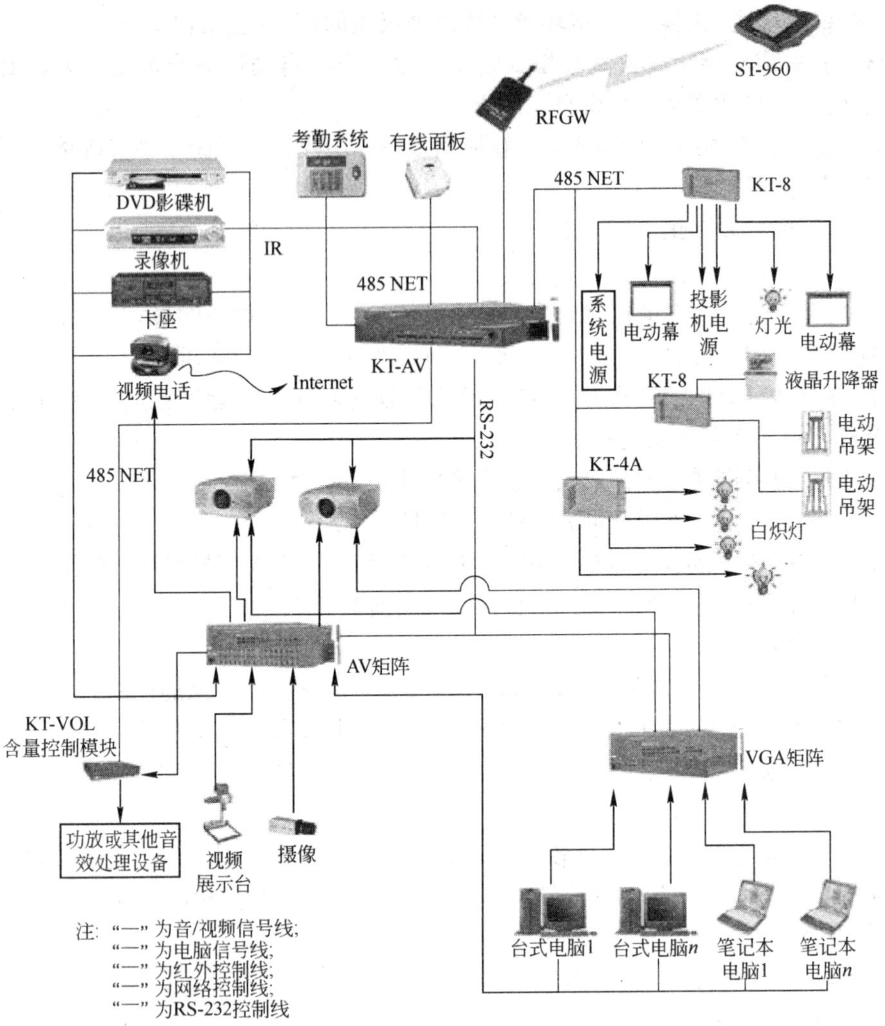

图 9-5-2　系统结构

第六节　广播音响系统中部分新型设备

1. 中央控制装置

一种中央控制装置如图 9-6-1 所示。

该中央控制装置（CCU）与 PC 机配合使用时，可以提供很强的会议控制功能。用户可以访问大量的软件模块，每个都具有特定的会议控制和监控功能。这些模块大大提升了会议管理能力。一旦 PC 出现故障，此中央控制装置将转换为独立操作模式，使会议能够继续进行。

图 9-6-1　中央控制装置

系统主要有以下特点：

① 控制多路馈送装置；

② 可以控制数量不限的 DCN-FCS 32 通道选择器；
③ 有多路高品质音频通道；
④ 使用光纤网络，将 CCU 连接至 Integrus 传输器以执行红外线语言传播，连接至音频扩展器和 Cobranet 接口以执行各种音频馈送和分配功能；
⑤ 采用冗余布线的光纤网络设计。可以是单个分支，也可以是冗余环路；
⑥ 具有话筒管理功能；
⑦ 用于代表大会投票程序的基本投票控制；
⑧ 具有同声传译功能，附带多个语言通道以及原始语言通道；
⑨ 具有内部通信功能；
⑩ 具有自动摄像机控制功能；
⑪ 使用控制 PC 软件或遥控器获得扩展的会议功能；
⑫ 2 路音频线路输入和 2 路音频线路输出；
⑬ 音频插入功能，用于连接外部音频处理设备或电话耦合器；
⑭ 可通过显示屏和单个旋钮对 CCU 和系统进行配置；
⑮ 适用于桌面或机架安装的 19inch(2U) 壳体。

2. 红外发射机、红外辐射器和红外接收机

1) 红外发射机

一种红外发射机如图 9-6-2 所示。该发射机适合装入 19inch 的机架或置于桌面，内有专用插槽，可以装入一个模块。发射机是博世 Integrus 语言分配系统的核心设备。它接受数字（来自数据通信网络 DCN：Data Communication Network）或仿真的输入信号，并用这些信号调制载波，然后将调制的载波送到布置在房间中的辐射器上。

图 9-6-2　红外发射机

（1）系统特点
- 可以分配的信道数最多为 4、8、16 或 32 音频信道；
- 适合与 DCN 或仿真系统；
- 休息的时候，用辅助模式向所有信道播送音乐；
- 灵活的信道配置和信道质量模式，可以提高分配效率；
- 可以将另一台发射机用"从动模式"分配信号，因此可以多房间使用；
- 内置小型红外辐射器用于音频的监听；
- 辐射器和系统状态通过显示器指示；
- 发射机和系统的配置，通过一个显示器和一个旋转按钮完成；
- 安装人员可以为每台发射机指定一个名字，以便识别；

- 自动待机/运行功能；
- 信道数量与 DCN 系统中正在使用的信道数量自动同步；
- 19inch(2U)机箱，可以装入机架或置于桌面。

(2) 电气特性
- 非平衡音频输入：-6 至+6dBV，标称；
- 平衡音频输入：-6 至+18dBV，标称；
- 紧急开关连接器：紧急控制输入；
- 耳机输出：32Ω～2kΩ；
- HF 输入：标称 1Vpp，最小 10mVpp，75Ω；
- HF 输出：1Vpp，6VDC，75Ω；
- 市电电源：90～260V，50～60Hz；
- 电源功耗：最大 55W；
- 电源功耗(待机)：29W。

2) 红外辐射器

一种红外辐射器如图 9-6-3 所示。红外辐射器是大功率的红外辐射设备，适合用在大型场地。该红外辐射器装备了数百个 IRED(红外发光二极管)，可以发出高达 12.5W 以上的红外辐射波。辐射器功率可选，再加上具有广角的指向性，使它们能有效地覆盖大型或高天花板厅堂内的广大面积。合理地布置多个辐射器，可以经济而方便地覆盖更大的面积。假如辐射器没收到载波，它自动进入待机状态。

图 9-6-3　红外辐射器

(1) 系统特点。
- 可选不同的功率，使用经济而高效；
- 不使用风扇——采用对流风冷却——安静运行，减少磨损零件的数量；
- 有辐射器状态监测的 LED 指示；
- 发射机与辐射器间的通讯，方便操作人员的检测；
- 随发射机自动同步开机或关机；
- 自动增益控制保证 IRED（红外发光二极管）发挥最大效率；
- 自动电缆均衡，保证用不同质量电缆时得到较高的传输效率；
- 自动电缆终接，使安装简便；
- 温控线路，辐射器升温过高时，自动由全功率切换到半功率；
- 安装架，适合天花板和落地架安装；
- 可调的辐射器角度，保证最大覆盖面积。

(2) 电和光学特性
- 红外发光二极管的数量多达数百个；
- 20℃时总红外输出可达：16Wrms, 32Vpp；
- 总发光峰值强度可达：18W/sr；
- 半值角度：+/−22°；
- HF 输入：标称 1Vpp，最小 10mVpp；
- HF 输出：1Vpp, 6VDC, 75Ω；
- 市电电压：90～260V，50Hz～60Hz；
- 电源功耗：最大 180W；
- 待机的电源功耗最大 10W。

3) 红外接收机

红外接收机主要用来接收语言和音乐。一种红外接收机的外观如图 9-6-4 所示。

图 9-6-4 红外接收机的外观图

(1) 系统特点。
- 位数的 LCD 显示可以指示电池和接收的状态；
- 同步功能：可用信道数量永远与系统中正在使用的信道数量一致。没使用的信道不出现在可选择的信道中；
- 当信号过低时，自动对音频信号静音，保证使用人只接收高质量信号；
- 当断开耳机后，不再耗电；
- 有测量模式，便于监测辐射器的覆盖。

(2) 电和光学特性
- 红外辐射强度：每载波 $4mW/m^2$；
- 灵敏度半值角度：+/−50°；
- 在 2.4V 时的耳机输出音量：450mVrms（以最大音量讲话，32Ω 耳机）；
- 耳机输出频响：20Hz～20kHz；
- 最大信噪比：大于 80dB（A）；
- 电源电压：1.8～3.6V，标称 2.4V；
- 电源功耗(2.4V 电源)：15mA(最大音量讲话，32Ω 耳机)；
- 电源功耗(待机)：小于 1mA。

3. 无线功率扬声器

无线功率扬声器可以接受多个频点，集无线接收器、功率放大器、扬声器为一体。

1) 系统的主要技术特点

① 充裕的大音量可将声音传递至大约几十米开外的地方。
② 传递距离依不同情况而异。
③ UHF 频带 PLL 无线接收机内置多个频道。
④ 除了多个频点的无线接收，还有多个有线话筒输入。
⑤ 内置放大器。最大声压高达 100dB/m。
⑥ 20cm 低音单元与高音号角 2 分频组合，采用了在宽广的空间范围内能够均匀地将

声音扩散的 SCWG 型号角。

⑦ 扬声器支架的安装操作也很简单。

无线功率扬声器和笔形无线话筒的外观如图 9-6-5 所示；端口说明如图 9-6-6 所示。

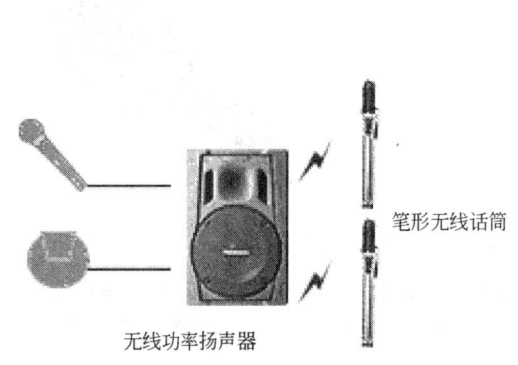

图 9-6-5　无线功率扬声器和笔形无线话筒的外观

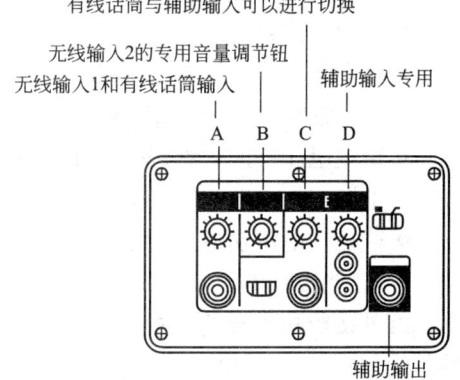

图 9-6-6　端口说明

2) 工作情况说明

通过电波可以接收演讲者的无线话筒和 CD 播放机的信号。使计算机或 DVD 能够简单地对音源进行扩音，并与投影仪组合在一起，应用于视听教育培训，如图 9-6-7 所示。

在演讲会以及记者招待会等场合，发言人与主持人可以各自使用无线话筒。遇到提问时，主持人可以手拿话筒自由地移动位置，使答疑过程能够顺利进行，十分方便。

通过电波接收笔记本电脑的音源。一边在屏幕上播放电脑中的画面，一边播放声音。比单纯的口头讲解更加直观生动，从而实现多媒体演示。

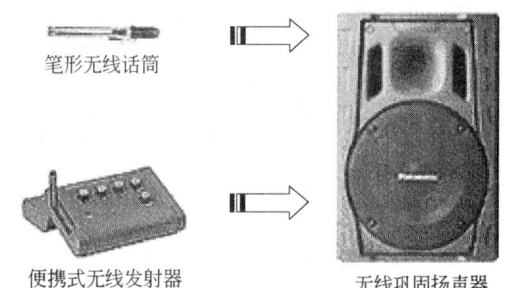

图 9-6-7　无线话筒、无线发射器与无线功率扬声器的位置关系

3) 无线功率扬声器的技术参数

某型无线功率扬声器的技术参数见表 9-6-1。

某型无线功率扬声器的技术参数　　　　表 9-6-1

扬声器部分	项　目
方式	2 分频低音反射扬声器
使用单元	低音：20cm 圆锥形单元。高音：SCWG 高音号角（指向角：水平 60°×垂直 60°）
功率放大器部分	
额定输出	60W（4Ω）
THD+N	1% 以下（额定输出时）
话筒 1 输入	大型复式插口、-55dBV、10kΩ、非平衡、单声道
话筒 2 输入	大型复式插口、-55dBV、600Ω、电子平衡、单声道
辅助 1 输入	大型复式插口、-12dBV、10kΩ、电子平衡、单声道
辅助 2 输入	3.5mm 复式插口、-12dBV、10kΩ、非平衡、立体声混音

续表

扬声器部分	项目
辅助输出	大型单头插口、0dBV、100Ω、非平衡、单声道
无线部分(双频)	
传输频率	780.125MHz～783.750MHz、30频点中的一个频点
接收方式	超外差集成方式
震荡方式	水晶控制PLL频率合成
单音信号	32.768kHz
信号接收显示LED	无线1、无线2
系统整体	
电源	AC 220V
消耗功率	21W
额定消耗功率	100W
放音频响范围	100Hz～15kHz
最大播放声压	111dB/m
尺寸	260(W)×374(H)×226(D)(mm×mm×mm)
质量(大约)	590g(主机),780g(含附带AC变压器)
电源线(大约)	5m
外壳加工	聚丙烯泡沫树脂膜制、喷漆

第七节 部分实际广播音响系统工程图的识图读图分析

1. 某大学数字网络广播系统及系统图分析

1) 应用背景

某大学的平面区域有主体结构可以分为教学区和生活区。

① 学生活动区域。

② 室外绿化带部分。

③ 操场部分。

④ 每个学院拥有一栋独立的教学楼。每栋教学楼都有自己独立的广播系统。为了加强学校的信息化管理，需要建一套校园广播系统，主要需求如下：要求所建广播系统基于网络，布线尽量简洁并能实现自动播放各种背景音乐和上下课音乐铃声。

⑤ 每个学院可以根据本学院的需求播放不同的广播内容，与新建网络系统主控实现互动。

⑥ 由于使用了智能校园网络广播系统，该系统可以跨网段传输音频信号和控制信号，克服了由广播点到主控之间因远距离带来的布线困难。在行政楼办公室设立整个网络广播的主控中心，对全校所有广播点进行监管。在每个学院的教学楼和操场、学生公寓食堂部分分别设立广播分控中心。每个分控中心可以独立工作，也可以接受来自主控中心的各类广播信号。

2) 系统图及分析

校园中的网络广播系统的系统图如图9-7-1所示。

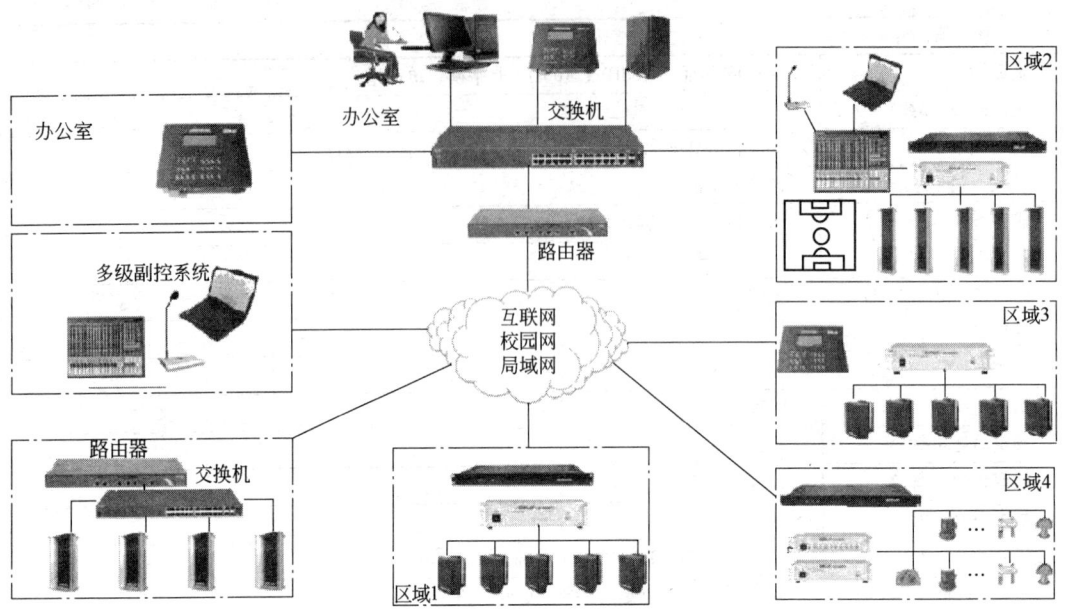

图 9-7-1 校园中的网络广播系统的系统图

该广播系统系统图的分析内容见表 9-7-1。

对某校园中的网络广播系统的系统图的识读与分析　　　　表 9-7-1

序号	主要单元部分及设备	在网络系统中的作用	说　明
1	网络广播主机	通过网络广播主控软件实现对整个校园广播系统的几种控制和管理	硬件和软件设置都较高，作为广播主控中心设备
2	网络广播点播终端	在教学区播放广播音响信息	作为教学区设备
3	网络音柱、会议话筒、网络广播点播终端、合并式功放、吸顶音箱、广播机柜	在学生公寓区、食堂公共区域播放广播音响信息	作为学生公寓区、食堂部分设备
4	网络广播点播终端、会议话筒、前置功放、后级功放、室外音柱音箱	在操场区域播放广播音响信息	作为操场区设备
5	网络广播终端、合并式功放、草坪音箱、广播机柜	在绿化带区域播放广播音响信息	作为绿化带区域的设备
要点分析			
1	该校园网广播系统的主控中心是由一台计算机和网络广播主控软件组成。广播主控中心可以对全校进行广播，并且主控信号具有优先级的功能。网络软件支持多级副控，学院各系主任可以根据需要方便主持、管理本系的工作			
2	在各学院的教学楼分别设立一个广播分控，每个广播分控由一台网络广播点播终端 GM8003 和原有的校园广播组成，用来配合管理每个学院和播放上下课音乐铃声			

续表

	要 点 分 析
3	操场部分采用网络广播终端 GM8004＋定压形式
4	绿化带部分采用网络广播终端＋定压形式，草地安装草坪音箱。根据绿地面积及分布区域我们设计安装数个网络广播终端
5	由于定压广播信号在实际线路中传输时，会存在线损和线耗问题。所以在设计广播功放时一般按照终端音箱实际功率的 1.2～1.5 倍来设计
6	系统基于 TCP/IP 网络传输，可以将远程主控中心的音频信号和控制信号通过网络传输到终端广播工作站，实现远程控制和统一广播
7	每个广播分控系统都可以独立工作，而且还可以播放不同的广播内容
8	自动播放功能：系统可按校方设置的时间表通过自动播放软件，全自动播放预备音乐铃、上课音乐铃、下课音乐铃、起床铃等，及新闻、英语教学节目等学校其他自选广播音乐和节目
9	学生公寓区可以实现点对点广播和呼叫对讲功能。主控中心对某个房间进行呼叫时，房间的学生可以通过寻址对讲器与主控进行对讲
10	主控系统采用计算机控制，可视化操作界面，控制界面直观，操作简便单，通过中心控制室的操作平台可对每个房间进行授权管理

2. 某宾馆公共广播系统的系统图分析

某宾馆楼高 20 层，其中 1～4 层为大堂、餐厅等娱乐、消费场所；5～19 层为标准客房层；20 层为机房层。另有地下两层，为停车场和设备层。楼内设计和安装了一套公共广播系统，该系统由背景广播、客房广播和紧急广播三部分组成，系统结构见图 9-7-2。背景广播系统和客房广播系统的机房设在宾馆 20 层。紧急广播机房设在一层消防控制中心。整个宾馆的广播分区参照消防的防火分区，共计 23 个区域。

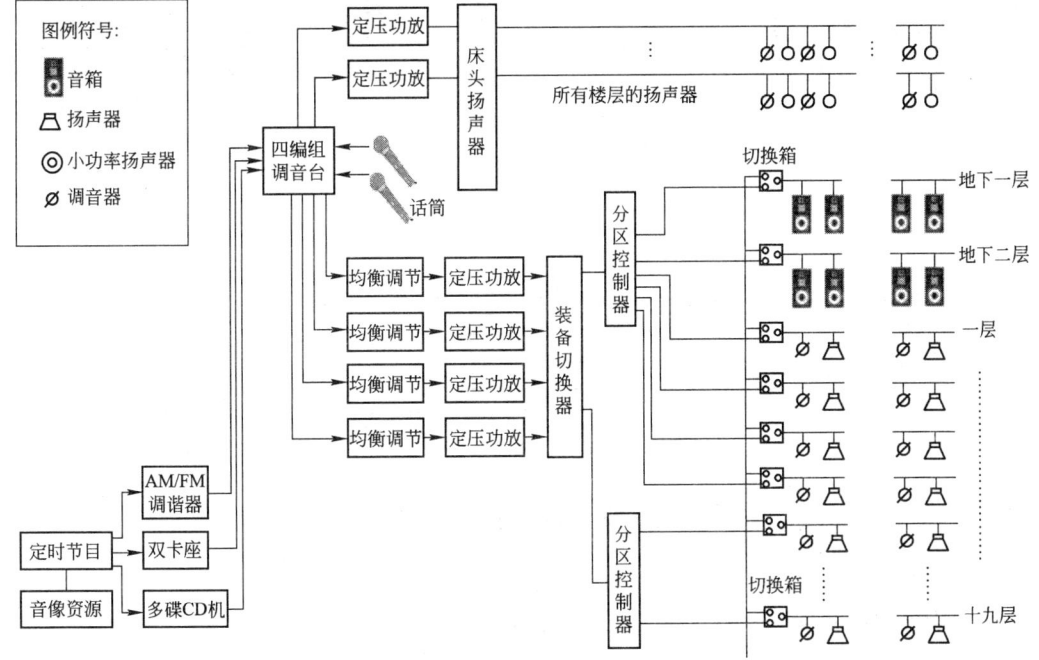

图 9-7-2 某宾馆公共广播系统的系统图

其分析内容见表 9-7-2。

对某宾馆公共广播系统的系统图的识读与分析　　　　　表 9-7-2

序号	主要单元部分及设备	在网络系统中的作用	说明
1	信号源部分包含：三套高质量音源	三套高质量音源：一台五碟激光唱机，可五碟连续、重复、编程播放，最多可储存 24 个程式；一台 AM/FM 数码调谐器，采用 PLL 锁相电路，数码显示，具有直接及可调电平输出，自动选台，30 个电台记忆；一台全逻辑控制双卡座，具有全逻辑自动翻带，快速选曲，双卡同步倍速录音	该三套音源的共同特点是功能齐全、播放方便，并带有自启动功能，特别适合于公共广播。另外，还配备一路话筒输入，用于播送通知等
2	声处理设备部分。包括一台四组调音台、定时节目控制器、8 路监听器、均衡器 (1) 自动控制部分配一台定时节目控制器，可对音源播放进行自动控制，配合声音存储器更可实现编程定时播放等功能，该机提高了系统的可靠性与先进性，减轻了操作人员的工作量。 (2) 输出监听配一台。 (3) 均衡器	(1) 四编组调音台的作用：可将任意十路输入信号切换到四个输出口的任意端口输出。 (2) 定时节目控制器作为自动控制部分的主要组件。 (3) 8 路监听器：主要作用是对输出信号进行监听，以便及时了解系统运行状态，一旦发生故障，可在第一时间排除。 (4) 均衡器：接在调音台的音频输出上，在对调音台输出的音频信号进行最后的处理后，输出到功率放大器	
3	放大设备部分 功率放大器配 5 台定压功率放大器。	定压功率放大器用作背景广播输出	其中 4 台对声处理设备送出的信号进行功率放大。4 台功率放大器每 2 台一组，分别将输出信号接在 2 台分区控制器上，由分区控制器分配 2 台功率放大器的功率到各个广播分区。另有 1 台功率放大器作为备用，通过配备的 1 台倒备切换器在其他功率放大器发生故障时切换到备用功率放大器上输出，以避免系统的瘫痪。大楼的客房广播采用定压功率放大器 2 台，分别将二套节目送至各层的客房大楼的不同区域
	要　点　分　析		
1	四编组调音台将若干路输入信号切换到四个输出口的任意端口输出		
2	对校园网的不同分区设置分区控制器。每个分区控制器控制若干个切换箱		
3	切换箱来切换控制音箱、扬声器和调音器的工作		
4	由于各不同分区的负荷支路的负荷不平衡，使用均衡调节环节来平衡		

第八节　视　频　会　议

1. 视频会议简述

"视频会议系统"（Video Conference System），是指两个或两个以上不同地方的个人或群体，通过传输网络及多媒体音像设备，将声音、视频及文件资料互相传送，实现实时语音和视频的交互，完成会议功能的远地交流的系统设备。

与电话会议相比，视频会议的交互性效果更好。会议电视系统不仅可以听到声音，还可以看到会议参加者，共同面对商讨问题，研究图纸、实物，与真实的会议无异，使每一个与会者确有身临其境之感。视频会议系统还能够实时传送交流文字文件、图文混排的文件和工程图纸文件。视频会议可以广泛用于企业、科研单位、教学单位的实时技术交流、多方会议、现场教学、现场办公、商务谈判等多种领域。

视频会议系统的示意图如图 9-8-1 所示。

目前视频会议产品形态主要分为两个部分：多点控制单元（Multipoint Control Unit，MCU）和视频终端。多点控制单元即我们通常所说的 MCU。它是视频会议的核心部分，在 H.323 标准下，MCU 由必不可少的多点控制器（MC）以及零个或多个多点处理器（MP）组成。MC 处理所有终端之间的 H.245 协议，以确定共同的音频和视频处理能力，并通过确定哪些音频和视频流将进行多点多播（Multicast），从而实现对会议资源进行控制，同时，它支持三点或更多点之间的会议。

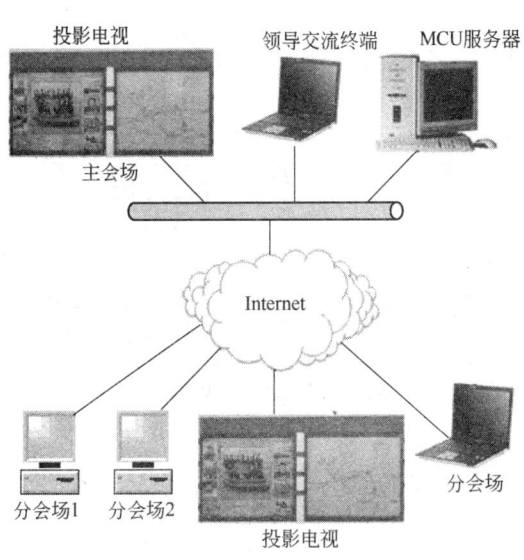

图 9-8-1　视频会议系统的示意图

目前，市场上的主流产品是基于 H.323 协议的 MCU；视讯终端是提供单向或双向实时通信的客户端。所有视讯终端必须支持声音通信，视频和数据也是可选的。H.323 规定了不同的音频、视频和或数据终端共同工作所需的操作模式，它将成为下一代因特网电话、电话会议和电视会议技术领域占统治地位的标准。市场中常见的视讯终端主要有以下几种：机顶盒、桌面一体终端（包括视频终端和 LCD 屏）、和 PC 连接的简易终端，以及配合 USB 摄像头和耳麦使用的软件终端。

其对视频会议系统用户具有的价值：

① 实现视频会议的录制、直播及点播，增强系统功能。
② 实现对视频会议到员工桌面的覆盖，扩大会议参与范围。
③ 实现视频会议系统到基层机构的低成本扩展，更为经济实用。
④ 实现视频会议的备份，提供系统可靠性。目前来讲，市场上视频会议主要分两种：一种是基于专用平台的硬件视频会议，一种是基于 PC 平台的软件视频会议。

2. 部分视频会议周边硬件

1）会议摄像机

一种会议摄像机如图 9-8-2 所示。会议摄像机是视频会议系统中的主要设备之一。较新款的会议摄像机光学变焦倍数较高，

图 9-8-2　会议摄像机

对指令响应快捷的控制云台，可使用吸顶方式或桌面方式安装；可通过 RS-232C/RS422 总线进行控制；可通过 PC 或专用控制器，设置控制摄像机的各种功能。

还有其他一些功能：

① 一个控制器通过 RS422 通信可控制多个摄像机；

② 配置有多功能红外遥控器；

③ 遥控器可方便地控制摄像机的云台，镜头等基本功能。

2）会议用传声扬声器

一种会议用传声扬声器外观如图 9-8-3 所示，多人在同一地点可以参加 Web 会议，如图 9-8-4 所示。

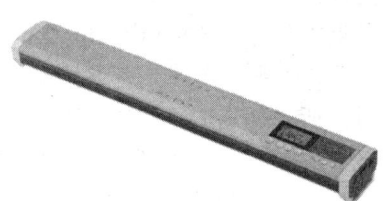

图 9-8-3　会议用传声扬声器外观

图 9-8-4　多人在同一地点可以参加 Web 会议

3）视频会议交互电子白板系统

一种视频会议交互式电子白板系统外观如图 9-8-5 所示。

4）投影仪、液晶电视和调音台

投影仪、液晶电视和调音台外观图如图 9-8-6 所示。

图 9-8-5　交互式电子白板系统外观

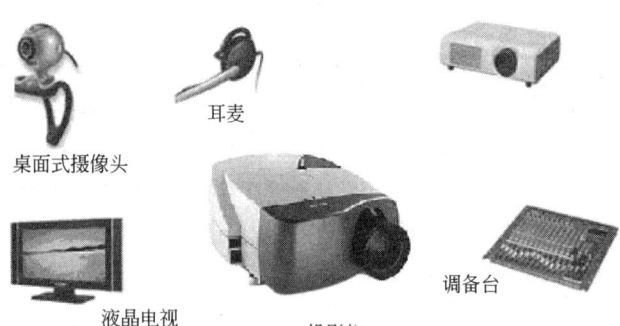

图 9-8-6　投影仪、液晶电视和调音台外观图

3. 一种高清视频会议系统

一种高清视频会议系统外观图如图 9-8-7 所示。

该高清视频会议系统通过内置的多方会议和内容共享功能，可以快速、方便地将异地与会者通过视频召集起来完成项目协作。

系统支持支持 4M 带宽和高分辨

图 9-8-7　高清视频会议系统外观图

率；内置 MCU 视频会议提供较大的灵活性；支持高清的多点控制服务器 MGC，支持高清的录播流媒体服务器。

4. 对一个政府机关的视频会议系统图的读图分析

一个政府机关的视频会议系统图如图 9-8-8 所示。

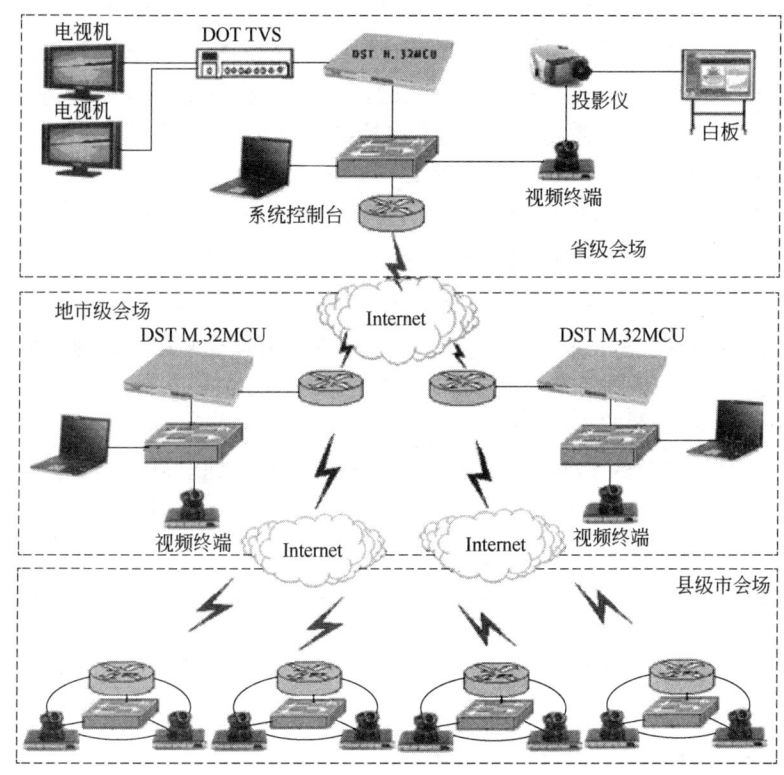

图 9-8-8 政府机关的视频会议系统图

读图分析内容见如下所述。

1）三级网络级联的结构

该视频会议系统包括 130 个会场，采用三级网络级联的方式进行整个系统的构建。在省政府设省级会场和一个该会场的终端共同构成一级网络，在 12 个地市设 12 个地市级会场，每个会场放置一台 DST MCU 和一个视频终端构成二级网络，在每个地市下属的县级分会场放置一台视频终端共 117 个构成三级网络。

2）关键设备

用户要求在其已有的分组包交换网络上，实现流畅的视、音频传输。整个系统采用了 13 台 DST H.323 MCS 多点控制单元，视频会议终端共 130 套，采用标准 H.323 协议，会议速率为 1.5Mbit/s。

3）系统使用

省政府应可以随时通过该系统召集省级会议呼叫各地市参与会议，各地市也可通过该系统进行和下属县级市的会议，当省级会议需要县级单位进行参加时，可以将省级会场的

MCU 和地市级会场的 MCU 进行级联实现三级会场同时参与会议。利用该系统，省政府可以传达会议精神，布置工作，并且中心会场可以远程控制分会场的摄像头，可以自动轮询各分会场的画面，可以召开单个会场演讲模式会议，也支持自由讨论模式的会议，十分方便；同时，还应能满足省级会场在会议进行时能够观看到所有地市级会场的参与情况。

4）多点控制器（MCU）

会议电视终端的作用就是将某一会议点的实时图像、语音和相关的数据信息进行采集，压缩编码，多路复用后送到传输信道。同时将接收到的图像、语音和数据信息进行分解、解码，还原成对方会场的图像、语音和数据。另外，会议电视终端还将本会场的会议控制信号（如申请发言、申请主持等）送到多点控制器（MCU）。同时还要执行多点控制器对本会场的控制作用。

MCU 是多点会议电视系统的关键设备，MCU 将来自各会议场点的信息流，经过同步分离后，抽取出音频、视频、数据等信息和信令，再将各会议场点的信息和信令，送入同一种处理模块，完成相应的音频混合或切换、视频混合或切换、数据广播和路由选择、定时和会议控制等过程，最后将各会议场点所需的各种信息重新组合起来，送往各相应的终端系统设备。

5）系统中的交换机和路由器

由于该视频会议系统的工作运行是在局域网和互联网基础上进行的，使用交换机连接多点控制单元、系统控制台和视频终端；再通过路由器接入互联网中去。

6）电子白板与投影演示

省级会场设置电子白板，将一些重要的图形图片、文件进行投影演示并讲解。

5. 视频会议的发展及标准

ITU-T（国际电信联盟标准化部门）制定的适用于视频会议的标准有以下几种。

1）H.320 协议（用于 ISDN 上的群视会议）

1990 年提出并通过，是第一套国际标准协议。H.320 获得通过，使其成为广泛接受的关于 ISDN 会议电视的标准。

2）H.323 协议（实现于 IP 网络的视频会议）

1997 年 3 月提出的 H.323，为现有的分组网络 PBN（如 IP 网络）提供多媒体通信标准，是目前应用最广泛的协议。

基于硬件的视频会议系统，基本上都是采用这个技术标准，这保证了所有厂商生产的终端和 MCU 都可以互联互通。各厂商设备相当部分都兼容两个标准，而最新设备则采用 H.323 标准。

第十章 同声传译系统基础及识图

第一节 同声传译系统的基本概念

1. 同声传译系统概述

同声传译系统又称同步口译系统,是一种专门针对国际会议的高级服务系统。同声传译系统本身并不能进行同步翻译,翻译工作是由专业的翻译员以人工的方式完成的,同声传译系统负责原音和译音的传输、分配、收听,辅助各国来宾同步收听会议内容,可实现如英语/汉语、法语/汉语、日语/汉语等多国语言的同声传译。

同声传译系统由发言设备、译音员设备、中央控制设备和语言分配设备等组成。当召开各种国际会议和国际谈判时,各国领导和代表通过发言设备进行会议演讲和讨论。中央控制器作为同声传译系统的核心处理设备,将会场采集的原音进行处理后,一路信号传送到会场扩音设备,另一路传送到译员室。为了使不同国家的代表同步了解会议内容,主办方会安排相应的口译翻译员,翻译员通过译员室专用音频通道接听到会场原音,然后使用译员机进行即时翻译。中央控制器在收到译音后经过信号放大后送到语言分配设备,以供外国来宾收听会议译音。如果语言分配设备采用红外无线方式,红外发射机在收到中央控制器的指令后,通过相连接的辐射板把翻译语言发射出去。外国来宾只需要带上红外接收机并调制到相应的频道就可以同步收听译音。同声传译系统示意图如图 10-1-1 所示。

同声传译系统主要由有线与无线两种系统组成。有线方式采用屏蔽电缆具有较强的安全性和抗干扰能力,但使用者会由于线缆的束缚感到不便。无线传输主要有红外线方式、无线调频方式和微波方式。由于无线调频方式容易受到干扰、接收音质差且会议保密性也难得以保证等,目前已很少被采用。而采用红外方式具有极好的抗干扰能力及音质,由于红外线穿透能力较弱,故一定程度上提高了会议信息的保密性,目前也是最常用的同声传译系统。随着网络技术的发展,现在也出现了基于 2.4GHz 微波的无线同声传译系统,其覆盖面积更大,具有更好的扩展能力。另外,在一些复杂的应用环境下,也会出现有线和无线混合使用的情况。

2. 同声传译系统的特点

(1)同步性:系统能够即时准确地将会议原音以人工口译的方式同步传送到与会各国来宾的接收机上。

(2)清晰性:系统采用高保真拾音器和扬声器,传送采用数字信号,在传输过程中信号的质量和幅度都不会衰减,保证参加会议的代表能够清晰收听信息。

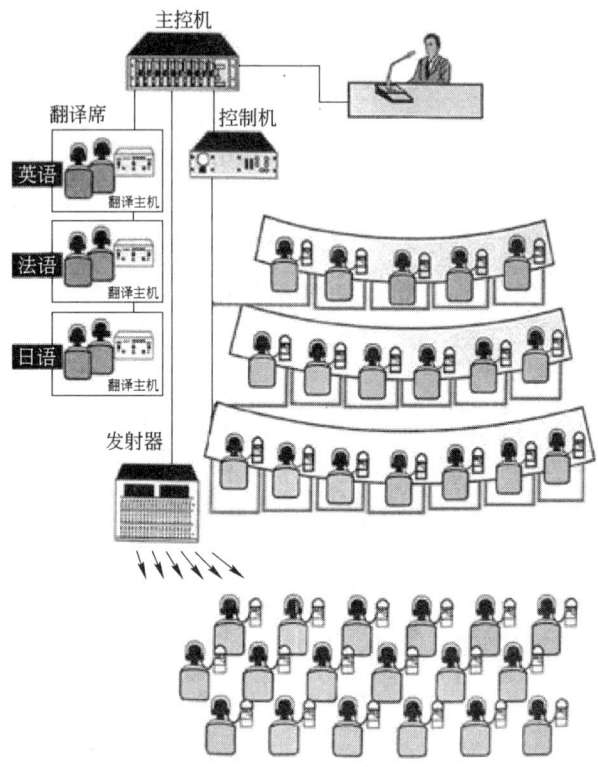

图 10-1-1　同声传译系统示意图

（3）安全性：许多会议都涉及国家或各组织的机密，同声传译系统需要对数据进行加密，防止恶意窃听。同时，会议发言单元设备由主机供电，工作电压为 24V，保证设备使用安全。

（4）抗干扰性：系统采用专用的屏蔽电缆，不受节能灯、手机干扰器等设备的影响。

（5）无线化：通过红外、微波等无线传输方式进行信号传送，使用者可以在无线信号覆盖范围内随意移动。

（6）数字化：系统采用数字信号方式传输，避免了模拟信号传输的失真，大幅改进了音质，便于接收和存储。

（7）多功能化：除了满足会议发言和收听等基本功能，系统增加了投票表决系统和电视电话会议系统等多种先进功能。

（8）可扩展性：系统具有较强的扩展能力，通过增加更多的会议单元以满足人数变化。

3. 同声传译系统的组成

同声传译系统主要由发言设备、译音员设备、中央控制设备和语言分配设备等组成，如图 10-1-2 所示。发言设备包括主席发言单元（主席机）和代表发言单元（代表机）。译音员单元包括译音室中的译员台和耳机等设备。中央控制设备主要是同声传译主机。语言分配设备包括音响扩声设备、红外发射主机、红外辐射器以及接收器。详细说明见表 10-1-1 所示。

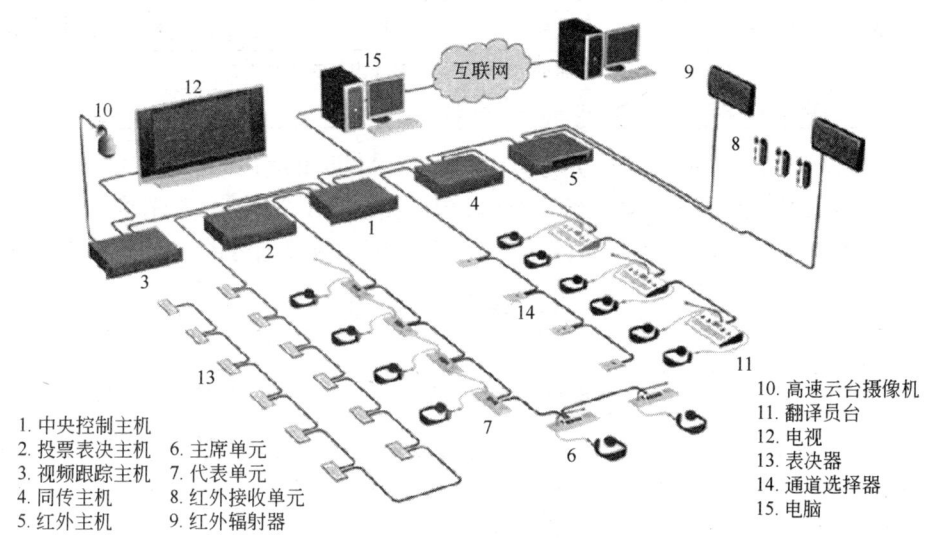

1. 中央控制主机
2. 投票表决主机
3. 视频跟踪主机
4. 同传主机
5. 红外主机
6. 主席单元
7. 代表单元
8. 红外接收单元
9. 红外辐射器
10. 高速云台摄像机
11. 翻译员台
12. 电视
13. 表决器
14. 通道选择器
15. 电脑

图 10-1-2　系统组成结构图

同声传译系统组成设备表　　　　　　　　　　表 10-1-1

名　称	设　备	作用及说明
发言设备	主席发言单元（主席机）	用于会议的主要发言人使用，主席发言单元有优先发言权，可以中断或禁止代表发言
	代表发言单元（代表机）	其结构和用途与主席发言单元类似
译音员设备	译员台和耳机	翻译人员通过译员台可将会议译音输入到控制主机，一般具备双工通信功能，与数字会议系统的控制主机相连以进行音频、数据的交换
中央控制设备	同声传译主机	属于系统的控制部分。它可以实现系统的设置、各部分设备的扩展连接、系统控制、信息处理等功能
语言分配设备	音响扩声设备	向会场广播会议原音
	红外发射主机	调制后的数字音频信号经射频电缆送到发射主机，为每个语种通道产生一个载波
	红外辐射器	向整个会场提供红外信号
	接收器	使用者通过接收器收听会议同步译音
其他辅助设备	表决器、高速摄像机、电视机等	实现系统的多功能化和可扩展性

4. 红外线同声传译系统

红外线同声传译系统作为一种无线式同声传译系统，被广泛应用于各大国际会议中。它的工作原理是利用红外线传输进行翻译语言的分配，它采用 830～950nm 波长的红外光谱传送多种翻译语言。红外线同声传译系统有很多优点，如表 10-1-2 所示。

红外线同声传译系统优点　　　　　　　　　　　　表 10-1-2

序号	优　点
1	红外传输是常用的无线传输方式之一，使用户可以在会场内随意走动，不受线缆束缚
2	红外传输具有很强的保密性，由于红外线的穿透能力较弱，只有在一定空间内传播，墙壁可阻挡其传播
3	红外传输不会受到电磁波和工业设备的干扰，保证了接受内容的清晰性
4	红外传输传递信息的带宽较大，可实现多信道通信

红外线同声传译系统一般可以分为两种类型：BAND Ⅱ 频段的红外线同声传译系统和 BAND Ⅳ 频段的红外线同声传译系统，具体说明见表 10-1-3 所示。上述类型是根据国际标准 IEC 61603—1 规定的音频信号传输的红外辐射调制频段划分的，如图 10-1-3 所示。

红外线同声传译系统类型　　　　　　　　　　　　表 10-1-3

名称	频段	说　明	特　点
BAND Ⅱ	45kHz～1MHz	会议用音频传输系统及类似系统	容易受高频驱动光源的干扰
BAND Ⅳ	2MHz～6MHz	宽带音频及相关信号传输系统	抗干扰能力强，频响特性宽，具有更高的音质保真效果

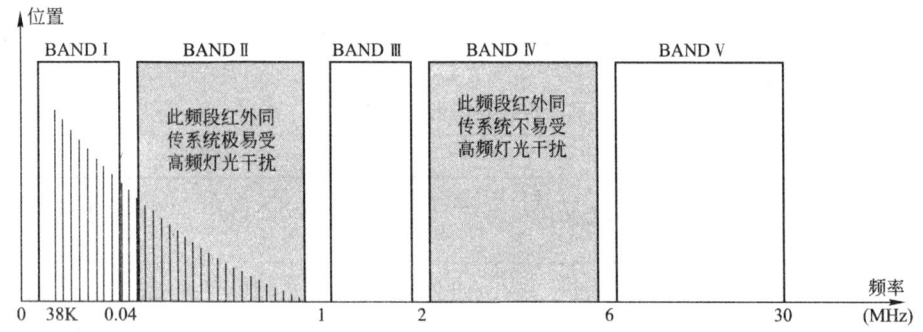

图 10-1-3　红外辐射调制频段的分配

BAND Ⅱ 频段的红外线同声传译系统容易受到高频驱动光源（如节能灯）的干扰，这是因为这些高频驱动光源会产生被调制的红外信号，这些红外信号主要集中在 1MHz 范围以内，刚好覆盖 BAND Ⅱ 频段，对同声传译系统的接收质量和距离会产生一定的影响。所以在使用 BAND Ⅱ 频段的红外线同声传译系统的场所最好避免使用高频驱动光源（如节能灯）。

BAND Ⅳ 频段的红外线同声传译系统工作在 2MHz～6MHz 频段，可以有效避免高频驱动光源的干扰。另外，BAND Ⅳ 频段比 BAND Ⅱ 频段带宽要大，具有更高的信噪比，更宽的频响特性，音质更清晰。所以目前主流设备多采用这种类型。目前市场上的主流品牌有博世/飞利浦红外同声传译设备、森海塞尔红外无线同声传译设备、索尼红外同声传译设备等。

第二节　同声传译系统主要设备及组件

1. 主要设备

同声传译系统由同声传译主机、主席发言单元、代表发言单元、红外发射主机、辐射板、红外接收单元和译员台等组成。

1) 同声传译主机

同声传译主机是整个系统的中央控制单元,负责整套系统的数据处理和功能实现,其外观如图 10-2-1 所示。它可以控制主席和代表的发言设备,数量可达多达数百台,可以对原音和译音进行自动均衡处理,分配同声传译音频到红外发射主机,通过红外辐射进行接收等功能。

图 10-2-1　同声传译主机

主要功能如表 10-2-1 所示。

同声传译主机的主要功能　　　　　　　　　　　　表 10-2-1

序号	主要功能及特点
1	系统主机可连接多个会议单元,通过扩展口级联,会议单元可无限扩展连接
2	具有多组语音输入信道,可同时调制发射多种语种,具有多组译音输出信道可作录音用
3	基本的话筒的管理,同声传译和电子表决,控制多路数字音频通道,实现无人监管的会议控制
4	超强抗干扰能力,不受灯光及无线通信器材的干扰
5	采用先进的锁相环技术,稳定锁住信号
6	具有高质量数字声道的数字音频控制和处理能力,自动音频均衡处理
7	主机独有的测试功能,可对应语种数量产生多种不同频率的声音,方便系统调试
8	具有电平指示功能,可直接显示电平的大小
9	具有多个输入输出接口,方便各种场合应用
10	主机可安装在 19inch 标准机柜上,便于设备维护

2) 主席发言单元

主席发言单元是指会议主要发言人通过它来参与会议的设备。根据所用的品牌和型号不同,使用者可以得到以下功能的某些部分或全部:听、说、请求发言、接收屏幕显示资料、与其他代表交谈、参加电子表决等。同时主席发言单元还配备有优先发言键,可在任何时候发言和控制会场情况。其外观图如图 10-2-2 所示。

图 10-2-2　主席发言单元

主席发言单元的主要功能如表 10-2-2 所示。

主席发言单元的主要功能　　　　　　　　　　　　表 10-2-2

序号	主要功能及特点
1	内置话筒和扬声器,当话筒被激活时,扬声器被自动关闭
2	话筒带红色指示灯
3	多路语言选择通道

续表

序号	主要功能及特点
4	双路耳机插孔及音量调节
5	3个表决按键：赞同、弃权、反对（＋，0，－）
6	优先发言键，可关闭所以正在发言的话筒，可启动音乐铃声及关闭代表话筒来控制会场秩序
7	一路数字语言选择器：对现场语言和多国同声传译语言进行选择

3）代表发言单元

代表发言单元指会议代表通过它来参与会议的设备。提供了发言、收听、发言请求登记、登记响应请求、投票、选择语言通道等功能。最基本的代表发言单元装备有：带开关的话筒，扬声器，投票按键和LED状态显示器。高级型号还装备了LCD屏幕，语种通道选择器，软触按键和代表身份认证卡读出器等装置。其外观图如图10-2-3所示。

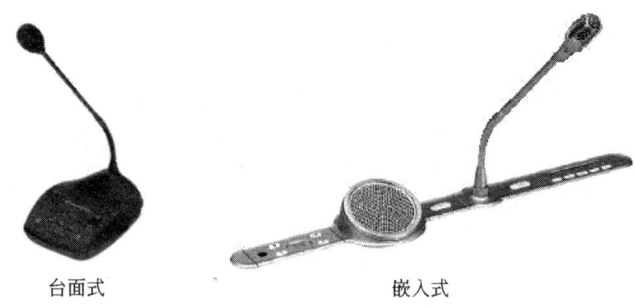

台面式　　　　嵌入式

图10-2-3　代表发言单元

代表发言单元还可分为台面式与嵌入式。台面式适合安装在经常产生变化的会场。嵌入式更适合形式比较固定的系统，可以永久性安装到桌面或座椅的扶手上。此外，系统也可以使用其他形式的话筒，如软管支架式，颈挂式，手持式话筒等，使没有坐席的会议参加者也能发言。

代表发言单元的主要功能如表10-2-3所示。

代表发言单元的主要功能　　　　表10-2-3

序号	主要功能及特点
1	内置强指向性话筒和扬声器，当话筒被激活时，扬声器被自动关闭
2	带有发言指示灯圈
3	多路语言选择通道
4	具有通道选择器，适用于以多种语言进行讨论且提供同声传译的会议
5	具有投票功能，具有五个适于所有投票类型的投票按钮
6	双路耳机插孔及音量调节功能

4）红外发射主机

红外发射主机与同声传译控制主机相连接，为每个语种通道产生一个载波，通过辐射板发送红外信号。其外观图如图10-2-4所示。

图10-2-4　红外发射主机

红外发射主机的主要功能如表 10-2-4 所示。

红外发射主机的主要功能　　　　　　　　表 10-2-4

序号	主要功能及特点
1	采用数字信号传输,能传输高质量的音频信号,信噪比高达 80dB
2	具有 6/12/32 组语音输入通道,最多可同时调制发射 6/12/32 种语种
3	采用较高传输频率(2MHz～6MHz),不受高频灯泡干扰
4	采用锁相环技术,发射频率非常稳定
5	具有多个输入输出接口,用于音频信号的传递
6	主机独有的测试功能,可产生 6/12/32 种不同频率的声音,方便系统调试
7	主机可安装在 19inch 标准机柜上

5)辐射板

辐射板又称红外辐射器,安装在会场的四周,用于向整个会场提供红外信号,以便用户通过接收机聆听会议内容。其外观图如图 10-2-5 所示。

图 10-2-5　辐射板

辐射板的主要功能如表 10-2-5 所示。

辐射板的主要功能　　　　　　　　表 10-2-5

序号	主要功能及特点
1	多路信道采用同一处发射单元,可发送 6/12/32 通道语言
2	多种发射功率可调,距离可达 50m(25W)及 30m(15W)
3	温控线路,辐射器升温过高时,自动由全功率切换到半功率
4	自动与主机同步开关机
5	以"手拉手"的方式可以实现多台辐射单元串联
6	覆盖可高达 2000m^2
7	适合天花板或落地架安装,可以固定安装或用三角支架安装

6)红外接收单元

红外接收单元作为同声传译系统的终端设备,为用户提供清晰实时的翻译语音。接收机通过红外等无线传输方式传送数字语音。其外观图如图 10-2-6 所示。

红外接收单元的主要功能如表 10-2-6 所示。

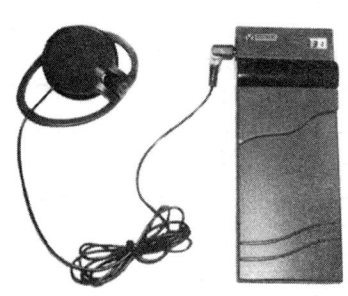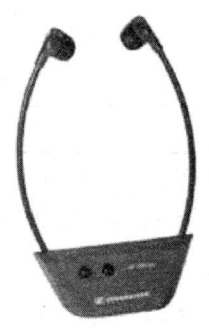

图 10-2-6　红外接收单元

红外接收单元的主要功能　　　　　　　　　　　表 10-2-6

序号	主要功能及特点
1	多国语言选择，各信道收听不受干扰，音量可自由调节
2	通过数字红外辐射，可接收多达 32 个通道的数字语音
3	采用锁相环技术，接收频率非常稳定
4	在信号发射范围内可任意走动，不受会场座位限制
5	在信号发射有效范围内，接收单元数量的增加不受限制
6	高级设备带液晶显示功能，可显示通道号、信号状态等
7	外观小巧、操作简单、携带方便、电池持久耐用

7）译员台

翻译人员通过译员台可将译音输入到控制主机中，每个译员台占用中央控制器中的不同通道，此通道对应于红外接收机的通道。每个翻译员配置一台译员台，译员台内置扬声器、麦克风、监听耳机和控制开关。两种译员台的外观如图 10-2-7 所示。

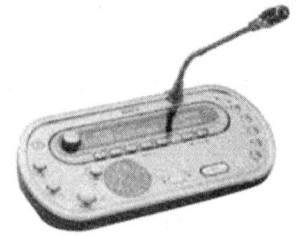

图 10-2-7　译员台

（1）主要功能

译员台的主要功能如表 10-2-7 所示。

译员台的主要功能　　　　　　　　　　　表 10-2-7

序号	主要功能及特点
1	可同时进行 16 种语言同声传译功能（包括原声通道）
2	具有同一通道互锁功能，确保通道与语种之间的一一对应

续表

序号	主要功能及特点
3	具有二次翻译功能
4	多种音频输出接口供接收器或头戴式耳机使用
5	语种显示：用来显示出去的语种
6	具有消咳功能和原音减速功能
7	带照明的 LCD 屏可显示出清晰的资料
8	具有个人音量调节及自动啸叫功能

（2）特点：

① 移动无线网络手持终端干扰的敏感度较低；

② 多达几十个同声传译通道和 1 个原始语言通道，音频带宽 20kHz；

③ 带背光的图形 LCD，在光线较暗的条件下也能清晰显示信息；

④ 5 个用于转播语言的预选键，显示屏上具有激活指示。

（3）互连组件：

① 六针话筒插座；

② 耳机或头戴式耳机连接器，五针 180°Din 型插孔，按照 IEC 574—3 标准配线；

③ 6.3mm(0.25inch)和 3.5mm(0.14inch)立体声插孔耳机连接器；

④ 2m(78.8inch) DCN 电缆，带模制六针圆形连接器；

⑤ 六针圆形插座，用于与 DCN 网络进行环路连接。

八针模块化插孔连接器，用于连接至工作间电话、内部通信和工作间"正在使用"指示。

8）传输电缆

尽管以红外同声传译系统为代表的无线传输方式被越来越多地选择，但是系统中也只有发射机和接收机之间采用无线连接，其他部件还是采用有线方式进行连接。而传输电缆往往是容易被忽略的部分，其实它质量的好坏决定整个系统是否可以稳定运行。

目前主流的同声传译系统都是全数字化的系统，传输电缆也主要以 5 类线、超 5 类线和 6 类线为主。为了保证信号的传输性能和提高系统的抗干扰性，要求采用屏蔽型双绞线，如 STP 和 FTP。如果对系统要求较高的场所也可使用光纤进行布线连接。

上面详细说明了同声传译系统各个部分的组成部件，下面给出一张红外同声传译系统连接示意图，以供读者对系统的结构关系有所认识，如图 10-2-8 所示。

2. 无线同步多国语言传送翻译系统设备

无线同步声音传送翻译系统设备利用数字式 PLL 锁相合成，多频点技术，使可靠性大大提高，全系统可提供最多 100 声道的同传功能。

无线同步声音传送翻译系统设备与传统的红外线式同传有着较大的区别，还可流动使用及大幅度地节省投资。使用该接收机，可以在距发射机 200m 范围内，清晰收听到讲解内容。主要应用在国际会议厅召开国际会议、会展做同声传译之用多语种会议时同声传译活动；除此而外，还可以作为无线语音教学讲解系统设备，应用在学校、公司、培训机

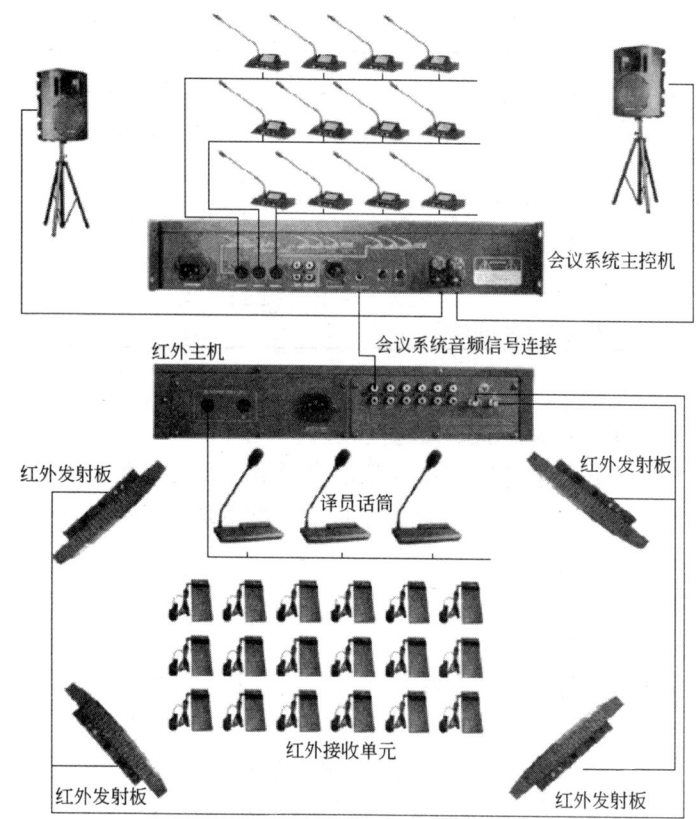

图 10-2-8　同声传译系统连接示意图

构、会议室、礼堂、教室的讲课、讲座等环境中。

一种无线同步声音传送翻译系统设备外观如图 10-2-9 所示。

主要特点详见如下所述。

● 工作在 800MHz UHF 波段，具有较强的绕射穿透能力，不会被人群、建筑物、设备所阻挡。解决了 VHF 低频段二次谐波干扰问题和 2.4G 频段产品没有穿透力问题；

● PLL 数位锁定频率合成设计，频率稳定性更高；数位音码静音锁定技术，抗杂讯干扰能力强；

● 独有的抗干扰电路，适用于无线声音同步传送翻译；

● 多信道选择使用，满足大型会议厅多人使用；

● 麦克风输入可以调节增益，极大满足使用不同性能的麦克风，也同时满足使用者不同使用习惯；

● 具有自动按键锁保护功能，让使用者不

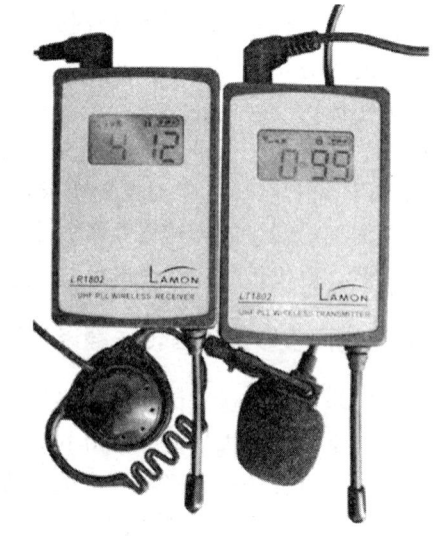

图 10-2-9　无线同步声音传送翻译系统设备外观

能轻易改变机器内原有参数设置；

● 接收器可任意调节音量、任意调节静噪关机电平、满足不同位置的使用，从而使接收效果达到最佳；

● 一台发射器可以对多个接收器，不受任何其他干扰。

第三节　同声传译系统的图纸识读

1. 系统框图的识读

同声传译系统组成框图如图 10-3-1 所示。

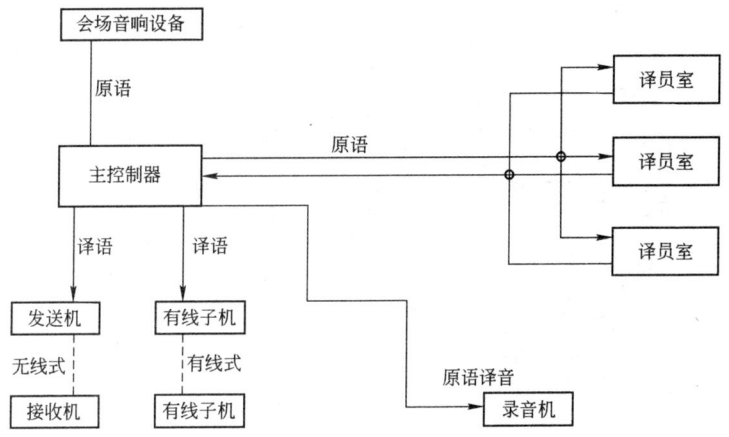

图 10-3-1　同声传译系统组成框图

对该同声传译系统组成框图的分析内容见表 10-3-1 所列。

同声传译系统框图分析内容　　　　　　表 10-3-1

序号	系统组件名称	在系统中的作用
1	主控制器	同声传译主机是整个系统的中央控制单元，负责整套系统的数据处理和功能实现
2	发送机	将翻译后的数字语音信号通过红外等无线方式发送出去
3	接收机	通过无线方式进行信号接收，方便会议代表的收听
4	有线子机	通过有线方式进行信号传递和接收，具有较高的安全性和抗干扰能力
5	会场音响设备	用于会议现场的扩声
6	译员室	翻译人员通过译员机进行收听原音和发出译音
7	录音机	记录会议原音和译音，以备查阅使用

要　点　分　析
1	主控制器作为系统的核心，对采集和发送的音频信号进行处理，负责整套系统的功能实现。当现场原音采集到主控制器后，经过放大处理后划分为多路信号，分别分配给会场音响设备、录音设备和译员室。会场音响设备用于将原音扩声广播。录音设备用于将原音和译音记录下来，以便以后资料查阅。译员室的翻译人员收到原音音频后，进行即时翻译，通过译员机将译音会给主控制器。主控制器将多国译音放大处理后，通过有线或无线方式传送给各国来宾
2	有线数字式同声传译系统采用屏蔽型电缆，具有较高的抗干扰性能和安全性能。无线数字式同声传译系统多采用红外式，进行发射和接收，优点是在信号发射范围内可任意走动，不受会场座位限制

2. 系统图的识读

这是一张某会议室同声传译系统图，如图 10-3-2 所示，分析内容见表 10-3-2 所列。

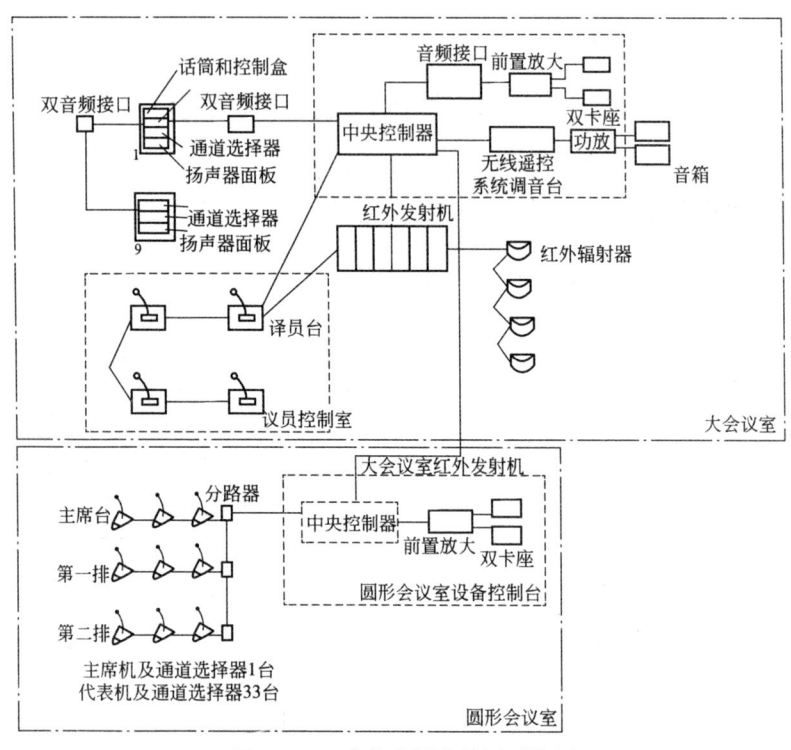

图 10-3-2　会议室同声传译系统图

会议室同声传译系统图　　　　　　　　　　　　　　　　表 10-3-2

序号	系统组件名称	在系统中的作用
1	LBB3534/50 主席机	具有代表机所有的功能，同时多了优先发言控制功能
2	LBB3531/50 代表机	发言单元带有强指向鹅颈话筒、扬声器、请求发言键、工作指示灯、声道选择钮，两个耳机插孔可供两个代表使用
3	LBB3514 分路器	将干线电缆进行分路
4	LBB3500/05 中央控制主机	对传译系统的各种信号进行集中控制与处理的中央系统主机
5	LBB3240 红外发射机	为每个语种通道产生一个载波
6	LBB3411 红外辐射器	实现红外信号的发射
7	LBB3520/10 译员台	用于翻译人员对会议发言进行同步翻译
8	LBB3535 双音频接口	将各种类型的话筒和线路信号源接到系统中
9	LBB3537/00 话筒和控制盒	嵌入式有控制面盘的话筒，用于与会人员收听和发言
10	LBB3537/10 主席优先面盘	会议主要发言人使用，配有优先键，使主席的话筒比代表的话筒有优先发言权
11	LBB3524 通道选择器	便于用户快速选择所需的语言通道
12	LBB3538 扬声器面盘	平嵌式安装在台面或椅背后，用于会议扩声

续表

	线 制 说 明	
序号	线缆型号	线缆说明
1	LBB3516 电缆	两端各接一个 6 芯 DIN 插头（一阴，一阳）的电缆
2	RG58U 同轴电缆	50Ω 同轴电缆

	要 点 分 析
1	本同传系统采用 BOSCH/PHILIPS 数字会议系统，可组成大型的国际会议网络，实现数字会议和同声传译等功能。系统分为大会议室和圆形会议室两个区域。每个区域各有一台中央控制器，设置在各自的设备控制柜中
2	圆形会议室作为会议的主会场，主席台上安装有主席机带通道选择器 1 台，其他部分选用代表机带通道选择器 33 台，用于领导和参会人员发言讨论使用，主要功能包括表决、发言、请求发言、听及语种选择输出。数字音频信号通过专用电缆将信号传送到中央控制器，经过处理后发送到大会议室中的红外发射箱。同时，圆形会议室还配备 CD 和卡带播放机，通过前置放大器与中央控制器相连接，为会议提供背景音乐等音频
3	大会议室作为会议的分会场，为与会来宾提供多国语言的同声传译服务。译员控制室设在大会议室中，安装有多台译员机，为不同国家的来宾提供翻译服务。由圆形会议室传回的音频信号先送到大会议室同声传译机柜中的中央控制器；经过放大处理，将信号划分为多路，分别发送到调音台、译员控制室和录音设备。调音台再次细化处理，通过扩音设备，将会议原音广播到大会议室。译员控制室内的翻译人员进行同声口译，通过译员台将信号送到红外发射箱，再经过专用 RG58U 同轴电缆传送到红外辐射器上，将翻译内容以无线的方式广播出去。外国来宾可通过无线接收机，收听同声传译的会议内容。同样大会议室也配备 CD 和卡带播放机，经过前置放大通过音频接口与中央控制器相连接，为会议提供背景音乐等音频。另外，大会议室还安装有多套嵌入式有控制面盘的话筒，安装有通道选择器和扬声器，其中 1 台安装主席优先面盘

3. 平面图的识读

这是一张某学术报告厅的无线同声传译与扩声系统平面图，如图 10-3-3 所示，分析内容见表 10-3-3 所列。

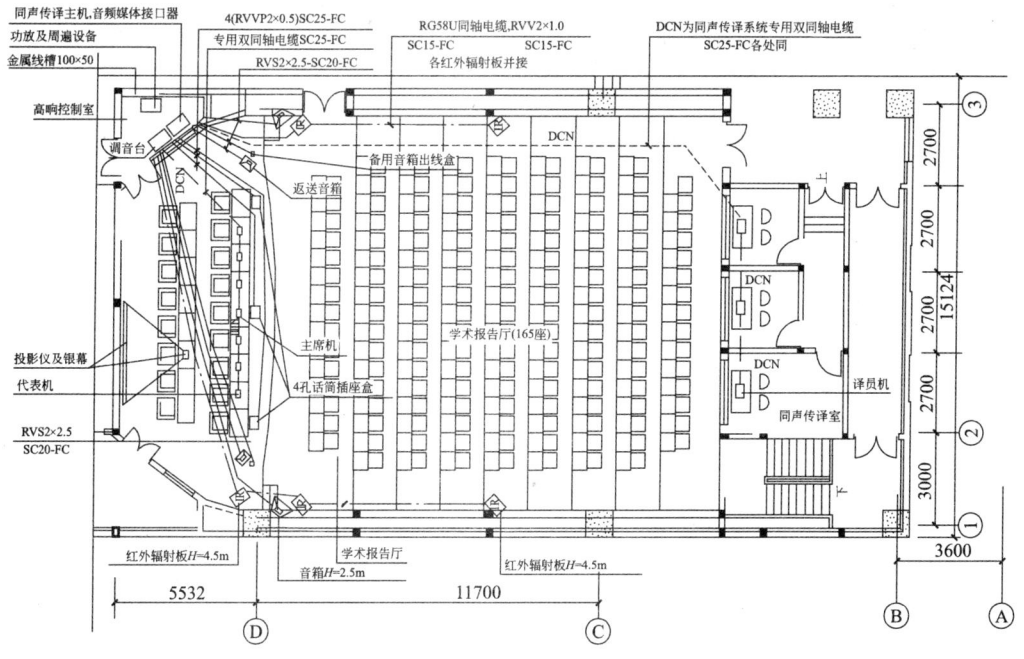

图 10-3-3 无线同声传译与扩声平面图

无线同声传译与扩声平面图分析内容
表 10-3-3

序号	符号	系统组件名称	在系统中的作用
1	📢	音响设备	用于会议现场的扩声
2	IR	红外辐射板	用于红外信号覆盖整个会场

线 制 说 明		
序号	连接组件	线缆说明
1	同声传译主机、译员机、主席机等	专用双同轴电缆 SC25-FC
2	红外辐射板	RG58U 电缆＋RVV2×1.0SC15-FC 型电缆
3	主扩音箱、返送音箱、备用音箱出线盒	RVS2×2.5-SC20-FC
4	4 孔话筒插座盒	4(RVVP2×0.5)SC25-FC 型电缆

要 点 分 析	
1	同声传译室有 3 个单独划分的房间组成，每间房屋配备一台译员机，通过专用双同轴电缆 SC25-FC 连接到同声传译主机
2	该学术报告厅安装有 5 个红外辐射板，分别安装于学术报告厅的前部和中部位置，安装高度在 4.5m，设备使用 RG58U 同轴电缆和 RVV2×1.0SC15-FC 型电缆与同声传译系统的红外发射主机相连接
3	该学术报告厅主扩音箱有 2 台，分别安装在主席台两侧，高度为 2.5m。同时系统还有 2 台辅助音箱作为返送音箱为主席台提供扩音。另外，在辅助音箱的附近还设有备用音箱出线盒，以备扩展使用。它们直接与音响控制室的调音台相连接，使用 RVS2×2.5-SC20-FC 同轴电缆
4	主席台上有多台主席机，以供领导发言使用，采用手拉手串行连接，使用专用双同轴电缆 SC25-FC 型，与同声传译主机相连
5	另外主席台上安装有三套 4 孔话筒插座盒，以供会议使用，线路采用 4(RVVP2×0.5)SC25-FC 型电缆
6	投影仪及银幕代表机安装于主席台上，用于会议演示说明
7	音响控制室主要用于放置同声传译主机、红外发射机、调音台、功放及周边设备，同时系统配有音频媒体接口器，适用各种场合的音频输入输出

第十一章 工程实例解析

第一节 楼宇自控系统工程实例及识读图分析

1. 楼宇自控系统冷冻站机房平面图识读图

楼宇自控系统冷冻站机房平面图如图 11-1-1 所示。

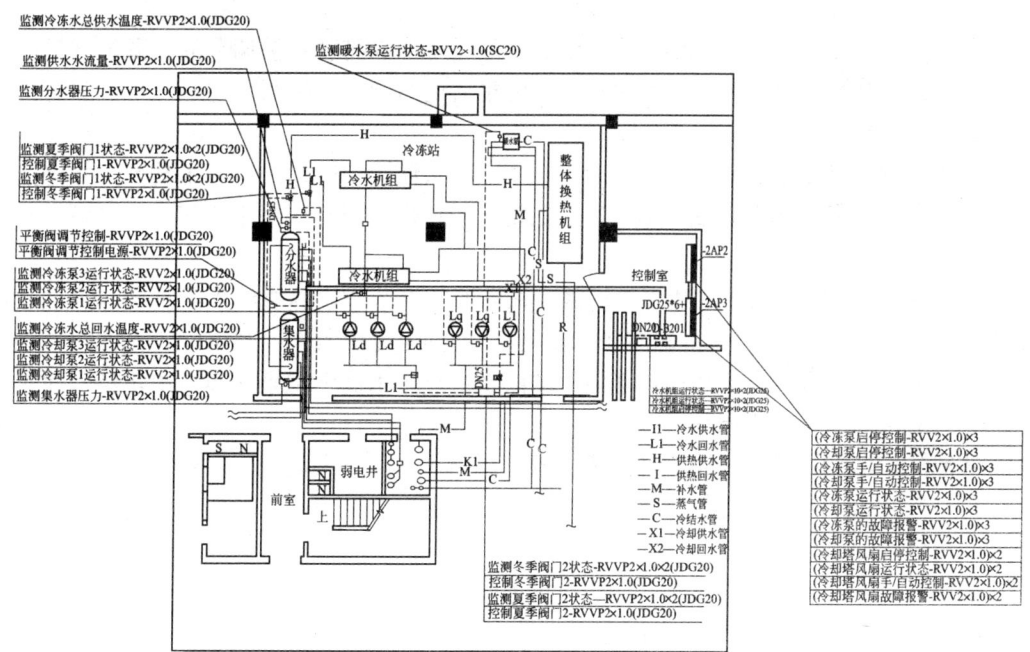

图 11-1-1 楼宇自控系统冷冻站机房平面图

1) 冷冻站主要设备

冷冻站机房主要装备了以下设备：

- 两台冷水机组
- 集水器
- 分水器
- 整体换热机组
- 冷水供水管(L1)
- 冷水回水管(L2)
- 供热热水管(H)

- 供热回水管(R)
- 补水管(M)
- 蒸汽管(S)
- 凝结水管(C)
- 冷却供水管(X1)
- 冷却回水管(X2)
- 冷水泵组
- 冷却水泵组

2) 识读图分析

(1) 冷冻水的供水和回水。在夏季和炎热的季节里,冷冻站内的两台冷水机组负责向本楼和其他楼盘或远端空调系统末端设备(空调机组、风机盘管、新风机组和变风量空调机组)输运7℃的冷冻水,两台冷水机组生产制备的冷冻水首先送往分水器,再通过分水器分成4路向需要进行空气调节的楼盘输运冷冻水。

冷冻水被输运到远端的空调系统末端后,经过冷冻水盘管和被调节的空调区域进行热交换后,温度升高,分4路返回到集水器,汇集后返回到冷水机组,进一步进行降温到标准的7℃冷冻水,循环使用。

冷冻水泵克服冷冻水输运管路中的阻尼将冷冻水输运到较远的空调末端处,并完成循环;冷却水泵克服冷却水输运管路中的阻尼将冷冻水输运到设在楼宇顶部的冷却塔,在冷却水降温后实现循环。

(2) 换热机组的供热热水和供热回水。在寒冷的季节,换热机组生产制备的热水也通过热水分水器后,向不同的远端(本楼和其他楼盘)的末端设备供给热水作为热源,通过消耗热源的末端设备后,温度降低,降温后的热水通过集水器再回到换热机组,经过换热机组内的热交换升温,完成循环。

从平面图中看到,换热机组还通过蒸汽管(S)向本楼或其他楼盘的一些末端设备提供蒸汽。

(3) 控制室。从平面图中看到,DDC控制器安装在控制室内,通过钢管内敷设线缆与现场的传感器和执行器就近连接。

控制室内的网关是用于将不同的弱电子系统集成在一起的装置。

(4) 冷冻泵手/自动控制和启停控制。冷冻水泵和冷却水泵的控制及运行状态监测都可以在控制室内由DDC自动完成。

在控制室内的电控箱内,使用RVV2×1.0控制线将DDC与现场传感器和控制冷冻水泵启停的控制回路相接;同样,使用RVV2×1.0控制线将DDC与现场传感器和控制冷却水泵启停的控制回路、冷却塔风扇的控制回路相接,由现场传感器直接控制冷冻水泵、冷却水泵和冷却塔风扇的启停。

在控制室内的电控箱内,RVV2×1.0控制线将电控箱内控制主回路通断的交流接触器的辅助触点处和现场传感器的数字输入点相连,获得设备运行状态的信号。这些交流接触器是指:控制冷冻水泵、冷却水泵和冷却塔风扇的交流接触器。对于以上装置可以通过设置"手/自动控制"转换控制装置实现自动控制和手工控制;串入电路的热继电器,将故障信号通过RVV2×1.0监控线送给控制器的数字输入口,实现故障报警。

(5) 对冷冻水温度、流量和分水器压力的监测。使用RVVP2×1.0屏蔽信号线(2芯;纯铜网+铝箔屏蔽)引出监测冷冻水总供水温度、冷冻水供水流量和监测分水器的压力信号。

(6) 其他一些监控信号。从平面图看到，监控信号还包括：
- 夏季阀门 1 的开度控制和状态监测；
- 冬季阀门 1 的开度控制和状态监测；
- 平衡阀的调节和控制；
- 平衡阀调节控制电源的通断控制；
- 1、2、3 号冷冻泵运行状态的监测；
- 冷冻水总回水温度的监测；
- 1、2、3 号冷却泵运行状态的监测；
- 对集水器压力进行监测等。

其他的子系统识读图分析见后面的具体单元内容。

2. 五～八层平面图的识读图分析

1) 主要的装备情况

五～八层楼面空间主要装备了以下一些楼控系统的设备。
- 楼层的东西走向有一200mm×200mm截面的弱电线槽，用来敷设楼控系统的监控线缆；
- 在每个 F 型客房中，设置了一个闭路电视接口；设置了宽带网络的信息口；
- 弱电竖井设置在靠近建筑平面的中部；
- 强电竖井靠近电梯间；
- 电梯间并列有三部电梯；
- 从强电竖井的接续管理装置上引出广播线路，进入每一个客房的床头控制柜内；
- 各个楼层的电梯间设置了一台枪式监控摄像机；
- 空调机房位于每一层的靠近右上部区域，空调机房内电控柜内的 DDC 控制器对可以对空气调节系统进行自动控制，监控线缆通过东西向的弱电线槽敷设；
- 每个客房内的闭路电视、音像设备都通过床头控制柜进行控制；
- 在每层楼中部东西走向的走廊中设置了 6 部枪式摄像机对走廊进行无盲区的视频影像监控；
- 南侧客房布置、室内闭路电视、网络信息口、音像设备的配置与北侧的情况基本相同；
- 每个标准间客房内装备的是自身带有冷热源的家用空调，为满足客房用户的个性需求，不设置中央空调系统的送风；
- 每一个客房装备一部电话。

2) 说明

(1) 由于上面分析的是一个较为典型的酒店建筑，建筑物的主体是标准间客房的格局。对于酒店型建筑，一般不使用中央空调系统为每个客房集中送风，而是设置室内小型家用空调机进行空气调节。

(2) 标准间客房内一般设有床头控制柜对室内的子系统电源、对闭路电视的电源、对音响系统的电源进行控制。现在多数酒店型建筑内的客房已经采用 IC 卡门禁装置控制客户的正常出入；同时为节约用电，当客户离开外出时，室内的用电设备自动断电，直到客户返回打开房门后，才能重新开启各子系统的电源。

(3) 对于酒店型建筑,为保证客户的财产和人身安全,一般在公共大厅、公共走廊和电梯间设置闭路电视监控摄像机进行 24h 视频监控。

(4) 为使客户方便地接入 Internet,每个房间内一般都有一个网络宽带接入信息口。

(5) 酒店型建筑的电话系统一般采用"电话交换机"构建一个内部电话通信系统。

分析酒店型建筑的建筑弱电系统应注意以上一些特点,以此类推,对各种不同类型的现代建筑,由于用途不同,配置建筑弱电系统应有各自的特点,如写字楼一般装备中央空调系统来为各个用户区域集中供风。

第二节 某酒店型建筑的弱电系统工程实例分析

1. 某酒店型建筑弱电系统工程概述

1) 建筑概况

某酒店型建筑建筑面积 $40000m^2$。地下 2 层,主要为车库、各种机房、库房,地上 11 层,主要为办公室、餐厅、会议室等,属于一类防火建筑。

2) 建筑弱电系统设计依据

该建筑装备的建筑弱电系统设计依据如下。

(1) 各市政主管部门对初步设计的审批意见。

(2) 甲方设计任务书及设计要求。

(3)《民用建筑电气设计规范》JGJ/T 16—92。

(4)《高层民用建筑设计防火规范》GB 50045—95(2001 年版)。

(5)《火灾自动报警系统设计规范》GB 50116—98。

(6)《建筑与建筑群综合布线系统工程设计规范》GB/T 50311—2000。

(7)《汽车库、修车库、停车场设计防火规范》GB 50067—97。

(8) 其他有关国家及地方的现行规程,规范。

(9) 各专业提供的设计资料。

3) 建筑弱电系统包含内容

系统设计包括以下内容。

(1) 楼宇自控系统。

(2) 综合布线系统。

(3) 有线电视系统。

(4) 保安监视系统。

(5) 广播系统(包括背景音乐及紧急广播)。

(6) 停车场收费管理系统。

(7) 火灾自动报警及消防联动系统。

(8) 酒吧网络设备均只做预留,由弱电竖井经线槽引至相应位置,待以后由室内装修设计负责进行二次设计。

4) 楼宇自控系统(BAS)

(1) 空调制冷、供暖通风、变配电系统、公共区域照明、给排水系统等均纳入 BAS 系统进行监控或监视。

(2) 监控中心设于首层弱电总控制室。

(3) BAS 系统控制器 DDC 之间的通讯线预留管线均为 SC25 镀锌钢管。控制器至各种传感器、变送器、阀门等外围元件的控制线、控制器的电源均由承包商进行深化设计。

5) 楼宇弱电系统线缆的选型及敷设

(1) 楼宇弱电系统线缆明敷在桥架上，或穿镀锌钢管(SC)敷设。SC32 及以下管线暗敷。SC40 及以上管明敷。该工程中使用的 SC 管均为镀锌钢管。

(2) BAS 控制箱之间用 SC20 镀锌钢管连接，全部串在一起引至弱电总控制室。

(3) 电缆桥架：为托盘式并开孔。竖井内竖向桥架应与平面图中水平桥架连接。桥架安装时尽量往上抬，至少应满足底距吊顶 50mm。桥架施工时，应注意与其他专业的配合。

6) 广播系统

(1) 广播机房与消防控制室合用。紧急广播与背景音乐合用。系统采用 100V 定压输出方式。

(2) 公共场所扬声器安装功率为 3W，客房扬声器安装功率为 1W，根据平面图布置可分为壁装式、嵌入式、床头柜内三种，壁装扬声器底边距地 2.5m。车库内扬声器管吊，底距地 2.5m。

(3) 音响广播系统的线路敷设按防火布线要求，采用 RVS-2X0.8 线。穿 SC15 镀锌钢管暗敷。

(4) 火灾时，自动或手动打开相关层紧急广播。同时切断背景音乐广播。客房床头柜广播应具有紧急广播功能。紧急广播切换在消防中心内完成。客房设置三套广播节目。

(5) 紧急广播应设备用扩音机，容量为同时广播容量的 1.5 倍。

(6) 除车库外公共场所的广播系统，其背景音乐设音量调节器。

(7) 系统的深化设计由承包商负责，设计院负责审核及其他系统的接口的协调事宜。

7) 停车场收费管理系统

(1) 停车场车辆感应线圈、自动闸门及读卡机等平面图位置待筹建单位确认后再施工。

(2) 停车场进出口的摄像机与整体监视系统联网。

8) 电话及计算机网络系统

(1) 本工程电话与计算机网路系统分开设计。

(2) 由市政引来外线电缆及中继电缆，进入首层电话机房。电话机房由电信部门设计，本设计在电话机房与弱电井之间设桥架(负责总配线架以下的配线系统)。

(3) 本工程计算机采用非屏蔽布线系统，水平选用超五类电缆，穿镀锌钢管暗敷，竖向采用桥架敷设并与平面图中水平桥架连接。在首层网络机房及顶层网络间设配线架或网络设备，并应根据网络的要求自配 UPS。

(4) 出线插座采用 RJ45 超五类型，暗装，底边距地 0.3m(有架空地板的房间，底边距架空地板 0.3m)。

9) 接地

弱电系统采用共用接地装置，要求接地电阻小于 1Ω。所有进出建筑物电源线、信号线、控制线等金属管线均做接地。在消防控制中心设接地母排，接地干线用 BV-25mm

SC25 从变配电室引来。所有进出建筑物电源线、信号线、控制线等金属管线均做接地。

2. 有线电视系统

1) 系统图的识读及分析

有线电视系统图如图 11-2-1 所示。

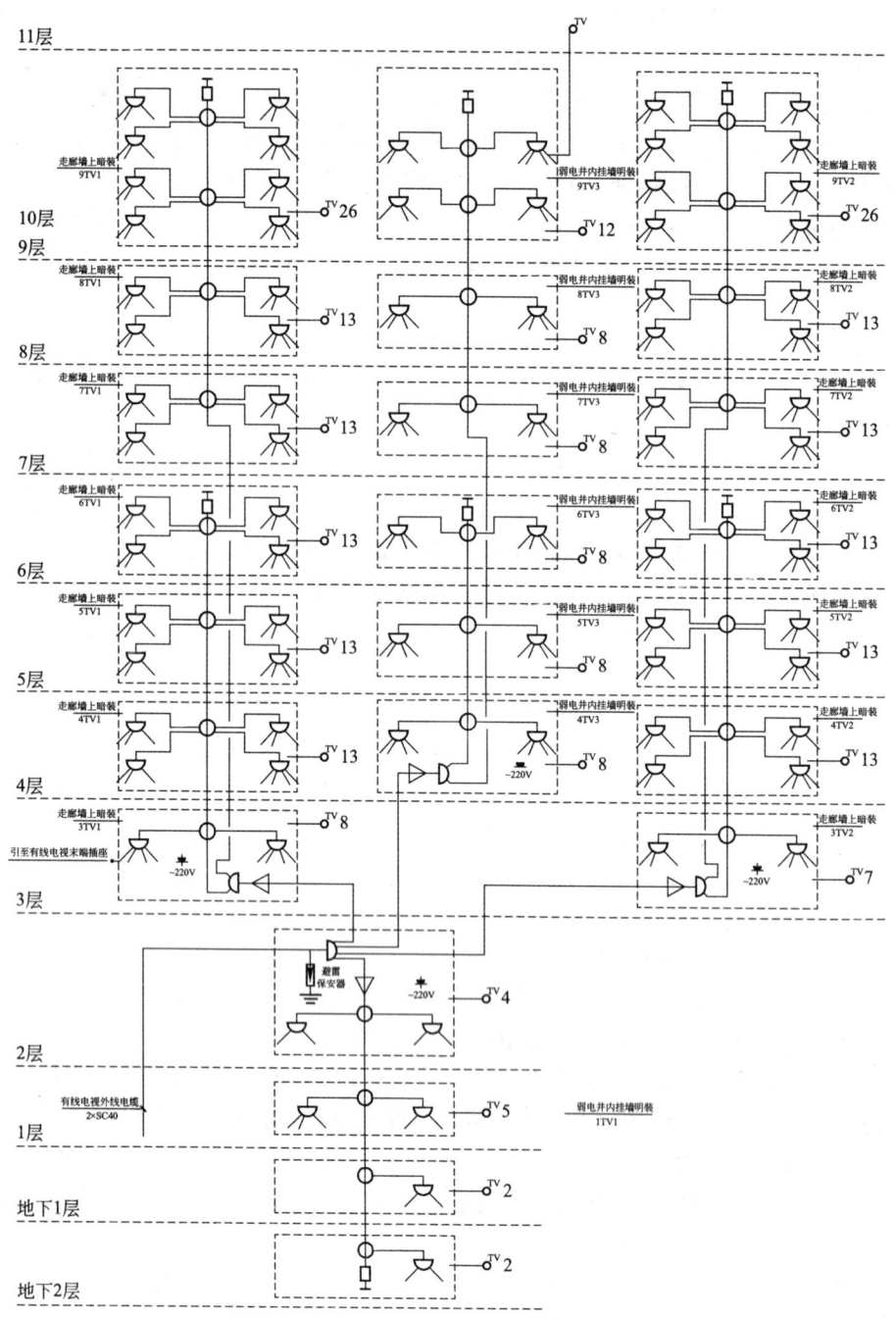

图 11-2-1 有线电视系统图

有线电视系统中的主要设备组件、作用及对系统图的分析见表 11-2-1 所示。

有线电视系统中的主要设备组件、作用及对系统图的分析　　　　表 11-2-1

序号	符号	系统组件名称	在系统中的作用
1		放大器	将有线电视信号进行放大
2		二分配器	
3		三分配器	将一路输入信号均等或不均等地分配为多路信号
4		四分配器	
5		用户四分支器	将电缆中的电视信号进行分支
6		终端电阻	防止干扰
7		接地	
8		避雷器	防止雷击
9		有线电视插座	用户终端接口
线　制　说　明			
1	干线采用 SYWV-75-9		同轴射频电缆，75 根，线径 9mm
2	支线采用 SWYV-75-5		同轴射频电缆，75 根，线径 5mm
要　点　分　析			
1	有线电视系统主要应用于在该项目中的高层客房，每户 1 个输出口，线框内的设备安装于竖井内挂墙明装以及走廊墙上暗装。根据系统图可将建筑物划分为两个区域，即 4 层（含 4 层）以上客房区域和 4 层以下综合服务区域，其中客房区域作为有线电视系统重点安装区域。由于建筑物每层面积较大，故客房区域通过再次划分子区域的方式，对有线电视信号进行分配。系统需要安装避雷保安器，防止雷击事故的发生		
2	有线电视信号引自市内有线电视网络，由建筑物 1 层接入，引至 2 层弱电竖井内的电视总箱。有线电视外线电缆采用 2×SC40 型。进入建筑物后首先接入四分配器将信号一分为四，一路信号提供给四层以下综合服务区域，其他三路信号提供给 4 层（含 4 层）以上客房区域中的三个子区域。这里需要强调一点，由于有线电视总箱安装于 2 层，3 层虽然属于综合服务区域，但 3 层的有线电视信号需要从其他两路供给客房的信号进行分配		

续表

	要 点 分 析
3	综合服务区域有线电视信号引自2层有线电视总箱，首先通过放大器进行信号放大，然后通过分支器和分配器将有线电视信号送到用户终端。其中2层使用一个二分支器连接两个二分配器输出4路信号；一层使用一个二分支器连接二分配器和三分配器各一个，输出5路信号；地下1层和地下2层分配结构是相同的，通过一个一分支器连接一个二分配器，输出2路信号。末端接75Ω负载电阻，防止干扰
4	客房区域为4~11层(11层为顶层露台)，该区域主要特点是"横竖"区域都划分了子区域，该模式常用于信号容易损耗的高层住宅。该区域每层都再次划分了三个子区域，将引入的三路信号分别连接到相应子区域（"横"区域划分）。由于这三路信号的分配形式基本相同，这里只对一路进行分析说明。信号从2层有线电视总箱引入，首先进行信号放大，然后通过一个二分配器将信号划分为两个子区域（"竖"区域划分），即3~6层和7~10层。每个子区域再通过四分支器与三分配器或四分配器的混合使用，达到将信号分配到户的目的。末端接75Ω负载电阻，防止干扰
5	3层的归属和接入问题需要单独说明。3层本身属于综合服务区域，但由于有线电视总箱中安装在2层，其中四分配器将信号划分后用于客房区域的三路信号经过3层，故按照就近原则，将3层有线电视信号通过客房区域的线路接入。3层划分了两个子区域，引入两路信号，分别实现8路输出和7路输出至用户终端

2) 平面图的识读及分析

有线电视系统的平面图如图11-2-2所示。

这是一张第10层紧急广播、电视、电话、网络、楼控及监控平面图。这里只对有线电视系统进行分析说明。

(1) 本层划分有三个子区域，分别由三路信号引入。具体区域范围是图中左部13间客房、中部8间客房、右部13间客房，由于该楼层基本采用对称设计，可以清楚地划分出上述三个区域。

(2) 三路有线电视干线由弱电竖井引出，经由走廊墙上暗装的分配器和分支器混合使用，将有线电视信号送到每个客房房间，每户1路输出终端。

(3) 电视信号由室外引来。系统采用750MHz邻频传输，用户电平要求68±4dB，图像清晰度应在四级以上。

(4) 干线电缆选用SYWV-75-9，SC25。支线电缆选用SYWV-75-5，SC20穿镀锌钢管暗敷。用户出线口暗装，底边距地0.3m。

(5) 竖井内电视分配器分支器箱底距地1.4m明装。竖井以外的分配分支器设安装在吊顶上50mm，此外吊顶应预留检修口。无吊顶距顶板300mm。

3. 消防系统

1) 火灾自动报警及联动系统

(1) 本工程为一类防火建筑。消防控制室设在一层。

(2) 消防自动报警系统按两总线设计。系统的成套设备，包括报警控制器、联动控制台、CRT显示器、打印机、应急广播、消防专用电话总机、对讲录音电话及电源设备等均由该承包商成套供货，并负责安装、调试。

(3) 探测器：燃气表间，厨房设燃气探头，车库等烟尘较大场所设感温探测器，一般

第二节 某酒店型建筑的弱电系统工程实例分析

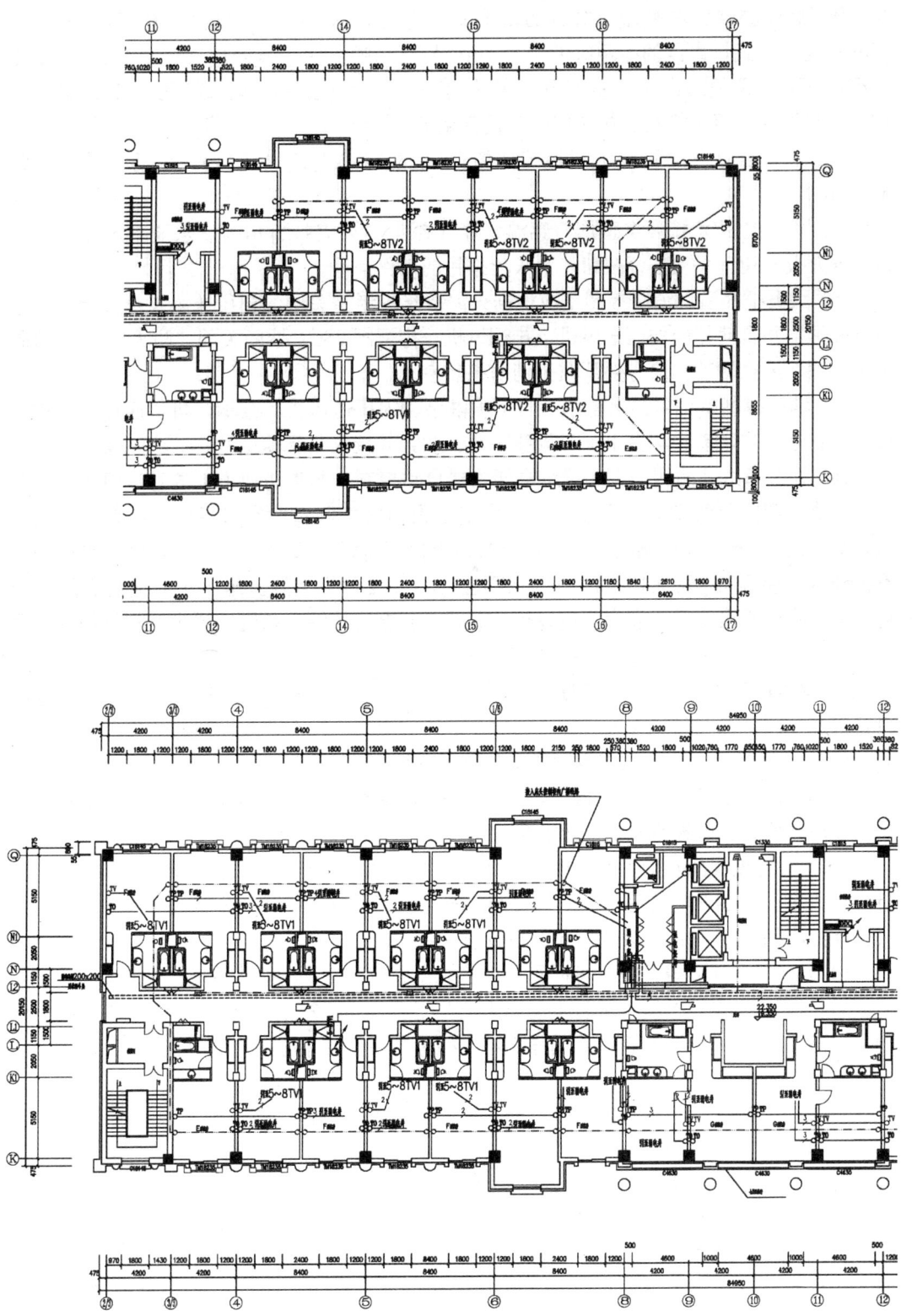

图 11-2-2 有线电视系统的平面图

场所设感烟探测器。探测器与灯具的水平净距应大于0.2m；与出风口的净距不应小于1.5m；与嵌入式扬声器的净距应大于0.1m；与自动喷淋头的净距应大于0.3m；与多孔送风顶棚孔口或条形出风口的净距不应小于1.5m；与墙或其他遮挡物的距离应大于0.5m。探测器的具体定位，施工时可作局部调整。

(4) 在本楼适当位置设手动报警按钮（带消防对讲电话出线口），手动报警按钮距地1.4m。

(5) 消防控制室可接收感烟、感温、煤气探头的火灾报警信号、水流指示器、检修阀、压力报警阀、手动报警按钮、消火栓按钮的动作信号。

(6) 火灾报警后，消防控制室应根据火灾情况控制相关层的正压送风阀及排烟阀、电动防火阀，并启动相应加压送风机、排烟风机，排烟阀280℃熔断关闭，防火阀70℃熔断关闭，阀、风机的动作信号要反馈至消防控制室。

(7) 消防控制室可对消火栓泵、自动喷淋泵、加压送风机、排烟风机，通过模块进行自动控制还可在联动控制台上通过硬线手动控制，并接收其反馈信号。

(8) 卷帘门由其两侧的烟、温组合探测器自动控制。非消防通道上的卷帘门为一步落下，其他卷帘门分两步落下。卷帘门动作信号报消防控制室。卷帘门两侧设就地控制按钮，底距地1.4m，设玻璃门保护。控制按钮至控制箱设NH-BV-6×1.0SC32，平面图中不再表示。卷帘门下降时，在门两侧顶部应有声、光警报装置。施工单位应配合厂家留管，平面图中不再表示。卷帘门应设熔片装置及断电后的手动装置。卷帘门控制箱顶距顶板0.2m。

(9) 消防控制室可显示电梯的运行状况，并在火灾确认后发出控制信号，强制电梯降至首层并开门。除消防电梯外其他电梯停止运行。消防电梯在首层设消防开关。

(10) 消防控制室可在报警后按需要停空调系统。

(11) 消火栓按钮设在消火栓内，接线盒在消火栓的开门侧，底距地1.8m，消火栓按钮动作后，应在消防控制室显示报警部位。

(12) 所有楼梯间及前室的照明以及变配电所、消防控制室、安防中心、消防水泵房、防排烟机房、柴油发电机房、电信机房等的照明全部为应急照明。公共场所应急照明一般按正常照明的10%～15%设置。装修设计时应注意。

(13) 火灾自动报警系统的每回路地址编码总数应留15%～20%的余量。

(14) 空调机及风机所接风管上的防火阀关闭后，连锁停止空调机及风机并报警。

(15) 某处着火时，负责该处的排烟口（阀）打开，连锁相应的排烟风机启动。

(16) 排烟风机吸入口处的280℃防火阀关闭后，连锁相应的排烟风机关停。

(17) 某层着火后，该层及上一层合用前室的加压送风阀同时打开。

2) 系统图的识读及分析

火灾自动报警及联动系统系统图如图11-2-3所示。

分析内容见表11-2-2。

3) 平面图的识读及分析

火灾报警系统配置平面图如图11-2-4、图11-2-5所示；其分析内容见表11-2-3所列。

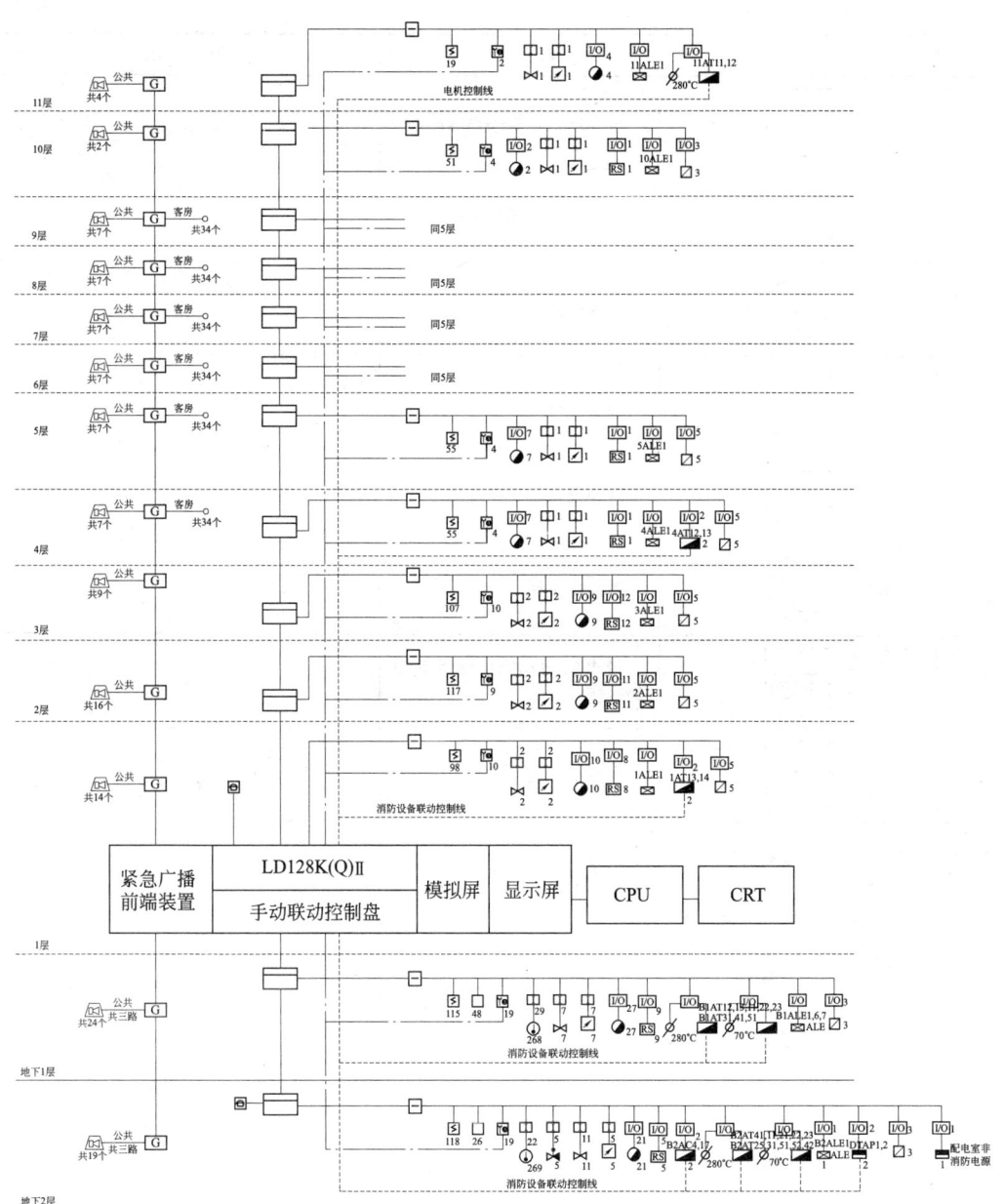

图 11-2-3 火灾自动报警及联动系统系统图

火灾自动报警及联动系统图分析   表 11-2-2

序号	代号	名称	作用
1	G	广播接线箱	
2		消防接线箱	

续表

序号	代　号	名　称	作　用
3	 ⌇	可寻址式智能感烟探测器	
4	 ↓	可寻址式智能感温探测器	
5	 ⊙	常规感温探测器	
6	I	输入模块	
7	I/O	联动设备备用中继器	
8	 ⦸	消火栓按钮	
9	 ☏	带电话插孔的地址手动报警按钮	
10	 ↗	水流指示器	
11	 ⋈	安全信号阀	
12	 ▲	报警阀	
13	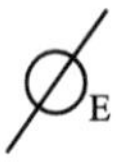 $\emptyset_E$	防火阀	
14	 $\emptyset_{280℃}$	排烟防火阀	
15	 ◁	壁挂式扬声器	
16	 ↗	水流指示器	
17	 ☎	火警电话	
18	RS	防火卷帘门控制箱	

续表

序号	代号	名称	作用
19	▭	短路隔离器	
20	■ AL	照明配电箱	
21	▭ AP	动力配电箱	
22	⊠ ALE	应急照明配电箱	
23	◩ AT	双电源切换箱	

线制说明

信号总线	ZR-BV-2×1.5	
电源总线	ZR-BV-2×2.5	
消防电话总线	RVB-2×0.5SC15 FC	ZR：阻燃；BV：铜芯塑料硬线；RVB：铜芯聚氯乙烯绝缘平型连接软电缆
消防广播线	RVB-2×1.5SC15CC（公共场所） （RVB-4×1.5＋RVS-4×1.5）SC25 CC FC（客房）	
电机控制线	ZR-BV-6×2.5SC25	

要点分析

1	本工程为一类防火建筑。消防控制室设在一层，采用二总线控制方式的火灾自动报警与消防联动控制系统，报警与控制合用总线，以树型连接。联动控制采用多线联动方式。消防系统竖向线穿金属线槽明敷在弱电井内，系统水平线穿SC20厚钢管暗敷
2	消防报警控制器选用国内某品牌的LD128K(Q)Ⅱ联动型，主要针对中型消防项目，集火灾报警和联动控制为一体。消防报警主机及其他联动控制设备放置在一层消防控制中心（和安防控制中心共用），包括报警控制器、手动联动控制台、CRT显示器、应急广播前端装置、模拟屏、显示屏、打印机、消防专用电话总机等设备。控制中心可接收感烟、感温探头的火灾报警信号，水流指示器、检修阀、压力报警阀、手动报警按钮、消火栓按钮的动作信号。同时，可以根据火灾现场情况，自动或手动控制相关层的排烟阀、电动防火阀以及联动控制加压送风机、排烟风机、电动卷帘门等设备
3	每层弱电井内均安装有广播接线箱和消防接线箱用于各种设备与消防控制总线之间的连接，同时每层还配置有短路隔离器，防止单个线路故障引起整个系统的瘫痪。每条支路上的感烟探测器、手动报警等设备通过直接挂接在控制总线上与控制主机相连接。水流指示器和防火阀需要加装输入模块与控制总线连接，并将动作信号反馈至消防控制中心。加压送风机、排烟风机、280℃排烟防火阀和70℃防火阀需要通过联动设备中继器与控制总线相连接，由于这些设备还需要与双电源切换箱连接，故控制主机通过消防设备联动控制线与双电源切换箱连接，达到联动控制目的
4	每层安装有一定数量的手动报警按钮（带消防电话出线口），手动报警按钮距地1.4m；同时应具有消防电话功能，通过RVB-2×0.5SC15 FC电话总线与一层消防控制中心连接。另外，在一层和地下二层配备火警电话
5	紧急广播系统通过安装在消防控制中心的紧急广播前端装置进行控制，建筑物每层设有一个广播接线箱，用于连接每层的紧急广播设备，同时与公共背景广播系统共用线路。由于建筑物分为两个区域，即4层（含4层）以上客房区域和4层以下综合服务区域。综合服务区域需要在公共区域安装壁挂式扬声器，客房区域除了在公共区域安装壁挂式扬声器外，还要在每间客房床头控制柜内接入广播线路。这里需要说明两点，9层和10层为跃层结构，故只在9层安装额外广播线路。11层为露台，故只安装公共区域的广播设备。紧急广播系统竖向线缆穿金属线槽明敷在弱电井内。水平引至公共区域的线路为RVB-2×1.5SC15CC，引至客房部分的线路为(RVB-4×1.5＋RVS-4×1.5)SC25 CC FC，其中包括3套广播节目，紧急广播及消防强切线

308 | 第十一章 工程实例解析

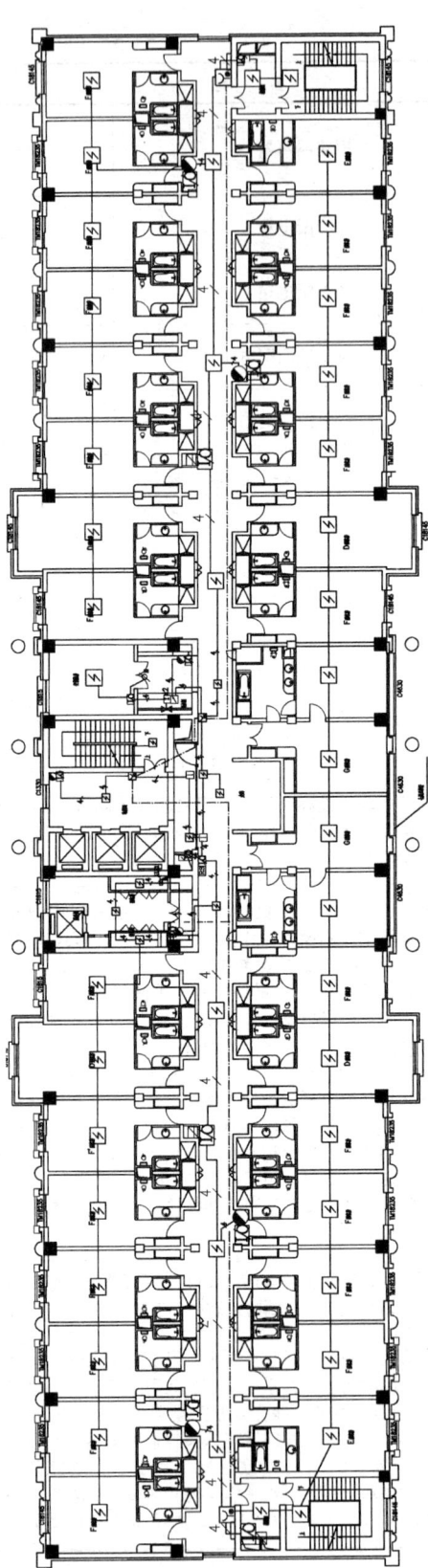

图 11-2-4 火灾报警系统配置平面图（一）

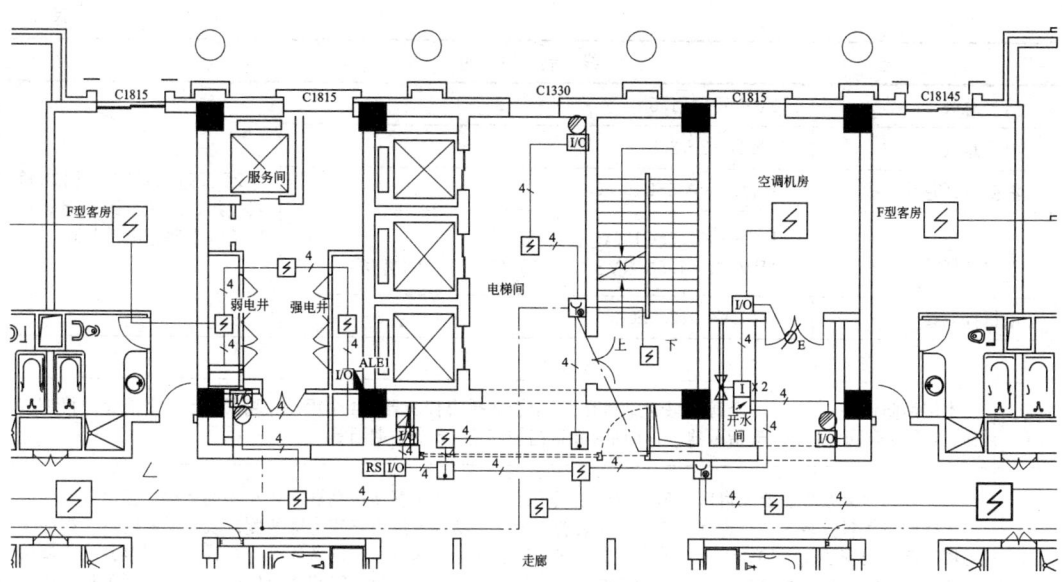

图 11-2-5 火灾报警系统配置平面图(二)

火灾报警系统配置平面图分析内容　　　　　　　　　　　表 11-2-3

序号	代号	名称	作用
1	⌇	可寻址式智能感烟探测器	
2	⎍	可寻址式智能感温探测器	
3	⊘	消火栓按钮	
4	⌇	带电话插孔的地址手动报警按钮	
5	↗	水流指示器	
6	RS	防火卷帘门控制箱	
7	▭	消防接线箱	
8	⋈	安全信号阀	
9	⊠ ALE	应急照明配电箱	
10	◣ AT	双电源切换箱	

续表

线 制 说 明		
信号总线	ZR-BV-2×1.5	ZR：阻燃；BV：铜芯塑料硬线；RVB：铜芯聚氯乙烯绝缘平型连接软电缆
电源总线	ZR-BV-2×2.5	
消防电话总线	RVB-2×0.5SC15 FC	
消防广播线	RVB-2×1.5SC15CC(公共场所) (RVB-4×1.5+RVS-4×1.5)SC25 CC FC(客房)	
电机控制线	ZR-BV-6×2.5SC25	

	要 点 分 析
1	本层消防设备主要有55个智能感烟探测器、2个智能感温探测器、4个手动报警按钮、7个消火栓报警按钮、1个安全阀、1个水流指示器、1个防火卷帘门控制箱、5个排烟阀等
2	火灾自动报警系统需要无盲区地覆盖整个楼层平面，其中智能感烟探测器需要在每间客房、强电井、弱电井、空调机房各安装1个，走廊及楼梯间安装若干个。手动报警按钮安装走廊两侧以及电梯间附近。智能感温探测器主要安装在电梯间附近。消火栓报警按钮安装在走廊两侧及中部各4个，电梯间、弱电井、空调机房各1个。安全阀和水流指示器安装于空调机房中各1个。电动卷帘门安装在楼层中部的电梯间附近，用于有效阻挡火灾蔓延。排烟阀安装于两侧楼梯间、走廊中部以及电梯间共5个
3	强弱电竖井位于平面图中部，其中弱电井内安装有消防接线箱，强电井内安装有双电源切换箱。消防接线箱用于前端设备挂接在控制总线上，并与控制主机相连接。双电源切换箱用于机电控制以及联动设备的供电
4	水流指示器和防火阀需要加装输入模块与控制总线连接。消火栓报警按钮、电动卷帘门、排烟防火阀等设备需要通过联动设备中继与控制总线相连接
5	手动报警按钮装置还配有消防电话插口，因此手动报警按钮除了连接到控制总线上，还需要连接到消防电话总线上

4. 安防监控系统

1) 安防监控系统

（1）监视机房设在一层（与消防中心合用）。

（2）在本工程各出入口，电梯轿箱内及各层走道内设保安监视摄像机。

（3）所有摄像机的电源，由主机供给。

（4）中心主机系统采用全矩阵系统，所有摄像点应同时录像。录像机选用24小时长延时录像机。

（5）按系统图所示做时序切换。切换时间130s可调，同时手动选择某一摄像机进行跟踪、录像。

（6）每个普通监视点设2SC25镀锌钢管，带云台监视点设3SC25镀锌钢管，暗敷在楼板或墙内。

2) 系统图的识读及分析

酒店内的安防监控系统见图11-2-6所示；其分析内容见表11-2-4所列。

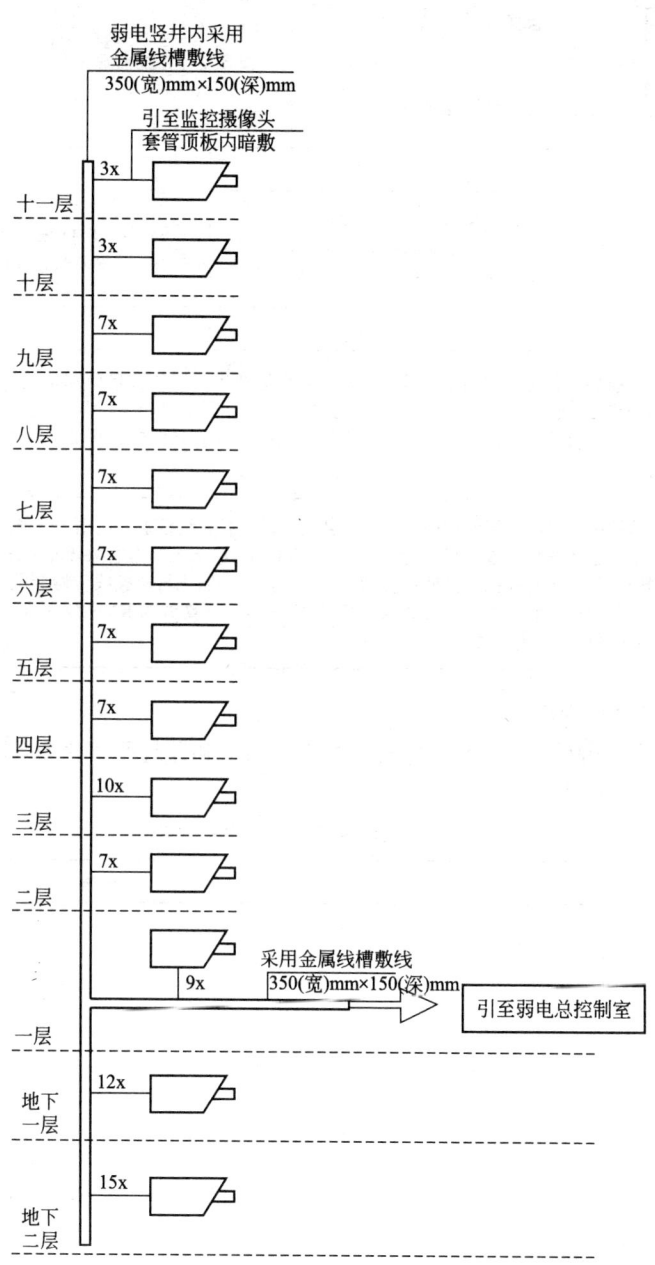

图 11-2-6 酒店内的安防监控系统图

安防监控系统图分析内容 表 11-2-4

序号	符号	系统组件名称	在系统中的作用
1		摄像机	视频监控系统前端设备
2		带云台摄像机	

线 制 说 明			
视频监控系统		视频线为 SYV-75-5 SC20； 电源线为 RVS-2×1.0 SC15； 控制线为 RVS-2×1.0 SC15	SYV：实心聚乙烯绝缘射频电缆； RVS：对绞多股软线电缆

要 点 分 析	
1	视频监控系统的前端设备主要有固定式摄像机和带云台摄像机。安装数量分别是地下二层 15 台，地下一层 12 台，一层 9 台，二层 7 台，三层 10 台，四~九层 7 台，十层 3 台，十一层 3 台。引至监控摄像头套管顶板内暗敷设。中心主机采用全矩阵系统，所有摄像点同时录像，录像机选用 24 小时延时录像机，按系统图所示做时序切换
2	安防监视系统监控中心设在一层和消防监控中心共用，采用金属线槽敷线将所有摄像机与一层控制中心相连，在弱电井内采用金属线槽敷设，尺寸为 350mm×150mm。摄像机所需电源就近引自疏散照明回路，带云台的摄像机控制线均从弱电总控制室沿监视线槽引来，线槽内控制线与视频线应做分隔处理，由线槽至摄像机的视频线与控制线应分管敷设。视频线为 SYV-75-5 SC20，电源线为 RVS-2×1.0 SC15，控制线为 RVS-2×1.0 SC15，均在顶板或柱内暗敷

3) 平面图的识读及分析

地下一层车库部分的紧急广播、电视、电话、网络和监控平面图如图 11-2-7 所示；其分析内容见表 11-2-5 所列。

地下一层车库部分平面图的分析内容 表 11-2-5

序号	符 号	系统组件名称	在系统中的作用
1		摄像机	视频监控系统前端设备
2		带云台摄像机	

线 制 说 明			
视频监控系统		视频线为 SYV-75-5 SC20； 电源线为 RVS-2×1.0 SC15； 控制线为 RVS-2×1.0 SC15	SYV：实心聚乙烯绝缘射频电缆； RVS：对绞多股软线电缆

要 点 分 析	
1	地下一层车库部分的视频监控系统的前端摄像机主要设在各个出入口以及重点位置外围区域采用带云台摄像机，方便各个角度的自由转动，以减少监控盲区。中部区域采用普通枪式摄像机，对重点位置进行监控。由于建筑物采用对称设计。因此，摄像机的布设也基本采用对称安装，该区域一共安装了 11 台摄像机。所有摄像机电源主机供给
2	每个普通监视点设 2SC25 镀锌钢管，带云台监视点设 3SC25 镀锌钢管，暗敷在楼板或墙内。所有摄像机通过监控线槽引至弱电竖井内，最终与安防控制中心的监控主机相连

第二节　某酒店型建筑的弱电系统工程实例分析 | 313

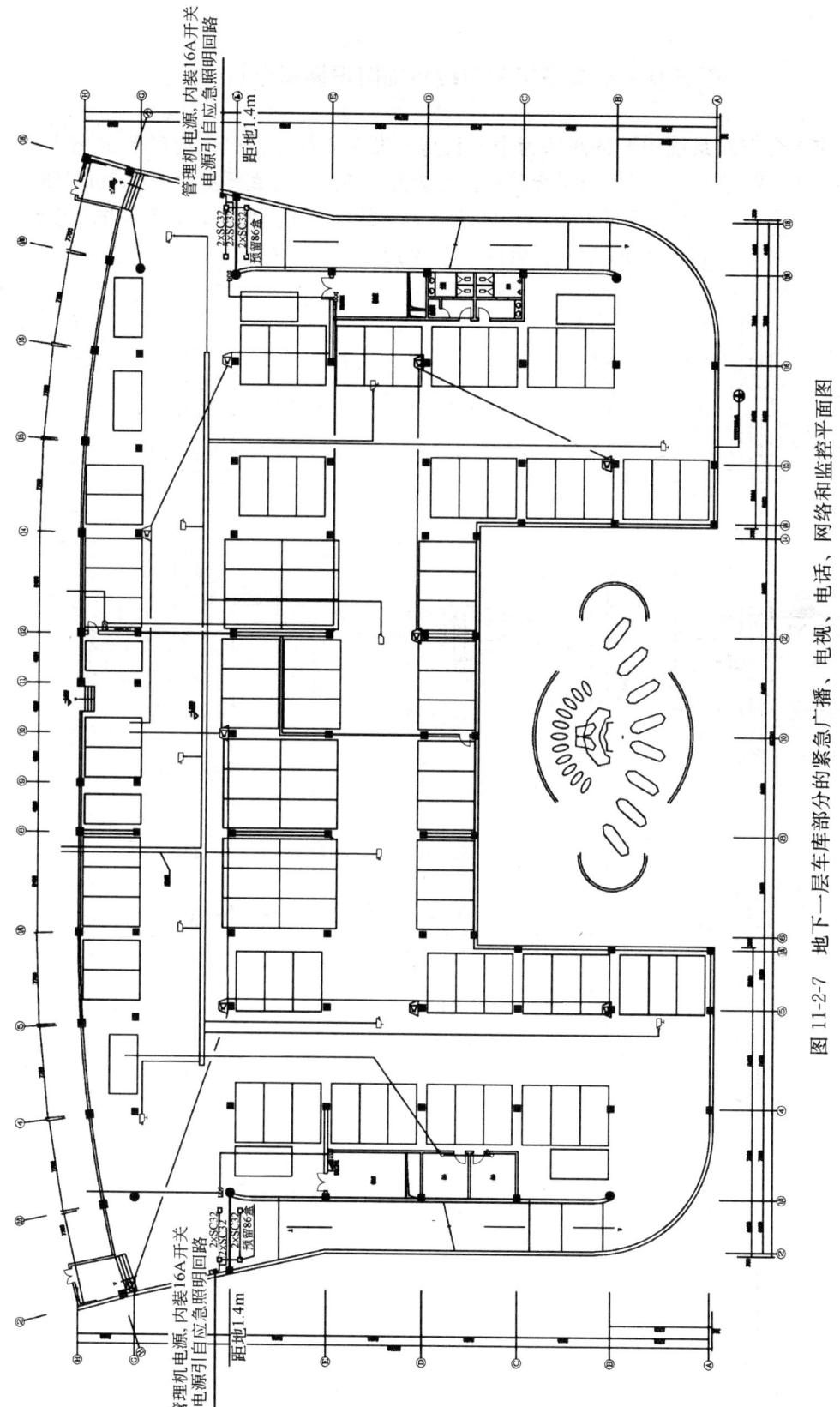

图 11-2-7　地下一层车库部分的紧急广播、电视、电话、网络和监控平面图

第三节 某楼宇综合布线系统图识读图分析

某楼宇综合布线系统的设备间即为中心机房，设在 4 楼。主机房内设置主配线架 19PBK6M-24UW，是 5 类 24 口非屏蔽模块化配线架；还配置有光纤主配线架 19BK6M-24GW，布线系统中还有 110PW-100R 的 100 对 110 配线架。主要使用超 5 类非屏蔽双绞线。综合布线系统图如图 11-3-1 所示。该楼宇共 20 层，对系统图识读图分析见表 11-3-1。

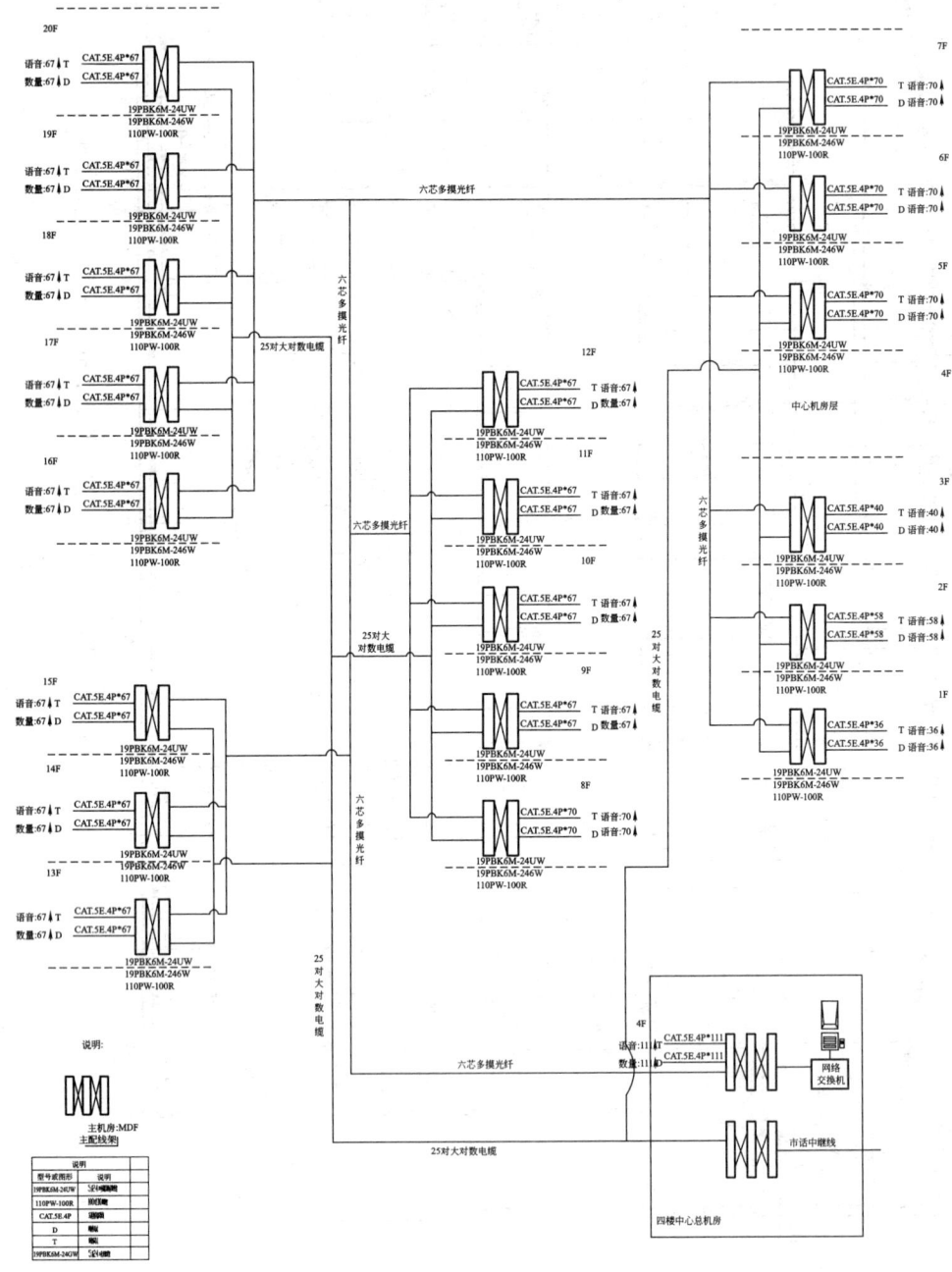

图 11-3-1 某楼宇综合布线系统图

对某楼宇的综合布线系统图的识读与分析　　　　　　　　　　　表 11-3-1

序号	主要单元部分及设备	在系统中的作用	说　明
1	1～3 层楼的配线架：5 类 24 口非屏蔽模块化配线架 19PBK6M-24UW、光纤配线架 19BK6M-24GW、110PW-100R 的 100 对 110 配线架	楼配线架是布线系统中的核心设备；是楼层配线架（分配线架）	1 楼配置的数据信息点为 36 个；语音信息点为 36 个。2 楼配置的数据信息点为 58 个；语音信息点为 58 个。3 楼配置的数据信息点为 40 个；语音信息点为 40 个
2	使用非屏蔽超 5 类双绞线 CAT.5E.4P	1～3 楼的水平线缆使用超 5 类双绞线	标有"CAT5"的字样时说明为 5 类双绞线；"5E"字样的为超 5 类
3	4 楼设置了中心机房，就是综合布线系统的设备间，配置了两台主配线架 NDF	主配线架是建筑物配线架	引入了一条电话中继线；本楼层引出了数据信息点为 111 个；语音信息点为 111 个
4	中心机房主要配线架接入了一台网络交换机	组织计算机局域网	
5	25 对大对数对绞电缆	用作干线线缆	从主配线架引出，引向各楼层配线架
6	六芯多模光纤	用作干线线缆	从主配线架引出，引向各楼层配线架
7	5～7 层楼的配线架：19PBK6M-24UW、19BK6M-24GW、110PW-100R	分配线架	5～7 楼每层配置的数据信息点均为 70 个；语音信息点均为 70 个
8	8～20 层楼的配线架：19PBK6M-24UW、19BK6M-24GW、110PW-100R	分配线架	8～20 楼每层配置的数据信息点和语音信息点均为 67 个
要　点　分　析			
1	该楼宇综合布线系统共使用了 2 个主配线架，建筑群线缆接入主配线架后，再从主配线架引出 25 对大对数对绞电缆作为干线线缆；从主配线架引出六芯多模光纤，也作为干线线缆		
2	整个系统共使用了 57 个楼层配线架（分配线架）		
3	各个楼层的水平线缆均采用非屏蔽超 5 类双绞线		
4	在设备间接入了一个网络交换机，该交换机可以作为一个核心交换机；各个楼层组织局域网时，可以再通过楼层交换机网		
5	通过中继线的引入和语音配线架及语音信息点，构建楼宇内的电话系统		

第四节　某楼宇弱电系统的工程图识读图

1. 楼宇自控系统系统图识读图分析

某楼宇自控系统系统图如图 11-4-1 所示；对系统图的识读分析见表 11-4-1 所列。

第十一章 工程实例解析

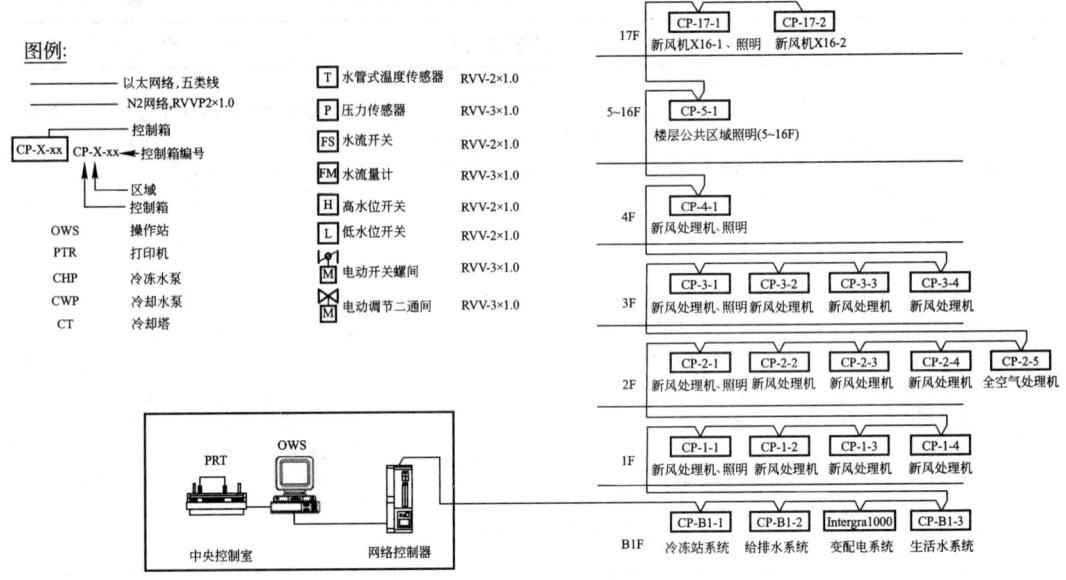

图 11-4-1 某楼宇自控系统系统图

对某楼宇自控系统图的识读与分析 表 11-4-1

序号	主要单元部分及设备	在系统中的作用	说 明
1	水管式温度传感器 RVV-2×1.0		T
2	压力传感器 RVV-3×1.0		P
3	水流开关 RVV-2×1.0		FS
4	水流量计 RVV-3×1.0		FM
5	高水位开关 RVV-2×1.0		H
6	低水位开关 RVV-2×1.0		L
7	电动开关蝶阀 RVV-3×1.0		M（电动开关蝶阀符号）
8	电动调节二通阀 RVV-3×1.0		M（电动调节二通阀符号）

续表

序号	主要单元部分及设备	在系统中的作用	说 明
9	五类以太网线缆		
10	N2 网络，RVVP2×1.0		
11	控制箱		CP-X-xx CP：控制器 X：区域 Xx：编号
12	OWS 操作站(在中控室内)		
13	PTR 打印机(在中控室内)		
14	网络控制器 NCU(在中控室内)		
15	CHP 冷冻水泵		
16	CWP 冷却水泵		
17	CT 冷却塔		
18	冷冻站系统(地下一层)		控制箱编号 CP-B1-1
19	给排水系统(地下一层)		控制箱编号 CP-B1-2
20	变配电系统(地下一层)		控制箱编号 Integra1000
21	生活水系统(地下一层)		控制箱编号 CP-B1-3
22	新风处理机、照明(一层)		控制箱编号 CP-1-1
23	新风处理机(一层)		控制箱编号 CP-1-2
24	新风处理机(一层)		控制箱编号 CP-1-3
25	新风处理机(一层)		控制箱编号 CP-1-4
26	新风处理机、照明(二层)		控制箱编号 CP-2-1
27	新风处理机(二层)		控制箱编号 CP-2-2
28	新风处理机(二层)		控制箱编号 CP-2-3
29	新风处理机(二层)		控制箱编号 CP-2-4
30	全空气处理机(二层)		控制箱编号 CP-2-5
31	三层的设备与一层的设备相同		
32	新风处理机、照明(四层)		控制箱编号 CP-4-1
33	楼层公共区域照明(5~16 层)		控制箱编号 CP-5-1
34	新风机×16-1、照明		控制箱编号 CP-17-1
35	新风机×16-2		控制箱编号 CP-17-2

	要 点 分 析
1	该楼控系统采用以太网作为管理层网络，工作站及网络控制器 NCU 接入综合布线系统
2	网络控制器及工作站通过设置相应数据接口点(IP 地址)进行辨识，并负责区域监测控制
3	DDC 采用 RS485 串行总线连接方式，通过网络控制器与中央管理工作站(中央监控站)实现通信
4	网络控制器支持 TCP/IP 协议；网络控制器首先接入中央管理工作站，中央管理工作站再接入以太网中。管理网络可以接入楼宇的局域网，组成楼宇自控系统
5	该建筑物是一幢 17 层建筑，设在地下一层的冷冻站为各个楼层的新风处理机提供冷冻水作为空气温度调节的冷源。空调系统的末端设备主要是新风处理机和全空气处理机

2. 空调机组的监测和控制信号分析

该楼宇装备的空调机组及监测控制信号的引入引出点如图 11-4-2 所示。

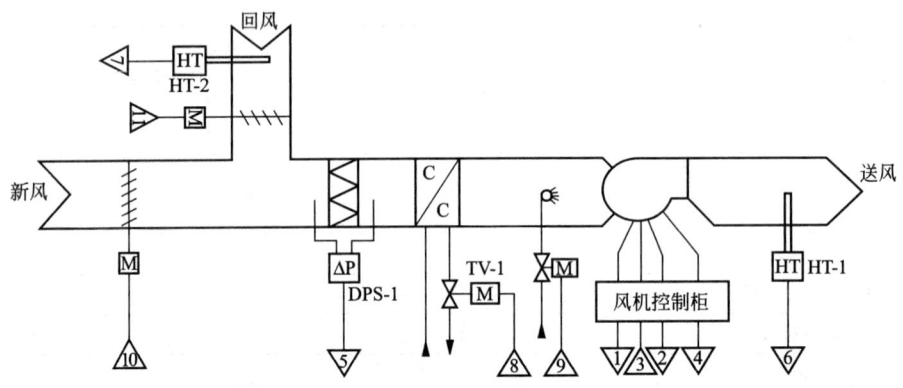

图 11-4-2 空调机组及监测控制信号的引入引出点

1) 传感器数字信号的接入

从以下点引出数字信号送给 DDC 的 DI 口：
- 压差开关引出过滤器堵塞的信号；
- 风机电控箱中交流接触器的辅助触点引出风机运行状态的信号。

2) 传感器模拟信号的接入

从以下点引出模拟信号送给 DDC 的 AI 口：
- 回风口的风管式温度传感器引入温度信号；
- 回风口的风管式湿度传感器引入湿度信号；
- 送风口的风管式温度传感器引入温度信号；
- 送风口的风管式湿度传感器引入湿度信号。

3) 对执行器的控制

从 DDC 的 AO 口输出控制信号给以下执行器：
- 回风风门驱动器控制；
- 新风风门驱动器控制；
- 电动两通阀的阀门开度控制；
- 加湿器的阀门开度控制。

3. 冷热源系统控制原理图的识读图分析

冷热源系统控制原理图如图 11-4-3 所示；对系统图的识读分析内容见表 11-4-2 所列。

4. 空调冷冻水循环泵和生活水泵控制原理图识读图分析

空调冷冻水循环泵和生活水泵控制原理图如图 11-4-4 所示。

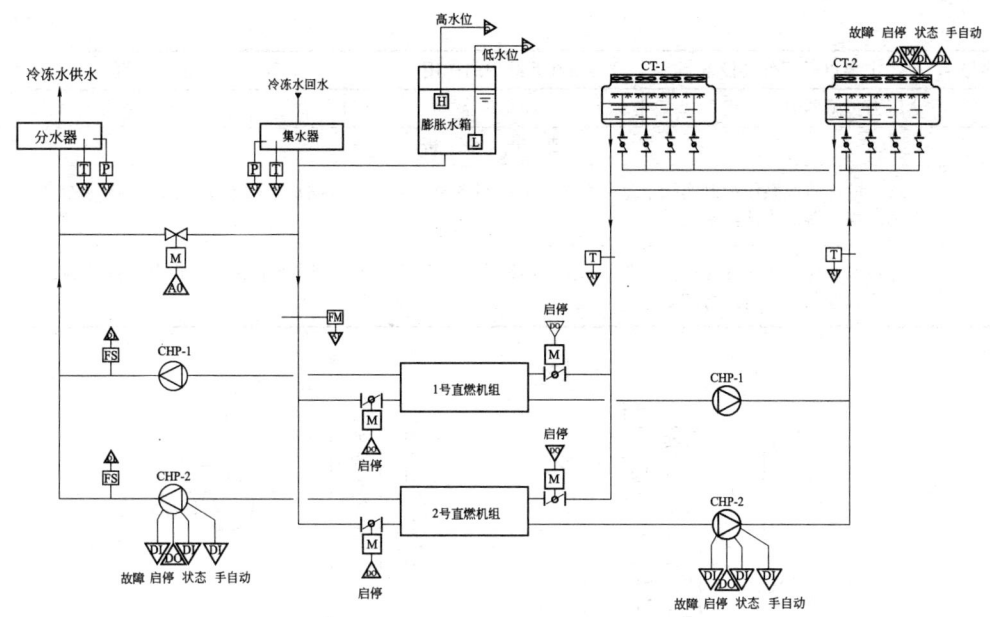

图 11-4-3　冷热源系统控制原理图

对某楼宇冷热源系统控制原理图的识读与分析　　　　表 11-4-2

序号	主要单元部分及设备	在系统中的作用	说　明
1	直燃机组（2台）	生产制备冷冻水	为不同的空调前端设备供给冷冻水
2	集水器	冷冻水回水汇集	冷水机组通常可以为多幢楼宇和多个空调系统的末端设备同时供给冷冻水，集水器作为冷冻水回水汇集的装置
3	分水器	冷冻水供给分配	冷冻水供给分配的装置
4	电动两通阀 M	连同分水器和集水器	AO 信号
5	冷冻水泵 CHP	输运冷冻水	
6	FS 水流开关		DI 信号
7	膨胀水箱		
8	高水位液位传感器 H		
9	低水位液位传感器 L		
10	FM 水流量计		
11	回水阀门启闭控制		DO 信号
12	冷却水阀门启闭控制		DO 信号
13	冷却塔（包括冷却水泵、冷却塔风机）两台	将冷水机组的工作发热通过冷却水散发出去	
14	冷却塔风机运行控制装置	进行不同工作状态的转换	包括：手动/自动控制转换装置、故障报警装置、启停控制、状态监测装置
15	冷却水泵的运行控制装置	进行不同工作状态的转换	包括：手动/自动控制转换装置、故障报警装置、启停控制、状态监测装置
16	冷冻水泵的运行控制装置	进行不同工作状态的转换	包括：手动/自动控制转换装置、故障报警装置、启停控制、状态监测装置
17	温度传感器 T		

续表

序号	主要单元部分及设备	在系统中的作用	说明
18	压力传感器 P		
要点分析			
1	这里的冷热源系统控制实际上是一个冷源及控制系统。采用了直燃机组（2台），生产制备冷冻水，为各空调前端设备提供冷冻水		
2	冷热源及控制系统在完成生产制备和供给冷冻水的过程中，进行着多种控制，如设备启停控制、顺序控制、逻辑控制、经济运行控制等		

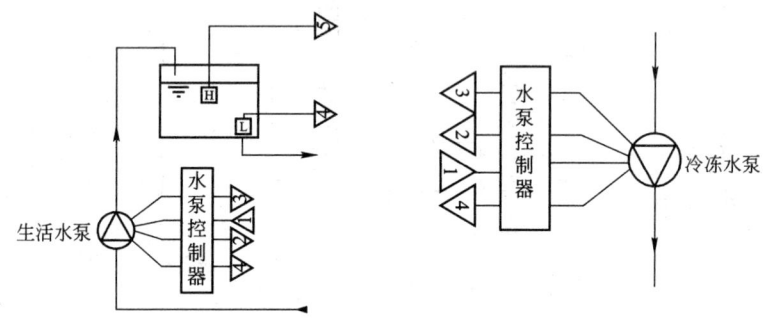

图 11-4-4　空调冷冻水循环泵和生活水泵控制原理图

对空调冷冻水循环泵和生活水泵控制原理图识读图分析见表 11-4-3 所列。

对空调冷冻水循环泵和生活水泵控制原理图的识读与分析　　表 11-4-3

序号	主要单元部分及设备	在系统中的作用	说明
1	生活水泵供给系统中的高位水箱		
2	生活水泵		
3	生活水泵运行控制装置	进行不同工作状态的转换	包括：手动/自动控制转换装置、故障报警装置、启停控制、状态监测装置
4	上限水位液位开关 H		
5	下限水位液位开关 1		
6	冷冻水泵控制柜	进行不同工作状态的转换	包括：手动/自动控制转换装置、故障报警装置、启停控制、状态监测装置
生活供水系统点位监测控制信号说明			
1	端子号1：启停控制，连接线缆：RVV-2×1.0，DO 信号		
2	端子号3：故障报警，连接线缆：RVV-2×1.0，DI 信号		
3	端子号4：手动、自动转换控制，连接线缆：RVV-2×1.0，DI 信号		
4	端子号5：水位高报警，连接线缆：RVV-2×1.0，DI 信号		
5	端子号6：水位低报警，连接线缆：RVV-2×1.0，DI 信号		
6	端子号2：监测设备运行状态，连接线缆：RVV-2×1.0，DI 信号		

续表

	冷冻水循环水泵控制信号说明
1	端子号1：启停控制，连接线缆：RVV-2×1.0，DO信号
2	端子号2：监测设备运行状态，连接线缆：RVV-2×1.0，DI信号
3	端子号3：故障报警，连接线缆：RVV-2×1.0，DI信号
4	端子号4：手动、自动转换控制，连接线缆：RVV-2×1.0，DI信号

5. 送排风机控制原理图识读图分析

送排风机控制原理图如图 11-4-5 所示。

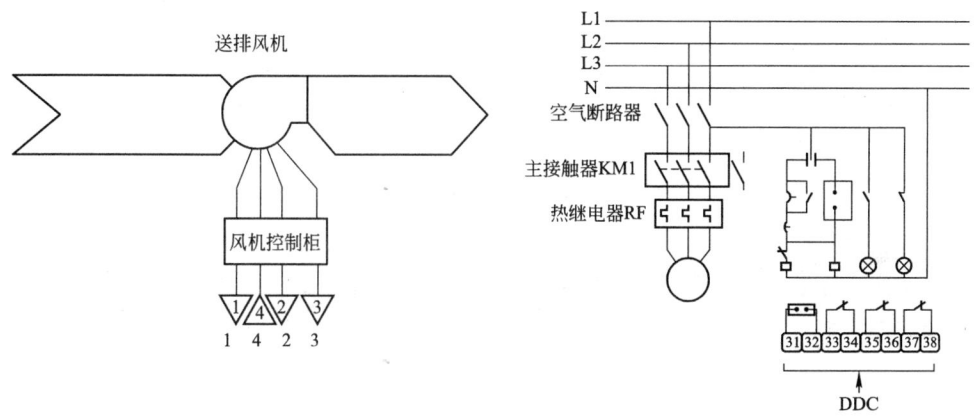

图 11-4-5　送排风机控制原理图

对送排风机控制原理图识读图分析见表 11-4-4 所列。

对送排风机控制原理图的识读与分析　　　　表 11-4-4

序号	主要单元部分及设备	在系统中的作用	说　明
1	送排风机控制柜	进行不同工作状态的转换	包括：手动/自动控制转换装置、故障报警装置、启停控制、状态监测装置
2	信号与控制线缆 RVV-2×1.0		
3	空气断路器		
4	主接触器 KM1		
5	热继电器 RF		
6	风机启停控制线路中的指示灯、启停按钮、线圈等		
7	接线端子		
要　点　分　析			
1	风机启停控制线路中的接线端子有风机启停控制端子、风机运行状态监测信号引出端子、风机故障状态监测信号引出端子和风机手动/自动转换控制端子的均接至 DDC 控制箱内		
2	送配风机控制的监测和控制点数量较少，可以配置小点数的 DDC 进行监测控制，也可以接入其他点数较多的 DDC，一台 DDC 控制几台设备		